住房城乡建设部土建类学科专业"十三五"规划教材
高等学校土木工程专业创新型人才培养规划教材

轻型钢结构

赵宝成　主　编

夏军武　范圣刚　胡白香　副主编

舒赣平　主　审

U0249501

中国建筑工业出版社

图书在版编目（CIP）数据

轻型钢结构/赵宝成主编. —北京：中国建筑工业出
版社，2018.3
高等学校土木工程专业创新型人才培养规划教材
ISBN 978-7-112-21888-2

Ⅰ.①轻… Ⅱ.①赵… Ⅲ.①轻型钢结构-高等学
校-教材 Ⅳ.①TU392.5

中国版本图书馆 CIP 数据核字（2018）第 039938 号

本书为住房城乡建设部土建类学科专业"十三五"规划教材，同时也是高等学校土木
工程专业创新型人才培养规划教材。本书参考轻型钢结构相关教材和文献，并结合最新标
准、规范和规程（《钢结构设计标准》GB 50017—2017、《门式刚架轻型房屋钢结构技术规
范》GB 51022—2015 等)，介绍了轻型钢结构建筑的概念、分类、特点，主体结构、连接
及围护结构的材料，设计原则、设计指标、构造要求及荷载取值与变形要求。重点阐述了
轻型门式刚架结构、轻型钢框架结构、交错桁架结构及低层龙骨体系结构等常用轻型钢结
构体系的设计，主要包括这些轻型钢结构体系的基本形式、结构布置、结构的荷载和荷载
效应组合、结构分析、构件及节点连接的设计方法等内容。每种结构体系均给出了相应的
工程算例，介绍了设计的基本过程，以便读者更好地掌握每一种结构体系。为了更深入地
理解所学的内容，每一章后均附有思考与练习题。

本书可作为高校土木工程专业高年级本科生及研究生教材，也可供从事结构设计、科
研和施工的工程技术人员参考使用。

为了更好地支持本课程的教学，本书作者制作了多媒体教学课件，有需要的读者可以
发送邮件至 jiangongkejian@163.com 索取。

责任编辑：仕 帅 吉万旺 王 跃
责任设计：韩蒙恩
责任校对：刘梦然

住房城乡建设部土建类学科专业"十三五"规划教材
高等学校土木工程专业创新型人才培养规划教材
轻型钢结构
赵宝成 主 编
夏军武 范圣刚 胡白香 副主编
舒赣平 主 审

*

中国建筑工业出版社出版、发行（北京海淀三里河路 9 号）
各地新华书店、建筑书店经销
霸州市顺浩图文科技发展有限公司制版
大厂回族自治县正兴印务有限公司印刷

*

开本：787×1092 毫米 1/16 印张：21 字数：521 千字
2018 年 5 月第一版 2018 年 5 月第一次印刷
定价：46.00 元（赠课件）
ISBN 978-7-112-21888-2
（31687）

高等学校土木工程专业创新型人才培养规划教材编委会成员名单

编委会成员名单

（按姓氏笔画排序）

顾　　　问：王　超　王景全　吕志涛　刘德源　孙　伟
　　　　　　吴中如　顾金才　钱七虎　唐明述　缪昌文
主 任 委 员：刘伟庆　沈元勤
副主任委员：吕恒林　吴　刚　金丰年　高玉峰　高延伟
委　　　员：王　跃　王文顺　王德荣　毛小勇　叶继红
　　　　　　吉万旺　刘　雁　杨　平　肖　岩　吴　瑾
　　　　　　沈　扬　张　华　陆春华　陈志龙　周继凯
　　　　　　胡夏闽　夏军武　童小东

出 版 说 明

近年来，我国高等教育教学改革不断深入，高校招生人数逐年增加，相应对教材质量和数量的需求也在不断提高和扩大。随着我国建设行业的大发展、大繁荣，高等学校土木工程专业教育也得到迅猛发展。江苏省作为我国土木建筑大省、教育大省，无论是开设土木工程专业的高校数量还是人才培养质量，均走在了全国前列。江苏省各高校土木工程专业教育蓬勃发展，涌现出了许多具有鲜明特色的创新型人才培养模式，为培养适应社会需求的合格土木工程专业人才发挥了引领作用。

中国土木工程学会教育工作委员会江苏分会（以下简称江苏分会）是经中国土木工程学会教育工作委员会批准成立的，其宗旨是为了加强江苏省具有土木工程专业的高等院校之间的交流与合作，提高土木工程专业人才培养质量，促进江苏省建设事业的发展。中国建筑工业出版社是住房城乡建设部直属出版单位，是专门从事住房城乡建设领域的科技专著、教材、技术规范、职业资格考试用书等的专业科技出版社。作为本套教材出版的组织单位，在教材编审委员会人员组成、教材主参编确定、编写大纲审定、编写要求拟定、计划交稿时间以及教材编写的特色和出版后的营销宣传等方面都做了精心组织和专门协调，目的是出精品，体现特色，为全国土木工程专业师生提供一个全新的选择。

经过反复研讨，《高等学校土木工程专业创新型人才培养规划教材》定位为高年级本科生选修课程或研究生通用课程教材。本套教材主要体现创新，充分考虑诸如装配式建筑、新型建筑材料、绿色节能建筑、新型施工工艺、新施工方法、安全管理、BIM 技术等，选择 18 种专业课组织编写相应教材。本套教材主要特点为：在考虑学生前面已学知识的基础上，不对必修课要求掌握的内容过多重复；介绍创新知识时不要求过多、过深、过全；结合案例介绍现代技术；体现建筑行业发展的新要求、新方向和新趋势。为满足多媒体教学需要，我们要求所有教材在出版时均配有多媒体教学课件。

本套《高等学校土木工程专业创新型人才培养规划教材》是中国建筑工业出版社成套出版体现区域特色教材的首次尝试，对行业人才培养具有非常重要的意义。今年正值我国"十三五"规划的开局之年，本套教材有幸入选《住房城乡建设部土建类学科专业"十三五"规划教材》。我们也期待能够利用本套教材策划出版的成功经验，在其他专业、在其他地区组织出版体现区域特色的土建类教材。

希望各学校积极选用本套教材，也欢迎广大读者在使用本套教材过程中提出宝贵意见和建议，以便我们在重印再版时得以改进和完善。

中国土木工程学会教育工作委员会江苏分会

中国建筑工业出版社

2016 年 12 月

前　　言

随着我国钢材产量的飞速增长，轻型钢结构得到了迅速发展。轻型钢结构自重轻、抗震性能良好，钢构件工厂加工，简单方便，施工现场安装，装配率高，工业化程度好，施工周期短，综合经济效益显著。同时轻型钢结构节能环保，符合现代建筑发展趋势，目前在工业建筑、民用建筑及商业建筑中得到了广泛应用。

本书涉及轻型门式刚架结构、轻型钢框架结构、交错桁架结构及低层龙骨体系结构等常用轻型钢结构体系。着重介绍了这些轻型钢结构体系的基本形式、结构布置、结构的荷载和荷载效应组合、结构分析、构件及节点连接的设计方法。为了便于读者更好地掌握每一种结构体系，每种结构体系均给出了相应的工程实例，介绍了设计的基本过程。每一章后面均附有思考与练习题，可以更深入地理解所学的内容。

本书共分为8章。前3章分别介绍了轻型钢结构建筑的概念、分类、特点及应用，主体结构、连接及围护结构的材料，设计原则、设计指标、构造要求及荷载取值与变形规定。第4章阐述了门式刚架结构的组成、形式和结构布置，刚架梁、柱及连接节点的设计和构造，支撑体系、围护结构设计。第5章讲述了轻型钢框架结构的类型及布置，内力分析方法，压型钢板-混凝土组合楼板的特点和计算，钢梁、组合梁、钢柱及连接节点的计算方法，支撑和剪力墙的类型及设计方法。第6章介绍了交错桁架结构的组成、桁架形式及结构布置，荷载及内力分析方法，构件及桁架连接节点的设计，交错桁架楼板的设计方法。第7章着重介绍了低层龙骨结构的组成及结构布置，结构分析方法，考虑畸变屈曲的构件设计方法，楼面、屋面及墙面的构造要求。第8章简要介绍了轻型钢结构的防腐与防火。

参加本书各章编写工作的有：苏州科技大学赵宝成教授（第1章1.1～1.2节、第6章），中国矿业大学夏军武教授、常鸿飞副教授（第2章、第4章），江苏大学胡白香教授（第3章），东南大学范圣刚教授（第5章），南京工业大学彭洋老师（第7章），扬州大学张建新副教授（第1章1.3节、第8章）。本书由赵宝成主编，夏军武、范圣刚、胡白香副主编。东南大学舒赣平教授对全书进行了细致地审阅。相关院校的研究生对工程算例进行了校对和试算，并绘制了部分插图。在本书的编写过程中，参考了相关教材、规范、规程及参考文献，一并致谢。

由于编者水平有限，在内容取舍及衔接方面难免存在不妥之处，敬请同行和读者对所发现的错误、疏漏及需要完善之处予以指正。

编　者

2017 年 12 月

目　录

第 1 章 绪 论

本章要点及学习目标

本章要点：
(1) 轻型钢结构建筑的概念；
(2) 轻型钢结构体系的分类；
(3) 轻型钢结构的特点；
(4) 轻型钢结构的应用。
学习目标：
(1) 理解轻型钢结构建筑的概念；
(2) 熟悉轻型钢结构体系的分类；
(3) 熟悉轻型钢结构的特点；
(4) 了解轻型钢结构的应用。

1.1 轻型钢结构的分类

一般来讲，轻型钢结构建筑是指以轻型冷弯薄壁型钢、轻型焊接型钢、高频焊接型钢、轻型热轧型钢、薄壁钢管及以上构件拼接而成的组合构件为主要承重构件，轻型金属压型板（保温或不保温）或各种轻质高性能保温隔热板（墙）材为围护结构组成的建筑结构，其用钢量指标相对较低（一般单层房屋结构用钢量不大于 $50kg/m^2$，多层房屋结构用钢量不大于 $60kg/m^2$）。

现代轻型钢结构体系出现在 20 世纪初，第二次世界大战后得到迅速发展，当时主要用于对施工速度要求很高的战地军营、机库和仓库等。在 20 世纪 40 年代，由于钢产量有限，遂从节约建筑用钢的角度，提出采用轻型钢结构，这时出现了门式刚架结构。20 世纪 60 年代开始采用彩色压型钢板和冷弯薄壁型钢组成的轻质围护体系。目前轻型门式刚架结构体系在我国已得到了广泛的应用，以低层和多层轻型框架结构房屋、交错桁架结构房屋、低层龙骨体系房屋为代表的轻型钢结构发展迅速，呈现出了非常广阔的应用前景。这些结构体系的构配件均可采用工厂化生产，具有建筑材料回收率高、自重轻、抗震性能好、安装速度快、施工周期短、工业化程度高、节约资源、外形美观等特点，钢结构的防腐防火性能和使用舒适度均能满足要求，且节省用钢量。

目前国内轻型房屋钢结构的结构体系主要有以下 4 类：

1. 门式刚架结构

门式刚架结构是平面受力体系（图 1-1），主要由刚架、檩条、墙梁、抗风柱、屋面支撑、柱间支撑、屋面板和墙面板及基础组成。门式刚架是结构的主要承重骨架，为节省钢材，刚架梁、刚架柱一般采用变截面构件。设有桥式吊车时，刚架柱则采用等截面构件。支撑主要由屋面横向水平支撑、柱间支撑、系杆等组成，是确保结构能够整体工作的重要构件，同时也是结构纵向传力的主要构件。此外，在山墙处，设有抗风柱。有桥式吊车时，还设有吊车梁。为保证刚架梁和柱的平面外稳定，还需设置隅撑。屋面和墙面是房屋的围护结构，一般由檩条、墙梁、拉条和面板组成。

　　门式刚架单跨跨度宜为18～42m，柱距宜为6～12m，是目前国内外轻型工业厂房的首选结构形式，同时适宜于超市、仓储、体育设施、候车室、展览大厅等大空间建筑，在我国应用广泛。其结构形式可以是单跨、多跨或高低跨。屋面可以是单坡、多坡或曲面。柱底与基础可以是铰接或刚接。刚架梁、柱可以是实腹式，也可以是格式式，以前者居多。结构纵向温度区段可达到300m，横向温度区段可达到150m，建筑功能布局灵活，使用空间大，结构简洁明快。门式刚架结构体系由刚架、支撑系统和围护结构形成共同工作的空间传力体系。

图 1-1　门式刚架结构

　　2. 轻型钢框架结构

　　轻型钢框架结构（图 1-2）一般指1～3层的低层框架体系房屋和4～9层多层框架体系房屋，或总高度小于24m的公共建筑，或总高度小于20m且楼面荷载小于 $8kN/m^2$ 的

工业厂房。主要承重构件多采用轧制 H 型钢、高频焊接 H 型钢或轻型热轧型钢，也可采用薄钢板焊接组合截面或冷弯薄壁型钢。钢柱也可采用箱形截面或钢管柱，必要时可内灌混凝土，形成钢管混凝土柱，增加结构的强度、刚度和稳定性。整个结构的用钢量一般在 $40～60kg/m^2$，与同类型的钢筋混凝土框架或框架—剪力墙相比，节约工程造价。轻型钢框架结构为三维空间框架结构，建筑分隔灵活多样，空间利用率高。

图 1-2　轻型钢框架结构

　　无支撑的轻型框架结构的侧向刚度较小，主要适用于6层及以下的低多层房屋，框架的梁柱连接可采用刚性连接和半刚性连接，主梁和次梁之间多采用铰接。为了增加结构的侧向刚度，可增加抗侧力体系来抵抗水平荷载和地震作用，保证结构的整体稳定性。通常在建筑的横向和纵向设置支撑系统或钢板剪力墙，形成框架－支撑结构体系或框架－钢板剪力墙结构体系。框架－支撑结构适用于所有层数的低多层房屋，框架－钢板剪力墙结构主要适用于 6 层以上的房屋结构。当房屋有电梯时，可以结合电梯井或楼梯间布置支撑或钢板剪力墙。

　　轻型钢框架结构的柱网尺寸常采用 6～9m，建筑的高宽比一般等于或小于 6。结构布置应尽可能对称、规则，减小结构的扭转效应，避免在主体结构中设置沉降缝、防震缝和伸缩缝。楼面结构一般采用主次梁体系，宜采用压型钢板组合楼板、带预制板的叠合楼板、现浇混凝土楼板以及其他新型轻质楼面材料，楼板应与框架梁牢固连接。钢梁也可采用蜂窝梁，提高材料的利用率，为设备管道提供通行空间，增加室内净高。不上人屋面可以采用檩条和轻质保温板，如压型钢板保温板和其他轻质保温、防水材料。外墙采用轻质墙体材料，配以墙面保温和防水措施，包括自承重墙体（如空心砌块、加气混凝土板材或砌块、预制预应力多孔板等）和非自承重墙体（如压型钢板和轻质保温材料组成的复合墙板、玻璃纤维或水泥纤维增强板、玻璃幕墙等）。非自承重墙体的墙梁采用冷弯薄壁 C 型或 Z 型钢。轻型钢框架结构的内墙一般为轻质隔断墙。

　　3. 交错桁架结构

　　交错桁架结构体系（图 1-3）是对钢框架结构形式的一种改进，在美国钢铁公司的赞助下，由美国麻省理工学院于 20 世纪 60 年代开发的一种结构体系，主要适用于平面为矩形、弧形等平面形状规则的多高层住宅、旅馆、医院和办公楼等建筑。这种结构体系中，整层高的桁架和两侧外柱直接相连，桁架交错布置于各楼层平面中，在纵向形成两倍柱距的开间，进深为房屋宽度，使室内布置更加灵活，具有大开间、大进深的优势，具有良好的适应性。

图 1-3　交错桁架结构

　　交错桁架的结构构件以承受轴向力为主，结构材料的强度能够得到较充分的利用，其经济效益较好，优于一般纯钢框架和钢筋混凝土结构，结构效率高。结构的主要承重骨架由房屋外侧的钢柱和跨度等于房屋跨度的桁架组成，柱子布置在房屋的外围，中间无柱。桁架的两端支承于外围柱子上，桁架沿房屋纵向隔榀布置，沿房屋高度在相邻的柱列为上、下层交错布置，由于钢桁架错层、隔榀交错布置，故称之为交错桁架结构。交错桁架的楼面板一端搁置在桁架的上弦，另一端搁置在相邻桁架的下弦。楼板一般采用压型钢板组合楼板或现浇混凝土楼板，楼板与桁架弦杆或钢梁之间应可靠连接。桁架跨中可不设斜杆，设置走道或连通相邻的房间。交错桁架结构便于采用小柱距，缩短楼板跨度，使板厚减小，减轻结构自重。在顶层，可采用立柱支承屋面结构。在底层，若想获得无柱空间，可在二层设吊杆支承楼面，底层设横向支撑。交错桁架结构的纵向一般采用钢边梁与柱连接，结构的纵向刚度较小，为了提高结构的纵向刚度，可在结构的纵向设置支撑。交错桁架结构的内、外墙做法同轻型钢框架结构。

4. 低层龙骨体系结构

低层龙骨体系结构房屋（图1-4）由屋面系统、楼面系统及墙面系统组成。屋面系统由冷弯薄壁型钢桁架、冷弯薄壁型钢檩条、屋面水平支撑及屋面板等材料构成。楼面系统由冷弯薄壁型钢梁或桁架、上下结构面板及楼面混凝土等材料组成。墙面系统由冷弯薄壁型钢柱、内外层结构覆板组成。房屋的层数一般不宜大于3层，檐口高度一般不宜大于10m，建筑的宽度不宜大于12m，建筑的长度不宜大于18m。

冷弯薄壁型钢主要由1.5～3.5mm厚的普通钢板或镀锌钢板经冷弯或冷压而成。基本形状为C形或Z形、方管或矩形管。C形或Z形截面可形成各种折皱或卷边，并可拼接成矩形或工字形截面以提高截面的刚度和构件承载力。低层龙骨结构体系的框架梁、柱一般采用双C形冷弯薄壁型钢组成的工字形或矩形截面，柱有时也采用薄壁钢管或钢管混凝土。低层龙骨结构的承重结构为平面框架，通过设置柱间支撑来保证整个结构的整体稳定性。楼面采用主次梁体系和压型钢板组合楼盖，不上人屋面采用檩条和带保温层的轻质屋面。低层龙骨体系结构采用工厂制作、工地螺栓连接安装，施工现场多为干作业。其构件单体重量轻、构件小，仅需小型机械设备配合，具有安装简便、装配化程度高、施工快捷的优点，在低层住宅和别墅建筑中具有较大的发展潜力和应用空间。

图1-4 低层龙骨体系结构

除了上述4类轻型钢结构体系的房屋结构外，也有一些结构体系属于轻钢结构的范畴，如金属拱形波纹屋盖结构等。本书重点对上述4类轻型钢结构的设计进行分析、阐述和讨论，对其他结构体系不作叙述，读者可参考相关文献资料进行设计。有关这4类轻型钢结构的具体设计，可参照本书相关章节。

1.2 轻型钢结构的特点

轻型钢结构具有良好的力学性能和综合经济效益，其特点主要表现在：

1. 自重轻

自重轻是轻型钢结构最显著的特点。轻型钢结构的承重构件主要采用轻型焊接 H 型钢、高频焊接型钢、轻型热轧型钢、冷弯薄壁型钢等截面形式，这些型钢截面比普通的工字型截面、槽钢受力合理，截面利用系数高，单位重量轻。在结构形式、跨度和荷载相同的情况下，轻型钢结构比普通钢结构节约钢材 30％以上。一般单层轻型钢结构厂房用钢量为 20～40kg/m²，采用冷弯薄壁型钢的轻钢屋架用钢量为 15kg/m² 以下。轻型钢结构房屋的围护结构采用轻质材料，围护结构和主体承重结构自重均较轻，结构基础形式简单且费用低。

2. 抗震性能好

轻型钢结构的钢材具有材质均匀、强度高、弹塑性性能好，承受动载能力强，可靠性高，构件破坏前有较大的塑性变形。此外，轻型钢结构自重轻，结构的地震作用显著减小，结构整体抗震性能强。对于单层或低层轻型钢结构，地震作用通常不起控制作用。比如单层门式刚架结构，一般情况下可以不做抗震验算。

3. 装配率高，施工周期短

轻型钢结构的建筑构造简单，所用材料为常规材料，主要构件和配件均为工厂工业化制作，构件加工精度高。构件自重轻，运输安装便利，无须大型机械设备，工地现场安装方便。除基础施工外，基本没有湿作业，构件之间多采用螺栓连接，现场施工人员少，与同规模的钢筋混凝土结构相比，轻型钢结构施工工期可缩短 1/3 左右。

4. 综合经济效益好

轻型钢结构构件断面小，可减小结构本身在建筑面积上的占比。同时，也可在一定程度上降低结构层高，增加建筑有效使用面积。项目施工周期短，极大地减少投资成本，发挥提前使用的效益，投资回报率快。轻型钢结构施工主要为干法作业，有利于文明施工，建筑废料少。

5. 节能环保

轻型钢结构的墙体重量轻，保温、隔热、隔声性能方面优于传统墙体材料，符合建筑节能和环保的要求，可以达到节能 50％的目标，节约了我国人均相对短缺的资源。轻质墙体材料属不燃、阻燃材料，本身耐火时限可达 1h 以上，结合建筑装修和围护采用防火措施后（防火板覆盖或防火涂料），耐火时限可达到 2.5h。建筑结构材料大多可回收再生利用，节约大量资源，有利于环境保护，属于"绿色建筑"，符合国家可持续发展政策和环保要求。

组成轻型钢结构构件的板件较薄，对制作、涂装、运输、安装要求高，焊接构件中钢板的最小厚度为 3.0mm，冷弯薄壁型钢构件中钢板的最小厚度为 1.5mm，压型钢板的最小厚度为 0.4mm。板件的宽厚比大，使得构件在外力撞击下易发生局部变形。同时，锈蚀对构件截面削弱带来的后果更为严重。

此外，构件的抗弯刚度、抗扭刚度较小，结构整体较柔，要注意防止构件发生弯曲和扭转变形。同时，要重视支撑体系的布置，重视屋面板、墙面板与构件的连接构造，使其能参与结构的整体工作。

当然，轻型钢结构的抗火性能要明显低于钢筋混凝土结构。无任何防火保护措施的钢构件，其耐火极限约为 20min。因此，对于有防火要求的轻型钢结构，必须采用专门的防火涂料进行保护，以达到所需的耐火极限要求。

综上所述，轻型钢结构质量轻、抗震性能优越、设计及加工技术先进、施工周期短、节能环保，符合现代建筑发展趋势，综合经济效益显著，具有广阔的应用前景。

1.3　轻型钢结构的应用

钢结构作为一种结构形式，从 1889 年至今这一个多世纪的时间里，在世界各国的工业和民用建筑中得到广泛应用。钢结构的结构形式日趋广泛，其设计理论及制造工艺亦日趋完善。由于具体的结构体系不同，轻型钢结构一般可应用于轻型厂房、仓库、交易市场、大型超市、体育馆、展览厅及活动房屋、住宅、办公等建筑。

由于门式刚架轻钢结构体系具有重量轻、跨度大、工业化程度高、施工周期短、综合经济效益高和柱网布置比较灵活的特点，目前已广泛应用于各地工业园区、物流园区的现代轻型工业厂房和物流仓库等建筑中。

图 1-5 和图 1-6 分别是轻型变截面 H 型钢单跨门式刚架结构的单层厂房和仓库，这种建筑一般都是工厂化预制、现场安装，施工速度快、周期短，经济效益高。其单跨跨度一般最大可达 42m。如果连跨布置，空间更为宏大。此结构形式不但造价经济，而且容易满足现代化工业厂房的日益复杂的工艺要求和宏大的规模要求，因此，此结构体系推广应用最为普遍。

图 1-5　钢结构门式刚架厂房内景　　　　　图 1-6　钢结构门式刚架仓库内景

轻型钢框架结构，是一种最广泛为建筑师所理解和运用的轻钢结构形式。首先它的构件截面要小于混凝土结构，解决了钢筋混凝土结构肥梁胖柱的问题；二是可以实现建筑师需要的较大悬挑造型和结构错层，实现建筑师眼中的结构自由问题；三是钢结构外露构件表现力强，建筑外形的视觉冲击力大。因此，无论是早期的西方建筑大师、还是当今国内外的实验派建筑师们，他们的建筑创作活动都常常离不开轻型钢框架结构的运用。如

图 1-7 所示，为 1950 年密斯设计的范斯沃斯钢结构别墅，既准确反映了密斯的"少就是多"的建筑理念，也充分阐述了密斯的"皮包骨"的现代建筑创作手法。

图 1-8 为当代实验派华人建筑师李晓东的代表作品"桥上书屋"，该作品曾获得了亚洲建筑师协会建筑金奖。整个桥形建筑的独特空间处理和造型震撼力，同其独特的 H 型钢结构框架的巧妙应用密不可分。

图 1-7 1950 年密斯设计的范斯沃斯钢结构别墅

图 1-8 桥上书屋

交错桁架结构，一般适用于建筑平面长而狭的平面的多、高层公共建筑，如公寓、学校、宾馆、医院等重复小空间建筑。国外对交错桁架结构体系的研究和应用已有一定的基础。图 1-9 为 2009 年建成的位于美国芝加哥市中心的斯桥公寓式酒店外观及桁架示意图，该酒店为芝加哥市中心的第一个交错桁架结构建筑，在建筑的经济性、空间的实用性和外观的独特性方面都取得了难得的成功。目前的国内外研究和实践都表明，此种结构体系在节约建筑空间层高和提高空间使用灵活性方面具有独特优势。因此，交错桁架体系确实是一种经济、适用、高效的新型结构体系。

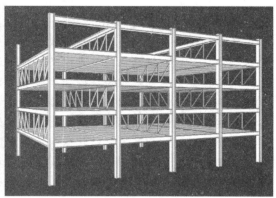

图 1-9 交错钢桁架结构的美国芝加哥斯桥公寓式酒店外观及桁架示意图

低层龙骨体系结构，国外又称为隔扇式框架建筑体系，力学原理同西方的传统木结构体系最接近。由于这种体系的主要支撑结构是由薄壁型钢龙骨组成的框架隔扇，因此，建筑空间的灵活性受到较大的限制，未来建筑的可改性也较差。如图 1-10 所示，目前一般大量应用于工业化水平较高的低层钢结构住宅和别墅项目。

最后，还有一种工业化程度更高的盒子组合式建筑体系。此种建筑体系一般是在工厂用薄壁型钢组装成一个房间大小的盒子骨架，然后运到施工现场，只要把各个盒子吊装就绪，作好节点的结构和防水处理，接上管线即可使用。有的盒子单元为了减小运输中的体量，做成可以折叠的盒式构件，运到现场，在吊装时打开构件，进行组装。有的还可做成拖车式或集装箱式活动房屋，便于搬运。这种建筑体系常常被用来作为临时建筑、边缘地区建筑、可移动的建筑。图1-11为国外街头的临时建筑——集装箱式店铺。

图1-10 低层龙骨体系结构　　　　　　　　图1-11 集装箱式店铺

总之，轻型钢结构的技术优势非常明显，同时它又具有建筑设计标准化、构配件生产工厂化、施工机械化和管理科学化等"新建筑工业化"的特点，因此，轻型钢结构体系无疑属于当今可持续发展的绿色建筑技术体系之一。随着我国城市化进程的不断加快，绿色建筑国策的进一步贯彻执行，轻钢结构建筑体系必将在未来的现代化建设过程中得到进一步的推广和应用。

本章小结

轻型钢结构质量轻、承受的荷载小，本章主要介绍了轻型钢结构的概念、轻型钢结构的结构体系、轻型钢结构的特点以及轻型钢结构的应用。

（1）轻型钢结构建筑是指以轻型冷弯薄壁型钢、轻型焊接型钢、高频焊接型钢、轻型热轧型钢、薄壁钢管及以上构件拼接而成的组合构件为主要承重构件，轻型金属压型板或各种轻质高性能保温隔热板（墙）材为围护结构组成的建筑结构。

（2）轻型钢结构的主要结构体系主要有门式刚架结构、轻型钢框架结构、交错桁架结构及低层龙骨体系结构。

（3）轻型钢结构具有自重轻、抗震性能好、工业化程度高、施工周期短、综合经济效益好、节能环保、防腐和防火要求高等特点。

（4）轻型钢结构可应用于轻型厂房、仓库、交易市场、大型超市、体育馆、展览厅、活动房屋、住宅及办公等建筑。

思考与练习题

1-1　一般来讲，轻型钢结构建筑是怎么组成的？

1-2　常用的轻型建筑钢结构有哪些结构体系？

1-3　简述门式刚架结构的组成。

1-4　简述轻型钢框架结构的组成。

1-5　简述交错桁架结构的组成。

1-6　简述低层龙骨体系结构的组成。

1-7　轻钢结构有哪些特点？

1-8　轻型钢结构可应用于哪些建筑？

第 2 章　轻型钢结构材料

本章要点及学习目标

本章要点：
(1) 轻型钢结构主体结构材料；
(2) 轻型钢结构连接材料；
(3) 轻型钢结构围护材料。

学习目标：
(1) 掌握钢材的设计指标及选用要求；
(2) 掌握焊接及高强螺栓连接的类型及设计指标；
(3) 熟悉铆钉及紧固件连接方法；
(4) 熟悉轻型钢结构围护材料的种类。

2.1　主体结构材料

2.1.1　材料类型

结构钢材的常用类型有：碳素结构钢、低合金结构钢、高强度钢、耐火耐候钢等。其中，轻型钢结构一般采用碳素结构钢和低合金结构钢。

1. 碳素结构钢

按含碳量的多少，碳素结构钢可分为低碳钢、中碳钢和高碳钢。一般而言，含碳量为 $0.03\%\sim0.25\%$ 的称为低碳钢；含碳量在 $0.26\%\sim0.60\%$ 之间的称为中碳钢；含碳量在 $0.60\%\sim2.00\%$ 的称为高碳钢。含碳量越高钢材强度越高，而塑性、韧性和低温冲击韧性下降，同时降低钢材的可焊性和抗腐蚀性，建筑结构中主要使用低碳钢。按钢材质量，碳素结构钢可分为 A、B、C、D 四个等级，由 A 到 D 表示质量由低到高。不同质量等级对冲击韧性（夏比 V 形缺口试验）的要求有区别。A 级无冲击功的规定；B 级要求提供 $20℃$ 时冲击功 $A_k \geqslant 27J$ 的合格保证；C 级要求提供 $0℃$ 时冲击功 $A_k \geqslant 27J$ 的合格保证；D 级要求提供 $-20℃$ 时冲击功 $A_k \geqslant 27J$ 的合格保证。按冶炼中的脱氧方法，钢材可分为沸腾钢（F）、半镇静钢（b）、镇静钢（Z）和特殊镇静钢（TZ）四类。

2. 低合金结构钢

低合金钢是在碳素结构钢中添加一种或几种少量的合金元素（钢内各合金元素的总含量小于 5％），从而提高其强度、耐腐蚀性、耐磨性或低温冲击韧性。低合金结构钢的含碳量一般较低（少于 0.20％），以便于钢材的加工和焊接。低合金结构钢质量等级分为

A、B、C、D、E 五级，由 A 到 E 表示质量由低到高。不同质量等级对冲击韧性（夏比 V 形缺口试验）的要求有区别。A 级无冲击功要求；B 级要求提供 20C° 时冲击功 $A_k \geqslant 34J$ 的合格保证；C 级要求提供 0C° 时冲击功 $A_k \geqslant 34J$ 的合格保证；D 级要求提供 $-20C°$ 时冲击功 $A_k \geqslant 34J$ 的合格保证；E 级要求提供 $-40C°$ 时冲击功 $A_k \geqslant 34J$ 的合格保证。不同质量等级对碳、硫、磷、铝的含量的要求也有区别。低合金钢的脱氧方法为镇静钢（Z）或特殊镇静钢（TZ）。

2.1.2 钢材规格

钢结构所用的钢材主要为热轧成型的钢板和型钢、冷弯成型的薄壁型钢等。

1. 钢板

钢板主要有厚钢板、薄钢板和扁钢（带钢）。

厚钢板：厚度 4.5～60mm，宽度 600～3000mm，长度 4～12m；

薄钢板：厚度 1.0～4mm，宽度 500～1500mm，长度 0.5～4m；

扁钢：厚度 3～60mm，宽度 10～200mm，长度 3～9m。

厚钢板主要用于焊接梁柱构件的腹板和翼缘及节点板，薄钢板主要用于制造冷弯薄壁型钢，扁钢可作为节点板和连接板等。

2. 热轧型钢

钢结构常用热轧型钢为角钢、槽钢、圆管、工字钢和 H 型钢截面等。H 型钢截面可用于轻型钢结构中的受压和压弯构件，其他型钢截面在轻型钢结构中一般用于辅助结构或支撑结构构件。

3. 薄壁型钢

薄壁型钢的截面尺寸可按合理方案设计，能充分发挥和利用钢材的强度、节约钢材。薄壁型钢的壁厚一般为 1.5～5mm，但承重构件的壁厚不宜小于 2mm。常用薄壁型钢截面有槽形、卷边槽形（C 形）、Z 形等。轻型钢结构中的次结构构件如檩条等一般采用薄壁型钢。

2.1.3 钢材设计指标

钢材的多项性能指标可通过单向一次（也称单调）拉伸试验获得。钢材的单调拉伸应力-应变曲线（图 2-1）。由低碳钢和低合金钢的试验曲线看出，在比例极限 σ_p 以前钢材的工作是弹性的；比例极限以后，进入了弹塑性阶段；达到了屈服点 f_y 后，出现了一段纯塑性变形，也称为塑性平台；此后强度又有所提高，出现强化阶段，直至产生颈缩而破坏。破坏时的残余延伸率表示钢材的塑性性能。调质处理的低合金钢没有明显的屈服点和塑性平台。这类钢的屈服点是以卸载后试件中残余应变为 0.2% 所对应的应力，称为名义屈服点或 $f_{0.2}$（图 2-1）。

钢材的单调拉伸应力-应变曲线提供了三个重要的力学性能指标：抗拉强度 f_u、屈服点强度 f_y 和伸长率 δ。抗拉强度 f_u 是钢材一项重要的强度指标，它反映钢材受拉时所能承受的极限应力。屈服点强度 f_y 是钢结构设计中应力允许达到的最大限值，因为当构件中的应力达到屈服点时，结构会因过度的塑性变形而不适于继续承载。伸长率 δ 是衡量钢材断裂前所具有的塑性变形能力的指标，以试件破坏后在标定长度内的残余应变表示。

上述力学性能指标中，屈服强度是衡量结构的承载能力和确定基本强度设计值的重要

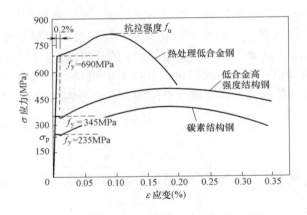

图 2-1 钢材的单调拉伸应力-应变曲线

指标。钢材的强度设计值一般都以屈服强度除以适当的抗力分项系数来确定。用于轻型钢结构房屋的钢材强度设计指标见 3.2 节。

2.1.4 钢材选用

用于承重的冷弯薄壁型钢、轻型热轧型钢和钢板，应采用现行国家标准《碳素结构钢》GB/T 700 规定的 Q235 和《低合金高强度结构钢》GB/T 1591 规定的 Q345 钢材。

门式刚架、吊车梁和焊接的檩条、墙梁等构件宜采用 Q235B 或 Q345A 及以上等级的钢材。非焊接的檩条和墙梁等构件可采用 Q235A 钢材。当有根据时，门式刚架、檩条和墙梁可采用其他牌号的钢材制作。

此外，轻型钢结构设计中钢材的选择还应考虑以下方面：

1. 结构类型及其重要性

结构可分为重要、一般和次要三类。重级工作制吊车梁和特别重要的轻型钢结构主结构及次结构构件属于重要结构构件；普通轻型钢结构厂房的主结构梁柱和次结构构件属于一般结构构件；而辅助结构中的楼梯、平台、栏杆等属于次要结构构件。重要结构可选用 Q345 钢或 Q235-C 或 D；一般结构可选用 Q235-B；次要结构可选用 Q235-B•F。

2. 荷载性质

荷载可分为静力荷载和动力荷载两种，动力荷载又有经常满载和不经常满载的区别。直接承受动力荷载的结构一般采用 Q235-B、Q235-C、Q235-D 及 Q345 钢，对于环境温度高于－20℃、起重量 $Q < 50t$ 的中、轻级工作制吊车梁也可选用 Q235-B•F。承受静力荷载或间接承受动力荷载的结构也可选用 Q235-B 和 Q235-B•F。主要受力构件宜采用 Q345 及以上等级的钢材。

3. 工作温度

根据结构工作温度选择钢材的质量等级。例如，工作温度低于－20℃时宜选用 Q235-C 或 Q235-D；高于－20℃时可选用 Q235-B。

2.2 连接材料

根据其施工方法的不同，轻型钢结构的连接可分为焊接连接、铆钉连接、螺栓连接和紧固件连接等（图2-2）。其中焊接和螺栓连接主要用于刚架主体结构，紧固件连接则多用于轻型屋面板和墙面板的连接。

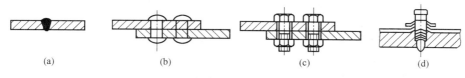

图2-2 钢结构的连接方法

（a）焊缝连接；（b）铆钉连接；（c）螺栓连接；（d）紧固件连接

2.2.1 焊接连接

1. 常用焊接方法

1）手工电弧焊

这是常用的一种焊接方法（图2-3）。通电后，在涂有药皮的焊条和焊件间产生电弧。电弧提供热源，使焊条中的焊丝熔化，滴落在焊件上被电弧所吹成的小凹槽熔池中，焊缝金属冷却后就把被连接件连成一体。操作过程中，电焊条药皮形成的熔渣和气体覆盖着熔池，防止空气中的氧、氮等气体与熔化的液体金属接触，避免形成脆性易裂的化合物。

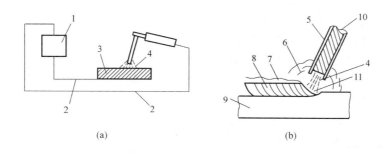

图2-3 手工电弧焊

（a）电路；（b）施焊过程；

1—电焊机；2—导线；3—焊件；4—电弧；5—药皮；6—保护气体；7—熔渣；

8—焊缝金属；9—主体金属；10—焊丝；11—熔池

2）埋弧焊（自动或半自动）

埋弧焊是电弧在焊剂层下燃烧的一种电弧焊方法。焊丝送进和焊接方向的移动有专门设备控制的称自动埋弧焊（图2-4）；焊丝送进有专门设备控制，而焊接方向的移动靠人工操作的称为半自动埋弧焊。埋弧焊的焊丝不涂药皮，但施焊端会被由焊剂漏头自动流下的颗粒状焊剂所覆盖，电弧热量集中，熔深大，适于厚板的焊接，具有很高的生产率。由于采用了自动或半自动化操作，焊接时的工艺条件稳定，焊缝的化学成分均匀，故焊缝质量好，焊件变形小。同时，高焊速也减小了热影响区的范围。埋弧焊对焊件边缘的装配精度（如间隙）要求比手工焊高。埋弧焊所用焊丝和焊剂应与主体金属的力学性能相适应，并应符合现行国家标准的规定。

3）气体保护焊

气体保护焊是利用二氧化碳气体或其他惰性气体作为保护介质的一种电弧熔焊方法。

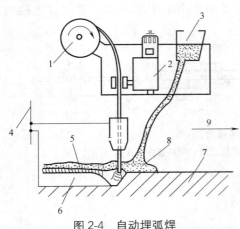

图 2-4 自动埋弧焊

1—焊丝转盘；2—转动焊丝的电动机；3—焊剂
漏斗；4—电源；5—熔化的焊剂；6—焊缝金属；
7—焊件；8—焊剂；9—移动方向

它直接依靠保护气体在电弧周围造成局部的保护层，以防止有害气体的侵入并保证了焊接过程的稳定性。

4）电阻焊

电阻焊利用电流通过焊件接触点表面电阻所产生的热量来熔化金属，再通过加压使其焊合。电阻焊只适用于板叠厚度不大于 12mm 的焊接。对冷弯薄壁型钢构件，电阻焊可用来缀合壁厚不超过 3.5mm 的构件，如将两个冷弯槽钢或 C 型钢组合成 I 形截面构件等。

2. 焊缝设计指标

手工电弧焊所用焊条或自动焊焊丝应与焊件钢材（或称主体金属）相适应，例如：对 Q235 钢采用 E43 型焊条；对 Q345 钢采用 E50 型焊条；对 Q390 钢和 Q420 钢采用 E55 型焊条。不同钢种的钢材相焊接时，宜采用低组配方案，即宜采用与低强度钢相适应的焊条。

此外，焊条的材质和性能还应符合现行国家标准《碳钢焊条》GB/T 5117、《低合金钢焊条》GB/T 5118 的有关规定。焊丝的材质和性能应符合现行国家标准《熔化焊用钢丝》GB/T 14957、《气体保护电弧焊用碳钢、低合金钢焊丝》GB/T 8110 及《碳钢药芯焊丝》GB/T 10045、《低合金钢药芯焊丝》GB/T 17493 的有关规定。埋弧焊用焊丝和焊剂的材质和性能应符合现行国家标准《埋弧焊用碳钢焊丝和焊剂》GB/T 5293、《埋弧焊用低合金钢焊丝和焊剂》GB/T 12470 的有关规定。

焊缝的强度设计指标见 3.2 节。

2.2.2 铆钉和螺栓连接

1. 铆钉连接

铆钉连接的制造有热铆和冷铆两种方法。热铆是由烧红的钉坯插入构件的钉孔中，用铆钉枪或压铆机铆合而成。冷铆是在常温下铆合而成。在建筑结构中一般都采用热铆。

铆钉连接的质量和受力性能与钉孔的制法有很大关系。钉孔的制法分为 I、II 两类。 I 类孔是用钻模钻成，或先冲成较小的孔，装配时再扩钻而成，质量较好。II 类孔是冲成或不用钻模钻成，虽然制法简单，但构件拼装时钉孔不易对齐，故质量较差。重要的结构应该采用 I 类孔。

铆钉连接由于构造复杂，费钢费工，现已很少采用。但是铆钉连接的塑性和韧性较好，传力可靠，质量易于检查，在一些重型和直接承受动力荷载的结构中仍然采用。铆钉的设计指标见 3.2 节。

2. 螺栓连接

螺栓连接分普通螺栓连接和高强度螺栓连接两种。

1）普通螺栓连接

普通螺栓连接的优点是施工简单、拆装方便，缺点是用钢量较多，适用于安装连接和需要经常拆装的结构。普通螺栓又分为 A 级、B 级和 C 级，A 级、B 级螺栓称为精制螺栓，A、B 级螺栓采用 5.6 级和 8.8 级钢材，C 级螺栓采用 4.6 级和 4.8 级钢材。C 级螺栓称为粗制螺栓。

A、B 级螺栓（精制螺栓）由毛坯经轧制而成，表面光滑，尺寸准确，螺杆直径与螺栓孔径空隙小，只容许 0.3mm 左右，螺杆直径仅允许负公差，螺栓孔直径仅允许正公差，成孔要求 I 类孔。由于有较高的精度，因而受剪性能好。但制作和安装复杂，价格较高，很少在钢结构中采用。

C 级螺栓（粗制螺栓）用圆钢辊压而成。C 级螺栓加工粗糙，尺寸不够准确，只要求 II 类孔，成本低，螺栓孔的直径 d_0 比螺栓杆的直径 d 大 1.5～2.0mm。C 级螺栓连接的螺栓杆与螺孔之是存在着较大的间隙，传递剪力时，连接将会产生较大的剪切滑移。由于 C 级螺栓传递拉力的性能较好，一般可用于承受拉力的安装连接，以及不重要的抗剪连接或用作安装时的临时固定。

2）高强度螺栓连接

高强度螺栓连接和普通螺栓连接的主要区别是：高强度螺栓除了其材料强度高之外，施工时还给螺栓杆施加很大的预拉力，使被连接构件的接触面之间产生挤压力，因此受剪时有很大的摩擦力；而普通螺栓扭紧螺帽时螺栓产生的预拉力很小，由板面挤压力产生的摩擦力可以忽略不计。

高强度螺栓连接分为摩擦型连接和承压型连接。摩擦型连接只利用被连接构件之间的摩擦力来传递剪力，以摩擦力被克服作为承载能力的极限状态。承压型连接允许被连接构件接触面之间发生相对滑移，其极限状态和普通螺栓连接相同，以螺栓杆被剪坏或孔壁承压破坏作为承载能力的极限状态。

摩擦型连接具有连接紧密、剪切变形小、受力良好、可拆换、耐疲劳以及动力荷载作用下不易松动等优点，目前在桥梁、工业与民用建筑结构中得到广泛应用。承压型连接的承载能力比摩擦型的高，可节约螺栓和钢材，但剪切变形大，不得用于直接承受动力荷载的结构。

高强度螺栓分大六角头型（图 2-5a）和扭剪型（图 2-5b）两种。安装时通过特别的扳手，以较大的扭矩上紧螺帽，使螺杆产生很大的预拉力。高强度螺栓一般采用 45 号钢、40B 钢和 20MnTiB 钢制成，性能等级包括 8.8 级和 10.9 级。摩擦型连接的螺栓孔的直径 d_0 比螺栓杆的直径 d 大 1.5～2.0mm，承压型连接的螺栓孔的直径 d_0 比螺栓杆的直径 d 大 1.0～1.5mm。螺栓连接的设计指标见 3.2 节。

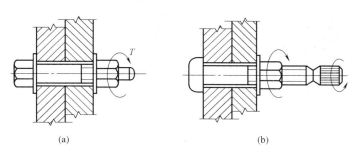

(a)　　　　　　　　　　　　(b)

图 2-5　高强度螺栓

2.2.3   紧固件连接

在冷弯薄壁型钢结构中经常采用自攻螺钉、钢拉铆钉、射钉等机械式紧固件连接方式（图 2-6），主要用于压型钢板之间和压型钢板与冷弯型钢构件之间的连接。

自攻螺钉有两种类型，一类为一般的自攻螺钉（图 2-6a），需先行在被连板件和构件上钻一定大小的孔，再用电动扳手或扭力扳手将其拧入连接板的孔中；一类为自钻自攻螺钉（图 2-6b），无须预先钻孔，可直接用电动扳手自行钻孔和攻入被连板件。拉铆钉（图 2-6c）有铝材和钢材两类，为防止电化学反应，轻钢结构均采用钢制拉铆钉。射钉（图 2-6d）由带有锥杆和固定帽的杆身与下部活动帽组成，靠射钉枪的动力将射钉穿过被连板件打入母材基体中。射钉只用于薄板与支承构件（如檩条、墙梁等）的连接。

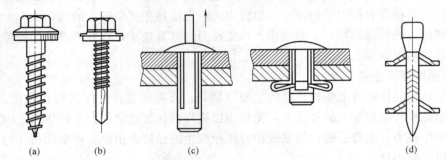

（a）   （b）   （c）   （d）

图 2-6   轻型钢结构的紧固件

（a）一般自攻螺钉；（b）自钻自攻螺钉；（c）拉铆钉；（d）射钉

2.3   围护结构材料

2.3.1   屋面围护材料

轻型钢结构建筑的屋面是指由金属屋面板、檩条及保温隔热层组成的屋面围护系统。压型钢板是目前轻钢结构最常用的屋面材料，采用热涂锌钢板或彩色涂锌钢板，经辊压冷弯成各种波形，具有轻质、高强、抗震、防火、施工方便等优点。目前，压型钢板制作和安装已达到标准化、工厂化程度，大多数制作单位均有自身一套完整的板材生产线，因而不同厂家有不同的压型钢板类型。表 2-1、表 2-2 给出 W600 型压型钢板的产品规格示例。

W600 型压型板规格			表 2-1
断面基本尺寸(mm)	有效宽度(mm)	展开宽度(mm)	有效利用率
	600	1000	60%

压型板重量及截面特性　　　　　　　　　　　　表 2-2

板厚 (mm)	每米板重（kg/m）		每平方米板重（kg/m²）		有效截面特性	
	钢	铝	钢	铝	I_{ef}（cm⁴/m）	W_{ef}（cm³/m）
0.60	4.99	1.65	8.31	2.75	195.49	30.3
0.80	6.55	2.20	10.92	3.67	275.99	41.50
1.00	8.13	2.75	13.54	4.58	358.09	52.71
1.20	9.70	3.30	16.16	5.50	441.34	63.95

　　随着金属屋面的广泛使用，其防水和保温隔热的功能得到不断的改进和完善。目前常用的屋面板包括：压型钢板波纹屋面板和复合板屋面板等。

　　1. 压型钢板波纹屋面

　　按板型构造分类，压型钢板屋面板可分为低波纹（图 2-7a）、中波纹和高波纹屋面板（图 2-7b）。这三者的区别在于肋高不同，从而排水效果也不同。高波纹屋面板由于屋面板板肋较高，排水比较通畅，一般适用于屋面坡度比较平缓的屋面，通常屋面坡度为1∶20左右，最小坡度可以做到1∶40。而低波纹屋面板一般用于屋面坡度较陡的屋面，常见的屋面坡度在1∶10左右。中波纹屋面板的坡度可位于上述两者之间。

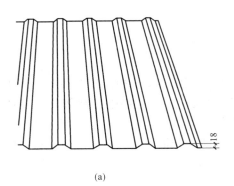 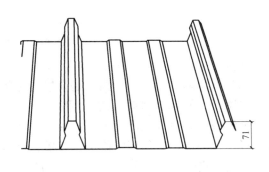

(a)　　　　　　　　　　　　　　　　(b)

图 2-7　金属屋面板常用形式

（a）低波纹屋面板；（b）高波纹屋面板

　　2. 螺栓暴露式屋面和暗扣式屋面

　　按连接形式分类，金属屋面板可分为螺栓暴露式屋面和暗扣式屋面。螺栓暴露式屋面中，屋面板通过自攻螺栓与檩条固定在一起，并在自攻螺栓周围涂上密封胶（图 2-8a）。这种连接方式存在自攻螺栓暴露容易生锈、密封胶老化漏水等问题。暗扣式连接的屋面板中，屋面板侧向连接直接用配件将金属屋面板固定于檩条上，而板与板之间以及板与配件之间通过夹具夹紧（图 2-8b），从而基本消除金属屋面漏水隐患，应用广泛。

　　3. 单层压型钢板屋面和复合板屋面

　　从保温隔热角度考虑，金属屋面板既可以采用单层压型钢板，也可以采用复合板。单层压型钢板很薄，包括涂层在内，厚度在2mm以内，无法满足保温隔热要求。若在设计时选用这样的屋面板，必须在屋面板下面另设保温层，下托不锈钢丝网片，或者再设计一层屋面内板，在屋面内外板之间再填塞保温材料，例如玻璃纤维保温棉、岩棉等，厚度应

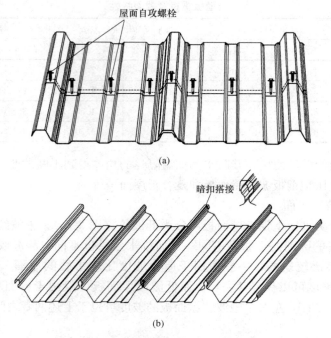

(a)

(b)

图 2-8　屋面板常用的施工方法
（a）螺栓暴露式屋面；（b）暗扣式屋面

根据保温要求由热工计算确定。

　　满足保温隔热的另一个措施是直接选择保温隔热比较好的复合板。复合板有工字铝连接式（图 2-9a）和企口插入式（图 2-9b）两种。这种板材外层是高强度镀锌彩板或镀铝锌彩色钢板，芯材为阻燃性聚苯乙烯、玻璃棉或岩棉，通过自动成型机，用高强度胶粘剂将两者粘合一体，经加压、修边、开槽、落料而形成的复合板。它具有一般建筑材料所不能具备的优良性能，既具有隔热、隔声等物理性能，又具备较好的抗弯和抗剪的力学性能。具体性能指标见表 2-3。

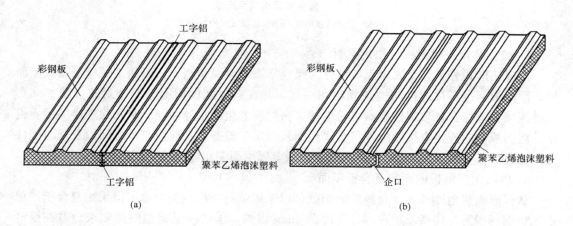

(a)

(b)

图 2-9　复合板形式
（a）工字铝连接式；（b）企口插入式

复合板的性能指标　　　　　　　　　　表 2-3

板厚(mm)	50	75	100	150	200	250
板重(kg/m²)	10.5	11.0	11.5	12.5	13.5	14.5
传热系数[W/(m²·K)]	0.663	0.442	0.331	0.221	0.166	0.133
平均隔声量 R(dB)	20	22	25	>27		

复合板的主要特点表现在以下 4 个方面：①重量轻，体积小，与传统的砖石结构、钢筋混凝土结构相比，重量减轻 15～30 倍，体积减小 2～5 倍；②复合板面层及夹芯保温材料均为非燃材料，采用阻燃胶粘剂，具有良好的耐火性；③复合板的隔声性能优越，其隔声强度可达到 41～56dB，随夹芯保温材料及厚度的不同而变化，而普通的砖、混凝土的隔音强度仅为 38～44dB；④复合板的夹芯保温材料的低导热系数，决定了复合板具有良好的保温隔热性能，寒冷地区或对保温隔热有特殊要求的建筑物，可根据需要增加保温材料的厚度。

2.3.2　墙面围护材料

墙面作为轻钢结构建筑系统组成部分，它不仅起围护作用，而且对整个建筑物美观起着至关重要的作用。随着我国建筑业发展，人们对建筑物外墙面要求也越来越高，墙面材料除高强轻质、保温隔热、阻燃隔声等常规要求外，还要求造型美观、安装方便。根据墙面组成材料的不同，墙面可以分成砖墙面、石膏板墙面、混凝土砌块或板材墙面、金属墙面、玻璃幕墙以及一些新型墙面材料。混凝土砌块或板材墙面常见的有 GRC 玻璃纤维增强水泥板、粉煤灰轻质墙板或砌块、ALC 墙面板或墙面砌块等，金属墙面常见的有压型钢板、EPS 夹芯板、金属幕墙板等。下面对几种墙面板作简单介绍。

1. 玻璃纤维增强水泥板

玻璃纤维增强水泥（Glass Fibre Reinforced Cement，简称 GRC）轻型板材被广泛用于建筑物的内墙板，主要包括 GRC 平板和 GRC 隔墙轻质条板。GRC 平板以高强度等级低碱度硫铝酸盐类水泥为基材，以抗碱玻璃纤维作增强材料，经过先进流浆辊压复合成型工艺制成，具有轻质、高强、高韧、耐火、不燃、防腐等优良性能，不含石棉等污染环境的有害物质，同时具有良好的加工性能。GRC 隔墙轻质空芯条板是一种面层喷射 GRC，芯层注入膨胀珍珠岩混合料，即采用喷注复合工艺制成的新型空芯隔墙板，具有抗折强度高、抗裂性强、耐水、防火、防腐、加工性好、施工方便、尺寸精度高等优点。

2. 粉煤灰轻质墙板或砌块

1) 粉煤灰多孔轻质墙板

自然养护的粉煤灰多孔轻质墙板是以粉煤灰为主原料，氯氧镁水泥为胶凝材料，中碱玻璃纤维为增强材料，再配以有效的改性外加剂和发泡剂，经过适当的生产工艺控制，在常温常压下固化成型的一种新型多孔轻质建筑材料。粉煤灰多孔轻质建筑板具有质量轻、力学性能好、隔热隔声性能好、变形性小、不燃烧等优点，部分性能指标见表 2-4。

粉煤灰多孔轻质建筑板可广泛应用于建筑物的外墙内保温、外墙外保温、屋面保温、非承重分户分室隔墙及有相类似要求的其他建筑工程部位。该建筑板可以比较方便的与其他墙体连接，并能很好的处理预埋件、预挂件、门窗口、阴阳角等位置，确保了板面平整、板缝不开裂，从而保证了施工速度和施工质量。

粉煤灰质多孔轻质墙板性能指标 表2-4

项 目		检测结果	指 标
常规性能	面密度(kg/m²)	17.5～35	≤60
	干密度(kg/m³)	350～500	—
	含水率(%)	3～5	≤15
力学性能	抗压强度(MPa)	>1	—
	抗弯破坏荷载	超过板自重2.35倍	>0.75G
	抗冲击性能	承受30kg沙袋落差0.5m的摆动冲击10次，不出现贯穿裂纹	冲击3次，不出现贯穿裂纹
	单点吊挂力(N)	受1500N单点吊挂力作用24h，不出现贯穿裂纹	>800
热学性能	导热系数[W/(m·K)]	0.087	—
	复合热阻	240mm砖墙+20mm空气层+50mm板复合墙热阻相当于810mm砖墙热阻	—
变形性	干燥收缩值(mm/m)	0.48(45天后稳定)	≤0.8

2）粉煤灰硅酸盐墙板

粉煤灰硅酸盐墙板是以粉煤灰、石灰、石膏作胶结料，与集料（可用煤渣、硬矿渣等工业废渣或其他集料）按比例配合，加水搅拌，振动成型，常压蒸汽养护制成的一种墙体材料。其表观密度为1300～1550kg/m³，抗压强度可达20MPa，后期强度稳定，性能可满足砌墙要求。它可用以建造多层民用建筑的承重和非承重墙、基础、框架填充墙、工业建筑的承重墙和围护墙。

3）蒸压粉煤灰加气混凝土板

蒸压粉煤灰加气混凝土板是以粉煤灰、水泥、石灰为主要原材料，用铝粉作发气剂，经配料、搅拌、浇筑、发气、切割、高压蒸汽养护而制成的多孔、轻质建筑板材。该材料具有防火性能好、容易加工的特点。其表观密度可随发气剂加入量的多少而改变，而强度、热导率又随表观密度的不同而不同。其性能指标见表2-5。

粉煤灰质多孔轻质墙板性能指标 表2-5

表观密度(kg/m³)	抗压强度(MPa)	抗拉强度(MPa)	弹性模量(MPa)	导热系数[W/(m·K)]
500	3.0～4.0	0.3～0.4	$1.4×10^3$	0.116
600	4.0～5.0	0.4～0.5	$2.0×10^3$	0.128
700	5.0～6.0	0.5～0.6	$2.2×10^3$	0.143

作为建筑材料，粉煤灰加气混凝土通过配筋可以用作屋面板、外墙板和隔墙板。用粉煤灰加气混凝土制作的外墙板的规格为：长×宽×高=1500～6000mm×600mm×150～250mm。

4）粉煤灰泡沫混凝土砌块

粉煤灰泡沫混凝土砌块是以粉煤灰为主原料，氯氧镁水泥为胶凝材料，配以有效的改性外加剂和发泡剂，经过适当的生产工艺控制，在常温常压下固化成型的一种新型多孔轻质建筑材料。粉煤灰泡沫混凝土砌块具有质量轻、力学性能好、隔热隔声性能好、变形小、不燃烧等优点。粉煤灰泡沫混凝土砌块可广泛应用于建筑物的填充墙、内外保温、屋面保温、非承重分户分室隔墙及有相似要求的其他建筑工程部位。

5）粉煤灰混凝土小型空心砌块

粉煤灰混凝土小型空心砌块的生产工艺是将粉煤灰、水泥、砂、石子等原料加水搅拌，经振动加压或冲压成型，再经养护而成，它的特点是成型采用专用设备——砌块成型机，养护可为自然养护和蒸汽养护。它的主要规格为 390mm×190mm×190mm，孔洞率为 35%～45%，利用粉煤灰还可以制成有抗渗要求的砌块，粉煤灰小型空心砌块的抗压强度可以达到 15MPa 以上。粉煤灰混凝土小型空心砌块可用做民用和工业建筑的承重和非承重墙。

6）蒸压粉煤灰加气混凝土砌块

蒸压粉煤灰加气混凝土砌块是以粉煤灰、水泥、石灰为主要原材料，用铝粉作发气剂，经配料、搅拌、浇筑、发气、切割、高压蒸汽养护而制成的多孔、轻质建筑材料。该材料具有防火性能好、容易加工的特点。其表观密度可随发气剂加入量多少而改变，而强度、热导率又随表观密度的不同而不同。粉煤灰加气混凝土砌块可作框架结构建筑内外墙，工业厂房围护墙，各种结构形式建筑的填充墙及 5 层以下民用建筑承重墙体材料。

3. 压型钢板和 EPS 夹芯板

压型钢板和 EPS 夹芯板是轻钢结构房屋中常用的金属墙面板，有关这类板材的性能指标已在金属屋面部分作了较详细地介绍，此处仅给出墙板的安装示意图，如图 2-10、图 2-11 所示。

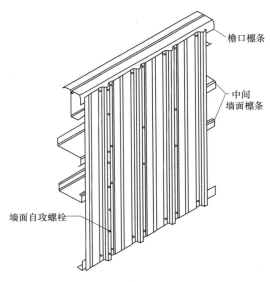

图 2-10　墙面板安装节点

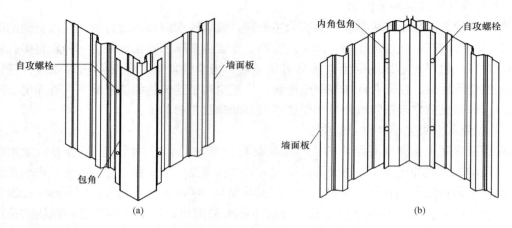

图 2-11　墙面包角节点

(a) 外墙包角；(b) 内墙包角

本章小结

（1）用于承重的冷弯薄壁型钢、轻型热轧型钢和钢板，应采用现行国家标准《碳素结构钢》GB/T 700 规定的 Q235 和《低合金高强度结构钢》GB/T 1591 规定的 Q345 钢材。屈服强度是衡量结构的承载能力和确定基本强度设计值的重要指标。

（2）轻型钢结构的连接可分为焊接连接、铆钉连接、螺栓连接和紧固件连接等。其中焊接和螺栓连接主要用于主体结构，紧固件连接则多用于轻型屋面板和墙面板的连接。

（3）压型钢板是轻钢结构最常用的屋面及墙面围护材料，常采用热涂锌钢板或彩色涂锌钢板，经辊压冷弯成各种波形。

思考与练习题

2-1　简述薄壁型钢的常用截面形式。

2-2　简述钢材抗拉强度、屈服点强度和伸长率的概念。

2-3　焊接连接的类型有哪些？

2-4　简述摩擦型与承压型高强度螺栓的区别。

第 3 章　设计的基本规定

本章要点及学习目标

本章要点：
(1) 轻钢结构的设计原则；
(2) 轻钢结构的设计指标；
(3) 轻钢结构的构造要求；
(4) 轻钢结构设计的荷载取值与变形规定。

学习目标：
(1) 掌握轻钢结构的设计原则；
(2) 熟悉轻钢结构的设计指标；
(3) 熟悉轻钢结构的构造要求；
(4) 掌握轻钢结构设计的荷载取值与变形规定。

　　轻型钢结构设计采用以概率理论为基础的极限状态设计法，按分项系数设计表达式进行计算，轻型钢结构的承重结构或构件应按承载能力极限状态和正常使用极限状态进行设计。设计时通常按承载能力极限状态设计结构或构件以保证安全、可靠，再按正常使用极限状态进行校核以保证适用性。

　　轻钢结构设计应遵照我国现行国家标准的规定，这些国家标准主要有《钢结构设计标准》GB 50017、《冷弯薄壁型钢结构技术规范》GB 50018、《门式刚架轻型钢结构技术规范》GB 51022、《轻型钢结构住宅技术规程》JGJ 209、《建筑结构荷载规范》GB 50009、《建筑抗震设计规范》GB 50011。此外还应遵照与结构设计有关的现行相关标准。

3.1　设计原则

3.1.1　承载能力极限状态

　　1. 承载能力极限状态

　　承载能力极限状态为结构或构件达到最大承载能力或达到不适于继续承载的变形的极限状态，包括：构件和连接的强度破坏、疲劳破坏和因过度变形而不适于继续承载，结构和构件丧失稳定，结构转变为机动体系以及结构倾覆。

　　2. 承载能力极限状态设计表达式

　　1) 设计表达式

　　当结构或构件按承载能力极限状态设计时，应根据现行国家标准《建筑结构荷载规范》GB 50009—2012 的规定采用荷载效应的基本组合，并符合式（3-1）的要求：

$$\gamma_0 S_d \leqslant R_d \tag{3-1}$$

式中　γ_0——结构重要性系数，安全等级为一级或使用年限为 100 年及以上的结构构件，不应小于 1.1，跨度大于或等于 60m 的大跨结构（大会堂、体育馆和飞机库等的屋盖主要承重结构）的安全等级宜取为一级；二级或使用年限为 50 年的结构构件，不应小于 1.0，一般工业与民用建筑轻型钢结构的安全等级为二级；三级或使用年限为 5 年的结构构件，不应小于 0.9；使用年限为 25 年的结构构件不应小于 0.95；钢结构的安全等级和设计使用年限应符合现行国家标准《建筑结构可靠度设计统一标准》GB 50068 和《工程结构可靠性设计统一标准》GB 50153 的规定；

S_d——不考虑地震作用时，荷载效应组合的设计值；

R_d——结构构件抗力的设计值，应按各有关建筑结构设计规范的规定确定，$R_d = R_k/\gamma_R$；

R_k——抗力标准值；

γ_R——材料抗力分项系数，Q235 钢的抗力分项系数为 1.087，Q345 钢的抗力分项系数为 1.111；

f——结构构件或连接的强度设计值，$f = f_k/\gamma_R$，f_k 为材料强度标准值。

冷弯薄壁型钢结构按承载能力极限状态设计时，应考虑荷载效应的基本组合，必要时尚应考虑荷载效应的偶然组合，采用荷载设计值和强度设计值进行计算，冷弯薄壁型钢结构的抗力分项系数 $\gamma_R = 1.165$。

2）荷载效应组合的设计值

荷载基本组合的效应设计值 S_d，应从下列荷载组合中取用最不利的效应设计值确定。

（1）可变荷载控制的效应设计值

$$S_d = \sum_{j=1}^{m} \gamma_{G_j} S_{G_j k} + \gamma_{Q_1} \gamma_{L_1} S_{Q_1 k} + \sum_{i=2}^{n} \gamma_{Q_i} \gamma_{L_i} \psi_{c_i} S_{Q_i k} \tag{3-2}$$

式中　γ_{G_j}——第 j 个永久荷载的分项系数，取值如下列第 3）点；

γ_{Q_i}——第 i 个可变荷载的分项系数，其中 γ_{Q_1} 为主导可变荷载 Q_1 的分项系数，取值如下列第 3）点；

γ_{L_i}——第 i 个可变荷载考虑设计使用年限的调整系数，其中 γ_{L_1} 为主导可变荷载 Q_1 考虑设计使用年限的调整系数；

$S_{G_j k}$——按第 j 个永久荷载标准值 G_{jk} 计算的荷载效应值；

$S_{Q_i k}$——按第 i 个可变荷载标准值 Q_{ik} 计算的荷载效应值，其中 $S_{Q_1 k}$ 为诸可变荷载效应中起控制作用者；

ψ_{c_i}——第 i 个可变荷载 Q_i 的组合值系数；

m——参与组合的永久荷载数；

n——参与组合的可变荷载数。

（2）永久荷载控制的效应设计值

$$S_d = \sum_{j=1}^{m} \gamma_{G_j} S_{G_j k} + \sum_{i=1}^{n} \gamma_{Q_i} \gamma_{L_i} \psi_{c_i} S_{Q_i k} \tag{3-3}$$

注：① 基本组合中的效应设计值仅适用于荷载与荷载效应为线性的情况；

② 当对 S_{Q_1k} 无法明显判断时，应轮次以各可变荷载效应作为 S_{Q_1k}，并选取其中最不利的荷载组合的效应设计值。

一般来说，对于永久荷载较小的、采用轻型屋面的门式刚架以及轻钢住宅多为可变荷载效应控制的组合。

3）基本组合的荷载分项系数

（1）永久荷载的分项系数

① 当永久荷载效应对结构不利时，对由可变荷载效应控制的组合应取 1.2，对由永久荷载效应控制的组合应取 1.35；

② 当永久荷载效应对结构有利时，不应大于 1.0。

（2）可变荷载的分项系数

① 对标准值大于 $4kN/m^2$ 的工业房屋楼面结构的活荷载，应取 1.3；

② 其他情况，应取 1.4。

（3）对结构的倾覆、滑移或漂浮验算，荷载的分项系数应满足有关建筑结构设计规范的规定。

4）可变荷载考虑设计使用年限的调整系数

（1）楼面和屋面活荷载考虑设计使用年限的调整系数 γ_L

楼面和屋面活荷载考虑设计使用年限的调整系数 γ_L 应按表 3-1 采用。

楼面和屋面活荷载考虑设计使用年限的调整系数 γ_L　　　　　表 3-1

结构设计使用年限(年)	5	50	100
γ_L	0.9	1.0	1.1

注：1. 当设计使用年限不为表中数值时，调整系数 γ_L 可按线性内插确定；

2. 对于荷载标准值可控制的活荷载，设计使用年限调整系数 γ_L 取 1.0。

（2）对雪荷载和风荷载，应按《建筑结构荷载规范》GB 50009 附录 E 的规定确定基本雪压和基本风压，或按有关规范的规定采用。

5）荷载偶然组合的效应组合设计值 S_d

（1）用于承载能力极限状态计算的效应设计值

$$S_d = \sum_{j=1}^{m} S_{G_jk} + S_{A_d} + \psi_{f_1} S_{Q_1k} + \sum_{i=2}^{n} \psi_{q_i} S_{Q_ik} \qquad (3-4)$$

式中　S_{A_d}——按偶然荷载标准值 A_d 计算的荷载效应值；

ψ_{f_1}——第 1 个可变荷载的频遇值系数；

ψ_{q_i}——第 i 个可变荷载的准永久值系数。

（2）用于偶然事件发生后受损结构的整体稳固性验算的效应设计值

$$S_d = \sum_{j=1}^{m} S_{G_jk} + \psi_{f_1} S_{Q_1k} + \sum_{i=2}^{n} \psi_{q_i} S_{Q_ik} \qquad (3-5)$$

注：组合中的设计值仅适用于荷载与荷载效应为线性的情况。

3.1.2 正常使用极限状态设计

1. 正常使用极限状态

正常使用极限状态为结构或构件达到正常使用（变形或耐久性能）的某项规定限值的极限状态。正常使用极限状态包括：影响结构、构件或非结构构件正常使用或外观的变形，影响正常使用的振动，影响正常使用或耐久性能的局部损坏。

2. 正常使用极限状态设计表达式

对于正常使用极限状态设计，考虑荷载效应的标准组合，采用荷载标准值和变形限值按式（3-6）进行设计：

$$S_d \leqslant C \tag{3-6}$$

式中　C——结构或构件达到正常使用要求的规定限值，例如，变形、裂缝、振幅、加速度、应力等的限值，见本章第 3.4 节。

3. 荷载标准组合的效应设计值 S_d

$$S_d = \sum_{j=1}^{m} S_{G_j k} + S_{Q_1 k} + \sum_{i=2}^{n} \psi_{c_i} S_{Q_i k} \tag{3-7}$$

注：组合中的设计值仅适用于荷载与荷载效应为线性的情况。

3.1.3 抗震验算

结构构件的地震作用效应和其他荷载效应的基本组合，应按式（3-8）计算：

$$S = \gamma_G S_{GE} + \gamma_{Eh} S_{Ehk} + \gamma_{Ev} S_{Evk} + \psi_w \gamma_w S_{wk} \tag{3-8}$$

式中　S——结构构件内力组合的设计值，包括组合的弯矩、轴向力和剪力设计值等；

　　γ_G——重力荷载分项系数，一般情况应取 1.2，当重力荷载效应对构件承载能力有利时，不应大于 1.0。

　γ_{Eh}、γ_{Ev}——分别为水平、竖向地震作用分项系数，应按表 3-2 采用；

　　S_{GE}——重力荷载代表值的效应，可按《建筑抗震设计规范》GB 50011—2010 第 5.1.3 条采用，但有吊车时，尚应包括悬吊物重力标准值的效应；

　　S_{Ehk}——水平地震作用标准值的效应，尚应乘以相应的增大系数或调整系数；

　　S_{Evk}——竖向地震作用标准值的效应，尚应乘以相应的增大系数或调整系数；

　　S_{wk}——风荷载标准值的效应；

　　ψ_w——风荷载组合值系数，一般结构取 0.0，风荷载起控制作用的建筑应采用 0.2；

　　γ_w——风荷载的分项系数。

地震作用分项系数　　　　　　　　　　　　表 3-2

地震作用	γ_{Eh}	γ_{Ev}
仅计算水平地震作用	1.3	0.0
仅计算竖向地震作用	0.0	1.3
同时计算水平与竖向地震作用（水平地震为主）	1.3	0.5
同时计算水平与竖向地震作用（竖向地震为主）	0.5	1.3

结构构件的截面抗震验算，应采用设计表达式（3-9）：

$$S \leqslant R / \gamma_{RE} \tag{3-9}$$

式中　R——结构构件承载力设计值；

　　γ_{RE}——承载力抗震调整系数，门式刚架轻型房屋钢结构按表 3-3 采用，其他结构按表 3-4 采用。

门式刚架轻型房屋钢结构承载力抗震调整系数 表 3-3

构件或连接	受力状态	γ_{RE}
柱、梁、支撑、节点、螺栓、焊缝	强度	0.85
柱、支撑	稳定	0.90

其他结构承载力抗震调整系数 表 3-4

构件或连接	受力状态	γ_{RE}
柱、梁、支撑、节点板件、螺栓、焊缝	强度	0.75
柱、支撑	稳定	0.80

3.1.4 注意事项

1) 设计刚架、屋架、檩条和墙梁时，应考虑由于风吸力作用引起构件内力变化的不利影响，此时永久荷载分项系数应取 1.0。

2) 结构构件的受拉强度应按净截面计算，受压强度应按有效净截面计算，稳定性应按有效截面计算，构件的变形和各种稳定系数均可按毛截面计算。

3) 对于直接承受动力荷载的结构，在计算强度和稳定性时，动力荷载设计值应乘以动力系数；在计算疲劳和变形时，动力荷载标准值不乘动力系数。

3.2 设计指标

3.2.1 钢材的物理性能

钢材的物理性能指标应按现行国家标准《钢结构设计标准》GB 50017 的规定采用，如表 3-5 所示。

钢材的物理性能 表 3-5

弹性模量 E （N/mm²）	剪变模量 G （N/mm²）	线膨胀系数 α （以每℃计）	质量密度 ρ （kg/m³）
206×10^3	79×10^3	12×10^{-6}	7850

3.2.2 强度设计指标

由于钢材在制造、成型工艺等方面的不同，同一钢材牌号的热轧钢材和冷弯薄壁型钢的强度设计值是不同的。钢材的设计强度指标，应根据钢材牌号、厚度或直径及结构受力按表 3-6～表 3-8 采用。

用于门式刚架轻型房屋钢结构的钢材强度设计值（N/mm²） 表 3-6

牌号	钢材厚度或直径(mm)	抗拉、压、弯	抗剪	屈服强度最小值	端面承压(刨平顶紧)
Q235	≤6	215	125	235	320
	>6,≤16	215	125	235	
	>16,≤40	205	120	225	

续表

牌号	钢材厚度或直径(mm)	抗拉、压、弯	抗剪	屈服强度最小值	端面承压(刨平顶紧)
Q345	≤6	305	175	345	
	>6,≤16	305	175		400
	>16,≤40	295	170	335	
LQ550	≤0.6	455	260	530	
	>0.6,≤0.9	430	250	500	
	>0.9,≤1.2	400	230	460	—
	>1.2,≤1.5	360	210	420	

注：《门式刚架轻型钢结构技术规范》GB 51022 将 550 级钢材定名为 LQ550，仅用于屋面及墙面板。

其他结构热轧钢材的强度设计值（N/mm²）　　　　　表 3-7

牌号	钢材厚度或直径(mm)	抗拉、压、弯	抗剪	端面承压(刨平顶紧)
Q235	≤16	215	125	
	>16~40	205	120	325
	>40~60	200	115	
	>60~100	190	110	
Q345	≤16	310	180	
	>16~35	295	170	400
	>35~50	265	155	
	>50~100	250	145	
Q390	≤16	350	205	
	>16~35	335	190	415
	>35~50	315	180	
	>50~100	295	170	
Q420	≤16	380	220	
	>16~35	360	210	440
	>35~50	340	195	
	>50~100	325	185	

注：表中厚度系指计算点的钢材厚度，对轴心受拉和轴心受压构件系指截面中较厚板件的厚度。

冷弯薄壁型钢的强度设计值（N/mm²）　　　　　表 3-8

牌号	抗拉、抗压和抗弯 f	抗剪 f_v	端面承压(刨平顶紧) f_{ce}
Q235	205	120	310
Q345	300	175	400

3.2.3　铸钢件的设计指标

铸钢件的强度设计值，应按表 3-9 采用。

铸钢件的强度设计值（N/mm²）　　　　　表 3-9

钢号	抗拉、抗压和抗弯 f	抗剪 f_v	端面承压(刨平顶紧) f_{ce}
ZG200-400	155	90	260
ZG230-450	180	105	290
ZG270-500	210	120	325
ZG310-570	240	140	370

3.2.4　焊缝强度设计值

用于门式刚架轻型房屋钢结构的焊缝强度设计值见表 3-10，用于热轧钢材钢结构时，焊缝的强度设计值按表 3-11 采用，冷弯薄壁型钢结构所采用的焊缝强度设计值应符合表 3-12 的规定。

用于门式刚架轻型房屋钢结构的焊缝强度设计值（N/mm²）　　　　表 3-10

焊接方法和焊条型号	牌号	厚度或直径(mm)	对接焊缝				角焊缝
			抗压 f_c^w	抗拉、抗弯 f_t^w		抗剪 f_v^w	抗拉、抗压、抗剪 f_f^w
				一、二级焊缝	三级焊缝		
自动焊、半自动焊和 E43 型焊条的手工焊	Q235	≤6	215	215	185	125	160
		>6,≤16	215	215	185	125	
		>16,≤40	205	205	175	120	
自动焊、半自动焊和 E50 型焊条的手工焊	Q345	≤6	305	305	260	175	200
		>6,≤16	305	305	265	175	
		>16,≤40	295	295	250	170	

注：1. 焊缝质量等级应符合现行国家标准《钢结构工程施工质量验收规范》GB 50205 的规定；其中厚度小于 8mm 钢材的对接焊缝，不宜采用超声波探伤确定焊缝质量等级；
　　2. 对接焊缝抗弯受压强度设计值取 f_c^w，抗弯受拉强度设计值取 f_t^w；
　　3. 表中厚度系指计算点的钢材厚度，对轴心受力构件系指截面中较厚板件的厚度。

用于其他钢结构的热轧钢材焊缝强度设计值（N/mm²）　　　　表 3-11

焊接方法和焊条型号	牌号	钢材厚度或直径(mm)	对接焊缝				角焊缝
			抗压 f_c^w	抗拉 f_t^w		抗剪 f_v^w	抗拉、抗压、抗剪 f_f^w
				一、二级焊缝	三级焊缝		
自动焊、半自动焊和 E43 型焊条的手工焊	Q235	≤16	215	215	185	125	160
		>16～40	205	205	175	120	
		>40～60	200	200	170	115	
		>60～100	190	190	160	110	
自动焊、半自动焊和 E50 型焊条的手工焊	Q345	≤16	310	310	265	180	200
		>16～35	295	295	250	170	
		>35～50	265	265	225	155	
		>50～100	250	250	210	145	
自动焊、半自动焊和 E55 型焊条的手工焊	Q390	≤16	350	350	300	205	220
		>16～35	335	335	285	190	
		>35～50	315	315	270	180	
		>50～100	295	295	250	170	
	Q420	≤16	380	380	320	220	220
		>16～35	360	360	305	210	
		>35～50	340	340	290	195	
		>50～100	325	325	275	185	

注：1. 自动焊和半自动焊所采用的焊丝和焊剂，应保证其熔敷金属的力学性能不低于现行国家标准《碳素钢埋弧焊用焊剂》GB/T 5293 和《低合金钢埋弧焊用焊剂》GB/T 12470 中相关的规定；
　　2. 焊缝质量等级应符合现行国家标准《钢结构工程施工质量验收规范》GB 50205 的规定；其中厚度小于 8mm 钢材的对接焊缝，不宜采用超声波探伤确定焊缝质量等级；
　　3. 对接焊缝抗弯受压强度设计值取 f_c^w，抗弯受拉强度设计值取 f_t^w；
　　4. 表中厚度系指计算点的钢材厚度，对轴心受力构件系指截面中较厚板件的厚度。

冷弯薄壁型钢结构的焊缝强度设计值（N/mm²）　　　表 3-12

构件钢材牌号	对接焊缝			角焊缝
	抗压 f_c^w	抗拉 f_t^w	抗剪 f_v^w	抗拉、抗压、抗剪 f_f^w
Q235 钢	205	175	120	140
Q345 钢	300	255	175	195

注：1. 当 Q235 钢与 Q345 钢对接焊接时，焊缝的强度设计值应按 Q235 钢一栏的数值采用；
　　2. 经 X 射线检查符合一、二级焊缝质量标准的对接焊缝的抗拉强度设计值采用抗压强度设计值。

3.2.5　螺栓连接的强度设计值

在轻型钢结构连接中，可以采用普通螺栓连接、高强度螺栓连接，冷弯薄壁型钢结构构件的连接多采用 C 级螺栓连接，由于相连接的型钢（或钢板）的壁厚较薄，宜采用全螺纹螺栓，每个高强度螺栓的预拉力，应符合现行国家标准《钢结构设计标准》GB 50017 的规定。螺栓连接的强度设计值见表 3-13、表 3-14。

用于热轧钢材及门式刚架轻型房屋钢结构的螺栓连接的强度设计值（N/mm²）　　表 3-13

钢材牌号或性能等级		普通螺栓						锚栓	承压型连接高强度螺栓		
		C 级螺栓			A 级、B 级螺栓						
		抗拉 f_t^b	抗剪 f_v^b	承压 f_c^b	抗拉 f_t^b	抗剪 f_v^b	承压 f_c^b	抗拉 f_t^a	抗拉 f_t^b	抗剪 f_v^b	承压 f_c^b
普通螺栓	4.6 级	170	140	—	—	—	—				
	4.8 级	170	140	—	—	—	—				
	5.6 级	—	—	—	210	190	—				
	8.8 级	—	—	—	400	320	—				
锚栓	Q235							140			
	Q345							180			
承压型连接高强度螺栓	8.8 级								400	250	—
	10.9 级								500	310	—
构件	Q235			305			405				470
	Q345			385			510				590
	Q390			400			530				615
	Q420			425			560				655

注：1. A 级螺栓用于 $d \leqslant 24mm$ 和 $l \leqslant 10d$ 或 $l \leqslant 150mm$（按较小值）的螺栓；B 级螺栓用于 $d > 24mm$ 和 $l > 10d$ 或 $l > 150mm$（按较小值）的螺栓；d 为公称直径，l 为螺栓公称长度；
　　2. A、B 级螺栓孔的精度和孔壁表面粗糙度，C 级螺栓孔的允许偏差和孔壁表面粗糙度，均应符合现行国家标准《钢结构工程施工质量验收规范》GB 50205 的要求。

冷弯薄壁型钢结构 C 级普通螺栓连接的强度设计值（N/mm²）　　　表 3-14

类　　别	性能等级	构件的钢材牌号	
	4.6 级、4.8 级	Q235	Q345
抗拉 f_t^b	165	—	—
抗剪 f_v^b	125	—	—
承压 f_c^b	—	290	370

3.2.6　铆钉连接的强度设计值

用于热轧钢材钢结构时，铆钉连接的强度设计值按表 3-15 采用。

铆钉连接的强度设计值（N/mm²）   表 3-15

铆钉钢号和构件钢材牌号		抗拉(钉头拉脱)f_t^r	抗剪 f_v^r		承压 f_c^r	
			Ⅰ类孔	Ⅱ类孔	Ⅰ类孔	Ⅱ类孔
铆钉	BL2 或 BL3	120	185	155	—	—
构件钢材牌号	Q235	—	—	—	450	365
	Q345	—	—	—	565	460
	Q390	—	—	—	590	480

注：1. 属于下列情况者为Ⅰ类孔：在装配好的构件上按设计孔径钻成的孔；在单个零件和构件上按设计孔径分别用钻模钻成的孔；在单个零件上先钻成或冲成较小的孔径，然后在装配好的构件上再扩钻至设计孔径的孔；

2. 在单个零件上一次冲成或不用钻模钻成设计孔径的孔属于Ⅱ类孔。

3.2.7 电阻点焊

厚度不大于 3.5mm 的冷弯薄壁型钢可采用电阻点焊，每个焊点的受剪承载力设计值应符合现行国家标准《冷弯薄壁型钢结构技术规范》GB 50018 的规定，见表 3-16。电阻点焊的焊点中距不宜小于 $15\sqrt{t}$（mm），焊点边距不宜小于 $10\sqrt{t}$（mm）（t 为相连板件中外层较薄板件的厚度）。

电阻点焊的抗剪承载力设计值   表 3-16

相焊板件中外层较薄板件的厚度 t(mm)	每个焊点的抗剪承载力设计值N_v^s(kN)	相焊板件中外层较薄板件的厚度 t(mm)	每个焊点的抗剪承载力设计值N_v^s(kN)
0.4	0.6	2.0	5.9
0.6	1.1	2.5	8.0
0.8	1.7	3.0	10.2
1.0	2.3	3.5	12.6
1.5	4.0	—	—

3.2.8 强度设计值折减

当计算下列结构构件和连接时，表 3-7～表 3-16 规定的强度设计值应乘以相应的折减系数。

1）单面连接的单角钢：

（1）按轴心受力计算强度和连接时取 0.85。

（2）按轴心受压计算稳定性：①等边角钢取 $0.6+0.0015\lambda$，但不大于 1.0；②短边相连的不等边角钢取 $0.5+0.0025\lambda$，但不大于 1.0；③长边相连的不等边角钢取 0.7；④冷弯薄壁结构构件取 $0.6+0.0014\lambda$。

注：λ 为长细比，对中间无连系的单角钢压杆，应按最小回转半径计算确定。当 $\lambda<20$ 时，取 $\lambda=20$。

2）无垫板的单面对接焊缝取 0.85。

3）施工条件较差的高空安装焊缝取 0.9。

4）两构件采用搭接连接或其间填有垫板的连接以及单盖板的不对称连接取 0.9。

5）平面格构式檩条的端部主要受压腹杆取 0.85。

6）沉头和半沉头铆钉连接取 0.80。

当以上几种情况同时存在时，相应的折减系数应连乘。

3.2.9　冷弯效应强度设计值

冷弯薄壁型钢系由钢板或钢带经冷加工成型的，由于冷作硬化的影响，冷弯薄壁型钢的屈服强度将较母材有较大的提高，称为冷弯效应。屈服强度提高的幅度与材质、截面形状、尺寸及成型工艺等因素有关。

当冷弯薄壁型钢构件全截面有效时，应采用现行国家标准《冷弯薄壁型钢结构技术规范》GB 50018 规定的考虑冷弯效应的强度设计值，计算受拉、受压、受弯构件的强度。经退火、焊接和热镀锌等热处理的冷弯薄壁型钢构件不得采用考虑冷弯效应的强度设计值。

考虑冷弯效应的钢材强度设计值 f' 按式（3-10）计算：

$$f' = \left[1 + \frac{\eta(12\gamma - 10)t}{l} \sum_{i=1}^{n} \frac{\theta_i}{2\pi} \right] f \tag{3-10}$$

式中　η——成型方式系数；对于冷弯高频焊（圆变）方、矩形管，$\eta = 1.7$；对于圆管和其他方式成型的方、矩形管及开口型钢，$\eta = 1.0$；

γ——钢材的抗拉强度与屈服强度的比值；Q235 钢，取 $\gamma = 1.58$；Q345 钢，取 $\gamma = 1.48$；

n——型钢截面所含棱角数目；

θ_i——型钢截面上第 i 个棱角所对应的圆周角（rad）；

l——型钢截面中心线的长度，可取型钢截面积与其厚度的比值；

t——型钢厚度；

f——钢材的强度设计值（N/mm²）；Q235 钢，取 205；Q345 钢，取 300。

3.3　构造要求

3.3.1　钢材厚度

对于门式刚架轻型房屋钢结构，钢材的厚度应符合下列规定：

（1）用于檩条和墙梁的冷弯薄壁型钢，壁厚不宜小于 1.5mm。用于焊接主刚架构件腹板的钢板，厚度不宜小于 4mm；当有根据时，腹板厚度可取不小于 3mm。

（2）冷弯薄壁型钢结构构件的壁厚不宜大于 6mm，也不宜小于 1.5mm（压型钢板除外），主要承重结构构件的壁厚不宜小于 2mm。

3.3.2　宽厚比

1）构件中受压板件的最大宽厚比，不应大于现行国家标准《冷弯薄壁型钢结构技术规范》GB 50018 规定的宽厚比限值，见表 3-17。

受压板件的宽厚比限值   表 3-17

钢材牌号 板件类别	Q235 钢	Q345 钢
非加劲板件	45	35
部分加劲板件	60	50
加劲板件	250	200

2）主刚架构件受压板件的最大宽厚比不得大于现行国家标准《门式刚架轻型房屋钢结构技术规范》GB 51022—2015 的规定。

（1）工字形截面构件受压翼缘板自由外伸宽度 b 与其厚度 t 之比，不应大于 $15\sqrt{235/f_y}$；

（2）工字形截面梁、柱构件腹板的计算高度 h_w 与其厚度 t_w 之比，不应大于 250；

（3）当受压板件的局部稳定临界应力低于钢材屈服点时，应按实际应力验算板件的稳定性，或采用有效宽度计算构件的有效截面，并验算构件的强度和稳定。

3）圆管截面构件的外径与壁厚之比，对于 Q235 钢，不宜大于 100；对于 Q345 钢，不宜大于 68。

3.3.3 长细比

1. 门式刚架轻型房屋钢结构

1）受压构件的长细比，不宜大于表 3-18 规定的限值。

受压构件的容许长细比限值   表 3-18

构件类别	长细比限值
主要构件	180
其他构件及支撑	220

2）受拉构件的长细比，不宜大于表 3-19 规定的限值。

受拉构件的容许长细比限值   表 3-19

构件类别	承受静力荷载或间接 承受动力荷载的结构	直接承受动力 荷载的结构
桁架杆件	350	250
吊车梁或吊车桁架以下的柱间支撑	300	—
除张紧的圆钢或钢索支撑除外的其他支撑	400	—

注：1. 对承受静力荷载的结构，可仅计算受拉构件在竖向平面内的长细比；
    2. 对直接或间接承受动力荷载的结构，计算单角钢受拉构件的长细比时，应采用角钢的最小回转半径；在计算单角钢交叉受拉杆件平面外长细比时，应采用与角钢肢边平行轴的回转半径；
    3. 在永久荷载与风荷载组合作用下受压的构件，其长细比不宜大于 250。

2. 其他热轧钢结构

1）受压构件的长细比，不宜大于表 3-20 规定的限值。

受压构件的容许长细比限值   表 3-20

项次	构件类别	长细比限值
1	柱、桁架和天窗架中的压杆	150
	柱的缀条、吊车梁或吊车桁架以下的柱间支撑	
2	支撑（吊车梁或吊车桁架以下的柱间支撑除外）	200
	用以减小受压构件长细比的杆件	

注：1. 桁架（包括空间桁架）的受压腹杆，当其内力不大于承载能力的 50% 时，容许长细比值可取 200；
    2. 计算单角钢受压构件的长细比时，应采用角钢的最小回转半径，但计算在交叉点相互连接的交叉杆件平面外的长细比时，可采用与角钢肢边平行轴的回转半径；
    3. 跨度等于或大于 60m 的桁架，其受压弦杆和端压杆的容许长细比值宜取 100，其他受压腹杆可取 150（承受静力荷载或间接承受动力荷载）和 120（直接承受动力荷载）；
    4. 由容许长细比控制截面的杆件，在计算其长细比时，可不考虑扭转效应。

2）受拉构件的长细比，不宜大于表 3-21 规定的限值。

受拉构件的容许长细比限值   表 3-21

构件类别	承受静力荷载或间接承受动力荷载的结构		直接承受动力荷载的结构
	一般建筑结构	有重级工作制吊车的厂房	
桁架的杆件	350	250	250
吊车梁或吊车桁架以下的柱间支撑	300	200	—
其他拉杆、支撑、系杆（张紧的圆钢或钢绞线支撑除外）	400	350	—

注：1. 对承受静力荷载的结构，可仅计算受拉构件在竖向平面内的长细比；
    2. 对直接或间接承受动力荷载的结构，计算单角钢受拉构件的长细比时，应采用角钢的最小回转半径；在计算单角钢交叉受拉杆件平面外长细比时，应采用与角钢肢边平行轴的回转半径；
    3. 在永久荷载与风荷载组合作用下受压的构件，其长细比不宜大于 250。

3. 冷弯薄壁型钢结构

1）受压构件的长细比，不宜大于表 3-22 规定的限值。

受压构件的容许长细比限值   表 3-22

项次	构件类别	长细比限值
1	主要构件（如主要承重柱、刚架柱、桁架和格构式刚架的弦杆及支座压杆等）	150
2	其他构件及支撑	200

2）受拉构件的长细比不宜大于 350，但张紧的圆钢拉条的长细比不受此限。当受拉构件在永久荷载和风荷载组合作用下受压时，长细比不宜大于 250；在吊车荷载作用下受压时，长细比不宜大于 200。

4. 其他要求

1）钢结构的构造应便于制作、安装、维护并使结构受力简单、明确，减少应力集中，避免材料三向受拉。对于受风荷载为主的空腹结构，应力求减少风荷载。

2）焊接结构是否需要采用焊前预热或焊后热处理等特殊处理，应根据材质、焊件厚度、焊接工艺、施焊时气温以及结构性能要求等综合因素来确定，并在设计文件中加以说明。

3）用缀板或缀条连接的格构式柱宜设置横隔，其间距不宜大于 2～3m，在每个运输单元的两端均应设置横隔。

4）实腹式受弯及受压构件的两端和较大集中荷载作用处应设置横向加劲肋，当构件腹板高厚比较大时，构造上宜设置横向加劲肋。

5）跨度不小于 30m 的刚架斜梁宜起拱。拱度可取跨度的 1/500，或恒载标准值作用下的挠度值。

6）当地震作用组合效应控制结构设计时，门式刚架轻型房屋钢结构的抗震构造措施应符合下列规定：

（1）工字形截面构件受压翼缘板自由外伸宽度 b 与其厚度 t 之比，不应大于 $13\sqrt{235/f_y}$；工字形截面梁、柱构件腹板的计算高度 h_w 与其厚度 t_w 之比，不应大于 160；

（2）在檐口和中柱的两侧三个檩距范围内，每道檩条处屋面梁均应布置双侧隅撑；边柱的檐口墙檩处均应设置双侧隅撑；

（3）当柱脚刚接时，锚栓的面积不应小于柱子截面面积的 0.15 倍；

（4）纵向支撑采用圆钢或钢索时，支撑与柱子腹板的连接应采用不能相对滑动的连接；

（5）柱的长细比不应大于 150。

3.4 荷载与变形

3.4.1 荷载

计算结构构件和连接时，结构自重、施工或检修荷载、屋面雪荷载、积灰荷载、风荷载、吊车荷载及地震作用的标准值、荷载分项系数、荷载组合值系数、动力荷载的动力系数等，应按现行国家标准《建筑结构荷载规范》GB 50009、《建筑抗震设计规范》GB 50011 和《门式刚架轻型房屋钢结构技术规范》GB 51022 的规定采用，悬挂荷载应按实际情况取用。

1. 永久荷载

永久荷载包括结构构件、围护结构构件及设备、管道的自重。

2. 可变荷载

可变荷载主要包括屋面均布活荷载、施工或检修荷载、屋面雪荷载、积灰荷载、吊车荷载和风荷载等。

1）当采用压型钢板轻型屋面时，屋面竖向均布活荷载的标准值（按水平投影面积计算）应取 $0.5kN/m^2$（对受荷水平投影面积大于 $60m^2$ 的刚架构件，屋面竖向均布活荷载的标准值可取不小于 $0.3kN/m^2$）。

2）设计屋面板和檩条时应考虑施工或检修集中荷载，人和小工具的重力标准值应取 1.0kN；当施工荷载有可能超过上述荷载时，应按实际情况取用，或加腋梁、支撑等临时设施承受。

3）雪荷载是指房屋上由积雪而产生的荷载，是作用在屋面上的。《建筑结构荷载规范》GB 50009 规定，屋面水平投影面上的雪荷载标准值应按式（3-11）计算：

$$s_k = \mu_r s_0 \tag{3-11}$$

式中　s_k——雪荷载标准值（kN/m²）；

s_0——基本雪压（kN/m²），按《建筑结构荷载规范》GB 50009 的方法确定的 50 年重现期的雪压；对门式刚架轻型房屋钢结构及对雪荷载敏感的结果，应采用 100 年重现期的雪压；

μ_r——屋面积雪分布系数，根据不同类别的屋面形式确定。

设计建筑结构及屋面的承重构件时，应按下列规定采用积雪的分布情况：

（1）屋面板和檩条按积雪不均匀分布的最不利情况采用，要考虑雪的堆积；

（2）屋架和拱壳应分别按全跨积雪均匀分布、不均匀分布和半跨积雪均匀分布的最不利情况采用；

（3）框架和柱可按全跨积雪的均匀分布情况采用。

4）吊车荷载应按现行国家标准《建筑结构荷载规范》GB 50009 的规定计算。

5）地震作用应按现行国家标准《建筑抗震设计规范》GB 50011 的规定计算。

6）风荷载标准值与建筑物所在地区基本风压、建筑物体型、高度以及建筑地面粗糙度等因素有关，垂直于建筑物表面上的风荷载标准值应按式（3-12）确定：

$$w_k = \beta_z \mu_s \mu_z w_0 \tag{3-12}$$

式中　w_k——风荷载标准值（kN/m²）；

w_0——基本风压（kN/m²）；

μ_z——风压高度变化系数；

μ_s——风荷载体型系数；

β_z——高度 z 处的风振系数；

门式刚架轻型房屋钢结构风荷载计算参见 4.3.1.1。

3. 应力蒙皮作用

在有可靠的资料时，《门式刚架轻型房屋钢结构技术规范》GB 51022 允许有限制性地利用屋面板的应力蒙皮效应。

应力蒙皮效应是指通过屋面板的面内刚度，将分摊到屋面的水平力传递到山墙结构的一种效应。应力蒙皮效应可以减小门式刚架梁柱受力，减小梁柱截面，从而节省用钢量。但是，应力蒙皮效应的实现需要满足一定的构造措施：

（1）自攻螺钉连接屋面板与檩条；

（2）传力途径不要中断，即屋面不得大开口（条形坡度方向的采光带）；

（3）屋面与屋面梁之间要增设剪力传递件（剪力传递件是与檩条相同截面的短的 C 形或 Z 形钢，安装在屋面梁上，顺坡方向，上翼缘与屋面板采用自攻螺钉连接，下翼缘与屋面梁采用螺栓连接或焊接）；

（4）厂房的总长度不大于总跨度的 2 倍；

（5）强大的端框架：山墙结构增设柱间支撑以传递应力蒙皮效应传递来的水平力至基础。

变截面门式刚架，一般不考虑应力蒙皮效应，按平面结构分析内力。

4. 荷载效应组合

设计轻型钢结构时，应综合考虑各种荷载的作用。其效应组合应符合下列原则：

（1）屋面均布活荷载不与雪荷载同时考虑，应取两者中的较大值；

（2）积灰荷载应与雪荷载或屋面均布活荷载中的较大值同时考虑；

（3）施工或检修集中荷载不与屋面材料或檩条自重以外的其他荷载同时考虑；

（4）多台吊车的组合应符合现行国家标准《建筑结构荷载规范》GB 50009 的规定；

（5）风荷载不与地震作用同时考虑。

3.4.2 变形规定

为了不影响结构或构件的观感和正常使用，设计轻型钢结构时应对结构或构件的变形（挠度或侧移）规定相应的限值。

（1）计算轻钢结构变形时，可不考虑螺栓孔引起的截面削弱。

（2）单层钢结构柱顶水平位移限值。单层钢结构柱顶水平位移计算值，不应大于表3-23 规定的限值。

风荷载作用下柱顶水平位移容许值　　　　　　　　　　表 3-23

结构体系	吊车情况		柱顶水平位移限值
排架、框架	无桥式起重机		$h/150$
	有桥式起重机		$h/400$
门式刚架	无吊车	当采用轻型钢墙板时	$h/60$
		当采用砌体墙时	$h/240$
	有桥式吊车	当吊车有驾驶室时	$h/400$
		当吊车由地面操作时	$h/180$

注：表中 h 为刚架柱高度。

（3）单层门式刚架轻型房屋钢结构中受弯构件的挠度与其跨度的比值，不应大于表3-24 规定的限值。

受弯构件的挠度与跨度比限值　　　　　　　　　　表 3-24

	构件类别		构件挠度限值
竖向挠度	门式刚架斜梁	压型钢板屋面	$L/180$
		尚有吊顶	$L/240$
		有悬挂起重机	$L/400$
	夹层	主梁	$L/400$
		次梁	$L/250$
	檩条	压型钢板屋面	$L/150$
		尚有吊顶	$L/240$
		压型钢板屋面板	$L/150$
		墙板	$L/100$
水平挠度	墙梁	抗风柱或抗风桁架	$L/250$
		仅支承压型钢板墙	$L/100$
		支承砌体墙	$L/180$ 且不大于 50mm

注：1. 表中 L 为构件跨度；
　　2. 对门式刚架斜梁，L 取全跨；
　　3. 对悬臂梁，按悬伸长度的 2 倍计算受弯构件的跨度。

（4）单层门式刚架轻型房屋钢结构，由于柱顶位移和构件挠度产生的屋面坡度改变值，不应大于坡度设计值的 1/3。

（5）吊车梁、楼盖梁、屋盖梁、工作平台梁以及墙架构件的挠度不宜超过表 3-25 所列的容许值。

受弯构件的挠度容许值　　　　　　　表 3-25

项次	构件类别	挠度容许值	
		$[v_T]$	$[v_Q]$
1	吊车梁和吊车桁架（按自重和起重量最大的一台吊车计算挠度） (1)手动吊车和单梁吊车（含悬挂吊车） (2)轻级工作制桥式吊车 (3)中级工作制桥式吊车 (4)重级工作制桥式吊车	$L/500$ $L/800$ $L/1000$ $L/1200$	—
2	手动或电动葫芦的轨道梁	$L/400$	—
3	有重轨（重量等于或大于 38kg/m）轨道的工作平台梁 有轻轨（重量等于或小于 24kg/m）轨道的工作平台梁	$L/600$ $L/400$	
4	楼(屋)盖梁或桁架、工作平台梁（第3项除外）和平台板 (1)主梁或桁架（包括设有悬挂起重设备的梁和桁架） (2)抹灰顶棚的次梁 (3)除(1)、(2)款外的其他梁（包括楼梯梁） (4)屋盖檩条 支承无积灰的瓦楞铁和石棉瓦屋面者 支承压型金属板、有积灰的瓦楞铁和石棉瓦等屋面者 有其他屋面材料者 (5)平台板	 $L/400$ $L/250$ $L/250$ $L/150$ $L/200$ $L/200$ $L/150$	 $L/500$ $L/350$ $L/300$ — — — —
5	墙架构件（风荷载不考虑阵风系数） (1)支柱 (2)抗风桁架（作为连续支柱的支承时） (3)砌体墙的横梁（水平方向） (4)支承压型金属板、瓦楞铁和石棉瓦墙面的横梁（水平方向） (5)带有玻璃窗的横梁（竖直和水平方向）	 — — — — $L/200$	 $L/400$ $L/1000$ $L/300$ $L/200$ $L/200$

注：1. L 为受弯构件的跨度（对悬臂梁和伸臂梁为悬臂长度的 2 倍）；
　　2. $[v_T]$ 为永久和可变荷载标准值产生的挠度（如有起拱应减去拱度）的容许值；
　　3. $[v_Q]$ 为可变荷载标准值产生的挠度的容许值。

（6）为改善外观和使用条件，可将横向受力构件预先起拱，起拱大小应视实际需要而定，一般为恒载标准值加 1/2 活载标准值所产生的挠度值。当仅为改善外观条件时，构件挠度应取在恒荷载和活荷载标准值作用下的挠度计算值减去起拱度。

本章小结

本章主要介绍了轻型钢结构的设计原则、轻型钢结构的设计指标、轻型钢结构的构造要求以及轻型钢结构的荷载与变形规定。

（1）轻型钢结构设计采用以概率理论为基础的极限状态设计法，设计时要保证承载能力和正常使用。

（2）轻型钢结构的设计指标包括构件与连接的强度指标，要注意使用条件。

（3）轻型钢结构的构造要求主要是对板件厚度、板件的宽厚比及构件的长细比限制。

（4）轻型钢结构计算结构构件和连接时，荷载主要有永久荷载、施工或检修荷载、屋面雪荷载、积灰荷载、吊车荷载、风荷载和地震作用等，其标准值、荷载分项系数、荷载组合值系数、动力荷载的动力系数等应按现行国家标准取值。

（5）为了不影响结构或构件的观感和正常使用，设计轻型钢结构时应对结构或构件的变形（挠度或侧移）规定相应的限值。

思考与练习题

3-1 简述轻型钢结构的设计方法。

3-2 简述轻型钢结构承载能力极限状态设计表达式。

3-3 简述轻型钢结构荷载基本组合的效应设计值 S_d，各分项系数如何取值？

3-4 简述轻型钢结构的正常使用极限状态设计表达式。

3-5 简述轻型钢结构构件的地震作用效应和其他荷载效应的基本组合表达式，各分项系数如何取值？

3-6 简述如何选择轻型钢结构构件的强度设计指标。

3-7 简述如何选择轻型钢结构连接的强度设计指标。

3-8 哪些情况需考虑强度设计值折减？

3-9 何为冷弯效应？考虑冷弯效应的钢材强度设计值如何计算？

3-10 门式刚架轻型房屋钢结构的钢材厚度有哪些要求？

3-11 《冷弯薄壁型钢结构技术规范》GB 50018 是如何规定受压板件的宽厚比限值的？

3-12 《门式刚架轻型房屋钢结构技术规范》GB 51022—2015 是如何规定主刚架构件受压板件的最大宽厚比的？

3-13 圆管截面构件的外径与壁厚之比有什么要求？

3-14 受压构件的长细比的限值是根据哪些因素规定的？

3-15 轻型钢结构计算结构构件和连接时，荷载主要有哪些？

3-16 何为应力蒙皮效应？

3-17 轻型钢结构有哪些变形规定？

第 4 章　门式刚架结构

本章要点及学习目标

本章要点:
(1) 门式刚架的结构体系及布置;
(2) 门式刚架的荷载及内力计算;
(3) 门式刚架的主结构设计;
(4) 支撑体系、围护结构设计。

学习目标:
(1) 了解门式刚架轻型钢结构的体系;
(2) 熟悉门式刚架的结构形式与布置;
(3) 掌握门式刚架的受力构件及节点设计;
(4) 熟悉支撑、隔撑的设计方法;
(5) 熟悉檩条、墙梁、压型钢板等围护结构的设计。

门式刚架轻型房屋钢结构源于美国,在欧洲、日本和澳大利亚等地也得到了广泛的应用。我国在 20 世纪 60 年代初曾对轻钢门式刚架进行了试验,并在试点工程中采用。20 世纪 80 年代,深圳蛇口工业区首先从国外引进轻钢门式刚架房屋,而后发展到其他沿海城市、内陆城市及经济开发区。1998 年我国颁布实施的《门式刚架轻型房屋钢结构技术规程》CECS 102:98 有力地推动了轻型门式刚架结构在我国的应用。2002 年和 2012 年我国对《门式刚架轻型房屋钢结构技术规范》进行了两次修订,并于 2015 年再次修订颁布《门式刚架轻型房屋钢结构技术规范》GB 51022。新版规范于 2016 年 8 月 1 日正式实施(本章所指《规范》均为《门式刚架轻型房屋钢结构技术规范》GB 51022)。

4.1　门式刚架轻型房屋钢结构体系

门式刚架轻型房屋钢结构体系(图 4-1)的屋盖多采用压型钢板屋面板和冷弯薄壁型钢檩条,主刚架可采用变截面实腹刚架,外墙宜采用压型钢板墙板和冷弯薄壁型钢墙梁,也可以采用砌体外墙或底部为砌体、上部为轻质材料的外墙。

轻型门式刚架的结构体系包括:主结构(横向刚架、支撑体系、楼面梁、托梁等),次结构(屋面檩条和墙面墙梁等),围护结构(屋面板和墙板),辅助结构(楼梯、平台、扶栏等),基础。轻型门式刚架结构构件主要包括:梁、柱、檩条、墙梁、支撑、屋面及墙面板等(图 4-1)。对需要设起重设备的厂房还需设有吊车梁。

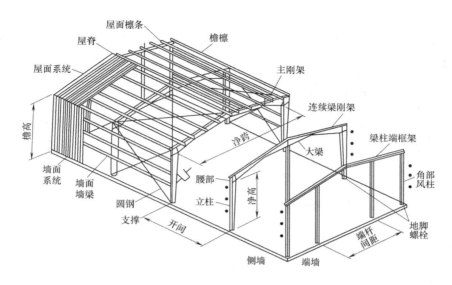

图 4-1 门式刚架轻型房屋钢结构体系

1. 横向承重结构

横向承重结构由屋面钢梁、钢柱和基础组成（图 4-2）。由于其外形类似门，故简称为门式刚架结构。它是轻型单层工业厂房的基本承重结构，厂房所承受的竖向荷载、横向水平荷载以及横向水平地震作用均通过门式刚架承受并传至基础。

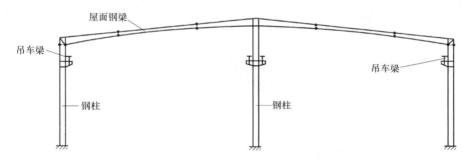

图 4-2 横向门式刚架结构

2. 纵向框架结构

纵向框架结构由纵向柱列、吊车梁（设有吊车时）、柱间支撑、刚性系杆和基础等组成（图 4-3），主要作用是保证厂房的纵向刚度和稳定性，传递和承受作用于厂房端部山墙以及通过屋盖传来的纵向风荷载、吊车纵向水平荷载、温度应力以及地震作用等。

3. 屋盖结构

屋盖采用有檩体系，即屋面板支撑在檩条上，檩条支撑在屋面梁上。在屋盖结构中，屋面板起围护作用并承受作用在屋面板上的竖向荷载以及风荷载。屋面刚架横梁是屋面的主要承重构件，主要承受屋盖结构自重以及屋面板传递的活荷载。

4. 墙面结构

墙面结构包括纵墙和山墙，主要由墙面板（一般为压型钢板）、墙梁、系杆、抗风柱

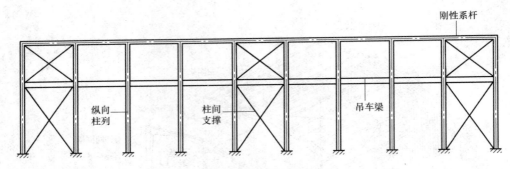

图 4-3　纵向框架结构

以及基础梁组成。墙面结构主要承受墙体、构件自重以及作用于墙面的风荷载。

5. 吊车梁

轻型单层工业厂房设有吊车时，吊车梁简支于钢柱的钢牛腿上，主要承受吊车竖向荷载、横向水平和纵向水平荷载，并将这些荷载传递至横向门式刚架或支撑上。《规范》明确了门式刚架主要适用于房屋高度不超过 18m，高宽比小于 1 且具有轻型屋盖的无桥式吊车或有起重量不大于 20t 的 A1～A5 工作级别桥式吊车或 3t 悬挂式起重机的单层钢结构房屋。

6. 支撑

轻型单层工业厂房的支撑包括屋面水平支撑和柱间支撑（图 4-4），其主要作用是加强厂房结构的空间刚度，保证结构在安装和使用阶段的稳定性，并将风荷载、吊车制动荷载以及地震荷载传递至承重结构上。

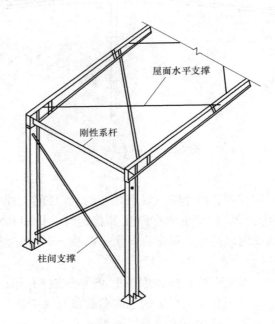

图 4-4　屋面水平支撑和柱间支撑

单层门式刚架结构和钢筋混凝土结构相比，具有自重轻、柱网布置灵活、工业化程度高等特点，但门式刚架的杆件较薄，对制作、涂装、运输、安装的要求较高，同时，锈蚀对构件截面削弱带来的后果也比较严重。

4.2 门式刚架结构形式及布置

4.2.1 结构布置

门式刚架柱的轴线可取通过柱下端（或较小端）中心的竖向轴线（图 4-5）；工业建筑的边柱的定位轴线宜取柱外皮；斜梁的轴线可取通过变截面梁最小截面处中心与斜梁上表面平行的轴线。

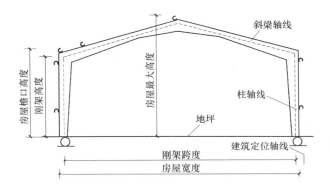

图 4-5 门式刚架的轴线和尺寸（此图中不必表达檩条和墙梁）

门式刚架的跨度，即刚架柱轴线间的横向距离（图 4-5），宜为 12～48m。当有根据时可采用更大的跨度。

门式刚架的间距（柱距），即柱网轴线在纵向的距离，应综合考虑刚架跨度、荷载条件及使用要求等因素，一般宜采用 6～9m。无吊车或吊车吨位较小时，柱距取大些，用钢量较省；而吊车吨位较大时，柱距宜取较小值，以减小吊车梁用钢量。

门式刚架的高度，应取地坪到柱轴线与斜梁轴线交点的高度。高度应根据使用要求的室内净高确定，有吊车的厂房应根据轨顶标高和吊车净空要求确定。门式刚架的高度宜为 4.5～9.0m，必要时可适当加大；当有桥式吊车时不宜大于 12m。

门式刚架房屋的檐口高度，应取地坪至房屋外侧檩条上缘的高度，最大高度取地坪到屋盖顶部檩条上缘的高度，房屋宽度取房屋侧墙墙梁外皮之间的距离，房屋长度取两端山墙墙梁外皮之间的距离。

门式刚架轻型房屋屋面坡度宜取 1/8～1/20，在雨水较多的地区宜取其中的较大值。围护结构宜采用压型钢板和冷弯薄壁型钢组成，可采用隔热卷材做屋盖隔热和保温层，也可以采用带隔热层的板材做屋面。门式刚架轻型房屋的外墙，在抗震设防烈度不高于 8 度时，宜采用轻型金属墙板或非嵌砌砌体；抗震设防烈度为 9 度时，应采用轻型金属墙板或与柱柔性连接的轻质墙体。

门式刚架房屋挑檐的长度可根据使用要求确定，宜为 0.5～1.2m，其上翼缘坡度宜与斜梁坡度相同。

4.2.2   结构形式

轻型门式刚架可分为单跨（图 4-6a）、双跨（图 4-6b）、多跨刚架（图 4-6c）、带挑檐的刚架（图 4-6d）和带毗屋的刚架（图 4-6e）等形式。当需要设置夹层时，可沿纵向设置（图 4-6g），也可在横向端跨设置（图 4-6h）。

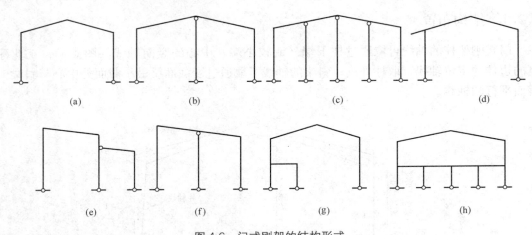

图 4-6   门式刚架的结构形式

(a) 单跨刚架；(b) 双跨刚架；(c) 多跨刚架；(d) 带挑檐刚架；(e) 带毗屋刚架；

(f) 单坡刚架；(g) 纵向带夹层刚架；(h) 端跨带夹层刚架

门式刚架的跨数是由其跨度和房屋宽度决定，一般柱高较大时，采用大跨度。对多跨刚架，宜采用单坡单脊或双坡单脊屋面，可避免多坡多脊刚架内天沟易渗漏及堆雪的弊端。

多跨刚架中间柱与刚架斜梁的连接可采用铰接，从而使中间柱与刚架斜梁的连接构造简单、制作、安装方便。两端铰接的中间柱称为摇摆柱。摇摆柱不参与抵抗侧向力，截面也比较小，厂房全部侧向力由边柱和梁形成的刚架承担。当房屋无桥式吊车，且房屋不是很高、风荷载也不是很大时，中间柱宜采用摇摆柱。但在设有桥式吊车的房屋中，中间柱两端宜采用刚接，以增加刚架的侧向刚度。

门式刚架柱脚宜采用铰接，刚接柱脚可节约钢材，但加工、安装较为复杂，基础费用有所提高。当设有 5t 以上桥式吊车、为提高厂房的抗侧移刚度时，或当柱高度较大、为控制风荷载作用下的柱顶位移值时，可采用刚接柱脚。

根据跨度、高度及荷载不同，门式刚架的梁、柱可采用变截面或等截面的实腹焊接工字形截面或轧制 H 形截面。变截面形式通常改变腹板的高度，做成楔形。结构构件在制作单元内一般不改变翼缘截面，必要时可改变翼缘厚度。邻接的制作单元可采用不同的翼缘截面，两单元相邻截面高度宜相等。为节约用材，铰接柱脚的刚架柱宜采用渐变截面的楔形柱。刚接柱脚的刚架或设有桥式吊车时宜采用等截面柱或阶形柱。

4.2.3   温度伸缩缝布置

门式刚架轻型房屋的构件与围护结构通常刚度不大，温度应力相对较小。其温度区段长度（伸缩缝间距）应符合下列规定：纵向温度区段不大于 300m；横向温度区段不大于

150m；当有计算依据时，温度区段可适当加大。

当房屋的平面尺寸超过上述规定时，需要设置伸缩缝，伸缩缝处可采用双柱，也可在搭接檩条的螺栓连接处采用长圆孔，并使该处屋面板在构造上允许胀缩。吊车梁与柱连接处宜设置长圆孔。

4.2.4　檩条和墙梁的布置

屋面檩条一般应等间距。但在屋脊处，应沿屋脊两侧各布置一道檩条，使得屋面板的外伸宽度不要太长（一般不大于 200mm）；在天沟附近应布置一道檩条，以便与天沟固定。确定檩条间距时，应综合考虑天窗、通风屋脊、采光带、屋面材料、檩条规格等因素，通过计算确定。

门式刚架轻型房屋钢结构的侧墙墙梁的布置，应考虑设置门窗、挑檐、遮雨篷等构件和围护材料的要求。在侧墙采用压型钢板做围护面时，墙梁宜布置在刚架柱的外侧，其间距由墙板板型及规格确定，且不应大于计算要求的值。

4.2.5　支撑布置

支撑虽然不是主要承重构件，但在门式刚架轻型房屋结构中却是不可缺少的。门式刚架轻型房屋钢结构支撑设置的总体要求是：在每个温度区段、结构单元或分期建设的区段中，应分别设置能独立构成空间稳定结构的支撑体系；柱间支撑与屋盖横向支撑宜设置在同一开间，以组成几何不变体系；施工安装阶段，应设置临时支撑以保证结构的稳固性。

柱间支撑应符合下列规定：

（1）柱间支撑一般应设在侧墙柱列，当房屋宽度大于 60m 时，在内柱列宜设置柱间支撑。当有吊车时，每个吊车跨两侧柱列均应设置吊车柱间支撑。

（2）柱间支撑一般采用的形式为：门式框架支撑、圆钢或钢索交叉支撑、型钢交叉支撑、方管（圆管）人字支撑等。当有吊车时，吊车牛腿以下交叉支撑应选用型钢交叉支撑。

（3）当房屋高度大于柱间距 2 倍时，柱间支撑宜分层设置。当沿柱高有质量集中点、吊车牛腿或低屋面连接点处应设置相应支撑点。

（4）柱间支撑的设置应根据房屋纵向柱距、受力情况和温度区段等条件确定。当无吊车时，柱间支撑间距宜取 30～45m，端部柱间支撑宜设置在房屋端部第一或第二开间。当有吊车时，吊车牛腿下部支撑宜设置在温度区段中部，如温度区段较长时，宜设置在三分点内，且支撑间距不大于 50m。牛腿上部支撑设置原则与无吊车时的柱间支撑设置相同。

屋面横向和纵向支撑系统应符合下列规定：

（1）屋面横向支撑宜设在房屋端部和温度区段的第一个或第二个开间。当端部支撑设在第二个开间时，应在第一个开间的抗风柱顶部相应位置设置刚性系杆。

（2）屋面支撑形式可选用圆钢或钢索交叉支撑；当屋面斜梁承受悬挂吊车荷载时，屋面横向支撑应选用型钢交叉支撑。屋面横向交叉支撑节点布置应与抗风柱相对应，并应在屋面梁转折处布置节点。

（3）在设有带驾驶室且起重量大于 15t 桥式吊车的跨间，应在屋盖边缘设置纵向支撑。当桥式吊车起重量较大时，尚应采取措施增加吊车梁的侧向刚度。在有抽柱的柱列，沿托架长度宜设置纵向支撑。

除上述规定外，支撑系统尚应符合下列要求：

（1）刚性系杆可由檩条兼任，此时檩条应满足压弯构件的承载力和刚度要求；当不满足时可在刚架斜梁间设置钢管、H 型钢或其他截面形式的杆件。

（2）当采用十字交叉圆钢支撑时，圆钢与相连构件的夹角宜接近于 45°，不超过30°～60°。圆钢应采用特制的连接件与梁、柱腹板连接，校正定位后张紧固定。张紧手段最好采用花篮螺栓。

（3）当不允许设置交叉柱间支撑时，可设置其他形式的支撑；当不允许设置任何支撑时，可设置纵向刚架。

4.3　门式刚架设计

4.3.1　荷载及荷载组合

4.3.1.1　荷载标准值取值

门式刚架结构所受的荷载可分为两类：一是竖向荷载，包括结构和构件自重、屋面活荷载、屋面雪荷载、积灰荷载、吊车荷载等，其中结构和构件自重为永久荷载；二是水平荷载，主要是风荷载和地震作用。

1. 永久荷载

门式刚架结构的屋面永久荷载包括屋面板、隔热层、檩条、屋盖支撑系统等构件的自重。门式刚架轻型房屋钢结构多采用压型钢板屋面，屋面板的重量可按材料的实际重量计算。轻型屋面多采用冷弯薄壁型钢檩条，计算刚架时檩条自重可折算成均布荷载，通常可取 $0.1kN/m^2$，但当屋面重量较大或檩条悬挂荷载较大时，可按实际情况进行折算。在平面模型计算时还应计入屋面支撑系统自重，通常取 $0.05～0.1kN/m^2$。

附加或附带悬挂荷载是一种特殊性质的永久荷载，指除永久性建筑之外的其他任何材料的自重，如机械通道、管道、喷淋设施、电气管线等。附加荷载通常取 $0.1～0.2kN/m^2$。另一种永久荷载是指设备荷载，主要指由屋面承重的设备，如通风、采光装置等，按实际情况采用。

2. 屋面可变荷载

屋面可变荷载主要包括屋面活荷载、雪荷载及积灰荷载，参见第 3 章。

3. 风荷载

风荷载垂直作用于建筑物的所有表面，所产生的内部风压与外部风压应同时考虑为作用于墙面及屋面的压力和吸力。《规范》的风荷载计算是以我国现行国家标准《建筑结构荷载规范》GB 50009 为基础确定的。垂直于建筑物表面的单位面积风荷载标准值应按下式计算：

$$w_k = \beta \mu_w \mu_z w_0 \tag{4-1}$$

式中　w_k——风荷载标准值（kN/m^2）；

　　　w_0——基本风压（kN/m^2），按现行国家标准《建筑结构荷载规范》GB 50009 的
　　　　　　规定值采用；

μ_z——风压高度变化系数，按《建筑结构荷载规范》GB 50009 的规定采用；当高度小于 10m 时，应按 10m 处的数值采用；

μ_w——风荷载系数，应考虑内外风压最大值的组合，且含阵风系数；

β——系数，计算主刚架时取 $\beta=1.1$；计算檩条、墙梁、屋面板和墙面板及其连接时，取 $\beta=1.5$。

对于门式刚架轻型房屋，当房屋高度 $H\leqslant18m$，且房屋高宽比 $H/B<1.0$ 时，刚架横向风荷载系数如表 4-1 所列，表中各区域的划分如图 4-7 所示。表 4-1 中，正号（压力）表示风力由外朝向表面；负号（吸力）表示风力自表面向外离开；端部柱距不小于端区宽度时，端区风荷载超过中间的部分，宜直接由端刚架承受。图 4-7 中，B 为房屋宽度；h 为屋顶至室外地面的平均高度，双坡屋面可近似取檐口高度，单坡屋面可取跨中高度；a 为计算围护结构构件时的房屋边缘带宽度，取房屋最小水平尺寸的 10% 或 $0.4h$ 之中较小值，但不得小于房屋最小尺寸的 4% 或 1m。除了横向风荷载系数，《规范》对纵向风荷载、外墙风荷载、挑檐风荷载等也有详细规定，此处不再赘述。

主刚架横向风荷载系数 表 4-1

房屋类型	屋面坡度角 θ	荷载工况	端区系数				中间区系数				山墙
			1E	2E	3E	4E	1	2	3	4	5 和 6
封闭式	$0\leqslant\theta\leqslant5°$	(+i)	+0.43	−1.25	−0.71	−0.60	+0.22	−0.87	−0.55	−0.47	−0.63
		(−i)	+0.79	−0.89	−0.35	−0.25	+0.58	−0.51	−0.19	−0.11	−0.27
	$\theta=10.5°$	(+i)	+0.49	−1.25	−0.76	−0.67	+0.26	−0.87	−0.58	−0.51	−0.63
		(+i)	+0.85	−0.89	−0.40	−0.31	+0.62	−0.51	−0.22	−0.15	−0.27
	$\theta=15.6°$	(+i)	+0.54	−1.25	−0.81	−0.74	+0.30	−0.87	−0.62	−0.55	−0.63
		(−i)	+0.90	−0.89	−0.45	−0.38	+0.66	−0.51	−0.26	−0.19	−0.27
	$\theta=20°$	(+i)	+0.62	−1.25	−0.87	−0.82	+0.35	−0.87	−0.66	−0.61	−0.63
		(−i)	+0.98	−0.89	−0.51	−0.46	+0.71	−0.51	−0.30	−0.25	−0.27
	$30°\leqslant\theta\leqslant45°$	(+i)	+0.51	+0.09	−0.71	−0.66	+0.38	+0.03	−0.61	−0.55	−0.63
		(−i)	+0.87	+0.45	−0.35	−0.30	+0.74	+0.39	−0.25	−0.19	−0.27
部分封闭式	$0\leqslant\theta\leqslant5°$	(+i)	+0.06	−1.62	−1.08	−0.98	−0.15	−1.24	−0.92	−0.84	−1.00
		(−i)	+1.16	−0.52	+0.02	+0.12	+0.95	−0.14	−0.18	+0.26	+0.10
	$\theta=10.5°$	(+i)	+0.12	−1.62	−1.13	−1.04	−0.11	−1.24	−0.95	−0.88	−1.00
		(−i)	+1.22	−0.52	−0.03	+0.06	+0.99	−0.14	+0.15	+0.22	+0.10
	$\theta=15.6°$	(+i)	+0.17	−1.62	−1.18	−1.11	+0.07	−0.99	−0.92	−1.00	
		(−i)	+1.27	−0.52	−0.10	−0.01	+1.03	−0.14	+0.11	+0.18	+0.10
	$\theta=20°$	(+i)	+0.25	−1.62	−1.24	−1.19	−0.02	−0.24	−1.03	−0.98	−1.00
		(−i)	+1.35	−0.52	−0.14	−0.09	+1.08	−0.14	+0.07	+0.12	+0.10
	$30°\leqslant\theta\leqslant45°$	(+i)	+0.14	−0.28	−1.08	−1.03	+0.01	−0.34	−0.98	−0.92	−1.00
		(−i)	+1.24	+0.82	+0.02	+0.07	+1.11	+0.76	+0.12	+0.18	+0.10
敞开式	$0\leqslant\theta\leqslant10°$	平衡	+0.75	−0.50	−0.50	−0.75	+0.75	−0.50	−0.50	−0.75	−0.75
		不平衡	+0.75	−0.20	−0.60	−0.75	+0.75	−0.20	−0.60	−0.75	−0.75

续表

房屋类型	屋面坡度角 θ	荷载工况	端区系数				中间区系数				山墙
			1E	2E	3E	4E	1	2	3	4	5 和 6
敞开式	$10°{\leqslant}\theta{\leqslant}25°$	平衡	+0.75	−0.50	−0.50	−0.75	+0.75	−0.50	−0.50	−0.75	−0.75
		不平衡	+0.75	+0.50	−0.50	−0.75	+0.75	−0.50	−0.50	−0.75	−0.75
		不平衡	+0.75	+0.15	−0.65	−0.75	+0.75	+0.15	−0.65	−0.75	−0.75
	$25°{\leqslant}\theta{\leqslant}45°$	平衡	+0.75	−0.50	−0.50	−0.75	+0.75	−0.50	−0.50	−0.75	−0.75
		不平衡	+0.75	+1.40	+0.20	−0.75	+0.75	+1.40	−0.20	−0.75	−0.75

注：1. 封闭式和部分封闭式房屋荷载工况中的（$+i$）表示内压为压力，（$-i$）表示内压为吸力；敞开式房屋荷载工况中的平衡表示 2 和 3 区、2E 和 3E 区风荷载情况相同，不平衡表示不同；

2. 表中正号和负号分别表示风力朝向板面和离开板面；

3. 未给出的 θ 值系数可用线性插值；

4. 当 2 区的屋面压力系数为负时，该值适用于 2 区从屋面边缘算起垂直于檐口方向延伸宽度为房屋最小水平尺寸 0.5 倍或 $2.5h$ 的范围，取两者中的较小值；2 区的其余面积，直到屋脊线，应采用 3 区的系数。

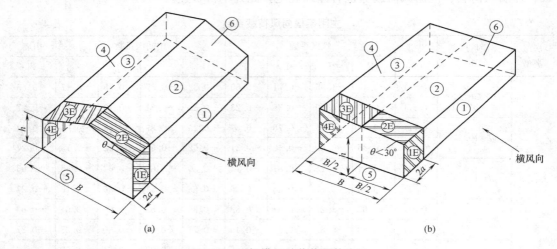

图 4-7　刚架横向风荷载系数分区

(a) 双坡屋面横向；(b) 单坡屋面横向

注：图中编号与表 4-1 对应

4. 地震作用

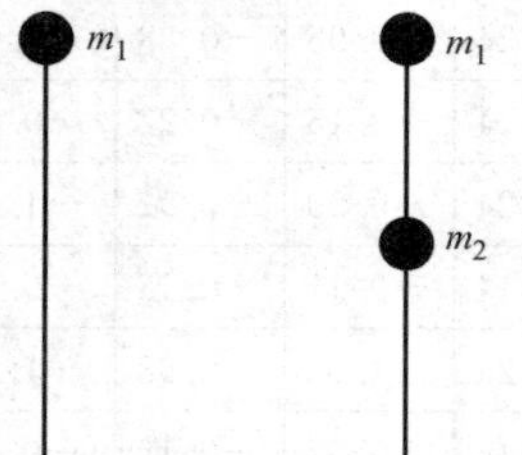

单跨及等高多跨门式刚架可采用底部剪力法按两个主轴方向分别计算地震作用，计算地震作用时应考虑墙体的影响。封闭房屋的结构阻尼比可取 0.05，开敞房屋阻尼比取 0.035，其余房屋应按外墙面积开孔率插值计算。

对无吊车且高度不大的刚架，可采用单质点计算简图（图4-8a），假设柱上半部分及以上的各种竖向荷载质量均集中于质点 m_1；当有吊车荷载时，可采用双质点计算简图（图 4-8b），此时，质点 m_1 为集中屋盖质量及上阶柱上半区段内的竖向荷载，质点 m_2 为集中吊车桥梁、吊车梁及上阶柱下区段与下阶柱上区段（包括墙体）的相应竖向荷载。

图 4-8　刚架抗震计算简图

(a) 单质点；(b) 双质点

4.3.1.2　荷载组合

门式刚架轻型房屋钢结构设计应采用以概率理论为基础的极限状态设计方法，依据各种荷载出现及共同作用概率不同，考虑荷载的组合。

荷载效应的组合一般应遵从《建筑结构荷载规范》GB 50009 和《建筑抗震设计规范》GB 50011 的规定。针对门式刚架的特点，《规范》给出下列组合原则：

（1）屋面均布活荷载不与雪荷载同时考虑，应取两者中较大值；

（2）积灰荷载与雪荷载或屋面均布活荷载中的较大值同时考虑；

（3）施工或检修集中荷载不与屋面材料或檩条自重以外的其他荷载同时考虑；

（4）多台吊车的组合应符合《建筑结构荷载规范》GB 50009；

（5）风荷载不与地震作用同时考虑。

对于门式刚架结构，计算承载能力极限状态时，通常应考虑以下几种荷载的组合：

（1）$1.2 \times$ 永久荷载标准值 $+1.4 \times$ 竖向可变荷载标准值；

（2）$1.35 \times$ 永久荷载标准值 $+1.4 \times 0.7 \times$ 竖向可变荷载标准值；

（3）$1.0 \times$ 永久荷载标准值 $+1.4 \times$ 风荷载标准值；

（4）$1.2 \times$ 永久荷载标准值 $+0.9 \times (1.4 \times$ 竖向可变荷载标准值 $+1.4 \times$ 风荷载标准值）；

（5）$1.2 \times$ 永久荷载标准值 $+0.9 \times (1.4 \times$ 竖向可变荷载标准值 $+1.4 \times$ 风荷载标准值 $+1.4 \times$ 吊车竖向可变荷载标准值 $+1.4 \times$ 吊车水平可变荷载标准值）；

（6）$1.0 \times$ 永久荷载标准值 $+0.9 \times (1.4 \times$ 风荷载标准值 $+1.4 \times$ 邻跨吊车水平可变荷载标准值），本组合仅用于多跨有吊车刚架；

（7）$1.2 \times$（永久荷载标准值 $+0.5 \times$ 竖向可变荷载标准值 $+$ 吊车竖向轮压）$+1.3 \times$ 地震作用。

计算门式刚架结构正常使用极限状态时，将上述承载能力极限状态时的荷载分项系数取为 1.0 即可。

由于门式刚架结构的自重较轻，地震作用产生的荷载效应一般较小，因此地震作用的组合一般不起控制作用。

4.3.2　刚架内力计算

对于变截面门式刚架，应按弹性分析方法确定各种内力。进行内力分析时，通常把刚架作为平面结构对待，一般不考虑蒙皮效应，只将其作为安全储备。当有必要且有条件时，可考虑屋面板的应力蒙皮效应。蒙皮效应是将屋面板视为沿屋面全长伸展的深梁，可用来承受平面内的荷载。考虑应力蒙皮效应可以提高刚架结构的整体刚度和承载力，但对压型钢板的连接有较高的要求。

变截面门式刚架的内力通常采用梁系单元的有限元法编制程序上机计算。计算时可以将变截面的梁、柱构件分为若干段，每段的几何特征作为常量，也可采用楔形单元。

根据不同荷载组合下的内力分析结果，找出控制截面的内力组合，控制截面的位置一般在柱底、柱顶、柱牛腿连接处及梁端、梁跨中等截面。控制截面的内力组合主要有：

（1）最大轴压力 N_{max} 和同时出现的 M 和 V 的较大值；

（2）最大弯矩 M_{max} 和同时出现的 V 和 N 的较大值；

（3）最小轴压力 $N_{\min}$ 和相应的 M 及 V。

第（1）、（2）两种情况有可能是重合的，且仅针对截面为双轴对称的构件，如果是单轴对称截面，还需要区分正、负弯矩。

第3种组合往往出现在永久荷载和风荷载共同作用下，主要用于锚栓抗拉计算，这是由于轻型门式刚架自重很轻，锚栓在强风作用下很有可能受到上拔力。

4.3.3 刚架侧移计算

对所有构件均为等截面的门式刚架，侧移计算可以采用结构力学的方法，本章仅介绍变截面门式刚架的侧移计算。

4.3.3.1 单跨变截面门式刚架

当单跨变截面门式刚架斜梁的翼缘坡度不大于 $1:5$ 时（图4-9），在柱顶水平力 H 作用下的柱顶侧移 u 可按下式估算：

柱脚铰接：
$$u = \frac{Hh^3}{12EI_c}(2+\xi_t) \qquad (4\text{-}2a)$$

柱脚刚接：
$$u = \frac{Hh^3}{12EI_c} \cdot \frac{3+2\xi_t}{6+2\xi_t} \qquad (4\text{-}2b)$$

$$\xi_t = (I_c/h)/(I_b/L) \qquad (4\text{-}2c)$$

式中　ξ_t——刚架柱与横梁的线刚度比值；

h、L——刚架柱的高度和刚架柱横梁的跨度；当坡度大于 $1/10$ 时，L 应取横梁沿坡折线的总长度，即 $L=2s$（图4-10）；

I_c、I_b——刚架柱和横梁的平均惯性矩，可按式（4-3）和式（4-4）计算；

H——刚架柱顶的等效水平力，可按式（4-5）和式（4-6）计算。

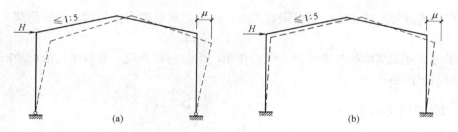

图4-9　单跨变截面刚架柱顶侧移图
（a）铰接柱脚；（b）刚接柱脚

变截面柱和横梁的平均惯性矩 I_c、I_b 可按下式近似计算：

楔形柱：
$$I_c = \frac{I_{c0}+I_{c1}}{2} \qquad (4\text{-}3)$$

双楔形横梁：
$$I_b = \frac{I_{b0}+\beta I_{b1}+(1-\beta)I_{b2}}{2} \qquad (4\text{-}4)$$

式中　I_{c0}、I_{c1}——刚架柱柱底（小端）和柱顶（大端）的惯性矩；

I_{b0}、I_{b1}、I_{b2}——楔形横梁最小截面、檐口和跨中截面的惯性矩；

β——楔形横梁长度的比值。

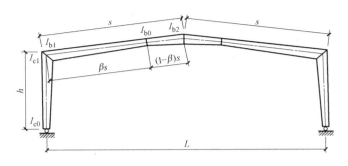

图 4-10 变截面刚架的几何尺寸

当计算刚度沿柱高度均布分布的水平风荷载作用下的侧移时（图 4-11），柱顶等效水平力 H 可取：

柱脚铰接： $\qquad\qquad H=0.67W$ $\qquad\qquad$ (4-5a)

柱脚刚接： $\qquad\qquad H=0.45W$ $\qquad\qquad$ (4-5b)

$$W=(w_1+w_4)h \qquad\qquad (4-5c)$$

式中 W——均布风荷载的合力（kN）；

w_1、w_4——刚架两侧承受的沿柱高均布的水平荷载（kN/m）。

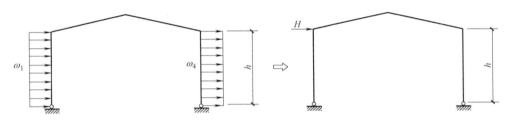

图 4-11 均布风荷载作用下的刚架柱顶等效水平力

当计算刚架在吊车水平荷载 P_c 作用下的侧移时（图 4-12），柱顶水平力 H 可取：

柱脚铰接： $\qquad\qquad H=1.15\eta P_c$ $\qquad\qquad$ (4-6a)

柱脚刚接： $\qquad\qquad H=\eta P_c$ $\qquad\qquad$ (4-6b)

式中 η——吊车水平荷载 P_c 作用位置的高度与柱总高度的比值。

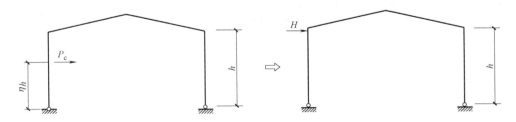

图 4-12 刚架在吊车水平荷载作用下柱顶的等效水平力

4.3.3.2 有摇摆柱的门式刚架

对中间柱为摇摆柱的两跨或多跨变截面门式刚架，柱顶侧移可采用式（4-2）计算，但在计算刚架柱和横梁的线刚度比值时，横梁长度 L 应取斜梁全长。如图 4-13 所示的有摇摆柱的两跨刚架，$L=2s$，s 为单坡斜梁长度。

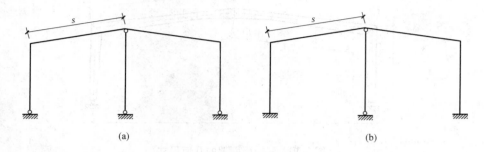

图 4-13　有摇摆柱的两跨刚架

（a）铰接柱脚；（b）刚接柱脚

4.3.3.3　中柱与横梁刚接的门式刚架

当中间柱与横梁刚性连接时（图 4-14），可将多跨刚架视为多个单跨刚架的组合体，每个中间柱可一分为二，惯性矩两边各取一半（图 4-15），整个刚架在柱顶水平荷载 H 作用下的侧移 u 可按下式进行计算：

$$u = \frac{H}{\sum K_i} \tag{4-7a}$$

$$K_i = \frac{12EI_{ei}}{h_i^3(2+\xi_{ti})} \tag{4-7b}$$

$$\xi_{ti} = \frac{I_{ei}l_i}{h_i I_{bi}} \tag{4-7c}$$

$$I_{ei} = \frac{I_l + I_r}{4} + \frac{I_l I_r}{I_l + I_r} \tag{4-7d}$$

式中　　$\sum K_i$——柱脚铰接时各单跨刚架的侧向刚度之和；

　　　　ξ_{ti}——计算柱与相连接的单跨刚架梁的线刚度比值；

　　　　h_i——计算跨内两柱的平均高度；

　　　　l_i——与计算柱相连接的单跨刚架梁的长度；

　　　　I_{ei}——两柱惯性矩不相等时的等效惯性矩；

　　　　I_l、I_r——左、右两柱的惯性矩；

　　　　I_{bi}——与计算柱相连接的单跨刚架梁的惯性矩。

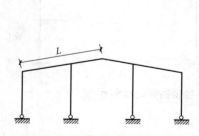

图 4-14　中柱与横梁刚接
的多跨变截面刚架

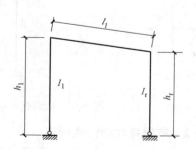

图 4-15　左右两柱的惯性矩

4.3.3.4 变形规定

单层门式刚架在风荷载或多遇地震标准值作用下的柱顶侧移限值不应大于表 3-23 规定的限值。如果验算时刚架的侧移不满足要求，可采用以下措施之一进行调整，增加刚架的侧向整体刚度：①放大柱或梁的截面尺寸；②将铰接柱脚变为刚性柱脚；③将多跨框架中的摇摆柱改为柱上端与刚架横梁刚性铰接。

受弯构件的挠度与其跨度的比值，不应大于表 3-24 和表 3-25 规定的限值。另外，由于柱顶位移和构件挠度产生的屋面坡度改变值，不应大于坡度设计值的 1/3。

4.3.4 门式刚架构件设计

4.3.4.1 梁、柱板件的宽厚比限值

工字形截面构件（图 4-16）的宽厚比限值为：

受压翼缘板：

$$\frac{b_1}{t} \leqslant 15\sqrt{\frac{235}{f_y}} \tag{4-8}$$

腹板：

$$\frac{h_w}{t_w} \leqslant 250\sqrt{\frac{235}{f_y}} \tag{4-9}$$

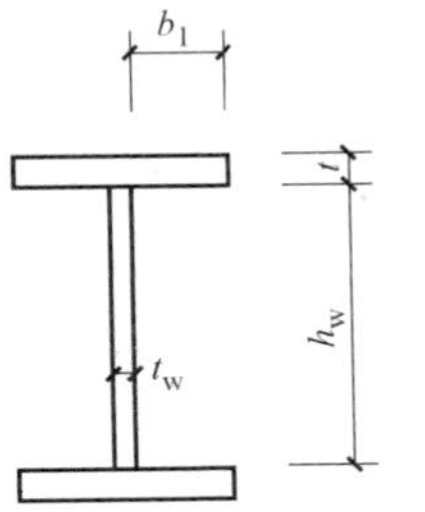

图 4-16 工字形构件截面尺寸

式中　b_1、t——受压翼缘的外伸宽度与厚度（mm）；

h_w、t_w——腹板的高度与厚度（mm）。

4.3.4.2 腹板屈曲后强度利用

在进行刚架、柱构件的截面设计时，为了节省钢材，允许腹板发生局部屈曲，利用屈曲后强度。当工字形截面梁、柱构件的腹板受弯及受压板幅利用屈曲后强度时，应按有效宽度计算其截面几何特征。

1. 腹板的有效宽度

腹板受压区有效宽度取为：

$$h_e = \rho h_c \tag{4-10}$$

$$\rho = \frac{1}{(0.243 + \lambda_p^{1.25})^{0.9}} \tag{4-11}$$

$$\lambda_p = \frac{h_w/t_w}{28.1\sqrt{k_\sigma}\sqrt{235/f_y}} \tag{4-12}$$

$$k_\sigma = \frac{16}{\sqrt{(1+\beta)^2 + 0.112(1-\beta)^2} + (1+\beta)} \tag{4-13}$$

式中　h_e——腹板受压区有效宽度（mm）；

h_c——腹板受压区宽度（mm）；

ρ——有效宽度系数，$\rho > 1.0$ 时取 1.0；

λ_p——与板件受弯、受压有关的参数；

k_σ——板件在正应力作用下的屈曲系数；

β——腹板边缘正应力比值，$\beta = \sigma_2/\sigma_1$，以压为正、拉为负，$-1 \leqslant \beta \leqslant 1$；

σ_1、σ_2——板边最大和最小应力，且 $|\sigma_2| \leqslant |\sigma_1|$。

当腹板边缘最大应力 $\sigma_1 < f$ 时，计算 λ_p 时可用 $\gamma_R \sigma_1$ 代替式（4-12）中的 f_y，γ_R 为抗力分项系数。为简便起见，《规范》规定，对 Q235 钢和 Q345 钢，取 $\gamma_R = 1.1$。

2. 腹板有效宽度的分布

根据式（4-10）算得的腹板有效宽度 h_e，沿腹板高度按下列规则分布（图 4-17）：

当腹板全截面受压，即 $\beta \geqslant 0$ 时，有：

$$h_{e1} = 2h_e/(5-\beta), h_{e2} = h_e - h_{e1} \tag{4-14}$$

当腹板部分截面受拉，即 $\beta < 0$ 时，有：

$$h_{e1} = 0.4h_e, h_{e2} = 0.6h_e \tag{4-15}$$

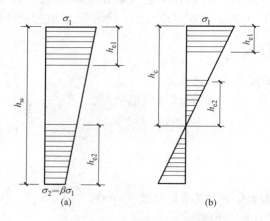

图 4-17　有效宽度的分布

3. 腹板屈曲后抗剪承载力

工字形截面构件腹板的受剪板幅，考虑屈曲后强度时，需设置横向加劲肋，使板幅的长度与板幅范围内的大端截面高度相比小于等于 3。抗剪承载力设计值可按下列公式计算：

$$V_d = \chi_{tap} \varphi_{ps} h_{w1} t_w f_v \leqslant h_{w0} t_w f_v \tag{4-16}$$

$$\varphi_{ps} = \frac{1}{(0.51 + \lambda_s^{3.2})^{1/2.6}} \leqslant 1.0 \tag{4-17}$$

$$\chi_{tap} = 1 - 0.35\alpha^{0.2}\gamma_p^{2/3} \tag{4-18}$$

式中　f_v——钢材的抗剪强度设计值（N/mm²）；

h_{w1}、h_{w0}——楔形腹板大端和小端的腹板高度（mm）；

t_w——腹板的厚度（mm）；

χ_{tap}——腹板屈曲后抗剪强度的楔率折减系数；

γ_p——腹板区格的楔率，$\gamma_p = \dfrac{h_{w1}}{h_{w0}} - 1$；

α——区格的长度与高度之比，$\alpha = \dfrac{a}{h_{w1}}$，$a$ 为加劲肋间距；

λ_s——与板件受剪有关的参数，按式（4-19）进行计算。

$$\lambda_s = \frac{h_{w1}/t_w}{37\sqrt{k_\tau}\sqrt{235/f_y}} \tag{4-19}$$

当 $a/h_w < 1$ 时，$\qquad k_\tau = 4 + 5.34/(a/h_{w1})^2 \tag{4-20a}$

当 $a/h_w \geqslant 1$ 时，$\qquad k_\tau = \eta_s[5.34 + 4/(a/h_{w1})^2] \tag{4-20b}$

$$\eta_s = 1 - \omega_1 \sqrt{\gamma_p} \tag{4-20c}$$

$$\omega_1 = 0.41 - 0.897\alpha + 0.363\alpha^2 - 0.041\alpha^3 \tag{4-20d}$$

式中 k_τ——受剪腹板的屈曲系数,当不设横向加劲肋时,$k_\tau = 5.34\eta_s$。

4.3.4.3 刚架构件的强度计算

(1)工字形截面受弯构件在剪力 V 和弯矩 M 共同作用下的强度,应符合下列要求:

当 $V \leq 0.5V_d$ 时,有:

$$M \leq M_e \tag{4-21}$$

当 $0.5V_d < V \leq V_d$ 时,有:

$$M \leq M_f + (M_e - M_f)\left[1 - \left(\frac{V}{0.5V_d} - 1\right)^2\right] \tag{4-22}$$

当截面为双轴对称时,有:

$$M_f = A_f(h_w + t)f \tag{4-23}$$

式中 M_f——两翼缘所承担的弯矩(N·mm);

M_e——构件有效截面所承担的弯矩(N·mm),$M_e = W_e f$;

W_e——构件有效截面最大受压纤维的截面模量(mm³);

A_f——构件翼缘的截面面积(mm²);

V_d——腹板抗剪承载能力设计值(kN),按式(4-16)计算。

(2)工字形截面压弯构件在剪力 V、弯矩 M 和轴力 N 共同作用下的强度,应符合下列要求:

当 $V \leq 0.5V_d$ 时:

$$\frac{N}{A_e} + \frac{M}{W_e} \leq f \tag{4-24}$$

当 $0.5V_d \leq V < V_d$ 时:

$$M \leq M_f^N + (M_e^N - M_f^N)\left[1 - \left(\frac{V}{0.5V_d} - 1\right)^2\right] \tag{4-25}$$

$$M_e^N = M_e - NW_e/A_e \tag{4-26}$$

当截面为双轴对称时,有:

$$M_f^N = A_f(h_w + t)(f - N/A_e) \tag{4-27}$$

式中 A_e——有效截面面积(mm²);

M_f^N——兼承压力时两翼缘所能承受的弯矩(N·mm)。

4.3.4.4 刚架梁设计

实腹式门式刚架横梁截面高度一般可按跨度的 1/40~1/30 确定,当刚架跨度较小时,刚架横梁可采用等截面。截面高宽比一般为 3~5。

1. 刚架梁计算要求

(1)实腹式刚架斜梁的平面外计算长度,应取侧向支撑点间的距离;当斜梁两翼缘侧向支撑点间的距离不等时,应取最大受压翼缘侧向支撑点间的距离。当实腹式门式刚架斜梁的下翼缘受压时,支承在屋面斜梁上翼缘的檩条,不能单独作为屋面斜梁的侧向支承。

(2)斜梁不需要计算整体稳定性的侧向支撑点间的最大距离,可取斜梁受压翼缘宽度的 $16\sqrt{235/f_y}$ 倍。

（3）当实腹式门式刚架斜梁的下翼缘受压时，应在受压翼缘侧面布置隔撑（山墙处刚架仅布置在一侧）作为斜梁的侧向支撑，隔撑的另一端连接在檩条上。隔撑仅作为斜梁的弹性支座，当斜梁两侧均设置隔撑，或隔撑上支承点的位置不低于檩条形心线时，斜梁的平面外计算长度可考虑隔撑的作用。

（4）当斜梁上翼缘承受集中荷载处不设横向加劲肋时，除应按《钢结构设计标准》GB 500017 的规定验算腹板上边缘正应力、剪应力和局部压应力共同作用的折算应力外，还应满足下列要求：

$$F \leqslant 15\alpha_{\mathrm{m}} t_{\mathrm{w}}^2 f \sqrt{\frac{t_{\mathrm{f}}}{t_{\mathrm{w}}} \frac{235}{f_{\mathrm{y}}}} \tag{4-28}$$

$$\alpha_{\mathrm{m}} = 1.5 - \frac{M}{W_{\mathrm{e}} f} \tag{4-29}$$

式中　t_{f}、t_{w}——斜梁翼缘和腹板的厚度（mm）；

　　　F——上翼缘所受集中荷载（N）；

　　　α_{m}——参数，$\alpha_{\mathrm{m}} \leqslant 1.0$，在斜梁负弯矩区取 1.0；

　　　M——集中荷载处的弯矩（N·mm）；

　　　W_{e}——有效截面最大受压纤维的截面模量（mm³）。

2. 梁腹板加劲肋的设置

梁腹板应在中柱连接处、较大集中荷载作用处和翼缘转折处设置横向加劲肋。其他位置是否设置加劲肋，根据计算需要确定。

梁腹板利用屈曲后强度时，当梁腹板在剪应力作用下发生屈曲后，将以拉力带的方式承受继续增加的剪力，亦即起类似桁架斜腹板的作用，而横向加劲肋则相当于受压的桁架竖杆。因此，中间横向加劲肋除承受集中荷载和翼缘转折产生的压力外，还应承受拉力场产生的压力，该压力按下式计算：

$$N_{\mathrm{s}} = V - 0.9\varphi_{\mathrm{s}} h_{\mathrm{w}} t_{\mathrm{w}} f_{\mathrm{v}} \tag{4-30}$$

$$\varphi_{\mathrm{s}} = \frac{1}{\sqrt[3]{0.738 + \lambda_{\mathrm{s}}^6}} \tag{4-31}$$

式中　N_{s}——拉力场产生的压力（N）；

　　　V——梁受剪承载力设计值（N）；

　　　φ_{s}——腹板剪切屈曲稳定系数，$\varphi_{\mathrm{s}} \leqslant 1.0$；

　　　λ_{s}——腹板剪切屈曲通用高厚比参数，按式（4-19）计算；

　　　h_{w}——腹板的高度（mm）；

　　　t_{w}——腹板的厚度（mm）。

当验算加劲肋稳定性时，其截面应取加劲肋全部和其两侧各 $15t_{\mathrm{w}}\sqrt{235/f_{\mathrm{y}}}$ 宽度范围内的腹板面积，计算长度取腹板高度 h_{w}，按两端铰接轴心受压构件进行计算。

3. 承受线性变化弯矩的楔形变截面梁段的稳定性

按下列公式计算：

$$\frac{M}{\gamma_{\mathrm{x}} \varphi_{\mathrm{b}} W_{\mathrm{x1}}} \leqslant f \tag{4-32a}$$

$$\varphi_{\mathrm{b}} = \frac{1}{(1 - \lambda_{\mathrm{b0}}^{2n} + \lambda_{\mathrm{b}}^{2n})^{1/n}} \tag{4-32b}$$

$$\lambda_{b0} = \frac{0.55 - 0.25k_\sigma}{(1+\gamma)^{0.2}} \qquad (4-32c)$$

$$n = \frac{1.51}{\lambda_b^{0.1}} \sqrt[3]{\frac{b_1}{h_1}} \qquad (4-32d)$$

$$k_\sigma = k_M \frac{W_{x1}}{W_{x0}} \qquad (4-32e)$$

$$\lambda_b = \sqrt{\frac{\gamma_x W_{x1} f_y}{M_{cr}}} \qquad (4-32f)$$

式中 φ_b——楔形变截面梁段的整体稳定系数，$\varphi_b \leqslant 1.0$；

k_σ——小端截面压应力除以大端截面压应力的比值；

k_M——楔形变截面梁段较小弯矩与较大弯矩的比值，$k_M = M_0/M_1$；

λ_b——梁的通用长细比；

γ_x——梁的塑性发展系数，按《钢结构设计标准》GB 50017 的规定采用；

M_{cr}——楔形变截面梁弹性屈曲临界弯矩（N·mm）；

b_1、h_1——弯矩较大截面的受压翼缘宽度和上下翼缘中面间的距离（mm）；

W_{x1}——弯矩较大截面的受压边缘的截面模量（mm³）；

γ——变截面梁的楔率，$\gamma = (h_1 - h_0)/h_0$，h_0 为小端截面上下翼缘中面之间的距离；

M_0——小端弯矩（N·mm）；

M_1——大端弯矩（N·mm）。

弹性屈曲临界弯矩按下列公式计算：

$$M_{cr} = C_1 \frac{\pi^2 E I_y}{L^2} \left[\beta_{x\eta} + \sqrt{\beta_{x\eta}^2 + \frac{I_{\omega\eta}}{I_y} \left(1 + \frac{GJ_\eta L^2}{\pi^2 E I_{\omega\eta}} \right)} \right] \qquad (4-33a)$$

$$C_1 = 0.46k_M^2 \eta_i^{0.346} - 1.32k_M \eta_i^{0.132} + 1.86\eta_i^{0.023} \qquad (4-33b)$$

$$\beta_{x\eta} = 0.45(1+\gamma\eta)h_0 \frac{I_{yT} - I_{yB}}{I_y} \qquad (4-33c)$$

$$\eta = 0.55 + 0.04(1-k_\sigma)\sqrt[3]{\eta_i} \qquad (4-33d)$$

式中 C_1——等效弯矩系数，$C_1 \leqslant 2.75$；

η_i——惯性矩比，$\eta_i \leqslant \dfrac{I_{yB}}{I_{yT}}$；

I_{yT}、I_{yB}——弯矩最大截面受压翼缘和受拉翼缘绕弱轴的惯性矩（mm⁴）；

$\beta_{x\eta}$——截面不对称系数；

I_y——变截面梁绕弱轴的惯性矩（mm⁴）；

$I_{\omega\eta}$——变截面梁的等效翘曲惯性矩（mm⁴），$I_{\omega\eta} = I_{\omega0}(1+\gamma\eta)^2$；

$I_{\omega0}$——小端截面的翘曲惯性矩（mm⁴），$I_{\omega0} = I_{yT}h_{sT0}^2 + I_{yB}h_{sB0}^2$；

J_η——变截面梁的等效圣维南扭转常数，$J_\eta = J_0 + \dfrac{1}{3}\gamma\eta(h_0 - t_f)t_w^3$；

J_0——小端截面自由扭转常数；

h_{sT0}、h_{sB0}——小端截面上、下翼缘的中面到剪切中心的距离（mm）；

t_f、t_w——分别为翼缘和腹板的厚度（mm）；

L——变截面梁段的平面外计算长度（mm）。

4.3.4.5　刚架柱设计

1. 变截面柱在刚架平面内的稳定按下列公式计算：

$$\frac{N_1}{\eta_t \varphi_x A_{e1}} + \frac{\beta_{mx} M_1}{(1 - N_1/N_{cr}) W_{e1}} \leqslant f \tag{4-34a}$$

$$N_{cr} = \pi^2 E A_{e1}/\lambda_1^2 \tag{4-34b}$$

当 $\bar{\lambda}_1 \geqslant 1.2$ 时：　　　　　　　　$\eta_t = 1.0$ 　　　　　　　　(4-34c)

当 $\bar{\lambda}_1 < 1.2$ 时：　　　$\eta_t = \dfrac{A_0}{A_1} + \left(1 - \dfrac{A_0}{A_1}\right)\dfrac{\bar{\lambda}_1^2}{1.44}$ 　　　(4-34d)

式中　N_1——大端的轴向压力设计值（N）；

M_1——大端的弯矩设计值（N·mm）；

A_{e1}——大端的有效截面面积（mm²）；

W_{e1}——大端有效截面最大受压纤维的截面模量（mm³）；

φ_x——杆件轴心受压稳定系数，按楔形柱确定其计算长度，取大端截面的回转半径，由《钢结构设计规范》GB 50017 查得；

β_{mx}——等效弯矩系数；由于轻型门式刚架都属于有侧移失稳，故 $\beta_{mx} = 1.0$；

N_{cr}——欧拉临界力（N）；

λ_1——按大端截面计算，考虑计算长度系数的长细比，$\lambda_1 = \dfrac{\mu H}{i_{x1}}$；

$\bar{\lambda}_1$——通用长细比，$\bar{\lambda}_1 = \dfrac{\lambda_1}{\pi}\sqrt{\dfrac{E}{f_y}}$；

i_{x1}——大端截面绕强轴的回转半径（mm）；

μ——柱的计算长度系数；

A_0、A_1——小端和大端截面的毛截面面积（mm²）。

当柱的最大弯矩不出现在大端时，式（4-35）中的 M_1 和 W_{e1} 分别取最大弯矩和该弯矩所在截面的有效截面模量。

2. 变截面柱在刚架平面内的计算长度

截面高度呈线性变化的柱，在刚架平面内的计算长度应取为 $H_0 = \mu H$，式中 H 为柱的几何高度，μ 为计算长度系数。当屋面坡度不大于 $1:5$ 时，小端铰接的变截面门式刚架柱有侧移弹性屈曲临界荷载及计算长度系数可按下列公式计算：

$$\mu = 2\left(\frac{I_1}{I_0}\right)^{0.145}\sqrt{1 + \frac{0.38}{K}} \tag{4-35a}$$

$$K = \frac{K_z}{6i_{c1}}\left(\frac{I_1}{I_0}\right)^{0.29} \tag{4-35b}$$

式中　μ——变截面柱换算成以大端截面为准的等截面柱的计算长度系数；

I_1——立柱大端截面的惯性矩（mm⁴）；

I_0——立柱小端截面的惯性矩（mm⁴）；

i_{c1}——柱的线刚度（N·mm），$i_{c1} = EI_1/H$；

K_z——梁对柱子的转动约束（N·mm），按下列规定计算。

1) 对一段变截面梁形式（图 4-18）

$$K_z = 3i_{b1}\left(\frac{I_{b0}}{I_{b1}}\right)^{0.2} \tag{4-36a}$$

$$i_{b1} = \frac{EI_{b1}}{s} \tag{4-36b}$$

式中 I_{b0}——变截面梁跨中小端截面的惯性矩（mm^4）；

I_{b1}——变截面梁檐口大端截面的惯性矩（mm^4）；

s——变截面梁的斜长（mm）。

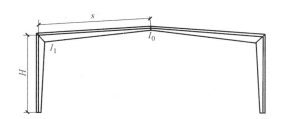
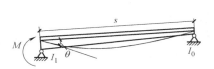

图 4-18 一段变截面梁及其转动刚度计算模型

2）对两段变截面梁形式（图 4-19a）

$$\frac{1}{K_z} = \frac{1}{K_{11,1}} + \frac{2s_2}{s}\frac{1}{K_{12,1}} + \left(\frac{s_2}{s}\right)^2\frac{1}{K_{22,1}} + \left(\frac{s_2}{s}\right)^2\frac{1}{K_{22,2}} \tag{4-37a}$$

$$K_{11,1} = 3i_{11}R_1^{0.2} \tag{4-37b}$$

$$K_{12,1} = 6i_{11}R_1^{0.44} \tag{4-37c}$$

$$K_{22,1} = 3i_{11}R_1^{0.712} \tag{4-37d}$$

$$K_{22,2} = 3i_{21}R_2^{0.712} \tag{4-37e}$$

式中　　R_1——与立柱相连的第 1 变截面梁段，远端截面惯性矩与近端截面惯性矩之比，$R_1 = \dfrac{I_{10}}{I_{11}}$；

R_2——第 2 变截面梁段，近端截面惯性矩与远端截面惯性矩之比，$R_2 = \dfrac{I_{20}}{I_{21}}$；

s_1——与立柱相连的第 1 段变截面梁的斜长（mm）；

s_2——第 2 段变截面梁的斜长（mm）；

s——变截面梁的斜长（mm），$s = s_1 + s_2$

i_{11}——以大端截面惯性矩计算的线刚度（N·mm），$i_{11} = \dfrac{EI_{11}}{s_1}$

i_{21}——以第 2 段远端截面惯性矩计算的线刚度（N·mm），$i_{21} = \dfrac{EI_{21}}{s_2}$

I_{10}、I_{11}、I_{20}、I_{21}——变截面梁惯性矩（mm^4），见图 4-19（a）。

3）当刚架梁为三段变截面时（图 4-19b）

$$\frac{1}{K_z} = \frac{1}{K_{11,1}} + 2\left(1-\frac{s_1}{s}\right)\frac{1}{K_{12,1}} + \left(1-\frac{s_1}{s}\right)^2\left(\frac{1}{K_{22,1}} + \frac{1}{3i_2}\right)$$
$$+ \frac{2s_3(s_2+s_3)}{s^2}\frac{1}{6i_2} + \left(\frac{s_3}{s}\right)^2\left(\frac{1}{K_{22,3}} + \frac{1}{3i_2}\right) \tag{4-38a}$$

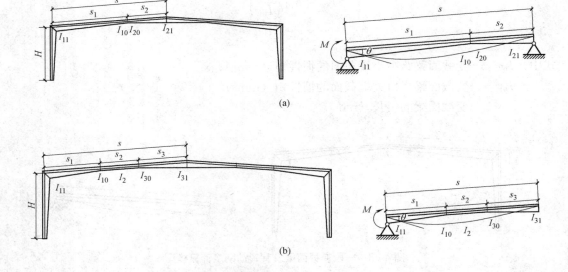

图 4-19   两段及三段变截面梁及其转动刚度计算模型

(a) 两段变截面梁；(b) 三段变截面梁

$$K_{22,3} = 3i_{31}R_3^{0.712} \tag{4-38b}$$

式中　　　　　　　R_3——第 3 变截面梁段，近端截面惯性矩与远端截面惯性矩之比，

$$R_3 = \frac{I_{30}}{I_{31}};$$

i_2——以第 2 段截面惯性矩计算的线刚度（N・mm），$i_2 = \dfrac{EI_2}{s_2}$

i_{31}——以第 3 段远端截面惯性矩计算的线刚度（N・mm），

$$i_{31} = \frac{EI_{31}}{s_3}$$

I_{10}、I_{11}、I_2、I_{30}、I_{31}——变截面梁惯性矩（mm⁴），见图 4-19 (b)。

4）多跨刚架的中间柱为摇摆柱时（图 4-20）

确定梁对刚架柱的转动约束时应假设梁远端铰支在摇摆柱的柱顶，且这样确定的框架柱的计算长度系数应考虑摇摆柱的不利作用，乘以放大系数 η：

$$\eta = \sqrt{1 + \frac{\sum(N_j/h_j)}{1.1\sum(P_i/h_i)}} \tag{4-39}$$

式中　N_j——换算到柱顶的摇摆柱承受的轴压力（N），$N_j = \dfrac{1}{h_j}\sum_k N_{jk}h_{jk}$；

N_{jk}、h_{jk}——第 j 个摇摆柱上第 k 个竖向荷载和其作用的高度；

P_i——换算到柱顶的框架柱的轴压力（N），$P_i = \dfrac{1}{H_i}\sum_k P_{ik}H_{ik}$；

P_{ik}、H_{ik}——第 i 个柱子上第 k 个竖向荷载和其作用的高度。

当摇摆柱的柱子中间无竖向荷载时，摇摆柱的计算长度系数应取 1.0。当摇摆柱中间作用有竖向荷载时，可考虑上、下柱段的相互作用，决定各段柱的计算长度系数。

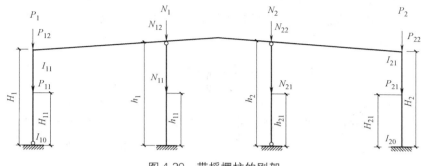

图 4-20 带摇摆柱的刚架

对于屋面坡度大于 1:5 的情况，在确定刚架柱的计算长度时应考虑横梁轴向力对柱刚度的不利影响。此时应按刚架的整体弹性稳定分析通过计算来确定变截面刚架柱的计算长度。

3. 变截面柱在刚架平面外的整体稳定性

变截面柱的平面外整体稳定性应分段按式（4-40）计算：

$$\frac{N_1}{\eta_{ty}\varphi_y A_{e1} f} + \left(\frac{M_1}{\varphi_b \gamma_x W_{e1} f}\right)^{1.3-0.3k_\sigma} \leqslant 1 \tag{4-40a}$$

当 $\overline{\lambda}_{1y} \geqslant 1.3$ 时：
$$\eta_{ty} = 1.0 \tag{4-40b}$$

当 $\overline{\lambda}_{1y} < 1.3$ 时：
$$\eta_{ty} = \frac{A_0}{A_1} + \left(1 - \frac{A_0}{A_1}\right)\frac{\overline{\lambda}_{1y}^2}{1.69} \tag{4-40c}$$

式中　$\overline{\lambda}_{1y}$——绕弱轴的通用长细比，$\overline{\lambda}_{1y} = \dfrac{\lambda_{1y}}{\pi}\sqrt{\dfrac{f_y}{E}}$；

λ_{1y}——绕弱轴的长细比，$\lambda_1 = \dfrac{L}{i_{y1}}$；

i_{y1}——大端截面绕弱轴的回转半径（mm）；

φ_y——轴心受压构件弯矩作用平面外稳定系数，以大端为准，由《钢结构设计标准》GB 50017 查用，计算长度取纵向柱间支撑点间的距离；

N_1——所计算构件段大端截面的轴向压力设计值（N）；

M_1——所计算构件段大端截面的弯矩设计值（N·mm）；

k_σ——大端、小端截面弯矩产生的应力比值，由弯矩计算；

φ_b——稳定系数，按式（4-32b）确定。

4.3.5 刚架节点设计

刚架节点设计内容主要包括刚架斜梁与柱连接、斜梁拼接及柱脚等。节点设计要求受力明确、传力路径清晰、计算模型与其实际受力状态一致。

4.3.5.1 斜梁与柱的连接节点

门式刚架斜梁与柱的节点为可采用高强度螺栓端板连接形式，一般为刚接节点，刚接节点应具有足够的节点刚度以传递弯矩。同时，刚接节点还承受剪力与轴力的作用。

1. 节点形式

门式刚架斜梁与柱的连接有端板竖放、端板斜放和端板横放三种节点形式，如图4-21

所示。为保证连接刚度，减小局部变形，柱与梁上、下翼缘处应设置加劲肋；梁上端板可在伸出部分和中部设加劲肋。为了满足强度需要，宜采用高强度螺栓，并应对螺栓施加预拉力，以增强节点转动刚度。

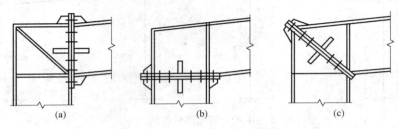

图 4-21　刚架斜梁与柱连接节点

(a) 端板竖放；(b) 端板平放；(c) 端板斜放

2. 节点承载力验算

门式刚架斜梁与柱端节点承载力验算包括螺栓验算、节点域抗剪验算、构件腹板强度验算和端板厚度校核等内容。

端板连接应按所受最大内力和能承受不小于较小被连接构件截面承载力的 1/2 设计，并取两者的较大值。

1）螺栓验算

端板螺栓应成对地对称布置。在受拉翼缘和受压翼缘的内外两侧各设一排，并宜使每个翼缘的 4 个螺栓的中心与翼缘的中心重合。为此，将端板伸出截面高度范围以外形成外伸式连接（图 4-21a），以免螺栓群的力臂不够大。若把端板斜放，因斜截面高度大，受压一侧端板可不外伸（图 4-21c）。

图 4-21（a）的外伸式连接转动刚度可以满足刚性节点的要求，在节点负弯矩作用下，可假定转动中心位于下翼缘中心线上。如图 4-21（a）所示上翼缘两侧对称设置 4 个螺栓时，每个螺栓承受的拉力为 $N_{t0}=M/4h_1$，并依此确定螺栓直径。h_1 为梁上、下翼缘中至中的距离。力偶 M/h_1 的压力由端板与柱翼缘间承压面传递，端板从下翼缘中心伸出的宽度应不小于 $e=\dfrac{M}{h_1}\cdot\dfrac{1}{2bf}$，$b$ 为端板宽度。

当受拉翼缘两侧各设一排螺栓不能满足承载力要求时，可以在翼缘内侧增设螺栓，如图 4-22（a）所示。按照绕下翼缘中心处 A 点的转动保持在弹性范围内的原则，此第三排螺栓的拉力可以按 $N_{t0}\dfrac{h_3}{h_1}$ 计算，h_3 为 A 点至第三排螺栓距的距离，两个螺栓可承受弯矩 $M=2N_{t0}h_3^2/h_1$。

节点上剪力可以认为由上边两排抗拉螺栓以外的螺栓承受，第三排螺栓拉力未用足，可以和下面两排（或两排以上）螺栓共同抗剪。

2）端板厚度的验算

端板厚度对保证节点的承载力具有重要意义，由于端板的承载力与其周边约束条件密切相关，因此应根据其在各区域的支撑条件分别验算，取其中厚度大者作为截面控制值，如图 4-22 所示。同时端板厚度应不小于 16mm 及 0.8 倍的高强度螺栓直径。

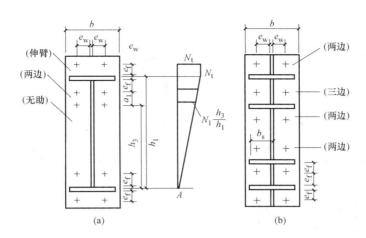

图 4-22 端板的支承条件

伸臂类端板区格：
$$t \geqslant \sqrt{\dfrac{6e_f N_t}{bf}}$$ (4-41a)

无加劲肋端板区格：
$$t \geqslant \sqrt{\dfrac{3e_w N_t}{(0.5a + e_w)f}}$$ (4-41b)

两边支撑类端板区格：

当端板外伸时：
$$t \geqslant \sqrt{\dfrac{6e_f e_w N_t}{[e_w b + 2e_f(e_f + e_w)]f}}$$ (4-41c)

当端板平齐时：
$$t \geqslant \sqrt{\dfrac{12e_f e_w N_t}{[e_w b + 4e_f(e_f + e_w)]f}}$$ (4-41d)

三边支撑类端板：
$$t \geqslant \sqrt{\dfrac{6e_f e_w N_t}{[e_w(b + 2b_s) + 4e_f^2]f}}$$ (4-41e)

式中 N_t——一个高强度螺栓受拉承载力设计值（N/mm²）；

e_w、e_f——螺栓中心至腹板和翼缘板表面的距离（mm）；

b、b_s——端板和加劲肋的宽度（mm）；

a——螺栓的间距（mm）；

f——端板钢材的抗拉强度设计值（N/mm²）。

3）节点域的抗剪验算

在门式刚架斜梁和柱相交的节点域（图 4-23），应按下式验算剪应力：
$$\tau = \dfrac{M}{d_b d_c t_c} \leqslant f_v$$ (4-42)

式中 d_c、t_c——节点域柱腹板的宽度和厚度（mm）；

d_b——斜梁端部高度或节点域高度（mm）；

M——节点承受的弯矩（N·mm），对多跨刚架中间柱处，应取两侧斜梁端部弯矩的代数和或柱端弯矩；

f_v——节点域柱腹板的抗剪强度设计值（N/mm²）。

4）构件腹板强度验算

在端板设置螺栓处，应保证在螺栓拉力作用下与端板连接腹板的强度具有足够的承载

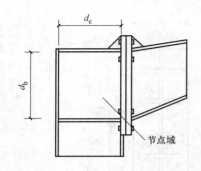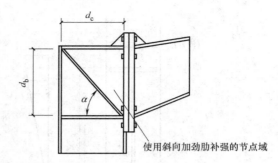

图 4-23 节点域

力，其验算公式如下：

当 $N_{t2} \leqslant 0.4P$ 时，有：

$$\frac{0.4P}{e_w t_w} \leqslant f \tag{4-43a}$$

当 $N_{t2} > 0.4P$ 时，有：

$$\frac{N_{t2}}{e_w t_w} \leqslant f \tag{4-43b}$$

式中 N_{t2}——翼缘内第二排一个螺栓的轴向拉力设计值（N）；

   P——高强度螺栓的预拉力（N）；

   e_w——螺栓中心至腹板表面的距离（mm）；

   t_w——腹板厚度（mm）；

   f——腹板刚才的抗拉强度设计值（N/mm²）。

当不满足式（4-44）时，可设置腹板加劲肋或局部加厚腹板。

3. 节点刚度验算

门式刚架梁与柱的端板式连接节点，应按理想刚接进行设计，以确保刚架的整体刚度和承载力。单跨门式刚架梁与柱的连接节点，转动刚度 R 应符合式（4-44）要求：

$$R \geqslant 25EI_b/l_b \tag{4-44}$$

式中 R——刚架横梁与柱连接节点的转动刚度（N·mm），应按式（4-46）计算；

   I_b——刚架横梁跨间的平均截面惯性矩（mm⁴）；

   l_b——刚架横梁的跨度（mm），中柱为摇摆柱时，取摇摆柱与刚架柱距离的 2 倍；

   E——钢材的弹性模量（N/mm²）。

梁与柱连接节点的转动刚度是 $R = M/\theta$。梁与柱相对转角 θ 由节点域的剪切变形角和节点连接的弯曲变形角两大部分组成（其相应的转动刚度分别为 R_1 和 R_2），后者包括端板弯曲、螺栓拉伸和柱翼缘弯曲引起的变形。该连接点的整体转动刚度 R 应按式（4-45）计算：

$$R = \frac{1}{1/R_1 + 1/R_2} = \frac{R_1 R_2}{R_1 + R_2} \tag{4-45}$$

式中 R_1——节点域剪切变形对应的刚度（N·mm）（若柱顶没有与梁翼缘对应的加劲肋，还要计及腹板受拉和受压形成的转角）；

   R_2——连接的弯曲刚度（N·mm），包括端板弯曲、螺栓拉伸和柱翼缘弯曲所对应的刚度。

梁与柱连接节点提供的抗弯刚度可按下列公式计算：

$$R_1 = Gh_1 d_c t_p + E d_b A_{st} \cos^2 \alpha \sin \alpha \tag{4-46}$$

$$R_2 = \frac{6EI_e h_1^2}{1.1e_f^3} \tag{4-47}$$

式中　h_1——梁端翼缘板中心间的距离（mm）；

　　　t_p——柱节点板腹板厚度（mm）；

　　　I_e——端板惯性矩（mm⁴）；

　　　e_f——端板外伸部分的螺栓中心到其加劲肋外边缘的距离（mm）；

　　　A_{st}——两条斜加劲肋的总截面积（mm²）；

　　　α——斜加劲肋倾角（图4-23）；

　　　G——钢材的剪切模量（N/mm²）。

4. 构造要求

（1）刚架主构件的连接应采用高强度螺栓承压型或摩擦型连接，螺栓的直径可根据需要选择，通常采用M16～M24螺栓。

（2）当为端板连接且只承受轴向力和弯矩作用，或剪力小于其抗滑移承载力（按抗滑移系数为0.3计算）时，端板表面可不作摩擦面处理。

（3）端板连接的螺栓应成对称布置，在斜梁与刚架连接处的受拉区，宜采用端板外伸连接。当采用端板外伸连接式连接时，宜使翼缘内外的螺栓中心与翼缘中心重合或接近。

（4）螺栓中心至翼缘表面的距离应满足拧紧螺栓时的施工要求，且不宜小于45mm，螺栓端距不应小于2倍的螺栓孔径，螺栓中距不应小于3倍的螺栓孔径。

（5）当端板上两对螺栓间的最大距离大于400mm时，应在端板中增设一对螺栓。

（6）刚架构件的翼缘与端板的连接应采用全熔透对接焊缝，腹板与端板的连接应采用角焊缝，坡口形式应符合现行国家标准《气焊、手工电弧焊及气体保护焊焊缝坡口的基本形式与尺寸》GB/T 985的规定。

4.3.5.2　斜梁的拼接节点

斜梁拼接时也用高强度螺栓-端板连接，宜使端板与构件外边缘垂直，并应采用将端板两端伸出截面高度范围以外的外伸式连接（图4-24）。斜梁拼接节点承载力验算和构造要求与斜梁和柱的连接节点类似。

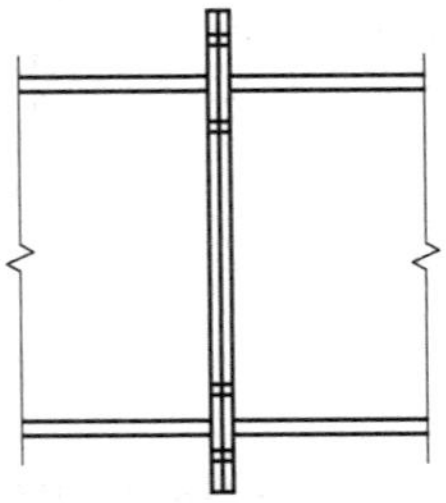

4.3.5.3　摇摆柱斜梁的连接节点

摇摆柱与斜梁的连接应设计为铰接节点，其构造较简单，常采用端板横放的顶接方式（图4-25）。

图4-24　斜梁拼接

4.3.5.4　柱脚节点

门式刚架轻型房屋钢结构柱脚分为铰接和刚接两种情况，采用铰接柱脚时，常设一对或者两对地脚螺栓（图4-26a、b）；厂房内设有5t以上桥式吊车时，应将柱设计成刚接（图4-26c、d）。

1. 铰接柱脚的设计

1）铰接柱脚底板尺寸的确定

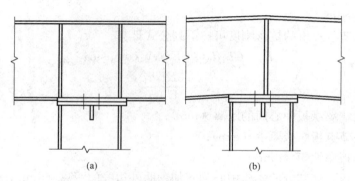

图 4-25　摇摆柱与斜梁的连接构造

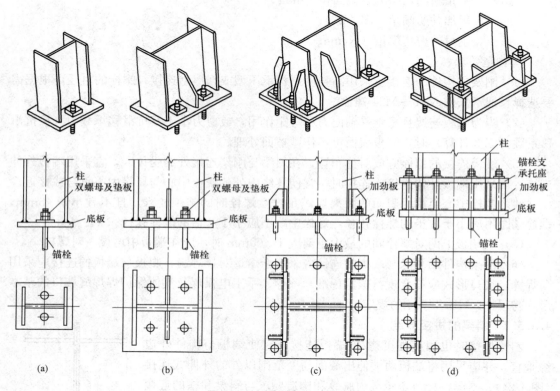

图 4-26　门式刚架柱脚形式

（a）铰接柱脚 1；（b）铰接柱脚 2；（c）带加劲肋刚接柱脚；（d）带靴梁刚接柱脚

（1）铰接柱脚底板的长度和宽度应按下式确定，同时需要满足构造上的要求：

$$\sigma_c = \frac{N}{LB - A_0} \leqslant f_c \tag{4-48}$$

式中　σ_c——折算应力（N/mm²）；

　　　N——钢柱的轴心压力（N）；

L、B——钢柱柱脚底板的长度和宽度（mm）；

　　　A_0——螺栓孔的面积（mm²）；

　　　f_c——钢柱柱脚底板下的混凝土轴心抗压强度设计值（N/mm²）。

（2）铰接柱脚底板的厚度 t 应按下式确定，且不宜小于 20mm：

$$t \geqslant \sqrt{\frac{6M_{\max}}{f}} \qquad (4-49)$$

式中　$M_{\max}$——根据柱脚底板下混凝土基础的反力和底板的支承条件确定的单位宽度上的最大弯矩值（N·mm）；

　　　　f——钢柱柱脚底板的钢材抗拉（压）强度设计值（N/mm²）。

钢柱柱脚底板上的最大弯矩通常是根据底板下混凝土基础的反力和底板的支承条件确定的。通常条件下，对于无加劲肋的底板可近似地按悬臂板考虑，对于 H 形截面柱，常按三边支承板考虑。

悬臂板：
$$M_1 = \frac{1}{2}\sigma_c a_1^2 \qquad (4-50a)$$

三边支承板或两相邻支撑板：
$$M_2 = \alpha \sigma_c a_2^2 \qquad (4-50b)$$

四边支承：
$$M_3 = \beta \sigma_c a_3^2 \qquad (4-50c)$$

式中　a_1——底板的悬臂长度（mm）；

　　　　a_2——计算区格内，板自由边的长度（mm）；

　　　　a_3——计算区格内，板短边的长度（mm）；

　　　　α、β——系数，见表 4-2；

　　　　σ_c——底板下混凝土的反力（N/mm²）。

系数 α、β 值　　　　　　　　　　　　　　　　　表 4-2

三边支承板	b_2/a_2	0.30	0.35	0.40	0.45	0.50	0.55	0.60	0.65	0.70	0.75	0.80	0.85
	α	0.027	0.036	0.044	0.052	0.060	0.068	0.075	0.081	0.087	0.092	0.097	0.101
两相邻边支承板	b_2/a_2	0.90	0.95	1.00	1.10	1.20	1.30	1.40	1.50	1.75	2.00	>2.00	
	α	0.105	0.109	0.112	0.117	0.121	0.124	0.126	0.128	0.130	0.132	0.133	
四边支承板	b_3/a_3	1.00	1.05	1.10	1.15	1.20	1.25	1.30	1.35	1.40	1.45		
	β	0.048	0.052	0.055	0.059	0.063	0.066	0.069	0.072	0.075	0.078		
	b_3/a_3	1.50	1.55	1.60	1.65	1.70	1.75	1.80	1.90	2.00	>2.00		
	β	0.081	0.084	0.086	0.089	0.091	0.093	0.095	0.099	0.102	0.125		

2）钢柱与铰接柱脚底板的连接焊缝计算

当不考虑加劲肋等补强板件与底板连接焊缝的作用时，底板与柱下端的连接焊缝，可按以下情况确定：

（1）当 H 形截面柱与底板采用周边角焊缝时（图 4-27a），焊缝强度应按下式计算：

$$\sigma_{Nc} = \frac{N}{A_{ew}} \leqslant \beta_f f_f^w \qquad (4-51a)$$

$$\tau_\mathrm{v}=\frac{V}{A_\mathrm{eww}}\leqslant f_\mathrm{f}^\mathrm{w} \qquad (4\text{-}51\mathrm{b})$$

$$\sigma_\mathrm{fs}=\sqrt{\left(\frac{\sigma_\mathrm{Nc}}{\beta_\mathrm{f}}\right)^2+(\tau_\mathrm{v})^2}\leqslant f_\mathrm{f}^\mathrm{w} \qquad (4\text{-}51\mathrm{c})$$

式中 N——钢柱的轴心压力（N）；

    A_ew——沿钢柱截面四周角焊缝的总有效截面面积（mm²）；

    V——钢柱的水平剪力（N）；

    A_eww——钢柱腹板处的角焊缝有效截面面积（mm²）；

    β_f——正截面角焊缝的强度设计值增大系数；

    f_f^w——角焊缝的强度设计值（N/mm²）；

    σ_fs——角焊缝的折算应力（N/mm²）。

（2）H 形截面柱翼缘采用完全焊透的对接焊缝，腹板采用角焊缝连接时（图 4-27b），角焊缝强度按下列公式计算：

$$\sigma_\mathrm{Nc}=\frac{N}{2A_\mathrm{F}+A_\mathrm{eww}}\leqslant\beta_\mathrm{f} f_\mathrm{f}^\mathrm{w} \qquad (4\text{-}52\mathrm{a})$$

$$\tau_\mathrm{v}=\frac{V}{A_\mathrm{eww}}\leqslant f_\mathrm{f}^\mathrm{w} \qquad (4\text{-}52\mathrm{b})$$

$$\sigma_\mathrm{fs}=\sqrt{\left(\frac{\sigma_\mathrm{Nc}}{\beta_\mathrm{f}}\right)^2+(\tau_\mathrm{v})^2}\leqslant f_\mathrm{f}^\mathrm{w} \qquad (4\text{-}52\mathrm{c})$$

式中 A_F——单侧翼缘的截面面积（mm²）。

（3）当 H 形截面柱与底板采用完全焊透的坡口对接焊缝时（图 4-27c），可以认为焊缝与柱截面是等强的，不必进行焊缝强度的验算。

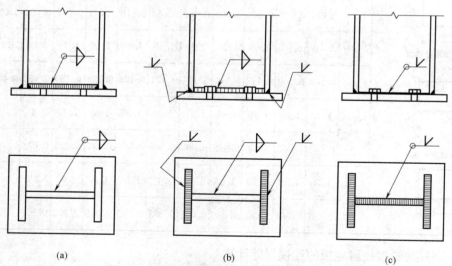

(a)   (b)   (c)

图 4-27   底板与钢柱下端的连接焊缝示意图

(a) 周边为角焊缝连接；(b) 翼缘为完全焊透的坡口对接焊缝，腹板为角焊缝连接；
(c) 周边为完全焊透的坡口对接焊缝连接

3）铰接柱脚锚栓的设计

需要的铰接柱脚锚栓的总有效面积可按式（4-53）计算：

$$A_e \geq \frac{N_{max}}{f_t^a} \qquad (4\text{-}53)$$

式中 N_{max}——钢柱最大拉力设计值（N）；

f_t^a——锚栓抗拉强度设计值（N/mm²）。

铰接柱脚的锚栓主要起安装过程的固定作用，通常选用2个或4个，同时应与钢柱的截面形式、界面大小以及安装要求相协调。锚栓直径通常根据其与钢柱板件厚度与柱底板厚度相协调的原则来确定，一般可在24~42mm的范围内选用，但不宜小于24mm。柱脚锚栓应采用 Q235 钢和 Q345 钢制作，锚固长度不宜小于25d（d为锚栓直径），其端部应按规定设置弯钩或锚板，锚栓的最小锚固长度应符合表4-3规定，且不应小于200mm。埋设锚栓时，一般宜采用锚栓固定支架，以保证锚栓位置的准确。

计算有柱间支撑的柱脚锚栓在风荷载作用下的上拔力时应计入柱间支撑产生的最大竖向分力，且不应考虑活荷载（或雪荷载）、积灰荷载和附加荷载的影响，恒荷载分项系数应取1.0。计算柱脚锚栓的受拉承载力时，应采用螺纹处的有效截面面积。

柱脚底板上的锚栓孔径 d_0 宜取锚栓直径 d 的1~1.5倍；垫板上锚栓孔径 d_1 应比锚栓直径 d 大1~2mm，如图4-28所示。

柱脚锚栓应采用双螺母紧固，在钢柱安装校正完毕后，应将锚栓垫板与柱底板、螺母与螺栓垫板焊牢，焊脚尺寸不宜小于10mm。当混凝土基础顶面平整度较差时，柱脚底板与基础混凝土之间应用比混凝土等级高一级的细石混凝土或膨胀水泥砂浆找平，厚度不宜小于50mm。

锚栓的最小锚固长度 表4-3

锚栓钢材	混凝土强度等级					
	C25	C30	C35	C40	C45	≥C50
Q235	20d	18d	16d	15d	14d	14d
Q345	25d	23d	21d	19d	18d	17d

注：d 为锚栓直径。

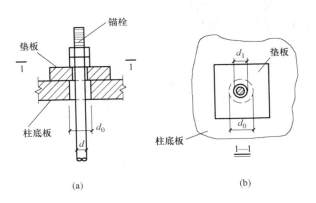

图4-28 锚栓孔径示意图

4）铰接柱脚水平抗剪验算

铰接柱脚的柱底水平剪力可由柱脚底板与混凝土基础间的摩擦力来抵抗，此时摩擦力 V_{fb} 应符合如下要求：

$$V_{\text{fb}} = 0.4N \geqslant V \tag{4-54}$$

式中　N——考虑屋面风吸力产生的上拔力影响的柱底轴力（N）；

　　　　V——柱底剪力设计值（N）。

当剪力由不带靴梁的锚栓承担时，应将螺母、垫板与底板焊接，柱底承受的水平剪力承载力可按0.6倍的锚栓抗剪承载力取用。当柱底水平剪力大于其承载力时，应设置抗剪键。抗剪键可按图4-29所示采用角钢、槽钢、工字钢等制作。

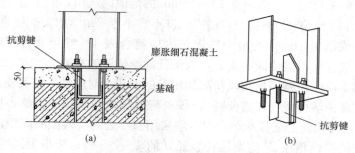

图4-29　抗剪键示意图

（a）立面图；（b）模型图

2. 刚接柱脚的设计

1）刚接柱脚底板尺寸的确定

（1）柱脚底板的长度 L 和宽度 B，应根据设置的加劲肋和锚栓间距的构造要求来确定，如图4-30所示。

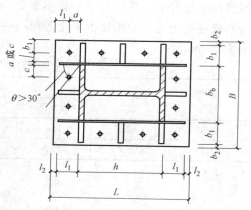

$$L = h + 2l_1 + 2l_2 \tag{4-55a}$$

$$B = b + 2b_1 + 2b_2 \tag{4-55b}$$

式中　b、h——钢柱底部的截面宽度和高度（mm）；

　　　　b_1、l_1——底板宽度和长度方向加劲肋或锚栓支承托座板件的尺寸，可参考表4-4的数值确定；

　　　　b_2、l_2——底板宽度和长度的边距，一般取10～30mm。

图4-30　底板尺寸图

底板长度尺寸计算参考数值（mm）　　　　　　　表4-4

螺栓直径	a	l_1 或 b_1	c	螺栓直径	a	l_1 或 b_1	c
20	60	40	50	56	105	110	140
22	65	45	55	60	110	120	150
24	70	50	60	64	120	130	160
27	70	55	70	68	130	135	170
30	75	60	75	72	140	145	180
33	75	65	85	76	150	150	190
36	80	70	90	80	160	160	200
39	85	80	100	85	170	170	210
42	85	85	105	90	180	180	230
45	90	90	110	95	190	190	240
48	90	95	120	100	200	200	250
52	100	100	130				

柱脚底板的宽度和长度还必须满足：

$$\sigma_c \begin{cases} \dfrac{N(1+6e/l)}{LB} \leqslant \beta_c f_c , e \leqslant \dfrac{L}{6} \\[3mm] \dfrac{2N}{3B(0.5L-e)} \leqslant \beta_c f_c , \dfrac{L}{6} \leqslant e \leqslant \left(\dfrac{L}{6}+\dfrac{l_t}{3}\right) \\[3mm] \dfrac{2N(0.5L+e-l_t)}{Bx_n(L-l_t-x_n/3)} \leqslant \beta_c f_c , e \geqslant \left(\dfrac{L}{6}+\dfrac{l_t}{3}\right) \end{cases} \quad (4\text{-}56)$$

式中　e——偏心距（mm），$e=M/N$，如图 4-31 所示；

　N、M——钢柱柱端轴心压力（N）和弯矩（N·mm）；

　l_t——受拉侧底板边缘至受拉螺栓中心的距离（mm）；

　σ_c——钢柱柱脚底板下的混凝土所受轴心应力（N/mm²）；

　f_c——钢柱柱脚地底板下的混凝土轴心抗压强度设计值（N/mm²）；

　β_c——底板下混凝土局部承压时的轴心抗压强度设计值提高系数，按现行《混凝土结构设计规范》GB 50010 中相关规定取值；

　x_n——底板受压区的长度（mm），可按式（4-57）计算。

$$x_n^3 + 3(e-0.75L)x_n^2 - \frac{6\alpha_c A_e^t}{B}(e+0.5L+l_t)(L-l_t-x_n)=0 \quad (4\text{-}57)$$

式中　α_c——底板钢材的弹性模量与底板下混凝土的弹性模量比值；

　A_e^t——受拉侧锚栓的总有效面积（mm²），可按式（4-58）计算。

$$A_e^t = T_a / f_t^b \quad (4\text{-}58)$$

$$T_a = \begin{cases} 0 & , e \leqslant \left(\dfrac{L}{6}+\dfrac{l_t}{3}\right) \\[3mm] \dfrac{N(e-0.5L+x_n/3)}{L-l_t-x_n/3} & , e > \left(\dfrac{L}{6}+\dfrac{l_t}{3}\right) \end{cases} \quad (4\text{-}59)$$

式中　T_a——受拉侧锚栓的总拉力（N）；

　f_t^b——锚栓的抗拉强度设计值（N/mm²）。

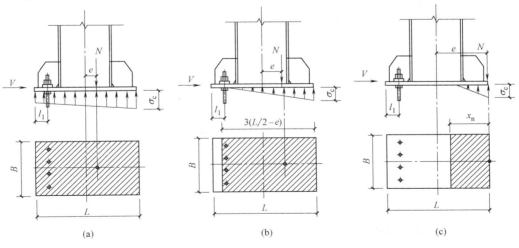

图 4-31　柱脚底板计算简图

（2）刚接柱脚底板的厚度 t 应按式（4-50）计算确定，且不应小于钢柱较厚板件的厚度，也不宜小于 30mm。

2）钢柱与刚接柱脚底板的连接焊缝计算

通常情况下，柱脚底板与柱下端的连接焊缝，无论是否设有加劲肋，均可按无加劲肋情况进行计算。当加劲肋与柱和底板的连接焊缝质量有可靠保证时，也可采用底板与柱下端和加劲肋的连接焊缝的截面性能进行计算。当不考虑加劲肋与底板连接焊缝的作用时，底板与柱下端的连接焊缝，可按以下情况确定。

（1）当 H 形截面柱与底板采用周边角焊缝时，焊缝强度应按下式计算：

$$\sigma_{Nc} = \frac{N}{A_{ew}} \leqslant \beta_f f_f^w \tag{4-60a}$$

$$\sigma_{Mc} = \frac{M}{W_{ew}} \leqslant \beta_f f_f^w \tag{4-60b}$$

$$\tau_v = \frac{V}{A_{eww}} \leqslant f_f^w \tag{4-60c}$$

$$\sigma_{fs} = \sqrt{\left(\frac{\sigma_{Nc} + \sigma_{Mc}}{\beta_f}\right)^2 + (\tau_v)^2} \leqslant f_f^w \tag{4-60d}$$

式中　N、M、V——作用于柱脚处的轴心压力、弯矩和水平剪力；

A_{ew}——沿钢柱截面四周角焊缝的总有效截面面积（mm²）；

A_{eww}——钢柱腹板处的角焊缝有效截面面积（mm²）；

W_{ew}——沿钢柱截面周边的角焊缝的总有效截面模量（mm³）；

β_f——正截面角焊缝的强度设计值增大系数；

f_f^w——角焊缝的强度设计值（N/mm²）；

σ_{fs}——角焊缝的折算应力（N/mm²）。

（2）当 H 形截面柱翼缘采用完全焊透的对接焊缝、腹板采用角焊缝连接时，作用于钢柱柱脚处的轴力及弯矩通过翼缘与柱底的对接焊缝传递至基础，剪力通过腹板与柱底的角焊缝传递至基础，焊缝强度按下式计算：

$$\sigma_{Nc} = \frac{N}{2A_F + A_{eww}} \leqslant \beta_f f_f^w \tag{4-61a}$$

$$\sigma_{Mc} = \frac{M}{W_F} \leqslant \beta_f f_f^w \tag{4-61b}$$

$$\tau_v = \frac{V}{A_{eww}} \leqslant f_f^w \tag{4-61c}$$

对翼缘：　　　　　　　$$\sigma_f = \sigma_{Nc} + \sigma_{Mc} \leqslant \beta_f f_f^w \tag{4-61d}$$

对腹板：　　　　$$\sigma_{fs} = \sqrt{\left(\frac{\sigma_{Nc}}{\beta_f}\right)^2 + (\tau_v)^2} \leqslant f_f^w \tag{4-61e}$$

（3）当 H 形截面柱与底板采用完全熔透的坡口对接焊缝时，可以认为焊缝与柱截面是等强度的，不必进行焊缝强度的验算。

3）刚接柱脚锚栓的设计

需要的刚接柱脚锚栓的总有效面积可按式（4-58）计算。

刚接柱脚锚栓的构造要求主要包括：锚栓的数目在垂直弯矩平面的每侧不应少于 2

个，同时应以钢柱的截面的形式、截面大小以及安装要求相协调的原则来确定。刚接柱脚锚栓直径一般在 30～76mm 的范围选用。栓的最小锚固长度应符合表 4-8 规定，且不应小于 200mm。柱脚锚栓应采用 Q235 钢和 Q345 钢制作，其锚固长度不宜小于 25d（d 为锚栓直径），其端部应按规定设置弯钩或锚板。

　　4）刚接柱脚水平抗剪验算

在刚接柱脚中，带靴梁的锚栓不宜用于承受柱脚底部的水平剪力，此水平剪力可由柱脚板与其下部的混凝土基础之间的摩擦力来抵抗，摩擦系数可取 0.4，计算摩擦力时应考虑屋面风吸力产生的上拔力的影响。当剪力由不带靴梁的锚栓承担时，应将螺母垫板与底板焊接，柱底的受剪承载力可按 0.6 倍的锚栓受剪承载力取用；当抗剪承载力不能满足要求时，可设置抗剪键。

4.4　支撑和隔撑设计

4.4.1　支撑设计

　　支撑杆件中，拉杆可采用圆钢制作，用特制的连接件与梁、柱腹板相连，并应以花篮螺栓张紧。压杆宜采用双角钢组成的 T 形截面或十字形截面，吊车梁下的交叉支撑不宜按拉杆设计。

　　门式刚架轻型房屋钢结构中的交叉支撑按拉杆设计（可认为受压斜杆不受力），非交叉支撑中的受压杆件应按压杆设计。

　　刚架斜梁上屋面横向水平支撑的内力，根据纵向风荷载按支撑与柱顶水平桁架计算，还要计算支撑对斜梁起减少计算长度作用而承受的支撑力。

　　刚架柱间支撑的内力，应根据该柱列所受纵向风荷载（如有吊车，还应计入吊车纵向制动力）按支撑于柱脚上的竖向悬臂桁架计算，并计入支撑因保障柱稳定而应承受的力。如图 4-1 所示的柱间支撑作用在柱顶的支撑力为：

$$\frac{\sum N}{300}\left(1.5+\frac{1}{n}\right) \tag{4-62}$$

式中　∑N——所撑各柱的轴力之和（N）；

　　　　n——所撑各柱的数目。

　　当同一柱列设有柱间支撑时，纵向力在支撑间可按支撑刚度分配。

　　支撑构件受拉或受压时，应按现行国家标准《钢结构设计标准》GB 50017 或《冷弯薄壁型钢结构技术规范》GB 50018 关于轴心受拉或轴心受压构件的规定计算。

4.4.2　隔撑设计

　　实腹式刚架斜梁的两端为负弯矩区，下翼缘在支座处受压。为了保证梁的稳定，有必要在受压翼缘两侧布置隔撑（山墙处刚架仅布置在一侧）作为斜梁的侧向支撑。

　　如图 4-32 所示，隔撑的一侧可连接在斜梁下（内）翼缘上，也可连接在距下（内）翼缘不大于 100mm 附近的腹板上；隔撑的另一侧连接在檩条上。隔撑与刚架、檩条应采用螺栓连接，每段通常采用单个螺栓，隔撑与斜梁腹板的夹角不宜小于 45°。隔撑间距不应大于所撑梁受压翼缘宽度的 $16\sqrt{235/f_y}$ 倍。

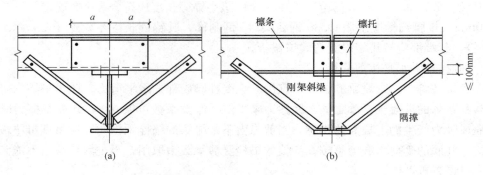

图 4-32　隔撑的连接

檩条可认为是支撑体系的组成部分，能对隔撑提供支撑点。隔撑应根据《钢结构设计规范》GB 50017 的规定按轴心受压构件的支撑设计。隔撑截面常选用单根等边角钢，轴压力设计值按式（4-63）计算：

$$N=\frac{Af}{60\cos\theta} \tag{4-63}$$

式中　A——实腹斜梁被支撑翼缘的截面面积（mm²）；

　　　　f——实腹斜梁钢材的强度设计值（N/mm²）；

　　　　θ——隔撑与檩条轴线的夹角。

当隔撑成对布置时，每根隔撑的计算轴压力可取式（4-64）计算值的 1/2。需要注意的是，单面连接的单角钢压杆在计算稳定性时，不用换算长细比，可对 f 值乘以相应的折减系数即可。

4.5　檩条设计

檩条是有檩屋盖体系中的主要受力构件，因其覆盖面积大，其用钢量在房屋结构中所占的比例较大，轻钢结构中檩条约占结构总量的 1/5～1/3，因此在设计中应合理选择其截面形式与布置。

4.5.1　檩条的截面形式

檩条的截面形式可分为实腹式和桁架式两种。实腹式檩条通常采用轧制型钢或冷弯薄壁型钢直接制造而成，因而具有制作方便的特点，制造时，按长度下料并打完连接孔后即为成型檩条。

实腹式檩条的截面形式如图 4-33 所示。图 4-33（a）为普通热轧槽钢或轻型热轧槽钢截面，因板件较厚，用钢量较大，已较少采用。图 4-33（b）为高频焊接 H 型钢截面，具有抗弯性能好的特点，适用于檩条跨度较大的场合，但 H 型钢截面的檩条与刚架斜梁的连接构造比较复杂。图 4-33（c）～（e）是冷弯薄壁型钢截面，在工程中应用都很普遍。卷边槽钢（亦称 C 形檩）檩条适用于屋面坡度 $i\leqslant1/3$ 的情况，直卷边 Z 形钢（图 4-33d、e）存放时可叠层堆放，占用空间少。

桁架式檩条的截面形式有下承式（图 4-34a）、平面桁架式（图 4-34b）和空腹式（图 4-34c）等。

当檩条跨度（柱距）不超过 9m 时，应优先选用实腹式檩条。跨度大于 9m 的简支檩条宜采用桁架式构件，并应验算受压翼缘的稳定性。

实腹式檩条可设计成单跨简支构件也可设计成连续构件，连续构件可采用嵌套搭接方式组成。连续檩条把搭接段放在弯矩较大的支座位置，可比简支檩条节省材料。

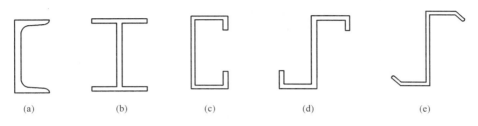

图 4-33　实腹式檩条截面

4.5.2　檩条的荷载和荷载组合

实际工程中檩条所承受的荷载主要有永久荷载和可变荷载。

作用在檩条上的永久荷载主要有屋面维护材料（包括压型钢板、防水层、保温或隔热层等）、檩条、拉条和撑杆自重，附加荷载（悬挂于檩条上的附属物自重）等。

屋面可变荷载主要有屋面均布活荷载、雪荷载、积灰荷载和风荷载。屋面均布活荷载标准值按受荷水平投影面取用，对于檩条一般为 $0.5kN/m^2$；雪荷载和积灰荷载按《建筑结构荷载规范》GB 50009 或当地资料取用，对檩条应考虑在屋面天沟、阴角、天窗挡风板以及高低跨相接处的荷载不均匀增大系数。檩条还应验算 1.0kN 的施工或检修集中荷载标准作用于跨中时的强度。

关于檩条的荷载组合可参照 4.3.1 节。

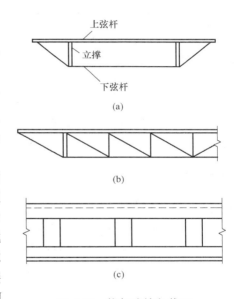

图 4-34　桁架式檩条截面

4.5.3　檩条内力分析

檩条布置于刚架斜梁上，其主轴与屋面重力荷载方向有夹角，因此檩条属于双向受弯构件。在进行内力分析时，首先要把均布荷载 q 分解为沿截形心主轴方向的荷载分量 q_x、q_y（图 4-35）。

$$q_x = q\sin\alpha_0 \tag{4-64a}$$

$$q_y = q\cos\alpha_0 \tag{4-64b}$$

式中　q——檩条竖向均布线荷载设计值（N/m）；

α_0——q 与形心主轴 y 轴的夹角；对 C 形或 H 形截面 $\alpha_0 = \alpha$，α 为屋面坡度；对 Z 形截面，$\alpha_0 = |\theta - \alpha|$，$\theta$ 为 Z 形截面形心主轴 x 轴与平行于屋面轴 x_1 的夹角。

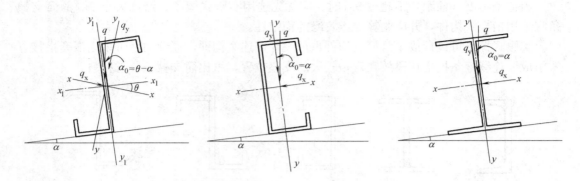

图 4-35　实腹式檩条截面的主轴和荷载

在选择截面形式时应考虑屋面坡度，当屋面坡度较小是宜选用卷边槽钢 C 形檩条，因为在屋面坡度较小的情况下，卷边槽钢的竖向荷载 q 与形心主轴 y 轴的夹角 α_0 很小，此时檩条受力接近于单向受力构件。当屋面坡度为 20° 左右时，应考虑选用 Z 形檩条，因为我国冷弯薄壁型钢 Z 形檩条的形心主轴 x 轴与 x_1 轴夹角都在 20° 左右，此时 Z 形檩条的竖向荷载 q 与形心主轴 y 轴夹角 α 很接近，檩条近似于单向受弯构件（图 4-35）。对设有拉条的简支檩条（和墙梁），由 q_x、q_y 分别引起的 M_x 和 M_y 按表 4-5 计算。

对于多跨连续檩条，在计算 M_y 时，不考虑活荷载的不利组合，跨中和支座弯矩都按近似取 $0.1 q_y l^2$。

4.5.4　檩条截面设计

4.5.4.1　强度计算

当屋面板刚度较大并与檩条之间有可靠连接，能阻止檩条发生侧向失稳和扭转变形时，可不进行檩条的整体稳定性，仅按下式公式验算截面强度：

$$\frac{M'_x}{W'_{enx}} \leqslant f \qquad (4\text{-}65a)$$

$$\frac{3V_{y'_{max}}}{2h_0 t} \leqslant f_v \qquad (4\text{-}65b)$$

式中　M'_x——檩条腹板平面内的弯矩设计值（N·mm）；

W'_{enx}——按檩条腹板平面内计算的有效净截面模量（对冷弯薄壁型钢）或净截面模量（对热轧型钢），冷弯薄壁型钢的有效截面应按现行国家标准《冷弯薄壁型钢结构技术规范》GB 50018 的规定计算，其中翼缘屈曲系数可取 3.0，腹板屈曲系数可取 23.9，卷边屈曲系数可取 0.425；对于双檩条搭接段，可取两檩条有效净截面模量之和并乘以折减系数 0.9；

$V_{y'_{max}}$——腹板平面内的剪力设计值（N）；

h_0——檩条腹板扣除冷弯半径后的平直段高度（mm）；

t——檩条厚度（mm），当双檩条搭接时，取两檩条厚度之和并乘以折减系数 0.9；

f——钢材的抗拉、抗压和抗弯强度设计值（N/mm²）；

f_v——钢材的抗剪强度设计值（N/mm²）。

设有拉条的简支檩条（和墙梁），由 q_x、q_y 分别引起的 M_x 和 M_y 计算　　　　表 4-5

拉条设置情况	由 q_y 产生的内力		由 q_x 产生的内力		计算简图
	M_{xmax}	V_{xmax}	M_{ymax}	V_{ymax}	
无拉条	$\frac{1}{8}q_yl^2$	$\frac{1}{2}q_yl$	$\frac{1}{8}q_xl^2$	$\frac{1}{2}q_xl$	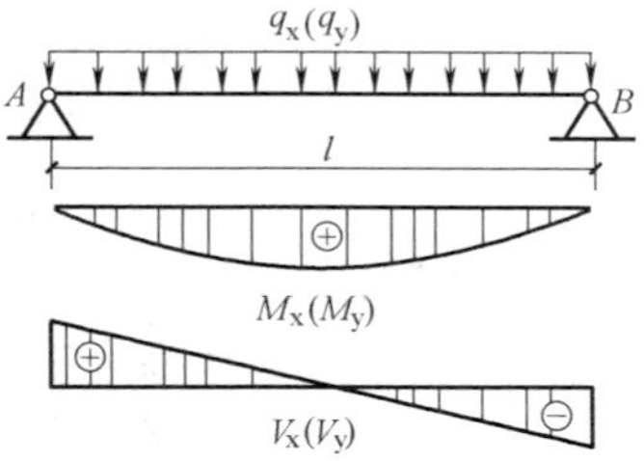
跨中有一道拉条	$\frac{1}{8}q_yl^2$	$\frac{1}{2}q_yl$	拉条处负弯矩 $\frac{1}{32}q_xl^2$ 拉条与支座间正弯矩 $\frac{1}{64}q_xl^2$	拉条处最大剪力 $\frac{5}{8}q_xl$	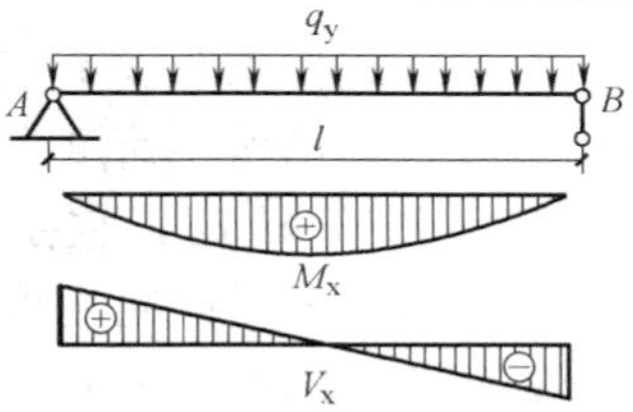 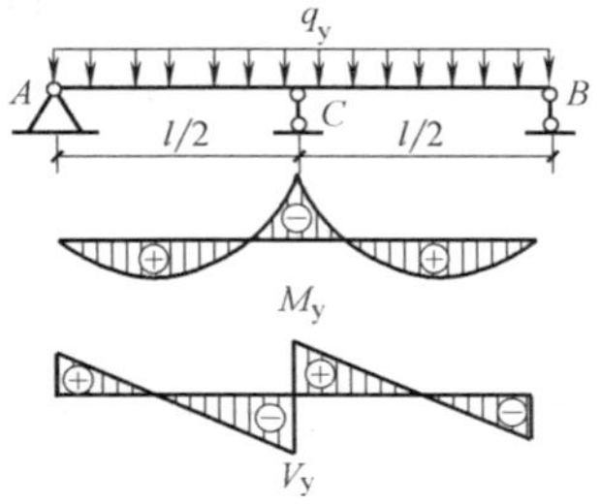
三分点处各有一道拉条	$\frac{1}{8}q_yl^2$	$\frac{1}{2}q_yl$	拉条处负弯矩 $\frac{1}{90}q_xl^2$ 拉条与支座间正弯矩 $\frac{1}{360}q_xl^2$	拉条处最大剪力 $\frac{11}{30}q_xl$	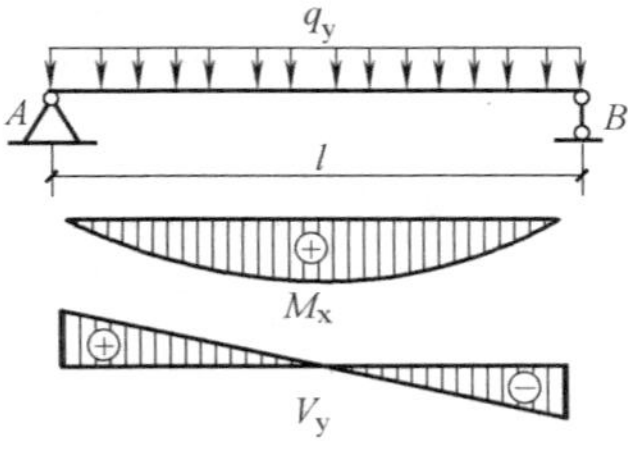 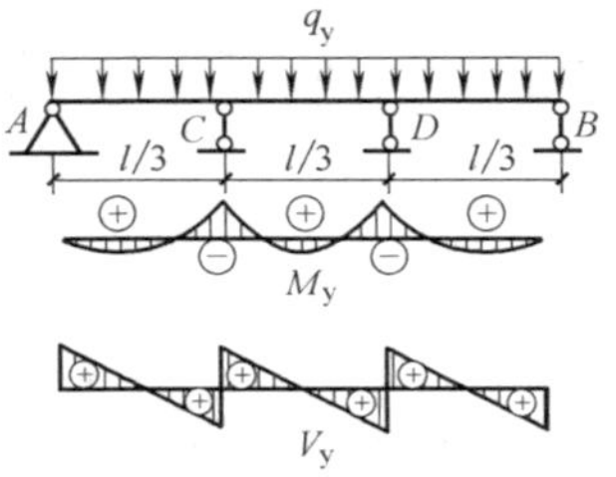

注：在计算 M_y 时，将拉条作为侧向支撑点，按双跨或三跨连续梁计算。

4.5.4.2   整体稳定计算

当屋面板刚度较弱不能阻止檩条发生侧向失稳和扭转变形时，应按下式验算檩条的整体稳定性：

$$\frac{M_x}{\varphi_{bx} W_{ex}} + \frac{M_y}{W_{ey}} \leqslant f \tag{4-66}$$

式中 W_{ex}、W_{ey}——对主轴 x 和主轴 y 的有效截面模量（对冷弯薄壁型钢）或毛截面模量（对热轧型钢）；

φ_{bx}——梁的整体稳定系数，冷弯薄壁型钢按现行国家标准《冷弯薄壁型钢结构技术规范》GB 50018，热轧型钢按现行国家标准《钢结构设计规范》GB 50017 的规定计算。

4.5.4.3   变形计算

实腹式檩条应验算垂直于屋面方向的挠度，其挠度容许值的规定见第 3 章。

4.5.5   构造要求

（1）实腹式檩条跨度不宜大于 12m，当檩条跨度大于 4m 时，宜在檩条间跨中位置设置拉条或撑杆；当檩条跨度大于 6m 时，宜在檩条跨度三分点处各设置一道拉条或撑杆；当檩条跨度大于 9m 时，宜在檩条跨度四分点处各设置一道拉条或撑杆。

拉条有防止檩条侧向变形和扭转的作用，并能提供 x 轴方向的中间支点。此中间支点的力需要传到刚度较大的构件，为此，需要在屋脊或檐口处设置斜拉条和刚性撑杆组成的桁架体系（图 4-36）。当构造能保证屋脊处拉条互相拉结平衡，在屋脊处可不设斜拉条和刚性撑杆。如果单坡长度大于 50m，宜在坡面中间增加一道双向斜拉条和刚性撑杆组成的桁架结构体系。

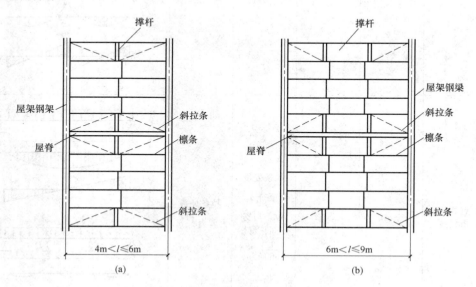

图 4-36   拉条和撑杆的布置

刚性撑杆可采用钢管、方钢或角钢做成，其长细比不应大于 220。拉条通常用圆钢做成，圆钢直径不宜小于 10mm。圆钢拉条可设在距檩条上翼缘 1/3 腹板高度范围内。当檩条下翼缘在风吸力作用下受压时，屋面宜用自攻螺钉与檩条连接，拉条宜设在下翼缘附近。为了兼顾无风和有风两种情况，可在上、下翼缘附近交替布置，或在两处都设置。当采用扣合式屋面板时，拉条的设置根据檩条的稳定计算确定。

拉条、撑杆与檩条的连接如图 4-37 所示。斜拉条端部宜弯折或设置垫块，弯折时其直线长度不超过 15mm。

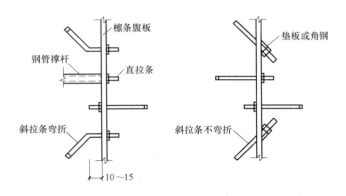

图 4-37　拉条与檩条的连接

（2）实腹式檩条可通过檩托与刚架斜梁连接，檩托可用角钢和钢板做成，檩条与檩托的连接螺栓不应少于 2 个，并沿檩条高度方向布置（图 4-38）。当檩条高度较大时，檩托板处宜设置加劲板以增大刚度。

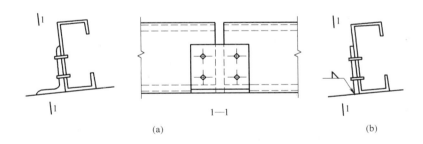

图 4-38　檩条与刚架的连接

（3）位于屋盖坡面顶部的屋脊檩条，可用槽钢（图 4-39）、角钢或圆钢连接。

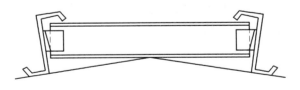

图 4-39　屋脊檩条的槽钢连接

（4）槽形和 Z 形檩条上翼缘的肢尖（或卷边）应朝向屋脊方向，以减少荷载偏心引起的扭矩。

4.6　墙梁设计

4.6.1　墙梁的结构布置

　　轻型墙体结构的墙梁两端支撑于结构柱或墙架柱上，墙体荷载通过墙梁传给柱。墙梁宜采用卷边槽形或卷边 Z 形的冷弯薄壁型钢或高频焊 H 型钢，兼做窗框的墙梁和门框等构件宜采用卷边槽形冷弯薄壁型钢或组合矩形截面构件。

　　墙梁在其自重、墙体材料和水平荷载作用下，也是双向受弯构件。墙板常做成落地式并与基础相连，墙板的重力可直接传至基础，故墙梁的最大刚度平面在水平方向，以承担水平风荷载。当采用卷边槽形截面墙梁时，为便于墙梁与刚架柱的连接而把槽口向上放置，单窗框下沿的墙梁则需要槽口向下放置。当采用压型钢板作围护面时，墙梁宜布置在刚架柱的外侧，其间距随墙板板形和规格确定，且不应大于计算要求的值。

　　墙梁应尽量等间距设置，在墙面的上沿、下沿及窗框的上沿、下沿处应设置一道墙梁（图 4-40）。为了减少竖向荷载产生的效应，减少墙梁的竖向挠度，可在墙梁上设置拉条，并在最上层墙梁处设斜拉条传至刚架柱，设置原则和檩条相同。

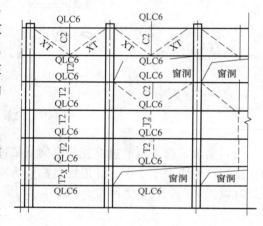

图 4-40　墙梁及拉条布置

　　墙梁可根据柱距的大小做成跨越一个柱距的简支梁或两个柱距的连续梁，前者运输方便、节点构件相对简单，后者受力合理、节省材料。

4.6.2　墙梁设计

　　墙梁跨度可分为一个柱距的简支梁或两个柱距的连续梁，从墙梁的受力性能、材料的充分利用来看，后者更合理。但考虑到节点构造、材料供应、运输和安装等方面的因素，通常墙梁设计成单跨简支梁。

　　1. 荷载计算

　　墙梁主要承受竖向重力荷载和水平风荷载。竖向重力荷载有墙板和墙梁自重，墙板自重及水平向的风荷载可根据《建筑结构荷载规范》GB 50009—2012 查取，墙梁自重根据实际截面确定，选取截面时可近似地取 $0.05 \mathrm{kN/m^2}$。门式刚架轻型房屋墙梁风荷载体型系数按《规范》采用。当墙板自重不通过墙梁传给柱时，可不考虑竖向荷载。

　　2. 墙梁的荷载组合

　　墙梁的荷载组合主要有两种：

　　(1) 1.2×竖向永久荷载＋1.4×水平风压力荷载；

　　(2) 1.2×竖向永久荷载＋1.4×水平风吸力荷载。

在墙梁截面上，有外荷载产生的内力有：水平风荷载 q_x 产生的弯矩 M_y、剪力 V_x；由竖向荷载 q_y 产生的弯矩 M_x、剪力 V_y。墙梁的设计公式和檩条的相同。当墙板放在墙梁外侧且不落地时，其重力荷载没有作用在截面剪力中心，计算时还应考虑双力矩 B 的影响。

3. 内力分析

墙梁系同时承受竖向荷载及水平荷载作用的双向受弯构件，墙梁的弯矩计算方法同檩条部分。

4. 截面验算

1）强度计算

根据墙梁上所受的弯矩（M'_x，M'_y）和剪力（V'_x，V'_y），应验算截面的最大（拉、压）正应力及剪应力。在承受朝向面板的风压时，墙梁的强度可按下列公式验算：

$$\sigma = \frac{M'_x}{W'_{enx}} + \frac{M'_y}{W'_{eny}} \leqslant f \tag{4-67}$$

$$\tau'_x = \frac{3V'_{x,max}}{4b_0 t} \leqslant f_v \tag{4-68}$$

$$\tau'_y = \frac{3V'_{y,max}}{2h_0 t} \leqslant f_v \tag{4-69}$$

式中 M'_x、M'_y——水平荷载和竖向荷载设计值产生的弯矩（N·mm），下标 x' 和 y' 分别表示墙梁的竖向主轴和水平主轴，当墙板底部端头自承重时，$M'_y = 0$；

$V'_{x,max}$、$V'_{y,max}$——水平荷载和竖向荷载产生的剪力的最大值（N），当墙板底部端头自承重时，$V'_{xmax} = 0$；

W'_{enx}、W'_{eny}——绕竖向主轴和水平主轴的有效净截面模量（对冷弯薄壁型钢）或净截面模量（对热轧型钢）；

b_0、h_0——墙梁在竖向和水平的计算高度（mm），取型钢板件连接处两圆弧起点之间的距离；

t——墙梁截面的厚度（mm）。

2）整体稳定性计算

双侧挂墙板的墙梁，应按式（4-67）~式（4-69）计算朝向面板的风压和风吸力下的强度；当有一侧墙板底部端头自承重时，M'_y 和 $V'_{x,max}$ 均可取 0；对于单侧挂有墙板的墙梁在风吸力作用时，由于墙梁的主要受压竖向板未与墙板牢固连接，在构造上不能保证墙梁的整体稳定性，尚需计算其稳定性，其计算方法可按现行《冷弯薄壁型钢结构技术规范》GB 50018 的规定计算。

3）刚度计算

墙梁的水平方向挠度限值见第 3 章。

4.7 压型钢板设计

4.7.1 压型钢板的截面形式

压型钢板是目前轻型屋面有檩条系中应用最广泛的屋面材料，是由薄钢板辊压成型的各种波型板材，具有轻质、高强、色彩美观、施工方便、工业化生产等特点。

压型钢板的原板按表面处理方法可分为镀锌钢板、彩色镀锌钢板和彩色镀铝锌钢板三种。其中镀锌钢板仅使用于组合楼板，彩色镀锌钢板和彩色镀铝锌钢板则多用于屋面和墙面上。采用彩色镀层压型钢板的屋面及墙面板的基板力学性能应符合现行国家标准《建筑用压型钢板》GB/T 12755 的要求，基板屈服强度不小于 350N/mm²，对扣合式连接板基板屈服强度应不小于 500N/mm²。

压型钢板的截面形式（板型）较多，根据压型钢板的截面波形和表面处理情况，压型钢板的分类、特点、截面形式及适应范围见表 4-6。压型钢板根据波高的不同，一般分为低波板（波高小于 30mm）、中波板（波高为 30～70mm）和高波板（波高大于 70mm）。波高越高，截面的抗弯刚度就越大，承受的荷载也就越大。屋面板一般选用中波板和高波板，墙板常采用低波板。当屋面带有保温隔热要求时，应采用复合型压型钢板，它采用双层压型钢板中间夹层轻质保温材料，如聚苯乙烯、岩棉、超细玻璃纤维等。

压型钢板板型的表示方法为"YX 波高-波距-有效覆盖宽度"，如 YX130-300-600 表示为波高为 130mm、波距为 300mm、板的有效覆盖宽度为 600mm 的板型。压型钢板的厚度需另外注明，屋面及墙面外板的基板厚度不应小于 0.45mm，屋面及墙面内板的基板厚度不应小于 0.35mm。

压型钢板通常不适用于有强烈侵蚀作用的部位或场合。对处于有较高侵蚀作用环境的压型钢板，应进行有针对性的特殊防腐处理，如在其表面加涂耐酸或耐碱的专用涂料等。

与压型钢板屋面、墙面配套使用的连接件有自攻螺钉、射钉、拉铆钉等。与压型钢板屋面、墙面配套使用的防水密封材料，如密封条、密封膏、密封胶、泡沫塑料堵头、防水垫圈等应具有良好的粘结性能、密封性能、抗老化性能和施工可操作性能等。

压型钢板的分类特点截面形式及适用范围　　　　　　　表 4-6

分类原则	类别	特点	使用范围	截面形式
单层压型钢板	低波型	波高小于 30mm	墙面维护材料	
	中小型	波高在 30～70mm	组合楼板、一般屋面维护材料	
	高波型	波高大于 70mm	组合楼板、屋面荷载较大的屋面维护材料	
复合压型钢板	波型式	中间填塞聚氨酯或者聚苯乙烯保温隔热材料，整体刚度大	适用于屋面荷载较大有保温隔热要求的屋面维护材料	
	普通式	中间填塞聚苯乙烯	适用于有保温隔热要求的屋面维护材料	

续表

分类原则	类别	特点	使用范围	截面形式
复合压型钢板	承接式	中间填塞聚氨酯或者聚苯乙烯保温隔热材料	适用于有保温隔热要求的墙面维护材料	
	填充式	中间填充岩棉或玻璃丝棉保温隔热材料	适用于有保温隔热要求及防火等级要求较高的屋面维护材料	

4.7.2　压型钢板的几何特征

压型钢板较薄，如果截面各部分板厚度不变，它的截面特征可采用"线性元件算法"计算，即将平面薄板由其"中轴"代替，根据中轴线计算截面各项几何特征后，再计入板厚度 t 的影响。线性元件算法与精确法计算相比，略去了转折处圆弧过渡的影响，精确计算表明，其影响为 $0.4\% \sim 4.0\%$，可以略去不计。当板件的受压部分非全部有效时，应采用有效宽度代替其实际宽度。

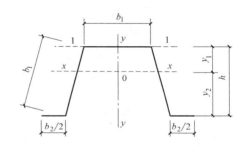

图 4-41　压型钢板计算单元

压型钢板的截面几何特征可用单个槽口作为计算单元，分析其几何特征，如图 4-41 所示。

计算单元总长度：

$$\sum b = b_1 + b_2 + 2b_3 \tag{4-70}$$

对 1-1 轴取矩：

$$\sum by = 2b_3 \times \frac{h}{2} + b_2 \times h = h(b_2 + b_3) \tag{4-71}$$

截面形心：

$$y_1 = \frac{\sum by}{\sum b} = \frac{h(b_2 + b_3)}{b_1 + b_2 + 2b_3} \tag{4-72}$$

$$y_2 = h - y_1 = \frac{h(b_1 + b_3)}{b_1 + b_2 + 2b_3} \tag{4-73}$$

计算单元对形心轴 x-x 轴的惯性矩：

$$I_x = \left[b_1 y_1^2 + b_2 y_2^2 + 2 \times \frac{b_3 h^2}{12} + 2b_3 \left(\frac{h}{2} - y_1 \right)^2 \right] t$$

$$= \frac{th^2}{\sum b} \left(b_1 b_2 + \frac{2}{3} b_3 \sum b - b_3^2 \right) \tag{4-74}$$

上翼缘对形心轴 x-x 轴全截面抵抗矩：

$$W_x^u = \frac{I_x}{y_1} = \frac{th \left(b_1 b_2 + \frac{2}{3} b_3 \sum b - b_3^2 \right)}{b_2 + b_3} \tag{4-75}$$

下翼缘对形心轴 x-x 轴全截面抵抗矩：

$$W_x^d = \frac{I_x}{y_2} = \frac{th\left(b_1 b_2 + \frac{2}{3}b_3 \sum b - b_3^2\right)}{b_1 + b_3} \tag{4-76}$$

4.7.3　压型钢板有效宽度

压型钢板属于冷弯薄壁型构件，允许板件受压屈曲并利用其屈曲后强度。因此，在其强度和稳定性计算公式中截面特性一般按有效截面进行计算。压型钢板受压翼缘有效截面如图 4-42 所示，计算压型钢板的有效截面时应扣除图中所示阴影部分面积。

对于翼缘宽比较大的压型钢板，则需要通过在上翼缘设置刚度足够、间距适当的加劲肋（图 4-43），以保证翼缘受压时截面全部有效。其构造及计算要求参见现行国家标准《冷弯薄壁型钢结构技术规范》GB 50018。

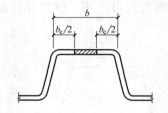

图 4-42　压型钢板有效截面示意图

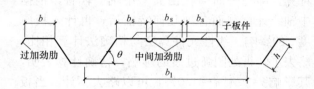

图 4-43　带中间加劲肋的压型钢板

4.7.4　压型钢板的荷载和荷载组合

1. 荷载

压型钢板用作屋面板的荷载主要有永久荷载和可变荷载。

（1）永久荷载：当屋面板为单层压型钢板时，永久荷载仅为压型钢板的自重，当采用表 4-12 所列的复合压型钢板时，作用在板底（下层压型钢板）上的永久荷载除其自重外，还需要考虑保温材料和龙骨的重量。单层压型钢板的自重为 $0.10 \sim 0.15 \text{kN/m}^2$，波型式、普通式、承接式夹芯板的自重 $0.12 \sim 0.15 \text{kN/m}^2$，填充式夹芯板自重 $0.24 \sim 0.25 \text{kN/m}^2$。

（2）可变荷载：在计算屋面压型钢板的可变荷载时，除需考虑屋面均布活荷载、雪荷载和积灰荷载外，还需考虑施工或检修集中荷载，一般取 1.0kN（施工或检修荷载在设计刚架构件时不考虑）。当检修集中荷载大于 1.0kN 时，应按实际情况取用。

当按单槽口截面受弯构件设计屋面板时，需要将作用在一个波距上的集中荷载折算成板宽方向上的线荷载，如图 4-44 所示。

$$q_{re} = \eta \frac{F}{b_1} \tag{4-77}$$

式中　q_{re}——折算荷载（N/m）；

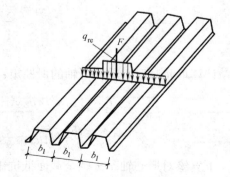

图 4-44　板上集中荷载换算为均布线荷载

F——集中荷载（N）；

b_1——压型钢板的一个波距（mm）；

η——折算系数，由试验确定，无试验数据时，可取 $\eta=0.5$。

进行上述换算时，主要是考虑相邻槽口的共同作用提高了板承受集中荷载的能力。折算系数取 0.5，则相当于在单槽口的连续梁上，作用了一个 0.5F 的集中荷载。

此外，屋面板和墙板的风荷载体型系数不同于刚架，详见《规范》。

2. 荷载组合

计算压型钢板的内力时，主要考虑两种荷载组合：

（1）1.2×永久荷载＋1.4×max｛屋面均布荷载，雪荷载｝；

（2）1.2×永久荷载＋1.4×施工检修集中荷载换算值。

当需要考虑风吸力对屋面压型钢板的受力影响时，还应进行下式的荷载组合：

$$1.0×永久荷载＋1.4×风吸力荷载。$$

4.7.5　压型钢板的截面验算

压型钢板的强度和挠度可取单槽口的有效截面，按受弯构件计算。内力分析时，把檩条视为压型钢板的支座，考虑不同荷载组合，按多跨连续梁计算。

1. 压型钢板抗弯承载力计算

$$\sigma_{max}=\frac{M_{max}}{W_{efn}}\leqslant f \tag{4-78}$$

式中　M_{max}——压型钢板计算跨内的最大弯矩（N·mm）；

W_{efn}——压型钢板有效截面抵抗矩（mm³）；

f——压型钢板的抗弯强度设计值（N/mm²）。

2. 压型钢板腹板的抗剪承载力计算

当 $h/t\leqslant100$ 时，有：

$$\tau\leqslant\tau_{cr}=\frac{8550}{(h/t)} \tag{4-79a}$$

$$\tau\leqslant f_v \tag{4-79b}$$

当 $h/t\geqslant100$ 时，有：

$$\tau\leqslant\tau_{cr}=\frac{855000}{(h/t)^2} \tag{4-79c}$$

$$\tau\leqslant\frac{V_{max}}{\sum ht} \tag{4-79d}$$

式中　V_{max}——压型钢板计算跨内的最大剪力（N）；

$\sum ht$——腹板的面积之和（mm²）；

τ——腹板的平均剪应力（N/mm²）；

τ_{cr}——腹板的剪切屈曲临界剪应力（N/mm²）；

h/t——腹板的高厚比；

f_v——钢材的抗剪强度设计值（N/mm²）。

3. 压型钢板支座处腹板的局部受压承载力计算

$$R\leqslant R_w \tag{4-80a}$$

$$R_{\mathrm{w}}=\alpha t^2\sqrt{fE}(0.5+\sqrt{0.02l_{\mathrm{c}}/t})[2.4+(\theta/90)^2] \qquad (4\text{-}80\mathrm{b})$$

式中　R——支座反力（N）；

$\quad\ R_{\mathrm{w}}$——一块腹板的局部受压承载力设计值（N）；

$\quad\ \alpha$——系数，中间支座取 $\alpha=0.12$，端部支座取 $\alpha=0.06$；

$\quad\ t$——腹板厚度（mm）；

$\quad\ l_{\mathrm{c}}$——支座处的支撑长度（mm），10mm$<l_{\mathrm{c}}<$20mm，端部支座可取 $l_{\mathrm{c}}=10$mm；

$\quad\ \theta$——腹板倾角（45°$\leqslant\theta\leqslant$90°）。

4. 压型钢板同时承受弯矩 M 和支座反力 R 的截面

$$M/M_{\mathrm{u}}\leqslant 1.0 \qquad (4\text{-}81)$$

$$R/R_{\mathrm{w}}\leqslant 1.0 \qquad (4\text{-}82)$$

$$M/M_{\mathrm{u}}+R/R_{\mathrm{w}}\leqslant 1.25 \qquad (4\text{-}83)$$

式中　M_{u}——截面的抗弯承载力设计值（N·mm），$M_{\mathrm{u}}=W_{\mathrm{e}}f$。

5. 压型钢板同时承受弯矩 M 和剪力 V 的截面

$$\left(\frac{M}{M_{\mathrm{u}}}\right)^2+\left(\frac{V}{V_{\mathrm{u}}}\right)^2\leqslant 1.0 \qquad (4\text{-}84)$$

式中　V_{u}——截面的腹板抗剪承载力设计值（N），$V_{\mathrm{u}}=(ht\sin\theta)\tau_{\mathrm{cr}}$。

6. 压型钢板的挠度计算

均布荷载作用下压型钢板构件的挠度应满足下列公式：

$$v_{\max}\leqslant[v] \qquad (4\text{-}85)$$

式中　$v_{\max}$——由荷载标准值及压型钢板有效截面计算的最大挠度值（mm），见表 4-7；

$\quad\ [v]$——压型钢板的挠度容许值，见第 3 章；同时根据《冷弯薄壁型钢结构技术规范》GB 50018 的规定，对屋面板，当屋面坡度小于 1/20 时，$[v]=1/250$；当屋面坡度大于 1/20 时，$[v]=1/200$；对墙面板，$[v]=1/150$；对楼板面，$[v]=1/200$。

不同支承情况下压型钢板的跨中最大挠度计算公式　　　　　　表 4-7

类型	图　示	计算公式
多跨连续梁		$v_{\max}=\dfrac{2.7q_{\mathrm{k}}L^4}{384EI_{\mathrm{ef}}}$
简支板		$v_{\max}=\dfrac{5q_{\mathrm{k}}L^4}{384EI_{\mathrm{ef}}}$
悬臂板		$v_{\max}=\dfrac{q_{\mathrm{k}}L^4}{8EI_{\mathrm{ef}}}$

注：q_{k} 为作用于压型钢板上的均布荷载标准值；L 为压型钢板的计算跨度；I_{ef} 为压型钢板的有效截面惯性矩。

4.7.6 压型钢板的构造要求

1. 压型钢板的搭接

压型钢板之间的搭接主要考虑板搭接处的防风、防雨、防潮等构造要求，施工简单，外形美观。压型钢板宜采用长尺寸板材，以减少板长方向的搭接。压型钢板的搭接分为沿长度方向搭接（图 4-45）和沿侧向搭接（图 4-46）。

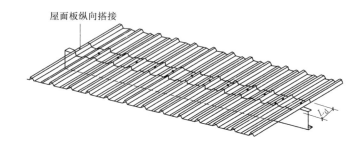

图 4-45 压型钢板沿长度方向搭接

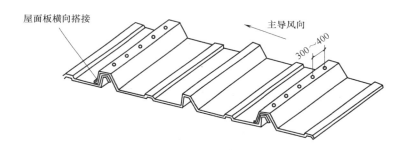

图 4-46 压型钢板沿侧向搭接

压型钢板沿长度方向的搭接端必须与支撑构件（檩条、墙梁）有可靠的连接，搭接部位应设置密封防水胶带。搭接长度 L_d 应满足以下条件：

(1) 波高不小于 70mm 的高波屋面压型钢板：$L_d \geqslant 350\text{mm}$。

(2) 波高不大于 70mm 的低波屋面压型钢板：屋面坡度不大于 1/10 时，$L_d \geqslant 250\text{mm}$；屋面坡度大于 1/10 时，$L_d \geqslant 200\text{mm}$；对墙面压型钢板：$L_d \geqslant 120\text{mm}$。

屋面压型钢板板侧向搭接应与建筑物的主导风向一致，可采用搭接式、扣合式或咬合式等连接方式，如图 4-47 所示。当侧向采用搭接式连接时，一般搭接一波，特殊要求时可搭接两波。搭接处用连接件紧固，连接件应设置在波峰上，连接件应采用带有防水密封胶垫的自攻螺钉。对于高波压型钢板，连接件间距一般为 700~800mm；对于低波压型钢板，连接件间距一般为 300~400mm。当侧向采用扣合式或咬合式连接时，应在檩条上设置与压型钢板波形相配套的专门固定支座，固定支座与檩条用自攻螺钉或射钉连接，压型钢板搁置在固定支座上。两片压型钢板的侧边应确保在风吸力等因素作用下的扣合或咬合连接可靠。

2. 压型钢板与檩条的连接

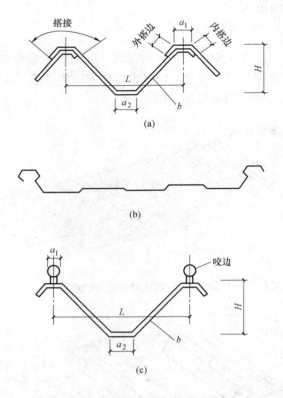

图 4-47　压型钢板的侧向连接方式

（a）搭接式；（b）扣合式；（c）咬合式

　　屋面、墙面压型钢板与檩条、墙梁之间的连接主要采用自攻螺钉进行连接，如图 4-48所示，自攻螺钉的间距不宜大于 300mm，为增强抗风能力，屋面檐口处固定压型钢板的自攻螺钉应加密。

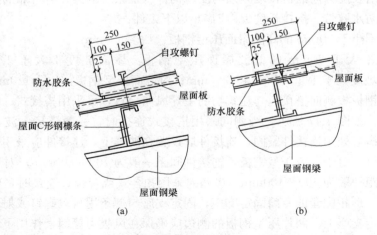

图 4-48　屋面板与檩条连接示意图

（a）安装顺序图；（b）安装完成图

铺设高波压型钢板屋面时，应在檩条上设置固定支架。固定支架与檩条之间用自攻螺栓连接，每波设置一个。低波压型钢板可以不设固定支座，宜在波峰处采用带有防水封胶的自攻螺钉与檩条连接，连接间可以每波或隔波设置一个，但每块低波压型钢板不得少于3个自攻螺钉。压型钢板腹板与翼缘水平面之间的夹角 θ 不宜小于45°。

4.8 设计实例

4.8.1 设计资料

徐州某建筑公司拟建一用于预制构件存放的工业厂房，该厂房采用单跨双坡门式刚架，厂房长度72m、跨度18m，建筑面积近1300m²。结构柱距7.2m，刚架高度为6.6m，屋面坡度1：10，屋面及墙面采用夹心彩钢板，檩条及墙梁采用冷弯薄壁卷边C型刚，檩条间距为1.5m，墙梁间距为1m。刚架钢材采用Q345B，墙梁及檩条采用Q235B级钢材，焊条采用E43型。基础选用C20的混凝土。

自然条件：该地区50年基本风压 $w_0 = 0.35 \text{kN/m}^2$，工程所在地地面粗糙度为B类；基本雪压 $S_0 = 0.40 \text{kN/m}^2$。

4.8.2 结构布置及构件截面初选

该厂房等距布置11榀刚架，由于纵向温度区段不大于300m、横向温度区段不大于150m，因此不用设置伸缩缝。为了避免支撑夹角过小对结构产生的不利影响，在山墙处等距布置三根抗风柱。

厂房长度大于60m，因此在厂房的端开间和中部设置屋盖横向水平支撑，并在相应部位设置檩条、斜拉条、拉条和撑杆，同时在与屋盖横向水平支撑相对应的柱间设置柱间支撑；由于柱高小于柱距，因此柱间支撑不用分层布置。支撑布置如图4-49所示。

柱截面形式采用与受力大小相对应的变截面H型钢，假定小头截面为H250×200×8×10，大头截面为H500×200×8×10；梁为等截面焊接H型钢，采用H400×180×8×10，截面特性如表4-8所列。

构件截面特性　　　　　　　　　　　　　　　　　　　　　表4-8

截面	面积(mm)²	I_y(cm)⁴	I_x(cm)⁴
H250×200×8×10	5840	1334	6574
H500×200×8×10	7840	1334	31386
H400×180×8×10	6640	974	17350

4.8.3 荷载及内力计算

1. 荷载取值

取中部的一榀刚架进行结构分析，柱脚采用铰接，门式刚架受荷投影面积 $7.2×18=129.6>60\text{m}^2$，依照坡度算出屋面坡度角为5.71°<25°，所以屋面积雪分布系数 $\mu_r = 1$。雪荷载标准值 $S_k = \mu_r S_0 = 0.4 \text{ kN/m}^2$。屋面板和檩条支撑的自重分别取0.15kN/m² 和0.1kN/m²，作用在梁柱上的其余构件自重取0.5kN/m。

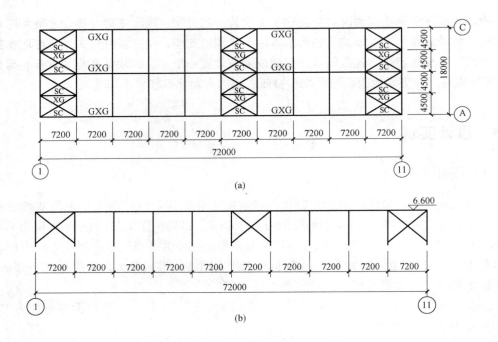

图 4-49　厂房结构布置图

(a) 屋盖横向支撑布置；(b) 柱间支撑布置

2. 荷载计算

1) 横梁上作用荷载

恒载标准值：$g = (0.15 + 0.1) \times 7.2 + 0.5 = 2.3 \mathrm{kN/m}$

活载标准值：$g = 0.40 \times 7.2 = 2.88 \mathrm{kN/m}$

2) 柱上作用荷载

恒载标准值：$g = (0.15 + 0.1) \times 7.2 + 0.5 = 2.3 \mathrm{kN/m}$

3) 风荷载

结构设计时，应同时考虑鼓风效应（$+i$ 荷载工况）和吸风效应（$-i$ 荷载工况），并取用最不利工况下的荷载。由于屋面坡度角 $5° < \theta < 10.5°$，故主刚架的横向风荷载系数应由插值法确定。

风荷载标准值：

$$w_k = \beta \mu_w \mu_z w_0$$

β 系数，计算主刚架时取 $\beta = 1.1$；计算檩条、墙梁、屋面板和墙面板及其连接时，取 $\beta = 1.5$。

(1) $+i$ 荷载工况：

四个风荷载系数分别为：0.22，-0.87，-0.55，-0.47。

迎风面

柱上：$q_w = 1.1 \times 0.22 \times 0.35 \times 7.2 = 0.61 \mathrm{kN/m}$

横梁上：$q_w = 1.1 \times 0.87 \times 0.35 \times 7.2 = 2.41 \mathrm{kN/m}$

背风面

柱上：$q_w = 1.1 \times 0.55 \times 0.35 \times 7.2 = 1.52$kN/m

横梁上：$q_w = 1.1 \times 0.47 \times 0.35 \times 7.2 = 1.30$kN/m

（2）$-i$ 荷载工况：

四个风荷载系数分别为：0.58，-0.51，-0.19，-0.11。

迎风面

柱上：$q_w = 1.1 \times 0.58 \times 0.35 \times 7.2 = 1.61$kN/m

横梁上：$q_w = 1.1 \times 0.51 \times 0.35 \times 7.2 = 1.41$kN/m

背风面

柱上：$q_w = 1.1 \times 0.19 \times 0.35 \times 7.2 = 0.53$kN/m

横梁上：$q_w = 1.1 \times 0.11 \times 0.35 \times 7.2 = 0.30$kN/m

3. 内力计算

通过有限元程序（如结构力学求解器）可计算出平面门式刚架结构在永久荷载、活载及风荷载作用下的内力（图 4-50）。

组合结果见表 4-9。

构件组合内力表　　　　　　　　　　　　　　　表 4-9

截面	恒载			活载			1.2 恒载+1.4 活载			1.35 恒载+1.4 活载		
	M	N	V	M	N	V	M	N	V	M	N	V
柱顶	51.8	20.8	7.5	64.7	26.0	9.3	152.74	61.36	22.02	133.34	53.56	19.24
柱底	0.0	36.0	7.5	0.0	26.0	9.3	0.00	79.60	22.02	0.00	74.08	19.24
梁端	51.8	9.9	19.9	64.7	12.3	24.9	152.74	29.10	58.74	133.34	25.42	51.27
跨中	34.8	7.8	0.8	43.7	9.8	1.0	102.94	23.08	2.36	89.81	2.06	2.06

4. 柱顶位移验算

有限元程序一阶分析得到的水平风荷载下柱顶最不利位移为 18.9mm，小于 $h/60 = 110$mm；钢梁在恒载与活载组合作用下的挠度为 55mm，小于 $L/60 = 300$mm。

4.8.4　刚架梁柱截面验算

1. 刚架梁验算

根据内力组合，刚架梁的控制内力如下。

梁端截面：$M_1 = 152.74$kN·m，$N_1 = -29.10$kN，$V_1 = 58.74$kN

跨中截面：$M_2 = 102.94$kN·m，$N_2 = -23.08$kN，$V_2 = 2.36$kN

1）梁端截面强度验算

（1）梁端腹板有效截面计算

腹板边缘的最大正应力为：

$$\sigma_1 = -\frac{M_1}{W_x} + \frac{N_1}{A} = -\frac{152.74 \times 10^6 \times 190}{17350 \times 10^4} + \frac{-29.10 \times 10^3}{6640}$$

$$= -167.27 - 4.38 = -171.65\text{N/mm}^2$$

$$\sigma_2 = 167.27 - 4.38 = 162.89\text{N/mm}^2$$

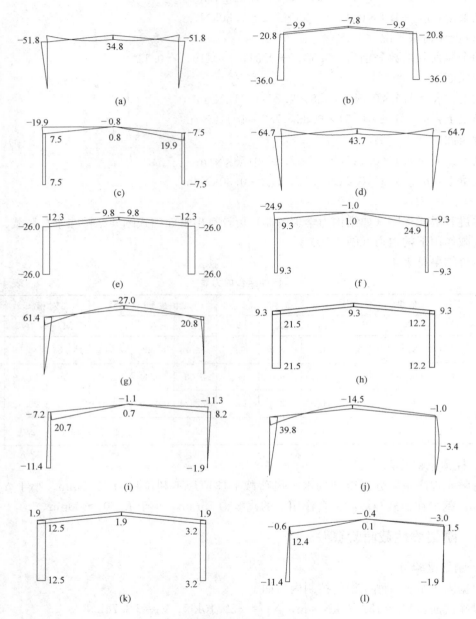

图 4-50　刚架结构内力图

(a) 恒载弯矩图；(b) 恒载轴力图；(c) 恒载剪力图；(d) 活载弯矩图；(e) 活载轴力图；
(f) 活载剪力图；(g) 左风弯矩图（+i）；(h) 左风轴力图（+i）；(i) 左风剪力图（+i）；
(j) 右风弯矩图（-i）；(k) 右风轴力图（-i）；(l) 右风剪力图（-i）

腹板边缘的正应力比值为：

$$\beta = \frac{\sigma_2}{\sigma_1} = \frac{162.89}{-171.65} = -0.949 < 0$$

腹板部分受压，腹板有效截面计算参数为：

$$\kappa_\sigma = \frac{16}{\sqrt{(1+\beta)^2 + 0.112(1-\beta)^2} + (1+\beta)}$$

$$= \frac{16}{\sqrt{(1-0.949)^2 + 0.112(1+0.949)^2} + (1-0.949)}$$

$$= 23.12$$

由于 $\sigma_1 = 171.65 \text{ N/mm}^2 < 215 \text{ N/mm}^2$，计算 λ_ρ 时用 $\gamma_R\sigma_1$ 代替 f_y。

$$\lambda_\rho = \frac{\dfrac{h_w}{t_w}}{28.1\sqrt{\kappa_\sigma} \cdot \sqrt{\dfrac{235}{(\gamma_R\sigma_1)}}} = \frac{380/8}{28.1 \cdot \sqrt{\dfrac{23.12 \times 235}{(1.1 \times 171.65)}}} = 0.315$$

$$\rho = \frac{1}{(0.243 + \lambda_\rho^{1.25})^{0.9}} = \frac{1}{(0.243 + 0.315^{1.25})^{0.9}} = 1.94 > 1$$

故取 $\rho = 1$，刚架梁端全截面有效。

刚架梁采用型钢，其宽厚比不再验算。

（2）抗剪承载力验算

梁端截面最大剪力： $\qquad\qquad V_{max} = 58.74 \text{kN}$

考虑梁腹板上加劲肋间距： $\qquad\qquad a = 3h_w$

因为梁为等截面梁，故 $\gamma_p = 0$：

$$\eta_s = 1 - \omega_1 \sqrt{\gamma_p} = 1$$

屈曲系数： $\qquad\qquad k_\tau = \eta_s(5.34 + 4/3^2) = 5.78$

$$\lambda_s = \frac{\dfrac{h_w}{t_w}}{37\sqrt{\kappa_\tau} \cdot \sqrt{\dfrac{235}{f_y}}} = \frac{380/8}{37 \cdot \sqrt{5.78 \times 235/345}} = 0.65$$

$$\varphi_{ps} = \frac{1}{(0.51 + \lambda_s^{3.2})^{1/2.6}} = \frac{1}{(0.51 + 0.65^{3.2})^{1/2.6}} = 1.11 > 1，故取 \varphi_{ps} = 1$$

$$\chi_{tap} = 1 - 0.35\alpha^{0.2}\gamma_p^{2/3} = 1$$

所以，$V_d = \chi_{tap}\varphi_{ps}h_w t_w f_v' = 380 \times 8 \times 180 \times 10^{-3} = 547.2 \text{kN}$

$V_{max} < V_d$，满足抗剪要求。

（3）抗弯承载力（弯剪压共同作用）

因为 $V = 58.74 \text{kN} < 0.5V_d = 273.6 \text{kN}$，所以：

$$\frac{N}{A_e} + \frac{M}{W_e} = \frac{29.1 \times 10^3}{6640} + \frac{152.72 \times 10^6}{17350 \times 10^4/200} = 180.4 \text{ N/mm}^2 < 310 \text{ N/mm}^2$$

满足抗弯要求。

2）梁跨中截面强度验算

刚架梁截面的弯矩、剪力、轴力均小于梁端，而截面尺寸同梁端，故梁跨中截面强度不必验算。

3）刚架梁平面外稳定性验算

刚架梁在负弯矩区的整体稳定性依靠侧向支撑来保证，结构设计时，梁平面外侧向支撑点间距取为 3000mm，故平面外计算长度 $l_{oy} = 3000 \text{mm}$。$i_y = \sqrt{\dfrac{I_y}{A}} = \sqrt{\dfrac{974}{66.4}} = 3.83 \text{cm}$

$$\lambda = \frac{l_{oy}}{i_y} = \frac{3000}{38.3} = 78.3$$

查《钢结构设计标准》GB 50017 稳定系数表，得：

$$\varphi_y = 0.594$$

由于梁端弯矩和横向荷载 $\beta_{tx} = 1.0$，则：

$$\varphi_{by} = 1.07 - \frac{\lambda_y^2}{44000} \cdot \frac{f_y}{235} = 1.07 - \frac{78.3^2}{44000} \times \frac{345}{235} = 0.865$$

按计算范围内最大梁端内力验算构件平面外的稳定性：

$$\frac{N_2}{\varphi_y A} + \frac{\beta_{tx} M_2}{\varphi_{by} W_{1x}} = \frac{29.1 \times 10^3}{0.594 \times 6640} + \frac{1.0 \times 152.74 \times 10^6}{0.865 \times 17350 \times 10^4 / 200} = 210.93 \text{ N/mm}^2 < f = 310 \text{N/}$$

mm^2，所以满足要求。

2. 刚架柱验算

根据内力组合，刚架柱的控制内力为：$M_0 = 0$，$N_0 = 79.60\text{kN}$，$V_0 = 22.02\text{kN}$，$M_1 = 152.7\text{kN} \cdot \text{m}$，$N_1 = -61.36\text{kN}$，$V_1 = 22.02\text{kN}$

1）大头腹板有效截面计算

大头腹板边缘的最大正应力为：

$$\sigma_1 = -\frac{M_1}{W_{x1}} + \frac{N_1}{A_1} = -\frac{152.7 \times 10^6 \times 240}{31386 \times 10^4} + \frac{-61.36 \times 10^3}{7840}$$

$$= -116077 - 7.83 = -124.60 \text{N/mm}^2$$

$$\sigma_2 = 116.77 - 7.83 = 108.94 \text{N/mm}^2$$

腹板边缘的正应力比值为：

$$\beta = \frac{\sigma_2}{\sigma_1} = \frac{108.94}{-124.60} = -0.874 < 0$$

腹板部分受压，腹板有效截面计算参数为：

$$k_\sigma = \frac{16}{\sqrt{(1+\beta)^2 + 0.112(1-\beta)^2} + (1+\beta)}$$

$$= \frac{16}{\sqrt{(1-0.874)^2 + 0.112(1+0.874)^2} + (1-0.874)} = 20.9$$

$$\lambda_p = \frac{\dfrac{h_w}{t_w}}{28.1\sqrt{k_\sigma} \cdot \sqrt{\dfrac{235}{(\gamma_R \sigma_1)}}}$$

$$= \frac{480/8}{28.1\sqrt{\dfrac{20.9 \times 235}{1.1 \times 124.6}}} = 0.36$$

$$\rho = \frac{1}{(0.243 + \lambda_\rho^{1.25})^{0.9}} = \frac{1}{(0.243 + 0.36^{1.25})^{0.9}} = 1.80 > 1$$

故 $\rho = 1$，楔形刚架柱大头全截面有效。

2）小头腹板有效截面计算

计算小头腹板边缘压应力，因柱小头无弯矩作用，故：

$$\sigma_0 = \frac{79.60 \times 10^3}{5840} = 13.63, \beta = 1, k_\sigma = \frac{16}{\sqrt{2^2} + 2} = 4$$

$$\lambda_\rho = \cfrac{\cfrac{h_w}{t_w}}{28.1\sqrt{k_\sigma}\cdot\sqrt{\cfrac{235}{(\gamma_R\sigma_1)}}}$$

$$= \cfrac{\cfrac{230}{8}}{28.1\times\sqrt{4}\times\sqrt{\cfrac{235}{1.1\times13.63}}} = 0.13$$

$$\rho = \cfrac{1}{(0.243+\lambda_\rho^{1.25})^{0.9}} = \cfrac{1}{(0.243+0.13^{1.25})^{0.9}} = 2.78 > 1$$

故 $\rho=1$，楔形刚架柱小头全截面有效。

3）楔形柱的计算长度

（1）楔形柱在刚架平面内的计算长度

$$i_b = \cfrac{EI_b}{s} = \cfrac{2.06\times10^5\times17350\times10^4}{9045} = 3.95\times10^9\,\text{mm}$$

$$K_z = 3i_b = 3\times3.95\times10^9 = 1.185\times10^{10}\,\text{mm}$$

$$i_{c1} = \cfrac{EI_1}{H} = \cfrac{2.06\times10^5\times31386\times10^4}{6.6\times10^3} = 9.80\times10^9\,\text{mm}$$

$$K = \cfrac{K_z}{6i_{c1}}\left(\cfrac{I_1}{I_0}\right)^{0.29} = \cfrac{1.185\times10^{10}}{6\times9.80\times10^9}\times\left(\cfrac{31386}{6574}\right)^{0.29} = 0.32$$

$$\mu = 2\left(\cfrac{I_1}{I_0}\right)^{0.145}\sqrt{1+\cfrac{0.38}{K}} = 2\times\left(\cfrac{31386}{6574}\right)^{0.145}\sqrt{1+\cfrac{0.38}{0.32}} = 3.71$$

刚架柱的平面内计算长度为：

$$l_{ox} = \mu H = 3.71\times6600 = 24486\,\text{mm}$$

（2）楔形柱在刚架平面外的计算长度

由设置的单层柱间支撑知：$l_{oy} = 6600\,\text{mm}$

4）抗剪承载力验算

因柱腹板上不设加劲肋，故屈曲系数取 $k_\tau = 5.34\eta_s$。

$$\alpha = a/h_{w1} = 6600/480 = 13.75$$

$$\omega_1 = 0.41 - 0.897\alpha + 0.363\alpha^2 - 0.041\alpha^3 = -49.88$$

$$\gamma_p = \cfrac{h_{w1}}{h_{w0}} - 1 = \cfrac{480}{230} - 1 = 1.09$$

$$\eta_s = 1 - \omega_1\sqrt{\gamma_p} = 1 + 49.88\sqrt{1.09} = 53.08$$

$$k_\tau = 5.34\eta_s = 5.34\times53.08 = 283.45$$

$$\lambda_s = \cfrac{\cfrac{h_w}{t_w}}{37\sqrt{k_\tau}\cdot\sqrt{\cfrac{235}{f_y}}} = \cfrac{\cfrac{480}{8}}{37\sqrt{283.45}\cdot\sqrt{\cfrac{235}{345}}} = 0.12$$

$$\varphi_{ps} = \cfrac{1}{(0.51+\lambda_s^{3.2})^{1/2.6}} = \cfrac{1}{(0.51+0.12^{3.2})^{1/2.6}} = 1.30 > 1，故取\ \varphi_{ps}=1$$

$$\chi_{tap} = 1 - 0.35\alpha^{0.2}\gamma_p^{2/3} = 1 - 0.35\times13.75^{0.2}\times1.09^{2/3} = 0.37$$

$$V_d = \chi_{tap} \varphi_{ps} h_{w1} t_w f_v = 0.37 \times 1 \times 480 \times 8 \times 180 \times 10^{-3} = 255.7 \text{kN}$$

$$\leqslant h_{w0} t_w f_v = 230 \times 8 \times 180 \times 10^{-3} = 331.2 \text{kN}$$

楔形柱截面最大剪力为 $V_{max} = 22.02 \text{kN} < V_d$，满足抗剪要求。

5）抗弯承载力（弯剪压共同作用）

因为 $V = 22.02 \text{kN} \leqslant 0.5 V_d = 127.9 \text{kN}$，所以：

$$\frac{N}{A_e} + \frac{M}{W_e} = \frac{61.36 \times 10^3}{7840} + \frac{152.72 \times 10^6}{31386 \times 10^4 / 250} = 129.5 \text{N/mm}^2 \leqslant 310 \text{N/mm}^2，满足抗弯$$

要求。

6）刚架平面内整体稳定验算

$$i_{x1} = \sqrt{I_{x1}/A_{e1}} = \sqrt{31386/78.4} = 20.00 \text{cm}$$

$$\lambda_1 = \frac{l_{0x}}{i_{x1}} = \frac{24486}{200} = 122.43$$

$$\bar{\lambda}_1 = \frac{\lambda_1}{\pi} \sqrt{\frac{E}{f_y}} = \frac{122.43}{\pi} \sqrt{\frac{2.06 \times 10^5}{345}} = 952.27 \geqslant 1.2，故取 \eta_t = 1。$$

由 b 类截面查《钢结构设计标准》GB 50017，得：

$$\varphi_x = 0.313$$

$$N_{cr} = \frac{\pi^2 E A_{e1}}{\lambda_1^2} = \frac{\pi^2 \times 2.06 \times 10^5 \times 7840}{122.43^2} = 1063.4 \text{kN}$$

等效弯矩系数 $\beta_{mx} = 1.0$，故：

$$\frac{N_1}{\eta_t \varphi_x A_{e1}} + \frac{\beta_{mx} \cdot M_1}{W_{e1}\left(1 - \frac{N_1}{N_{cr}}\right)}$$

$$= \frac{79.60 \times 10^3}{1 \times 0.313 \times 7840} + \frac{1 \times 152.7 \times 10^6}{\frac{31386 \times 10^4}{250} \times \left(1 - \frac{79.60}{1063.43}\right)} = 163.91 \text{N/mm}^2 \leqslant f，满足要求。$$

7）刚架平面外的整体稳定性验算

$$i_{y1} = \sqrt{I_{y1}/A_{e1}} = \sqrt{1334/78.4} = 4.12 \text{cm}$$

$$\lambda_{1y} = \frac{L}{i_{y1}} = \frac{6600}{41.2} = 160.2$$

由 b 类截面查《钢结构设计标准》GB 50017，得：

$$\varphi_y = 0.197$$

$$\bar{\lambda}_{1y} = \frac{\lambda_{1y}}{\pi} \sqrt{\frac{f_y}{E}} = \frac{160.2}{\pi} \sqrt{\frac{345}{2.06 \times 10^5}} = 2.09 \geqslant 1.3，故取 \eta_{ty} = 1$$

$$k_\sigma = k_M \frac{W_{x1}}{W_{x0}} = \frac{M_0}{M_1} \frac{W_{x1}}{W_{x0}} = 0$$

$$\eta_i = \frac{I_{yB}}{I_{yT}} = 1$$

$$\eta = 0.55 + 0.04(1 - k_\sigma) \sqrt[3]{\eta_i} = 0.59$$

$$I_{w0} = I_{yT} h_{sT0}^2 + I_{yB} h_{sB0}^2 = \frac{10 \times 200^3}{12} \times 120^2 \times 2 = 1.92 \times 10^{11} \text{mm}^4$$

$$I_{w\eta} = I_{w0}(1 + \gamma\eta)^2 = 1.92 \times 10^{11} \times 1.59^2 = 4.85 \times 10^{11} \text{mm}^4$$

$$\beta_{x\eta} = 0.45(1+\gamma\eta)h_0 \frac{I_{yT}-I_{yB}}{I_y} = 0$$

$$C_1 = 0.46k_M^2\eta_i^{0.346} - 1.32k_M\eta_i^{0.132} + 1.86\eta_i^{0.023} = 1.86$$

$$J_\eta = J_0 + \frac{1}{3}\eta\gamma(h_0-t_f)t_w^3 = \frac{1.2}{3}\times(2\times200\times10^3+230\times8^3) + \frac{1}{3}\times0.59\times1\times(240-10)\times8^3$$

$$= 230263.5$$

$$M_{cr} = C_1\frac{\pi^2EI_y}{L^2}\left[\beta_{x\eta} + \sqrt{\beta_{x\eta}^2 + \frac{I_{w\eta}}{I_y}\left(1+\frac{GJ_\eta L^2}{\pi^2EI_{w\eta}}\right)}\right]$$

$$= 1.86\times\frac{\pi^2\times2.06\times10^5\times1334\times10^4}{6600^2}\times\sqrt{\frac{4.85\times10^{11}}{1334\times10^4}\times\left(1+\frac{7.9\times10^4\times230263.5\times6600^2}{\pi^2\times2.06\times10^5\times4.85\times10^{11}}\right)}$$

$$= 296.56\text{kN}\cdot\text{m}$$

$$\lambda_{b0} = \frac{0.55-0.25k_\sigma}{(1+\gamma)^{0.2}} = \frac{0.55}{(1+1)^{0.2}} = 0.48$$

$$\lambda_b = \sqrt{\frac{\gamma_x W_{x1}f_y}{M_{cr}}} = \sqrt{\frac{1.05\times31386\times10^4\times345}{296.56\times10^6\times250}} = 1.24$$

$$n = \frac{1.51}{\lambda_b^{0.1}}\sqrt[3]{\frac{b_1}{h_1}} = \frac{1.51}{1.24^{0.1}}\times\sqrt[3]{\frac{200}{490}} = 1.10$$

$$\varphi_b = \frac{1}{(1-\lambda_{b0}^{2n}+\lambda_b^{2n})^{1/n}} = \frac{1}{(1-0.48^{2.2}+1.24^{2.2})^{1/1.1}} = 0.45$$

$$\frac{N_1}{\eta_{ty}\varphi_y A_{e1}f} + \left(\frac{M_1}{\varphi_b\gamma_x W_{e1}f}\right)^{1.3-0.3k_\sigma}$$

$$= \frac{61.36\times10^3}{1\times0.197\times7840\times310} + \left(\frac{152.7\times10^6\times250}{0.45\times1.05\times31386\times10^4\times310}\right)^{1.3} = 0.91\leqslant1$$

满足要求。

3. 梁柱节点设计

刚架横梁与刚架柱连接采用端板竖放的连接方式,螺栓采用 10.9 级 M20 高强度摩擦螺栓进行连接。

1)节点构造及螺栓布置

节点构造见图 4-51。

端板螺栓应成对对称布置,在受拉和受压翼缘都应布置,并且宜使翼缘内外螺栓群中心与翼缘中心重合或接近。

2)螺栓强度验算

螺栓采用 10.9 级 M20 高强度摩擦螺栓,构件接触面采用喷砂处理,查《钢结构设计标准》GB 50017 得每个螺栓预应力 $P=155\text{kN}$,摩擦面抗滑移系数 $\mu=0.5$。

根据内力组合,连接处的控制内力为:

$M=152.74\text{kN}\cdot\text{m}$,$N=-29.10\text{kN}$,$V=58.74\text{kN}$

3)螺栓抗剪验算

每个高强度螺栓的抗剪承载力设计值为:

$$N_v^b = 0.9n_f\mu P = 0.9\times1\times0.5\times155 = 69.75\text{kN}$$

螺栓群的抗剪承载力设计值为:

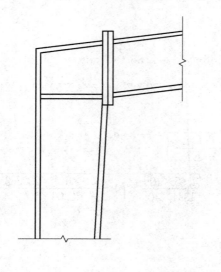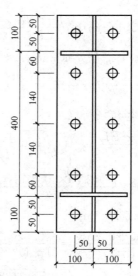

图 4-51　梁柱节点构造图和端板螺栓布置图

$N = 10 N_v^b = 10 \times 69.75 = 697.5 \text{kN} > V = 58.74 \text{kN}$，满足要求。

4）螺栓抗拉验算

每个螺栓承受的拉力：

$$N_{t1} = \frac{M y_1}{\sum y_i^2} - \frac{N}{n} = \frac{152.74 \times 0.25}{4 \times (0.25^2 + 0.14^2)} - \frac{29.10}{10} = 113.37 \text{kN}$$

$$N_{t2} = \frac{M y_2}{\sum y_i^2} - \frac{N}{n} = \frac{152.74 \times 0.14}{4 \times (0.25^2 + 0.14^2)} - \frac{29.10}{10} = 62.20 \text{kN}$$

每个高强度螺栓受拉承载力设计值为：

$N_t^b = 0.8P = 0.8 \times 155 = 124 \text{kN} > N_{ti}$，满足要求。

5）螺栓在拉、剪共同作用下的验算

$\dfrac{N_v}{N_v^b} + \dfrac{N_t}{N_t^b} = \dfrac{58.74/10}{69.75} + \dfrac{113.37}{124} = 0.998 \leqslant 1$，满足要求。

6）端板设计

端板的平面尺寸选为 $200\text{mm} \times 600\text{mm}$。

按两边支撑类端板计算：

$$t \geqslant \sqrt{\frac{6 e_f e_w N_t}{[e_w b + 2 e_f (e_f + e_w)] f}} = \sqrt{\frac{6 \times 50 \times 46 \times 124 \times 10^3}{[46 \times 200 + 2 \times 50 \times (50 + 46)] \times 295}} = 17.57 \text{mm}$$

选取端板厚度为 20mm，满足要求。

7）端板螺栓处腹板强度验算：

$$N_{t2} = 62.20 \text{kN} > 0.4P = 0.4 \times 155 = 62 \text{kN}$$

$\dfrac{N_{t2}}{e_w t_w} = \dfrac{62.20 \times 10^3}{46 \times 8} = 169.02 \text{ kN/mm}^2 \leqslant f = 295 \text{ kN/mm}^2$，满足要求。

8）端板连接刚度验算

$R_1 = G h_1 d_c t_p = 7.9 \times 10^4 \times 390 \times 500 \times 8 = 1.23 \times 10^{11} \text{N} \cdot \text{mm}$

$$R_2 = \frac{6 E I_e h_1^2}{1.1 e_f^3} = \frac{6 \times 2.06 \times 10^5 \times \dfrac{200 \times 600^3}{12} \times 390^2}{1.1 \times 46^3} = 6.32 \times 10^{15} \text{N} \cdot \text{mm}$$

$$R = \frac{R_1 R_2}{R_1 + R_2} = \frac{1.23 \times 10^{11} \times 6.32 \times 10^{15}}{1.23 \times 10^{11} + 6.32 \times 10^{15}} = 1.23 \times 10^{11} \, \text{N} \cdot \text{mm}$$

$$\geqslant \frac{25 E I_b}{l_b} = \frac{25 \times 2.06 \times 10^5 \times 17350 \times 10^4}{18000} = 4.96 \times 10^{10} \, \text{N} \cdot \text{mm}，满足要求。$$

9）梁柱节点域剪应力验算

$$\tau = \frac{M}{d_b d_c t_c} = \frac{152.74 \times 10^6}{400 \times 500 \times 8} = 95.46 \, \text{kN/mm}^2 \leqslant f_v = 180 \, \text{kN/mm}^2，满足要求。$$

4.8.5　柱脚设计

根据前面的计算结果提取支座反力（设压力为正）设计值：

（1）1.2 恒＋1.4 活：$V = 22.02 \text{kN}$；$N = 79.60 \text{kN}$；$M = 0$。

（2）1.35 恒＋1.4×0.7 活：$V = 19.24 \text{kN}$；$N = 74.08 \text{kN}$；$M = 0$。

（3）1.0 恒＋1.4 左风：$V = -8.62 \text{kN}$；$N = 15.56 \text{kN}$；$M = 0$。

基础采用 C20 的混凝土：$f_c = 9.6 \text{N/mm}^2$；钢柱柱脚底板的钢材采用 Q345 钢。

1. 柱脚底板尺寸的确定

1）柱脚底板的长度 L 和宽度 B

根据柱脚截面尺寸确定底板长宽，设 $A = L \times B = 290 \text{mm} \times 240 \text{mm}$，锚栓数量为 2 个，孔径初定为 22mm。

$$\sigma_c = \frac{N}{A} = \frac{79.60 \times 10^3}{290 \times 240 - 2 \times 0.25 \times \pi \times 22^2} = 1.156 \text{N/mm}^2 \leqslant f_c = 9.6 \text{N/mm}^2 \text{（满足）}$$

2）柱脚底板的厚度 t

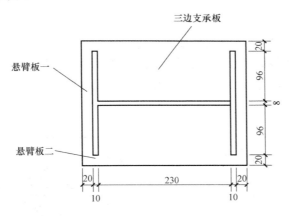

图 4-52　柱脚底板分格

如图 4-52 所示，悬臂板一：

$$M_1 = 0.5 \sigma_c a_1^2 = 0.5 \times 1.1437 \times 20^2 = 228.74 \text{N} \cdot \text{mm}$$

悬臂板二：悬挑板尺寸较小，不需要计算。

三边支承板：

$$\frac{b_2}{a_2} = \frac{96}{230} = 0.42，\alpha = 0.0448$$

$$M_2 = \alpha \sigma_c a_2^2 = 0.0448 \times 1.1437 \times 230^2 = 2710.48 \text{N} \cdot \text{mm}$$

$$t \geqslant \sqrt{\frac{6M_{max}}{f}} = \sqrt{\frac{6 \times 2710.48}{295}} = 7.42mm$$

底板厚度不宜小于 20mm，取 $t=20mm$。

2. 钢柱与柱脚底板的连接焊接计算

本工程钢柱柱脚与底板的焊缝形式采用翼缘完全熔透的对接焊缝，腹板采用角焊缝，焊缝尺寸 $h_f=10mm$；焊条选用 E50 型；角焊缝强度设计值为：

$$f_f^w = 200N/mm^2$$

$$A_{eww} = 0.7 \times 10 \times (250 - 2 \times 10 - 2 \times 10) \times 2 = 2940mm^2$$

$$A_F = 200 \times 10 = 2000mm^2$$

$$\sigma_{Nc} = \frac{N}{2A_F + A_{eww}} = \frac{79.60 \times 10^3}{2 \times 2000 + 2940} = 11.47N/mm^2 \leqslant \beta_f f_f^w = 1.22 \times 200 = 244.0N/mm^2$$

$$\tau_v = \frac{V}{A_{eww}} = \frac{22.02 \times 10^3}{2940} = 7.49N/mm^2 \leqslant f_f^w = 200N/mm^2$$

对翼缘：

$$\sigma_f = \sigma_{Nc} = 11.47N/mm^2 \leqslant \beta_f f_f^w = 1.22 \times 200 = 244.0N/mm^2 \quad (满足要求)$$

对腹板：

$$\sigma_{fs} = \sqrt{\left(\frac{\sigma_{Nc}}{\beta_f}\right)^2 + \tau_v^2} = \sqrt{\left(\frac{11.47}{1.22}\right)^2 + 7.49^2} = 12.02N/mm^2 \leqslant f_f^w \quad (满足要求)$$

3. 铰接柱脚锚栓的设计

柱不受拉力作用，故按构造要求，每侧布置一个 M20（$A_e = 2 \times 245 = 490mm^2$）的锚栓，锚栓采用 Q235 钢。

4. 柱脚水平抗剪验算

$$V_{fb} = 0.4N = 0.4 \times 79.6 = 31.84kN \geqslant V$$

即：水平剪力可由柱脚底板与混凝土基础之间的摩擦力来抵抗，为保证安全，设置一个尺寸为 $50 \times 50 \times 4$ 的热轧等边角钢抗剪键。综上，铰接柱脚节点设计大样如图 4-53 所示。

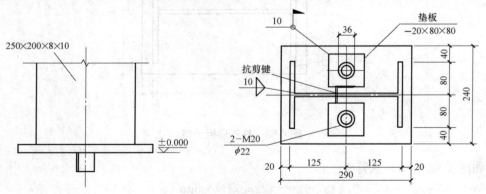

图 4-53　铰接柱脚节点设计大样

4.8.6　檩条设计

本工程屋面采用简支檩条，截面为冷弯薄壁 $C220 \times 75 \times 20 \times 2.5$（图 4-55），跨度 7.2m，檩距 1.5m，中间设两道拉条，檩条与屋面板牢靠连接。檩条承受恒载 $0.2kN/m^2$，

活载 $0.4kN/m^2$。

1. 毛截面特性

查截面特性表，可得 $C220 \times 75 \times 20 \times 2.5$ 的截面特性如下：$A = 973mm^2$，$I_x = 70380000mm^4$，$I_y = 686000mm^4$，$W_x = 63900mm^3$，$W_{y1} = 33100mm^3$，$W_{y2} = 12650mm^3$，$x_0 = 20.7mm$。

2. 内力计算

檩条设计荷载，由于檩条有效风荷载面积为 $A = l_c = 7.2 \times 1.5 = 10.8m^2 > 10m^2$。故根据《规范》表 4.2.2-4a 和表 4.2.2-4b 取风荷载系数为 -1.28（风吸力）、0.38（风压力）。

风吸力标准值：$w_k = 1.5 \times (-1.28) \times 0.35 = -0.67\ kN/m^2$

风压力标准值：$w_k = 1.5 \times 0.38 \times 0.35 = 0.20\ kN/m^2$

荷载组合如下：

1）永久荷载效应控制时

$q = 1.35 \times 0.2 \times 1.5 + 0.7 \times 1.4 \times 0.4 \times 1.5 = 0.99kN/m$

2）可变荷载效应控制时

（1）恒载＋活载＋风荷载（风压力）组合

$q = 1.2 \times 0.2 \times 1.5 + 1.0 \times 1.4 \times 0.4 \times 1.5 + 0.6 \times 0.2 \times 1.5 = 1.38kN/m$

（2）恒载＋风荷载（风吸力）组合

$q = 0.2 \times 1.5 - 1.4 \times 0.67 \times 1.5 = -1.11kN/m$

故取最不利荷载 $q = 1.38kN/m$。

屋面坡度为 1/10 时，即 $\alpha = 5.71°$，截面主轴 x、y 方向的线荷载分量为：

$$q_x = q\sin\alpha = 1.38 \times \sin 5.71° = 0.14kN/m$$

$$q_y = q\cos\alpha = 1.38 \times \cos 5.71° = 1.37kN/m$$

檩条跨中截面弯矩为：

$$M_x = \frac{1}{8}q_y l^2 = 1.37 \times 7.2^2/8 = 8.88kN \cdot m$$

$$M_y = \frac{1}{360}q_x l^2 = 0.14 \times 7.2^2/360 = 0.02kN \cdot m$$

檩条 1/3 截面弯矩为：

$$M_x = \frac{1}{9}q_y l^2 = 1.37 \times 7.2^2/9 = 7.89kN \cdot m$$

$$M_y = \frac{1}{90}q_x l^2 = 0.14 \times 7.2^2/90 = 0.08kN \cdot m$$

檩条腹板平面内的最大剪力为：

$$V_{ymax} = \frac{1}{2}q_y l = 1.14 \times 7.2/2 = 4.10kN$$

3. 截面验算

当轻钢结构的屋面坡度不大于 1/10 且屋面板的蒙皮效应对檩条有显著的侧向支撑效果时，不需要验算整体稳定，只需验算强度验算。由于檩条 1/3 处与拉条连接，截面削弱，故应分别验算跨中和 1/3 处截面强度。

1）跨中截面验算

先按照净截面尺寸计算得到截面上的应力为：

$$\sigma_1 = \frac{M_x}{W_x} + \frac{M_y}{W_{y1}} = \frac{8.88 \times 10^6}{63900} + \frac{0.02 \times 10^6}{33100} = 139.0 + 0.6 = 139.6 \text{N/mm}^2$$

$$\sigma_2 = \frac{M_x}{W_x} - \frac{M_y}{W_{y2}} = \frac{8.88 \times 10^6}{63900} - \frac{0.02 \times 10^6}{12650} = 139.0 - 1.6 = 137.4 \text{N/mm}^2$$

$$\sigma_3 = -\frac{M_x}{W_x} + \frac{M_y}{W_{y1}} = -\frac{8.88 \times 10^6}{63900} + \frac{0.02 \times 10^6}{33100} = -139.0 + 0.6 = -138.4 \text{N/mm}^2$$

$$\sigma_4 = -\frac{M_x}{W_x} - \frac{M_y}{W_{y2}} = -\frac{8.88 \times 10^6}{63900} - \frac{0.02 \times 10^6}{12650} = -139.0 - 1.6 = -140.6 \text{ N/mm}^2$$

应力分布如图 4-55 所示。

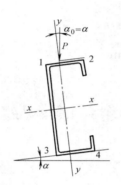

图 4-54　C 形截面

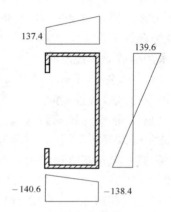

图 4-55　檩条有效截面分布

（1）受压板件的稳定系数

上翼缘压应力分布不均匀系数为：

$$\psi = \frac{\sigma_{\min}}{\sigma_{\max}} = \frac{137.4}{139.6} = 0.98 > 0$$

计算系数为：$\alpha = 1.15 - 0.15\psi = 1.15 - 0.15 \times 0.98 = 1.00$

上翼缘受压区宽度为：

$$b_c = b = 75 \text{mm}$$

上翼缘属部分加劲肋构件，最大压应力作用于支撑边，稳定系数为：

$$k = 5.89 - 11.59\psi + 6.68\psi^2 = 5.89 - 11.59 \times 0.98 + 6.68 \times 0.98^2 = 0.95$$

腹板压应力分布不均匀系数为：

$$\psi = \frac{\sigma_{\min}}{\sigma_{\max}} = \frac{-138.4}{139.6} = -0.99 < 0$$

计算系数为：

$$\alpha = 1.15$$

腹板受压区宽度为：

$$b_c = \frac{b}{1 - \psi} = \frac{220}{1 + 0.99} = 110.55 \text{mm}$$

腹板为加劲肋构件，稳定系数为：

$$k = 7.8 - 6.29\psi + 9.78\psi^2 = 7.8 + 6.29 \times 0.99 + 9.78 \times 0.99^2 = 23.61$$

（2）翼缘有效宽度

上翼缘的相邻构件为腹板，翼缘宽 $b = 75\text{mm}$，腹板宽 $c = 220\text{mm}$。

$$\xi = \frac{c}{b}\sqrt{\frac{k}{k_c}} = \frac{220}{75}\sqrt{\frac{0.95}{23.61}} = 0.59 < 1.1$$

$$k_1 = \frac{1}{\sqrt{\xi}} = \frac{1}{\sqrt{0.59}} = 1.30 < 2.4$$

$$\rho = \sqrt{\frac{205 k_1 k}{\sigma_1}} = \sqrt{\frac{205 \times 1.3 \times 0.95}{215}} = 1.10$$

$18\alpha\rho = 18 \times 1.00 \times 1.1 = 19.8 < b/t = 75/2.5 = 30 < 38 \times 1 \times 1.1 = 41.8$

上翼缘有效宽度为：

$$b_e = \left(\sqrt{\frac{21.8\alpha\rho}{b/t}} - 0.1\right)b_c = \left(\sqrt{\frac{21.8 \times 1 \times 1.1}{30}} - 0.1\right) \times 75 = 60\text{mm}$$

（3）腹板有效宽度

腹板的相邻构件为翼缘，翼缘宽 $c = 75\text{mm}$，腹板宽 $b = 220\text{mm}$。

$$\xi = \frac{c}{b}\sqrt{\frac{k}{k_c}} = \frac{75}{220}\sqrt{\frac{23.61}{0.95}} = 1.7 > 1.1$$

$$k_1 = 0.11 + \frac{0.93}{(\xi - 0.05)^2} = 0.11 + \frac{0.93}{(1.7 - 0.05)^2} = 0.45 < 2.4$$

$$\rho = \sqrt{\frac{205 k_1 k}{\sigma_1}} = \sqrt{\frac{205 \times 0.45 \times 23.61}{215}} = 3.18$$

$18\alpha\rho = 18 \times 1.15 \times 3.18 = 65.83 < b/t = 220/2.5 = 88 < 38 \times 1.15 \times 3.18 = 140.0$

腹板有效宽度为：

$$b_e = \left(\sqrt{\frac{21.8\alpha\rho}{b/t}} - 0.1\right)b_e = \left(\sqrt{\frac{21.8 \times 1.15 \times 3.18}{88}} - 0.1\right) \times 110.55 = 94\text{mm}$$

（4）有效截面特征

有效截面特性计算采用截面特性减去无效的截面特征计算，上翼缘无效截面宽度为 $75 - 60 = 15\text{mm}$，腹板无效截面宽度为 $220 - 94 = 126\text{mm}$。

$A_{en} = 973 - 15 \times 2.5 - 126 \times 2.5 = 620.5\text{mm}^2$

$I_{enx} = 7038000 - 15 \times 2.5 \times 110^2 - 2.5 \times 126^3/12$

$\qquad = 6167505\text{mm}^4$

（5）强度验算

$$\frac{M_x}{W_{enx}} = \frac{8.88 \times 10^6 \times 110}{6167505} = 158.4\text{N/mm}^2 < f = 205\text{N/mm}^2$$

$$\frac{3V_{ymax}}{2h_0 t} = \frac{3 \times 4.1 \times 10^3}{2 \times (220 - 6 \times 2.5) \times 2.5} = 12\text{N/mm}^2 < f_v$$

满足要求。

2）1/3 处截面验算

按照净截面尺寸计算截面上的应力，腹板应扣除拉条连接孔 $\phi 13$（距上翼缘板边缘 35mm），故：

$I_{x0} = 7038000 - 2.5 \times 13^3/12 - 13 \times 2.5 \times (110-35)^2 = 6854730\text{mm}^4$

$I_{y0} = 686000 - 13 \times 2.5 \times 18.5^2 = 674877\text{mm}^4$

$\sigma_1 = \dfrac{M_x}{W_x} + \dfrac{M_y}{W_{y1}} = \dfrac{7.89 \times 10^6 \times 110}{6854730} + \dfrac{0.08 \times 10^6}{33100} = 126.6 + 2.4 = 129.0\text{N/mm}^2$

$\sigma_2 = \dfrac{M_x}{W_x} - \dfrac{M_y}{W_{y2}} = \dfrac{7.89 \times 10^6 \times 110}{6854730} - \dfrac{0.08 \times 10^6}{12650} = 126.6 - 6.4 = 120.2\text{N/mm}^2$

$\sigma_3 = -\dfrac{M_x}{W_x} + \dfrac{M_y}{W_{y1}} = -\dfrac{7.89 \times 10^6 \times 110}{6854730} + \dfrac{0.08 \times 10^6}{33100} = -126.6 + 2.4 = -124.2\text{N/mm}^2$

$\sigma_4 = -\dfrac{M_x}{W_x} - \dfrac{M_y}{W_{y2}} = -\dfrac{7.89 \times 10^6 \times 110}{6854730} - \dfrac{0.08 \times 10^6}{12650} = -126.6 - 6.4 = -133.0\text{N/mm}^2$

（1）受压板件的稳定系数

上翼缘压应力分布不均匀系数为：

$$\psi = \frac{\sigma_{\min}}{\sigma_{\max}} = \frac{120.2}{129.0} = 0.93 > 0$$

计算系数为：$\alpha = 1.15 - 0.15\psi = 1.15 - 0.15 \times 0.93 = 1.01$

上翼缘受压区宽度为：

$$b_c = b = 75\text{mm}$$

上翼缘属部分加劲肋构件，最大压应力作用于支撑边，稳定系数为：

$k = 5.89 - 11.59\psi + 6.68\psi^2 = 5.89 - 11.59 \times 0.93 + 6.68 \times 0.93^2 = 0.89$

腹板压应力分布不均匀系数为：

$$\psi = \frac{\sigma_{\min}}{\sigma_{\max}} = \frac{-124.2}{129.0} = -0.96 < 0$$

计算系数为：

$$\alpha = 1.15$$

腹板受压区宽度为：

$$b_c = \frac{b}{1-\psi} = \frac{220}{1+0.96} = 112\text{mm}$$

腹板为加劲肋构件，稳定系数为：

$k = 7.8 - 6.29\psi + 9.78\psi^2 = 7.8 + 6.29 \times 0.96 + 9.78 \times 0.96^2 = 22.85$

（2）翼缘有效宽度

上翼缘的相邻构件为腹板，翼缘宽 $b = 75\text{mm}$，腹板宽 $c = 220\text{mm}$。

$\xi = \dfrac{c}{b}\sqrt{\dfrac{k}{k_c}} = \dfrac{220}{75}\sqrt{\dfrac{0.89}{22.85}} = 0.58 < 1.1$

$k_1 = \dfrac{1}{\sqrt{\xi}} = \dfrac{1}{\sqrt{0.58}} = 1.31 < 2.4$

$\rho = \sqrt{\dfrac{205k_1 k}{\sigma_1}} = \sqrt{\dfrac{205 \times 1.31 \times 0.89}{215}} = 1.05$

$18\alpha\rho = 18 \times 1.01 \times 1.05 = 19.1 < b/t = 75/2.5 = 30 < 38 \times 1.01 \times 1.05 = 40.3$

上翼缘有效宽度为：

$$b_e = \left(\sqrt{\frac{21.8\alpha\rho}{b/t}} - 0.1\right)b_c = \left(\sqrt{\frac{21.8 \times 1.01 \times 1.05}{30}} - 0.1\right) \times 75 = 58\text{mm}$$

（3）腹板有效宽度

腹板的相邻构件为翼缘，翼缘宽 $c=75\text{mm}$，腹板宽 $b=220\text{mm}$。

$$\xi=\frac{c}{b}\sqrt{\frac{k}{k_c}}=\frac{75}{220}\sqrt{\frac{22.85}{0.89}}=1.7>1.1$$

$$k_1=0.11+\frac{0.93}{(\xi-0.05)^2}=0.11+\frac{0.93}{(1.7-0.05)^2}=0.45<2.4$$

$$\rho=\sqrt{\frac{205k_1k}{\sigma_1}}=\sqrt{\frac{205\times0.45\times22.85}{215}}=3.13$$

$$18\alpha\rho=18\times1.15\times3.13=64.79<b/t=220/2.5=88<38\times1.15\times3.13=136.78$$

腹板有效宽度为：

$$b_e=\left(\sqrt{\frac{21.8\alpha\rho}{b/t}}-0.1\right)b_e=\left(\sqrt{\frac{21.8\times1.15\times3.13}{88}}-0.1\right)\times110.55=93\text{mm}$$

（4）有效截面特征

有效截面特性计算采用截面特性减去无效的截面特征计算，上翼缘无效截面宽度为 $75-58=17\text{mm}$，腹板无效截面宽度为 $220-93=127\text{mm}$。

$$A_{en}=973-17\times2.5-127\times2.5=613\text{mm}^2$$

$$I_{enx}=6854730-17\times2.5\times110^2-2.5\times127^3/12$$
$$=5913733\text{mm}^4$$

（5）强度验算

$$\frac{M_x}{W_{enx}}=\frac{7.89\times10^6\times110}{5913733}=146.8\ \text{N/mm}^2<f=205\text{N/mm}^2$$

满足要求。

4. 挠度验算

挠度计算（刚架最大平面的挠度）：

$$q_k\cos\alpha=(0.2+0.4)\times1.5\times\cos5.71°=0.90\text{kN/m}$$

$$\frac{v}{l}=\frac{5q_k\cos\alpha l^3}{384EI_x}=\frac{5\times0.9\times7200^3}{384\times206\times10^3\times703.8\times10^4}=\frac{1}{331}<\frac{1}{200}\ \text{（刚度满足要求）}$$

4.8.7 墙架设计

本工程山墙柱柱距为 4.5m，墙梁间距为 1m，单侧挂墙板，结构布置如图 4-56 所示。

1. 墙梁设计

1）荷载及内力计算

风荷载标准值 $\omega_k=\beta\mu_w\mu_z\omega_0$，地面粗糙类别为 B 类，风压高度变化系数 $\mu_z=1$，由于墙梁有效风荷载面积为 $1\text{m}^2<A=lc=4.5\times1.0=4.5\text{m}^2<50\text{m}^2$，故根据《规范》表 4.2.2-3a 和表 4.2.2-3b 取风荷载系数为：

$$0.353\lg A-1.58=0.353\times\lg4.5-1.58=-1.35\ \text{（风吸力）}$$

$$-0.176\lg A+1.18=-0.176\times\lg4.5+1.18=1.07\ \text{（风压力）}$$

由上可知风吸力其控制作用，垂直于房屋山墙的风荷载标准值可取：

$$\omega_k=\beta\mu_w\mu_z\omega_0=1.5\times1.35\times1\times0.35=0.71\text{kN/m}^2$$

均布风荷载设计值：

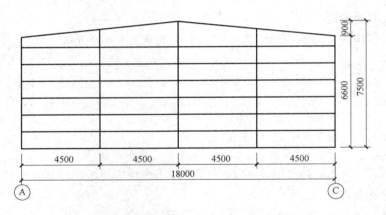

图 4-56　山墙墙架结构布置图

$$Q_y = 1.4 \times 0.71 = 0.99 \text{kN/m}^2$$

作用于墙梁上水平风荷载设计值：$q_y = 0.99 \times 1.0 = 0.99 \text{kN/m}^2$

设压型钢板落地并与地面相连，板与板间有可靠连接，即墙板底部端头自承重。

墙梁按简支计算，只计算强度不计算稳定性（其外侧有墙板，里侧有上、下两端斜拉条和支撑杆的构造措施）。

$$M_{x'} = q_y L^2/8 = 0.99 \times 4.5^2/8 = 2.51 \text{kN} \cdot \text{m}, \quad M_{y'} = 0$$

$$V_{y'} = \frac{q_y}{2} L = 0.99 \times 4.5/2 = 2.23 \text{ kN}, \quad V_{x'} = 0$$

2）墙梁强度验算

墙梁选用 C160×60×20×2.5，$W_x = 36.02 \text{cm}^3$，$W_{y\min} = 8.66 \text{cm}^3$，$I_x = 288.13 \text{cm}^4$。

$$\frac{b}{t} = \frac{60}{2.5} = 24 < 18\alpha\rho, \quad b_e = b_c。$$

$$\frac{h}{t} = \frac{160}{2.5} = 64 < 18\alpha\rho，\text{全截面有效}。$$

$$\sigma = \frac{M_{x'}}{W_{enx'}} + \frac{M_{y'}}{W_{eny'}} = \frac{2.51 \times 10^6}{36.02 \times 10^3} + \frac{0}{8.66 \times 10^3} = 69.7 \text{N/mm}^2 < 205 \text{N/mm}^2$$

满足要求。

C 形钢圆弧半径区 $2t$：

$$\tau_x = \frac{3V_{y\max}}{2h_0 t} = \frac{3 \times 2.23 \times 1000}{2(160 - 6 \times 2.5) \times 2.5} = 9.23 \text{N/mm}^2 < 120 \text{N/mm}^2$$

满足要求。

3）挠度验算

风荷载标准值：$q_k = 0.71 \times 1 = 0.71 \text{N/mm}$

$$\frac{\nu}{l} = \frac{5 q_k l^3}{384 E I_x} = \frac{5 \times 0.71 \times 4500^3}{384 \times 206 \times 10^3 \times 288.13 \times 10^4} = \frac{1}{704} < \frac{1}{200}$$

满足要求。

2. 抗风柱设计

风荷载标准值 $\omega_k = \beta \mu_w \mu_z \omega_0$，地面粗糙类别为 B 类，风压高度变化系数 $\mu_z = 1$，由于

抗风柱有效风荷载面积 $1m^2 < A = lc = 7.5 \times 4.5 = 33.75m^2 < 50m^2$，故根据《规范》表 4.2.2-3a 和表 4.2.2-3b 取风荷载系数为：

$0.353 lgA - 1.58 = 0.176 \times lg33.75 - 1.28 = -1.01$（风吸力）

$-0.176 lgA + 1.18 = -0.176 \times lg33.75 + 1.18 = 0.91$（风压力）

由上可知风吸力起控制作用，垂直于房屋山墙的风荷载标准值可取：

$w_k = \beta \mu_w \mu_z w_0 = 1.5 \times 1.01 \times 1 \times 0.35 = 0.53 kN/m^2$

均布风荷载设计值：

$$Q_y = 1.4 \times 0.53 = 0.74 kN/m^2$$

作用于柱的均布荷载为 $q = 0.74 \times 4.5 = 3.33 kN/m$。

选用 H 型钢 $350 \times 250 \times 6 \times 10$。忽略墙架垂直荷载的偏心距，设柱重为 $0.30 kN/m$。

墙架柱的最大弯矩：$M_{xmax} = 3.33 \times 7.5^2/8 = 23.41 kN \cdot m$

墙架柱的最大剪力：$V_{max} = \dfrac{q}{2}L = 3.33 \times 7.5/2 = 12.49 kN$

墙架柱的最大轴力：$N = 7.5 \times 0.3 \times 1.2 = 2.7 kN$

$$A = 69.8 cm^2, \quad W_x = 928.62 cm^3, \quad i_x = 15.25 cm$$

1）弯矩作用平面内稳定性计算

$l_{0x} = 750 cm$，$\lambda_x = \dfrac{750}{15.25} = 49 < 180$

$N'_{Ex} = \dfrac{\pi^2 EA}{1.1 \lambda_x^2} = \dfrac{\pi^2 \times 206 \times 10^3 \times 69.8 \times 10^2}{1.1 \times 49^2} = 5373 kN$

查表得 $\varphi_x = 0.81$（b 类截面），

$\dfrac{N}{\varphi_x A} + \dfrac{\beta_{mx} M_x}{\gamma_x W_{1x}\left(1 - 0.8 \dfrac{N}{N'_{Ex}}\right)} = \dfrac{2.7 \times 10^3}{0.81 \times 69.8 \times 10^2} + \dfrac{1.0 \times 23.41 \times 10^6}{1.0 \times 928.62 \times 10^3 \left(1 - 0.8 \times \dfrac{5.22}{5373}\right)}$

$= 0.48 + 25.23 = 25.71 N/mm^2 < 310 N/mm^2$

如不考虑轴力，

$\dfrac{M_x}{\gamma_x W_{1x}} = \dfrac{23.41 \times 10^6}{1.0 \times 928.6 \times 10^3} = 25.21 N/mm^2 \approx 25.71 N/mm^2$

满足要求。

2）弯矩作用平面外的稳定性

由于墙梁外侧和墙板的支撑作用，可不验算其稳定性。

3）挠度验算

风荷载标准值 $q_k = 0.53 \times 4.5 = 2.39 N/mm$

$\dfrac{\nu}{l} = \dfrac{5 q_k l^3}{384 EI_x} = \dfrac{5 \times 2.39 \times 7500^3}{384 \times 206 \times 10^3 \times 16250.85 \times 10^4} = \dfrac{1}{2500} < \dfrac{1}{200}$

满足要求。

本章小结

（1）轻型门式刚架的结构体系包括：主结构（横向刚架、支撑体系、楼面梁、托梁等），次结构（屋面檩条和墙面墙梁等），围护结构（屋面板和墙板），辅助结构（楼梯、平台、扶栏等），基础。对需要设起重设备的厂房还需设有吊车梁。

（2）轻型门式刚架可分为单跨、双跨、多跨刚架、带挑檐的刚架和带毗屋的刚架等形式。当需要设置夹层时，可沿纵向设置，也可在横向端跨设置。

（3）支撑在门式刚架轻型房屋结构中是不可或缺的。支撑设置的总体要求是：在每个温度区段、结构单元或分期建设的区段中，应分别设置能独立构成空间稳定结构的支撑体系；柱间支撑与屋盖横向支撑宜设置在同一开间，以组成几何不变体系；施工安装阶段，应设置临时支撑以保证结构的稳固性。

（4）在进行刚架、梁柱构件的截面设计时，为了节省钢材，允许腹板发生局部屈曲，利用屈曲后强度。当工字形截面梁、柱构件的腹板受弯及受压板幅利用屈曲后强度时，应按有效宽度计算其截面几何特征。

（5）支撑和隔撑均按轴向受力构件计算。屋面横向水平支撑的内力，根据纵向风荷载按支撑与柱顶水平桁架计算，还要计算支撑对斜梁起减少计算长度作用而承受的支撑力；刚架柱间支撑的内力，应根据该柱列所受纵向风荷载按支撑于柱脚上的竖向悬臂桁架计算，并计入支撑因保障柱稳定而应承受的力。

（6）檩条属于双向受弯构件，当屋面板刚度较大并与檩条之间有可靠连接，能阻止檩条发生侧向失稳和扭转变形时，可仅验算其截面强度；否则需验算檩条的整体稳定性。

（7）压型钢板按受弯构件计算，可考虑屈曲后强度采用单槽口的有效截面，内力分析时把檩条作为压型钢板的支座，考虑不同荷载组合，按多跨连续梁计算。

思考与练习题

4-1　轻型门式刚架结构有哪些特点？

4-2　轻型门式刚架结构体系由哪些部分组成？

4-3　轻型门式刚架结构形式有哪些？

4-4　轻型门式刚架温度伸缩缝如何布置？

4-5　什么情况下轻型门式刚架结构梁柱采用变截面？

4-6　轻型门式刚架钢结构的哪些部位需要设置支撑？

4-7　轻型门式刚架主体结构的内力如何计算？梁柱控制设计截面如何选取？

4-8　轻型门式刚架的横梁与柱连接节点有哪些形式？

4-9　隔撑有何作用？布置有何要求？

4-10　支撑系统如何布置能使轻型门式刚架结构成为稳定的空间体系？

4-11　檩条与墙梁在设计计算方面有哪些异同点？

4-12　规范对梁柱腹板及压型钢板的有效宽度如何定义？

4-13　压型钢板有哪些类型？如何选用？

4-14　某单跨双坡门式刚架，跨度24m，刚架高度9m，屋面坡度1∶10，梁柱节点为刚接，柱与基础铰接，梁柱采用等截面Q235B钢材，截面尺寸为H500×250×6×12，翼缘为焰切边。纵向柱间支撑为2层交叉支撑，支撑节间距离4.5m。刚架柱经过组合后的设计内力为：柱顶 $M_1 = 240 \mathrm{kN \cdot m}$，$N_1 = -92 \mathrm{kN}$，$V_1 = 30 \mathrm{kN}$；柱底 $N_2 = -124 \mathrm{kN}$，

$V_2=30$kN。试验算该刚架柱截面。

4-15　保持其他条件不变，将 4-14 中的柱截面改为变截面，其大头截面尺寸为 H624×250×6×12，小头截面尺寸为 H324×250×6×12，重新验算该刚架柱截面。

4-16　某门式刚架的梁柱连接节点采用端板竖放的方式，选用 M24（10.9 级）高强度螺栓摩擦型连接，接触面采用喷砂后生赤锈处理，摩擦面抗滑移系数为 0.5，每个高强度螺栓的预拉力为 225kN，连接控制设计内力为：$M=320$kN·m，$N=92$kN，$V=42$kN。试设计该梁柱节点。

4-17　某轻型门式刚架屋面，檩条采用冷弯薄壁卷边槽型钢，截面尺寸为 C180×70×20×3.0，材料为 Q235B，檩条跨度 6m，水平檩距 1.5m，屋面坡度 10%，檩条跨中设置一道拉条。已知该檩条的荷载标准值为 0.92kN/m，荷载设计值为 1.25kN/m。验算该檩条的承载力及刚度。

4-18　4-17 中，将檩条类型改为冷弯薄壁直卷边 Z 型檩条，且檩条整体稳定已得到保证，其他条件不变，试设计该 Z 型檩条。

第 5 章　轻型钢框架结构

本章要点及学习目标

本章要点：
(1) 轻型钢框架结构体系的类型及特点、结构平面和竖向布置的基本原则；
(2) 轻型钢框架结构内力分析方法；
(3) 压型钢板－混凝土组合楼板的受力特点和计算；
(4) 钢梁和组合梁的计算方法；
(5) 钢框架柱计算长度的确定方法；
(6) 支撑和剪力墙的类型、设计方法；
(7) 钢框架结构连接节点设计。

学习目标：
(1) 了解轻型钢框架结构体系的类型及特点、结构平面和竖向布置的基本原则；
(2) 了解轻型钢框架结构内力分析方法；
(3) 掌握压型钢板—混凝土组合楼板的受力特点和计算；
(4) 熟悉钢梁和组合梁的计算方法；
(5) 掌握钢框架柱计算长度的确定方法；
(6) 熟悉支撑和剪力墙的类型、设计方法；
(7) 熟悉钢框架结构连接节点设计。

5.1　结构体系及布置

5.1.1　结构体系

轻型钢结构主要适用于多层房屋建筑，可用于工业厂房、仓库、办公楼、公共建筑和住宅等。

按主体结构所用材料的不同，轻型钢结构常用的结构类型主要有三种：全钢结构、钢－混凝土结构和钢管混凝土结构。

按抗侧力构件类型的不同，轻型钢结构的结构体系主要有：纯钢框架、钢框架-支撑和钢框架－剪力墙。

1. 纯钢框架体系

纯钢框架体系是指在纵横方向均由钢梁与钢柱构成的，且主要用于承受竖向荷载和水平荷载的结构体系。纯钢框架体系是一种典型的柔性结构体系，其抗侧刚度仅由框架提供。为了提高结构整体的抗侧刚度，通常情况下梁柱节点宜采用刚性连接，但有时也将梁柱节点设计成半刚性连接。

根据钢梁对钢柱的约束刚度大小，可将梁柱连接节点分成三种类型：刚性连接、半刚性连接和铰接连接。梁柱刚性连接设计要求节点具有足够的刚度，节点的极限承载力不小于被连接构件的屈服承载力；梁柱半刚性连接设计要求节点除了能传递梁端剪力外，还能传递一定数量的梁端弯矩，一般约为梁端截面所能承担弯矩的 25%；梁柱铰接连接设计要求节点只能承受很小的弯矩，梁端无线位移，且可以转动。大量的梁柱节点试验研究结果表明：节点的弯矩和其对应转角的关系曲线一般呈非线性连接状态，即多数节点为半刚性连接。钢梁与钢柱节点的不同连接形式所对应的弯矩比值 M/M_p（M 为梁端的弯矩值，M_P 为梁端全截面屈服时的塑性弯矩值）和转角 θ 关系曲线如图 5-1 所示。

在实际工程中，为了简化计算，通常假定梁柱节点为完全刚接或完全铰接。

2. 钢框架-支撑体系

钢框架-支撑体系是在纯钢框架体系中的部分框架柱之间设置竖向支撑，从而提高纯钢框架结构体系的整体抗侧刚度。

对非抗震设防地区或抗震设防烈度较低（6度、7度）地区，钢框架的支撑结构可采用中心支撑，如图 5-2（a）所示。对抗震设防烈度较高（8

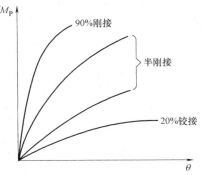

图 5-1 梁柱节点不同连接形式的 M-θ 关系曲线

度、9度）地区，钢框架的支撑结构可采用偏心支撑或带有消能装置的消能支撑，如图 5-2（b）所示。

3. 钢框架-剪力墙体系

钢框架-剪力墙体系主要是由纯钢框架和剪力墙组成的结构体系，其中纯钢框架主要承担竖向荷载，剪力墙主要分担水平荷载。根据材料的不同，剪力墙可为混凝土剪力墙，也可为钢板剪力墙。

5.1.2 结构布置

轻型钢框架结构在正常使用过程中既要承受竖向荷载，又要承受风荷载、地震作用等侧向荷载和作用。为此，在建筑和结构设计时应尽量采用能减小风荷载和地震作用效应的布置。

结构的选型和布置，应结合建筑平立面布置及体型变化的规律性，综合考虑使用功能、荷载性质、材料供应、制作安装、施工条件等因素，以及所设计房屋的高度和抗震设防等级，合理选用抗震和抗风性能好又经济合理的结构体系，并力求构造和节点设计简单合理、施工方便。对有抗震设防要求的建筑结构，更应从设计概念上考虑所选择的结构体系具有多道抗震防线，使结构体系具有支撑→梁→柱的屈服机制，或耗能梁段→支撑→梁→柱的屈服机制，并避免结构刚度在水平向和竖向产生突变等。

1. 结构平面布置

1）平面不规则性

对轻型钢框架结构，国家现行规范《建筑抗震设计规范》GB 50011 中给出了三种类

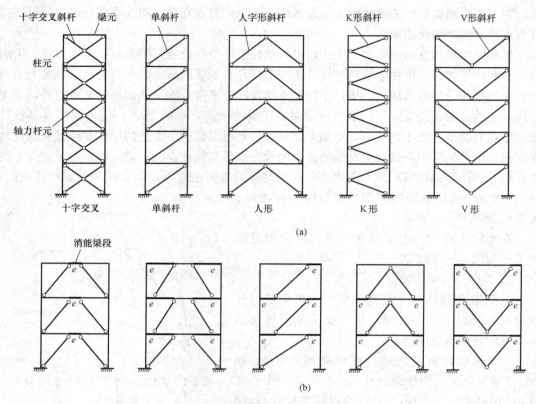

图 5-2　钢框架结构的支撑形式

(a) 中心支撑；(b) 偏心支撑

型的平面不规则性：扭转不规则、凹凸不规则和楼板局部不连续，三种类型平面不规则性定义详见表 5-1。在进行建筑结构平面形状设计时，应尽量避免出现表中的不规则性。

平面不规则性的类型　　　　　　　　　　　　　　　　　表 5-1

不规则类型	定　义
扭转不规则	在规定的水平力作用下,楼层的最大弹性水平位移(或层间位移),大于该楼层两端弹性水平位移(或层间位移)平均值的 1.2 倍
凹凸不规则	结构平面凹进的一侧尺寸,大于相应投影方向总尺寸的 30%
楼板局部不连续	楼板的尺寸和平面刚度急剧变化,例如,有效楼板宽度小于该层楼板典型宽度的 50%,或开洞面积大于该层楼面面积的 30%,或有较大的楼层错层

2) 平面布置原则

轻型钢框架结构的平面布置应遵循下列原则：

(1) 平面形状宜简单、规则，具有良好的完整性；平面形状宜设计成具有光滑曲线的平面形式，如矩形平面、圆形平面、椭圆形平面；建筑开间与进深宜统一。

(2) 为了减小风荷载和地震作用产生的不利扭转影响，应使结构各层的抗侧刚度中心与水平作用力合力中心尽量重合，且同时使各层抗侧刚度中心接近在同一竖直线上。

(3) 结构平面布置应尽量避免表 5-1 中的不规则性。若结构平面布置符合表 5-1 中任一类型的不规则，则在进行轻型钢框架结构分析时，需采用特殊措施与分析方法。

（4）结构平面布置中，应根据钢柱截面尺寸和柱间支撑位置的设置，尽可能做到使各层刚度中心与质量中心重合。

（5）在结构主受力方向（钢柱截面抗弯刚度较大的方向），框架梁柱节点宜采用刚性连接。在另一个受力方向，梁柱节点可采用刚性连接，也可采用铰接连接；若梁柱节点采用铰接连接时，应设置一定量的柱间支撑增加抗侧刚度。

（6）对抗震设防区的轻型钢结构，宜采用钢框架-支撑体系，两个方向的梁柱节点均宜采用刚性连接；且在两个方向均应设置支撑结构。

（7）当楼面结构为压型钢板-混凝土组合板、现浇或装配整体式钢筋混凝土楼板且与钢梁有牢固连接时，楼面结构在楼层平面内刚度较大，可不设置水平支撑。当楼面结构为活动格栅铺板或楼板与钢梁无牢固连接，不能为楼层平面内提供足够刚度，应在钢框架之间设置水平支撑。

（8）当楼面开设有较大洞口，且造成楼面结构在楼层平面内没有足够刚度时，应在洞口四周的柱网区隔内设置水平支撑。

2. 结构竖向布置

1）竖向不规则性

国家现行规范《建筑抗震设计规范》GB 50011 中给出了三种类型的竖向不规则性：侧向刚度不规则、竖向抗侧力构件不连续和楼层承载力突变，三种类型竖向不规则性定义详见表 5-2。在进行建筑结构竖向形体设计时，应尽量避免出现表中的不规则性。

竖向不规则性的类型   表 5-2

不规则类型	定 义
侧向刚度不规则	该层的侧向刚度小于相邻上一层的 70%，或小于其上相邻三个楼层侧向刚度平均值的 80%；除顶层或出屋面小建筑外，局部收进的水平向尺寸大于相邻下一层的 25%
竖向抗侧力构件不连续	竖向抗侧力构件（柱、抗震墙、抗震支撑）的内力由水平转换构件（梁、桁架等）向下传递
楼层承载力突变	抗侧力结构的层间受剪承载力小于相邻上一楼层的 80%

2）竖向布置原则

轻型钢框架结构的竖向布置应遵循下列原则：

（1）建筑竖向形体宜规则均匀，避免有过大的外挑和内收；楼层层高变化不宜较大。

（2）各层竖向抗侧力构件宜上下贯通，避免形成不连续。

（3）结构竖向布置应尽量避免表 5-2 中的不规则性。若结构竖向布置符合表 5-2 中任一类型的不规则，则在进行轻型钢框架结构分析时，需采用特殊措施与分析方法。

（4）结构的楼层竖向抗侧刚度和承载能力宜上下相同，或呈现自下向上逐步减小规律，应严格防止出现下柔上刚的结构。

（5）对处于抗震设防区的轻型钢框架结构，框架柱、支撑和剪力墙等抗侧力构件宜上下连续贯通且落地。对由于建筑功能要求而无法落地的抗侧力构件，应合理设置转换构件或结构，使上部的荷载能够安全地传至基础。

（6）对于设置了地下室的框架-支撑结构体系，竖向连续布置的支撑或剪力墙应延伸至基础，框架柱应至少延伸至地下一层。

（7）支撑在结构平面两个方向的布置均宜基本对称，支撑之间楼盖的长宽比不宜大于3。

5.2   结构分析

轻型钢框架结构的内力与位移计算一般采用弹性分析方法，当满足一定条件时，也可采用塑性分析方法。随着计算机的普及，采用有限元分析程序进行轻型钢结构分析已成为较通用且精度较高的方法；对可采用平面计算模型的轻型钢结构，也可采用相关的近似分析方法进行内力与位移计算。对处于抗震设防区的轻型钢结构，应对其进行地震作用下结构内力分析。

5.2.1   基本原则

轻型钢框架结构分析应需要遵循下列基本原则：

（1）轻型钢框架结构内力的弹性分析可采用结构力学中的相应计算方法；采用弹性分析的结构中，构件截面允许有塑性变形发展。

（2）轻型钢框架结构内力分析可采用一阶线弹性分析或二阶线弹性分析。当二阶效应系数 θ_i 大于 0.1 时，宜采用二阶线弹性分析，即考虑结构侧向变形对内力与位移的影响（$P-\Delta$ 效应）。框架结构的二阶效应系数 θ_i 可按下式计算确定，且要求二阶效应系数 θ_i 不应大于 0.2。

$$\theta_i = \frac{\sum N}{\sum H} \frac{[\Delta u]}{h_i} \tag{5-1}$$

式中 $\sum N$——所计算楼层各柱轴向压力设计值之和；

$\sum H$——所计算楼层及以上各层的水平力设计值之和；

$[\Delta u]$——层间相对位移的容许值；

h_i——所计算楼层的层高。

（3）轻型钢框架结构内力和位移计算时，需引入"楼板在平面内的刚度无穷大，在平面外的刚度为零"的假定，即刚性楼板假定。但对开洞面积过大、局部不连续或带有较长外伸段的楼板，需要考虑楼板的实际刚度，即计算时需考虑楼板在自身平面内的变形。

（4）当楼板采用压型钢板-混凝土组合楼板或钢筋混凝土板且与钢梁设有可靠连接（抗剪连接件）时，结构分析时应该考虑楼板与钢梁共同工作且对结构刚度的影响。在弹性分析时，对中部钢梁（两侧均有楼板的钢梁），其惯性矩宜取 $1.5I_b$；对边部钢梁（仅一侧有楼板楼板的钢梁），其惯性矩宜取 $1.2I_b$；I_b 为钢梁的惯性矩。在进行弹塑性分析时，结构产生了很大的变形，楼板开裂严重，不宜考虑钢框架梁与钢筋混凝土楼板的共同工作。

（5）轻型钢框架结构内力和位移计算时，应考虑钢梁和钢柱的弯曲变形、剪切变形以及钢柱的轴向变形。对于带有现浇竖向连续的钢筋混凝土剪力墙，应考虑剪力墙平面内的弯曲变形、剪切变形、扭转变形与翘曲变形。进行精确的结构分析时，宜需考虑剪力墙面外刚度的影响。

（6）节点域剪切变形对结构水平位移的影响主要取决于钢梁的抗弯刚度、节点域剪切刚度、钢梁腹板高度以及梁柱的刚度比。在结构整体水平位移计算时，宜考虑梁柱连接节点域的剪切变形对水平位移的影响。对钢框架柱截面为工字形，且当所考虑楼层的钢框架梁线刚度平均值与节点域剪切刚度平均值的比值 $EI_{bm}/(K_m h_{bm})>1.0$ 或参数 $\eta>5.0$ 时，则对计算所获得的楼层侧移还需按式（5-2）作进一步修正。节点域剪切变形对结构内力的影响较小，一般在 10% 以内，因此通常不需对内力进行修正。

$$u_i' = \left[1 + \frac{\eta}{100 - 0.5\eta}\right] u_i \tag{5-2}$$

$$\eta = \left[17.5\frac{EI_{bm}}{K_m h_{bm}} - 1.8\left(\frac{EI_{bm}}{K_m h_{bm}}\right)^2 - 10.7\right]\sqrt[4]{\frac{I_{cm}h_{bm}}{I_{bm}h_{cm}}} \tag{5-3}$$

式中 u_i——不考虑节点域剪切变形计算所获得的第 i 层楼层侧移；

   u_i'——考虑节点域剪切变形修正后的第 i 层楼层侧移；

   η——修正参数，可按式（5-3）计算确定；

I_{bm}、I_{cm}——分别为所有中部钢柱和钢梁截面惯性矩的平均值；

h_{bm}、h_{cm}——分别为所有中部钢柱和钢梁腹板高度的平均值，；

   K_m——节点域刚度的平均值，$K_m = h_{cm}h_{bm}t_m G$；

   t_m——节点域腹板厚度的平均值；

   E、G——分别为钢材的弹性模量和剪切模量。

（7）柱间支撑斜杆的两端若为刚性连接，在结构整体计算时仍按两端铰接考虑，其端部的连接刚度可通过调整支撑杆件的计算长度来加以考虑。偏心支撑的耗能段在大震下将首先屈服，在有限元建模时应将耗能梁段作为独立的梁单元处理。

5.2.2 有限元分析方法

1. 计算模型

通过有限元程序对轻型钢框架结构内力与位移进行分析，目前常采用的计算模型主要有四种：平面协同计算模型、空间协同计算模型、刚性楼板空间结构计算模型和弹性楼板空间结构计算模型。

1）平面协同计算模型

基本假定为：（1）水平荷载作用下结构不产生扭转，可将整体结构拆分成若干个平面结构。（2）每个平面结构仅能在平面内受力，不能在平面外受力。（3）楼板在平面内的刚度为无限大。在水平荷载作用下，各平面结构通过刚度无穷大的楼板来协同工作，共同抵抗由水平荷载产生的水平力；各平面结构承受的水平力大小与其抗侧刚度成正比。在平面协同计算模型中，在相同楼层处，所有平面结构只有一个平动自由度。此计算模型不能用于计算平面复杂且在水平荷载下会产生扭转的结构内力。

2）空间协同计算模型

基本假定为：（1）水平荷载作用下结构产生相应的扭转变形，可将整体结构拆分成若干个平面结构。（2）每个平面结构仅能在平面内受力，不能在平面外受力。（3）楼板在平面内的刚度为无限大。在水平荷载作用下，各平面结构通过刚度无穷大的楼板来协同工作，共同抵抗由水平荷载产生的水平力和扭矩。在空间协同计算模型中，在相同楼层处具有三个自由度（2 个平动和 1 个扭转）。此计算模型不能用于计算无法划分成平面结构的结构内力。

3）刚性楼面空间结构计算模型

基本假定为：（1）结构整体采用三维空间模型，计算单元选取为杆单元。（2）楼板在平面内的刚度为无限大。在刚性楼面空间结构计算模型中，在相同楼层处具有三个自由度（2个平动和1个扭转）。由于不采用平面结构模型而采用三维空间整体模型，因此各节点的位移均连续。此计算模型不能用于平面布置不规则且楼板难以在平面内形成无限刚度的结构内力。

4）弹性楼面空间结构计算模型

基本假定为：（1）假定楼板为弹性。（2）结构整体采用三维空间模型，计算单元选取为杆单元和板单元或壳单元；其中板单元或壳单元每个节点为6个自由度，主要用于模拟楼板，应能反应楼板实际刚度大小。此计算模型精度高，但计算工作量较大。

2. 计算模型选取与单元类型

对轻型钢框架结构，当结构平面布置规则、质量与刚度沿高度分布均匀，且不考虑扭转效应时，可采用平面协同计算模型；当结构计算需考虑扭转效应，且结构可拆分成平面结构时，可采用空间协同计算模型；当结构平面布置和建筑竖向形体不规则，且结构无法拆分成平面结构时，应采用三维空间结构计算模型，且可根据楼板平面内实际刚度大小，对应采用刚性楼面空间结构计算模型或弹性楼面空间结构计算模型。

在计算分析模型中，各单元类型的选取和特点应符合下列要求：

（1）钢梁：宜采用梁单元，且能考虑弯曲变形、剪切变形和扭转变形。

（2）钢柱：宜采用梁单元，且能考虑弯曲变形、剪切变形、扭转变形和轴向变形。

（3）柱间支撑：应根据连接节点的不同构造形式，选取不同的计算单元。当连接节点为铰接时，采用杆单元；当连接节点为刚接时，采用梁单元。

（4）剪力墙：对钢筋混凝土剪力墙时，宜采用板单元，且能考虑弯曲变形、剪切变形、扭转变形、轴向变形和翘曲变形。对钢板剪力墙时，宜采用壳单元。

（5）楼板：当楼面为弹性楼板（即考虑楼板平面内的变形），宜采用板单元或壳单元。

（6）梁柱连接处的节点域：宜采用一个单独的剪切单元。

3. 单元划分

在计算机有限元分析模型中，轻型钢框架结构主要有两种类型：一类为杆系结构，由钢梁、钢柱和钢支撑等基本构件组成；另一类为墙板结构，由剪力墙和钢筋混凝土楼板等构成。对不同类型结构的组成部分，对应的单元划分有所区别。

1）杆系结构

一般情况下，结构中的每一杆件可作为一个基本单元，如图5-3（a）所示。钢梁与钢柱为主要受力构件，采用梁单元；钢支撑主要承受轴力，应采用杆单元。值得注意的是：当结构进行非线性分析时，若钢梁和钢柱中间截面或梁端截面进入塑性时，则应在杆件发生截面的位置设置单元节点，对杆件进行进一步的单元细分，如图5-3（b）所示。

2）墙板结构

对墙板结构，在结构计算分析模型中一般采用板单元或壳单元来模拟墙板。墙板结构的单元划分应需注意以下事项：（1）单元的划分与墙板的开洞有关，尤其洞口周边区域的单元划分。（2）单元的划分与计算精度和计算时长有关，若单元划分越细，则计算精度越

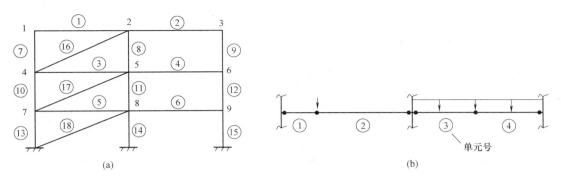

图 5-3 杆系结构单元划分

(a) 杆单元;(b) 出现塑性的单元细分

高、计算时长越长;反之,单元划分越粗,同理。(3)在相邻墙的连接处或墙与楼板交界面上,单元划分时节点位置应一一对应,主要为了满足边界相容条件。(4)当杆系结构与墙板结构相连接时,则杆件单元与墙板单元的节点位置也应相互对应。

5.2.3 近似分析方法

轻型钢框架属多次超静定结构,采用结构力学中常用的力法或位移法进行分析很繁琐。当结构符合下列一定条件时,可采用相应的简化近似分析方法。

(1)当结构布置规则、质量与刚度沿高度分布均匀、无扭转效应,且结构整体可简化成平面结构时,竖向荷载下结构的内力与位移可采用分层法或弯矩分配法进行分析;水平荷载下结构的内力与位移可采用反弯点法或 D 值法进行分析。

(2)根据轻型框架结构的变形(侧向位移)对结构内力是否存在着影响,结构内力与变形可采用一阶线弹性分析或二阶线弹性分析,即需根据式(5-1)的二阶效应系数 θ_i 进行判断。

(3)对有偏心的规则结构,可先按无偏心结构进行内力与位移分析,再对计算结构加以修正。

1. 无偏心结构

1)一阶线弹性分析

对钢框架结构,结构计算分析时不考虑结构侧向位移对内力的影响,可采用一阶线弹性分析方法,具体计算方法如下。

(1)无侧移框架的内力 M_{Ib}

在框架结构每个楼层位置处设置不动铰支座,约束框架结构的节点侧向位移,使结构成为无侧移框架,如图 5-4(b)所示。采用力矩分配法或分层法,计算竖向荷载作用下框架结构的内力 M_{Ib} 和不动铰支座的支座反力 H_1'、$H_2' \cdots H_n'$。

(2)有侧移框架的内力 M_{Is}

去除每个楼层位置处的不动铰支座,将支座反力 H_1'、$H_2' \cdots H_n'$ 反向作用于框架楼层节点处,如图 5-4(c)所示。采用反弯点或 D 值法,计算水平荷载作用下框架结构的内力 M_{Is} 和侧向位移。

(3)框架的内力 M_{I}

将无侧移框架的内力 M_{Ib} 和有侧移框架的内力 M_{Is} 进行叠加，即可获得一阶线弹性分析方法计算出的框架结构内力 M_I。

$$M_I = M_{Ib} + M_{Is} \tag{5-4}$$

式中　M_{Ib}——按无侧移框架采用一阶线弹性分析方法求出的结构内力；

　　　　M_{Is}——水平荷载下采用一阶线弹性分析方法求出的结构内力；

　　　　M_I——竖向荷载和水平荷载下采用一阶线弹性分析方法求出的结构内力。

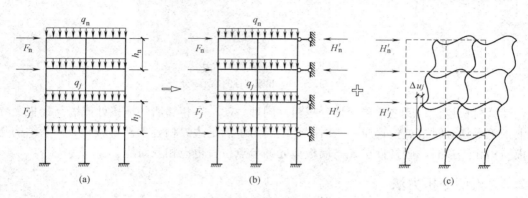

图 5-4　钢框架结构的近似一阶线弹性分析
(a) 原始框架；(b) 无侧移框架；(c) 有侧移框架

2) 二阶线弹性分析

竖向荷载和水平荷载作用下，在钢框架结构内力分析时，若考虑结构侧向位移对内力的影响，可采用二阶线弹性分析方法。钢框架结构内力与侧移的二阶线弹性分析方法计算简图如图 5-5 所示，具体计算方法同一阶线弹性分析方法类似。

(1) 无侧移框架的内力 M_{Ib}

在框架结构每个楼层位置处设置不动铰支座，约束框架结构的节点侧向位移，使结构成为无侧移框架，如图 5-5 (b) 所示。为了考虑结构或构件的各种缺陷（初偏心、初弯曲和残余应力等）对结构内力与位移的影响，在每层柱顶节点（楼层节点处）附加假想水平力 H_{n1}、$H_{n2}\cdots H_{nn}$，可按式（5-5）计算确定。采用力矩分配法或分层法，计算竖向荷载作用下框架结构的内力 M_{Ib} 和不动铰支座的支座反力 H_1'、$H_2'\cdots H_n'$。

$$H_{nj} = \frac{a_y Q_j}{250}\sqrt{0.2 + \frac{1}{n_s}} \tag{5-5}$$

式中　H_{nj}——第 j 层的附加假想水平力；

　　　Q_j——第 j 层的重力荷载设计值；

　　　a_y——钢材强度影响系数，Q235 钢取 1.0，Q345 钢取 1.1，Q390 钢取 1.2，Q420 钢取 1.25；

　　　n_s——框架的总层数，当 $\sqrt{0.2+1/n_s} > 1.0$ 时，取 $\sqrt{0.2+1/n_s} = 1.0$。

(2) 有侧移框架的内力 M_{Is} 和侧移 Δ_1

去除每个楼层位置处的不动铰支座，将支座反力 H_1'、$H_2'\cdots H_n'$ 反向作用于框架楼层节点处，如图 5-5 (c) 所示。采用反弯点或 D 值法，计算水平荷载作用下框架结构的内力 M_{Is} 和侧向位移 Δ_1。

（3）框架的内力 M_{II} 和侧移 Δ_{II}

将无侧移框架的内力 M_{Ib} 和经过 P-Δ 效应放大的有侧移框架的内力 M_{Is} 进行叠加，即可获得二阶线弹性分析方法计算出的框架结构内力 M_{II} 和侧移 Δ_{II}。

$$M_{\mathrm{II}} = M_{\mathrm{Ib}} + \alpha_{2j} M_{\mathrm{Is}} \tag{5-6a}$$

$$\Delta_{\mathrm{II}} = \alpha_{2j} \Delta_{\mathrm{I}} \tag{5-6b}$$

$$\alpha_{2j} = \cfrac{1}{1 - \cfrac{\sum\limits_{i=1}^{m} N_{ji}}{V_{\mathrm{F}j}} \cfrac{\Delta u_j}{h_j}} \tag{5-6c}$$

式中　M_{II}——竖向荷载和水平荷载下采用二阶线弹性分析方法求出的结构内力；

　　　Δ_{I}——水平荷载下采用一阶线弹性分析方法求出的结构侧移；

　　　Δ_{II}——竖向荷载和水平荷载下采用二阶线弹性分析方法求出的结构侧移；

　　　α_{2j}——考虑二阶效应第 j 层各杆件的内力与侧移增大系数，当 $\alpha_{2j} > 1.33$ 时，宜增加框架结构的刚度；

　　　N_{ji}——第 j 层第 i 根柱（共 m 根）的轴力设计值；

　　　$V_{\mathrm{F}j}$——第 j 层的层间剪力，应考虑每层水平荷载 F_j 和每层柱顶节点的假想水平力 $H_{\mathrm{n}j}$；

　　　Δu_j、h_j——第 j 层的层间位移和层高。

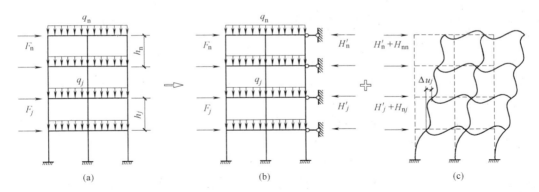

图 5-5　钢框架结构的近似二阶线弹性分析
（a）原始框架；（b）无侧移框架；（c）有侧移框架

2. 有偏心结构

对有偏心的规则钢框架结构，可先按无偏心结构进行分析，再将计算获得的结构内力乘上偏心修正系数。偏心修正系数可按下式计算确定：

$$\varphi_j = 1 + \frac{e_{\mathrm{d}j} \gamma_j \sum D_j}{\sum D_j \gamma_j^{\;2}} \tag{5-7}$$

式中　φ_j——第 j 榀抗侧力构件的内力修正系数；

　　　$e_{\mathrm{d}j}$——第 j 层质心沿垂直于荷载作用方向的偏心距值，对非抗震作用时，$e_{\mathrm{d}j} = e_0$；对单向水平地震作用时，尚需考虑偶然偏心的影响，则 $e_{\mathrm{d}j} = e_0 \pm 0.05 L_j$；

　　　e_0——楼层水平荷载合力中心至刚度中心之间的距离；

　　　L_j——第 j 层垂直于地震作用方向的建筑结构平面尺寸总长度；

r_j——第 j 榀抗侧力构件至刚度中心之间的距离；

D_j——第 j 榀抗侧力构件的抗侧刚度值。

5.2.4 地震作用下钢框架结构分析

1. 结构分析的基本原则

在地震作用下，轻型钢框架结构分析应遵循以下基本原则：

（1）建筑结构应进行多遇地震作用下的内力和变形分析；对不规则且具有明显薄弱部位可能导致地震时严重破坏的钢框架结构，应进行罕遇地震作用下的弹塑性变形分析。

（2）当结构在地震作用下的重力附加弯矩大于初始弯矩的 0.1 倍时，即式（5-1）中的二阶效应系数 θ_i 大于 0.1 时，应考虑二阶效应的影响。

（3）质量和侧向刚度分布接近对称，且楼盖和屋盖可假定为刚性横隔板的钢框架结构，可采用平面结构模型进行结构抗震分析；对其他情况，应采用空间结构模型进行抗震分析。

（4）一般情况下，应至少在结构的两个主轴方向分别计算水平地震作用，各方向的水平地震作用应由该方向的抗侧力构件承担。对质量和刚度明显不对称、不均匀的结构，应计算双向水平地震作用，且计算模型中应考虑偶然偏心和扭转影响。对带有斜交抗侧力构件的结构，当斜交角度大于 15° 时，应分别计算各抗侧力构件方向的水平地震作用。

（5）结构分析模型中，对工字形截面柱，宜考虑梁柱节点域剪切变形对结构侧移的影响；对箱形柱框架、中心支撑框架和高度不超过 50m 的钢结构，结构层间位移计算可不考虑梁柱节点域剪切变形的影响，近似按框架轴线进行分析。

（6）钢框架-支撑结构的斜杆可按两端铰接杆件计算；框架部分按刚度分配计算得到的地震层间剪力应乘以调整系数，达到不小于结构底部总地震剪力的 25% 和框架部分计算最大层间剪力 1.8 倍两者的较小值。

（7）中心支撑框架的斜杆轴线偏离梁柱轴线交点不超过支撑杆件的宽度时，仍可按中心支撑框架分析，但应考虑由此产生的附加弯矩。

（8）轻型钢框架结构地震作用分析时，阻尼比取值应符合下列规定：①多遇地震作用下结构分析时，结构高度不大于 50m 时，可取 0.04；结构高度大于 50m 且小于 200m 时，可取 0.03；②对偏心支撑框架部分承担的地震倾覆力矩大于结构总地震倾覆力矩的 50% 时，其阻尼比可在上一条基础上相应增加 0.005；③罕遇地震下弹塑性分析，阻尼比可取 0.05。

2. 多遇地震作用下的结构分析

在多遇地震作用下，可假定结构与构件均处于弹性工作状态，结构内力和变形应采用线弹性静力方法或线性动力方法进行分析，验算构件的承载力、稳定，以及结构的层间变形和总体稳定。多遇地震作用下结构分析应采用下列方法：

1）底部剪力法

对高度不超过 40m、质量和刚度沿高度分布较均匀且以剪切变形为主的结构，结构分析可采用底部剪力法。

2）振型分解反应谱法

一般情况下，对不符合底部剪力法的建筑结构，结构分析可采用振型分解反应谱法。振型分解反应谱法采用的地震影响系数曲线应按照现行国家标准《建筑抗震设计规范》

GB 50011 中相关规定确定。

3）时程分析法

对特别不规则的钢框架结构（符合表 5-1 和 5-2 中的多项）以及属于甲类抗震设防类别的钢框架结构，应采用时程分析法进行多遇地震下的补充计算，且应选取多组时程曲线（不少于 3 组）计算。当仅选取 3 组加速度时程曲线时，计算结构宜取时程分析法的包络值和振型分解反应谱法的较大值；当选取 7 组或 7 组以上的时程曲线时，计算结果可取时程分析法的平均值和振型分解反应谱法的较大值。

采用时程分析法时，需要遵循以下规定：①应按建筑场地类别和设计地震分组选用实际强震记录和人工模拟的加速度时程曲线，其中实际强震记录的数量不应少于总数的 2/3；②多组时程曲线的平均地震影响系数曲线应与振型分解反应谱法所采用的地震影响系数曲线在统计意义上相符，其加速度时程的最大值可按表 5-3 采用；③每组时程曲线计算出的结构底部剪力不应小于振型分解反应谱计算结果的 65%，多组时程曲线计算出的结构底部剪力平均值不应小于振型分解反应谱计算结果的 80%。

时程分析所选用地震加速度时程曲线的最大值（cm/s²） 表 5-3

地震影响	6 度	7 度	8 度	9 度
多遇地震	18	35(55)	70(110)	140
罕遇地震	125	230(310)	400(510)	620

注明：括号内数值分别用于设计基本地震加速度为 0.15g 和 0.30g 的地区。

3. 罕遇地震作用下的结构分析

对甲类抗震设防类别或设防烈度 7 度 Ⅲ、Ⅳ 类场地和设防烈度 8 度的乙类建筑，为避免薄弱部位的破损而造成较大损失，宜按建筑抗震设计规范有关规定进行罕遇地震作用下的弹塑性变形分析。

罕遇地震作用下结构分析主要是计算结构的变形，可根据结构的特点采用简化的弹塑性分析方法、静力弹塑性分析方法（Push-over 推覆分析）或弹塑性时程分析方法，验算的主要内容是结构的屈服机构、层间位移和层间位移延性比。

对轻型钢框架结构，弹塑性层间位移 Δu_p 应满足下式要求：

$$\Delta u_p \leqslant [\theta_p]h \tag{5-8}$$

式中　　$[\theta_p]$——弹塑性层间位移角限值，对轻型多层钢框架结构，一般取为 1/50；

　　　　h——楼层层高。

1）薄弱层位置的确定

对轻型钢框架结构，弹塑性层间最大位移往往发生在结构的薄弱层位置处，结构的薄弱层位置主要取决于结构楼层的屈服强度系数 ξ_y，可按式（5-9）计算确定：

$$\zeta_{yj} = \frac{V_{yj}}{V_{ej}} \tag{5-9}$$

式中　　ζ_{yj}——第 j 层的楼层屈服强度系数；

　　　　V_{yj}——按钢框架结构的构件实际截面尺寸和材料强度标准值计算的第 j 层楼层抗剪承载力；

　　　　V_{ej}——罕遇地震标准值作用下按弹性计算的第 j 层的楼层剪力。

通过屈服强度系数 ξ_y 可按下列方法确定结构薄弱层位置：

（1）楼层屈服强度系数 ξ_y 沿高度分布均匀的结构，结构薄弱层位置可取底层；

（2）楼层屈服强度系数 ξ_y 沿高度非均匀分布的结构，结构薄弱层位置可取系数 ξ_y 值最小的楼层和相对较小的楼层，一般不多于 2～3 处。

2）弹塑性层间位移 Δu_p 的简化计算方法

对楼层侧向刚度无突变，20 层以下的钢框架结构和支撑钢框架结构，且当无条件采用静力弹塑性分析方法或弹塑性时程分析法时，可采用下列简化计算方法进行罕遇地震作用下结构薄弱层弹塑性变形的估算。对楼层侧向刚度有突变时，结构薄弱层弹塑性变形的计算应采用静力弹塑性分析方法或弹塑性时程分析法。

罕遇地震作用下，结构薄弱层弹塑性层间侧移 Δu_p，可按下式计算：

$$\Delta u_p = \eta_p \Delta u_e \tag{5-10a}$$

或

$$\Delta u_p = \mu \Delta u_y = \frac{\eta_p}{\xi_y} \Delta u_y \tag{5-10b}$$

式中 Δu_e——罕遇地震作用下按弹性分析的结构层间位移；

      Δu_y——罕遇地震作用下按弹性分析的结构层间屈服位移；

      μ——结构的楼层延性系数；

      ξ_y——结构的楼层屈服强度系数，可按式（5-9）计算确定；

      η_p——结构的弹塑性层间位移增大系数，可按表 5-4 确定。

由表 5-4 可知，钢框架或框架-支撑结构薄弱层的弹塑性侧移增大系数 η_p 的数值，主要取决于以下三个因素：①框架-支撑结构中支撑部分抗侧移承载力与对应层框架部分抗侧移承载力的比值 R_s（对纯钢框架结构，$R_s = 1$）；②薄弱层的楼层屈服强度系数 ξ_y 值；③楼层屈服强度系数 ξ_y 沿高度分布的均匀性。

楼层屈服强度系数 ξ_y 沿高度分布是否均匀可通过系数 $\alpha(i)$ 来判断，第 i 层系数 $\alpha(i)$ 计算式如下：

$$\alpha(i) = \frac{2\xi_y(i)}{\xi_y(i-1) + \xi_y(i+1)} \tag{5-11a}$$

底层系数 $\alpha(1)$ 和顶层系数 $\alpha(n)$ 可分别按式（5-11b）和式（5-11c）计算确定：

$$\alpha(1) = \frac{\xi_y(1)}{\xi_y(2)} \tag{5-11b}$$

$$\alpha(n) = \frac{\xi_y(n)}{\xi_y(n-1)} \tag{5-11c}$$

通过表 5-4 确定结构薄弱层的弹塑性侧移增大系数 η_p 时，应根据楼层屈服强度系数 ξ_y 沿高度分布的均匀性作下列调整：

（1）当系数 $\alpha(i) \geqslant 0.8$，$i = 1, 2, 3 \cdots n$ 时，可判定 ξ_y 沿高度分布均匀，弹塑性侧移增大系数 η_p 可直接按表 5-4 取用；

（2）当系数 $\alpha(i) \leqslant 0.5$ 时，可判定 ξ_y 沿高度分布不均匀，弹塑性侧移增大系数 η_p 可按表 5-4 值的 1.5 倍取用；

（3）当系数 $0.5 < \alpha(i) < 0.8$ 时，可判定 ξ_y 沿高度分布不均匀，弹塑性侧移增大系数 η_p 可按上述两种情况采用内插法取值。

弹塑性层间位移增大系数 η_p 表 5-4

R_s	总层数	楼层屈服强度系数 ξ_y			
		0.3	0.4	0.5	0.6
0	5	1.19	1.07	1.06	1.05
	10	1.20	1.17	1.14	1.11
	15	1.27	1.20	1.16	1.13
	20	1.27	1.20	1.16	1.13
1	5	2.09	1.70	1.62	1.49
	10	1.80	1.48	1.44	1.35
	15	1.80	1.45	1.32	1.23
	20	1.80	1.25	1.15	1.11
2	5	2.62	1.95	1.80	1.61
	10	1.80	1.55	1.39	1.29
	15	1.80	1.25	1.22	1.21
	20	1.80	1.25	1.12	1.10
3	5	3.20	2.16	1.86	1.68
	10	2.10	1.68	1.31	1.25
	15	1.80	1.25	1.30	1.20
	20	1.80	1.25	1.12	1.10
4	5	3.45	2.32	1.86	1.68
	10	2.50	1.67	1.30	1.25
	15	1.80	1.25	1.20	1.20
	20	1.80	1.25	1.12	1.10

5.2.5 钢框架结构塑性分析

《钢结构设计标准》GB 50017 中规定：对不直接承受动力荷载的固端梁、连续梁以及由实腹构件组成的单层和两层钢框架结构，可采用塑性设计方法。

对采用塑性设计的钢框架结构或构件，应遵循以下设计原则：

（1）按承载能力极限状态设计时，应采用荷载的设计值，且考虑构件截面内的塑性发展以及由此引起的内力重分布，可采用简单塑性理论进行结构内力分析。

（2）按正常使用极限状态设计时，采用荷载的标准值，可按弹性理论进行结构计算。

（3）钢框架结构采用塑性设计后，出现塑性铰处的截面往往达到全截面屈服，且在内力重分配后要求此截面仍能保持全截面塑性弯矩值，因此要求结构用钢材和构件截面板件的宽厚比应符合下列要求：①钢材的力学性能应满足强屈比 $f_u/f_y \geqslant 1.2$，伸长率 $\delta_s \geqslant 15\%$，极限应变 $\varepsilon_u \geqslant 20\varepsilon_y$（$\varepsilon_u$ 为对应于抗拉极限强度 f_u 的应变；ε_y 为屈服点应变）；②板件的宽厚比应符合表 5-5 的规定。

塁性设计时板件的宽厚比　　　　　　　　　　　　表 5-5

截面形式	翼　缘	腹　板
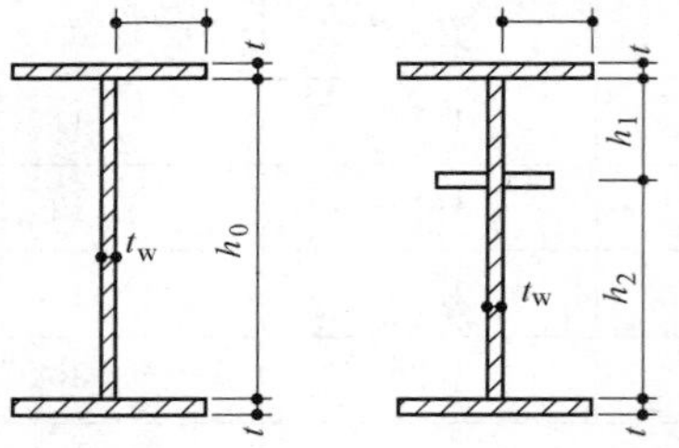	$\dfrac{b}{t} \leqslant 9\sqrt{\dfrac{235}{f_y}}$	当 $\dfrac{N}{Af} < 0.37$ 时： $\dfrac{h_0}{t_w}\left(\dfrac{h_1}{t_w}、\dfrac{h_2}{t_w}\right) \leqslant \left(72 - 100\dfrac{N}{Af}\right)\sqrt{\dfrac{235}{f_y}}$ 当 $\dfrac{N}{Af} \geqslant 0.37$ 时： $\dfrac{h_0}{t_w}\left(\dfrac{h_1}{t_w}、\dfrac{h_2}{t_w}\right) \leqslant 35\sqrt{\dfrac{235}{f_y}}$
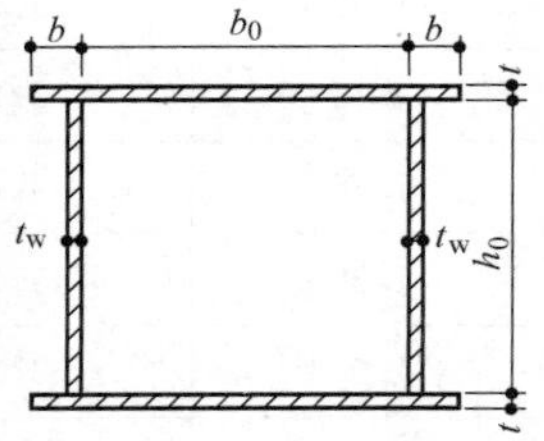	$\dfrac{b_0}{t} \leqslant 30\sqrt{\dfrac{235}{f_y}}$	与前项工字形截面腹板相同

5.3　楼板设计

5.3.1　概述

轻型钢框架结构的楼面板和屋面板可以采用以下几种类型：现浇钢筋混凝土板、叠合板、钢筋桁架板、压型钢板－混凝土组合板或非组合板以及轻质板。为了楼面板和屋面板的施工便捷，且考虑楼板与下部支承钢梁的共同工作，目前在多层钢框架结构中常采用压型钢板－混凝土组合板（图 5-6）或非组合板。

压型钢板－混凝土组合板或非组合板的区别主要体现在以下两点：

（1）压型钢板使用功能的不同。组合楼板中的压型钢板既作为永久性施工模板，又兼作为混凝土板的下部受拉钢筋，与混凝土共同工作；非组合楼板中的压型钢板仅用作永久性模板，不考虑其与混凝土共同工作。

（2）压型钢板与混凝土之间的叠合面要求不同。组合楼板的压型钢板在使用阶段作为受拉钢筋使用，为了传递压型钢板与混凝土叠合面之间的纵向剪力，需采用压痕、焊接横向钢筋或齿槽以传递压型钢板与混凝土叠合面之间的剪力。非组合楼板的压型钢板与混凝土之间的叠合面可放松要求，不要求采用带有特殊波槽、压痕的压型钢板或采取其他措施。

针对压型钢板-混凝土组合板，当混凝土尚未达到其设计强度之前，楼板上的荷载（包括施工荷载）均由作为浇筑混凝土底模的压型钢板来承担的阶段，称为组合楼板的施工阶段。当混凝土达到其设计强度之后，楼板上的正常使用荷载应由混凝土与压型钢板来共同承担，这一过程称为组合楼板的使用阶段。因此，压型钢板-混凝土组合楼板的计算

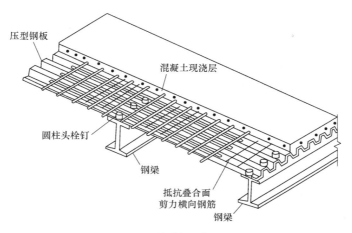

图 5-6 压型钢板-混凝土组合板

应分为两个阶段：施工阶段计算和使用阶段计算。在此两阶段的计算中，均应按承载能力极限状态验算组合板的强度和按正常使用极限状态验算组合板的变形。

5.3.2 组合楼板施工阶段计算

1. 施工阶段的荷载

在施工阶段，压型钢板上所作用的荷载主要为：

（1）永久荷载：压型钢板、钢筋、湿混凝土的自重。压型钢板施工阶段应按荷载的标准组合计算挠度，并应按现行国家标准《冷弯薄壁型钢结构技术规范》GB 50018 计算得到的有效截面惯性矩 I_{ae} 计算，挠度不应大于板支撑跨度 l 的 1/180，且不应大于 20mm。

（2）可变荷载：施工荷载与附加荷载。施工荷载应包括施工人员和施工机具等，并考虑施工过程中可能产生的冲击和振动。当有过量的冲击、混凝土堆放以及管线等应考虑附加荷载。可变荷载应以工地实际荷载为依据。

（3）当没有施工荷载实测数据或施工荷载实测值小于 $1.0kN/m^2$ 时，施工荷载取值不应小于 $1.0kN/m^2$。

2. 结构内力分析

在组合楼板的施工阶段，压型钢板仅作为永久性模板使用，承受施工荷载，其强边（顺肋）方向的正负弯矩和挠度可根据支承条件分别按简支或连续的单向板计算，弱边方向的正负弯矩可不考虑。

3. 压型钢板受压翼缘有效宽度

组合楼板中压型钢板是由薄钢板制作的腹板和翼缘组成的，翼缘与腹板之间是通过接触面上的纵向剪应力来传递应力的。翼缘横截面上的纵向应力一般分布不均匀，在与腹板交接处的应力最大，距腹板越远处应力越小，如图 5-7（a）所示。为了简化计算，通常板翼缘的应力分布简化成在有效翼缘宽度上的均布应力，如图 5-7（b）所示。

压型钢板受压翼缘有效宽度可按下式计算：

$$b_{ef}=50t \tag{5-12}$$

式中　b_{ef}——压型钢板的受压翼缘有效宽度；

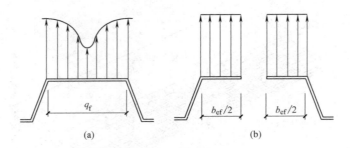

图 5-7　压型钢板有效宽度上应力分布

（a）在全宽上的实际应力分布；（b）在等效宽度上的假设应力分布

　　　t——受压翼缘的钢板厚度。

4. 压型钢板的抗弯强度

压型钢板的抗弯强度可按弹性方法计算，对不设临时支撑的压型钢板可按式（5-13）计算其抗弯强度，计算简图如图 5-8 所示。

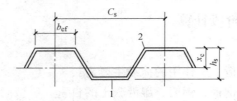

图 5-8　压型钢板计算截面

$$\sigma_{s1}=\frac{M}{W_{s1}}\leqslant f \ \text{或}\ \sigma_{s2}=\frac{M}{W_{s2}}\leqslant f \tag{5-13}$$

式中　　　　　　　M——压型钢板沿顺肋方向一个波宽 B 的弯矩设计值；

　　　　σ_{s1}、σ_{s2}——分别为压型钢板沿顺肋方向一个波宽范围内对 1 点和 2 点的弯曲应力；

$W_{s1}=I_s/(h_s-x_c)$——压型钢板沿顺肋方向一个波宽范围内对 1 点的截面抵抗矩；

　　$W_{s2}=I_s/x_c$——压型钢板沿顺肋方向一个波宽范围内对 2 点的截面抵抗矩；

　　　　　　　I_s——压型钢板沿顺肋方向一个波宽范围内对截面形心轴的惯性矩，其中受压翼缘的有效计算宽度可按式（5-12）确定；

　　　　　　　x_c——压型钢板由受压翼缘边缘至形心轴的距离；

　　　　　　　h_s——压型钢板截面的总高度。

5. 压型钢板的挠度

在施工阶段，仅考虑压型钢板的刚度，其变形仍按弹性方法计算。考虑到下料的不利情况，压型钢板可取两跨连续板或单跨简支板进行挠度验算，应满足下式要求：

两跨连续板　　　　　　　　　$v=\dfrac{ql^4}{185EI_s}\leqslant[v] \tag{5-14a}$

单跨简支板　　　　　　　　　$v=\dfrac{5ql^4}{384EI_s}\leqslant[v] \tag{5-14b}$

式中 q——压型钢板一个波宽 B 内的均布荷载标准值;

        EI_s——压型钢板一个波宽 B 内的弯曲刚度;

        l——压型钢板的计算跨度;

      $[v]$——压型钢板的允许挠度,一般取为 $l/180$(l 为跨度)和 20mm 的较小值。

5.3.3   组合楼板使用阶段计算

1. 使用阶段的荷载

使用阶段组合楼板承受的荷载主要有:

(1) 永久荷载:压型钢板和混凝土的自重、面层和构造层(保温层、找平层、防水层、隔热层)的自重、楼板下吊挂的顶棚自重、管道自重等。

(2) 可变荷载:楼面上的使用活荷载和设备荷载。

2. 结构内力分析

压型钢板在一个方向具有显著的凸肋,因此组合楼板为正交各向异性板。在使用阶段,组合楼板的内力分析和挠度计算应遵循以下原则:

1)当组合楼板中的压型钢板肋顶以上混凝土厚度为 50～100mm 时,组合楼板可沿强边(顺肋)方向按单向板计算。

2)当组合楼板中的压型钢板肋顶以上混凝土厚度大于 100mm 时,组合楼板的计算应符合下列规定:

① 当 $0.5 \leqslant \lambda_e \leqslant 2.0$ 时,按正交异性双向板进行计算;

② 当 $0.5 > \lambda_e$ 时,按强边方向单向板进行计算;

③ 当 $\lambda_e > 2.0$ 时,按弱边方向单向板进行计算;

其中有效边长比 λ_e 可按下式计算:

$$\lambda_e = \frac{\mu l_x}{l_y} \tag{5-15}$$

式中 $\mu = (I_x/I_y)^{0.25}$——组合楼板的受力异向性系数;

          l_x、l_y——分别为组合楼板的强边和弱边方向的跨度;

          I_x、I_y——分别为组合楼板的强边和弱边方向的截面惯性矩,计算 I_y 时可只考虑压型钢板顶面以上的混凝土厚度 h_{c1}。

3)对于各向异性双向组合楼板的弯矩计算,可将各向异性组合楼板的 λ_e 按式 (5-15) 进行修正,再视作各向同性板进行弯矩计算。计算原则如下:

(1) 各向异性双向组合楼板强边(顺肋)方向的弯矩:取等于弱边(垂直于肋)方向跨度乘以系数 μ 后所得各向同性组合楼板在短边方向上的弯矩,如图 5-9(a)所示。

(2) 各向异性双向组合楼板弱边(垂直于肋)方向的弯矩:取等于强边(顺肋)方向跨度乘以系数 $1/\mu$ 后所得各向同性组合楼板在长边方向上的弯矩,如图 5-9(b)所示。

3. 有效计算宽度

组合楼板上作用有线荷载或集中荷载时,应考虑荷载分布的有效宽度,如图 5-10 所示。假设荷载在组合楼板中按 45°角扩散传递,则荷载分布的有效宽度可按式 (5-16) 计算确定。

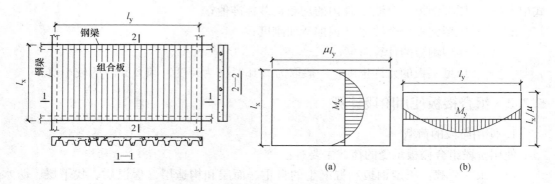

图 5-9　各向异性双向组合楼板的计算简图

（a）强边方向的弯矩；（b）弱边方向的弯矩

$$b_{fl} = b_f + 2(h_{c1} + h_f) \qquad (5\text{-}16)$$

式中　b_{fl}——线荷载或集中荷载的分布有效宽度；

　　　　b_f——线荷载或集中荷载的荷载作用宽度；

　　　　h_f——组合楼板有饰面层时的构造层厚度；

　　　　h_{c1}——组合楼板的压型钢板顶面以上的混凝土厚度。

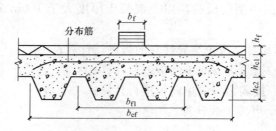

图 5-10　集中荷载位置的有效宽度

组合楼板上作用有线荷载或集中荷载时（图 5-10），其有效计算宽度应按下式计算：

（1）抗弯承载力计算

简支板：
$$b_{ef} = b_{fl} + 2l_p\left(1 - \frac{l_p}{l}\right) \qquad (5\text{-}17a)$$

连续板：
$$b_{ef} = b_{fl} + \frac{4l_p}{3}\left(1 - \frac{l_p}{l}\right) \qquad (5\text{-}17b)$$

（2）抗剪承载力计算

$$b_{ef} = b_{fl} + l_p\left(1 - \frac{l_p}{l}\right) \qquad (5\text{-}17c)$$

式中　b_{ef}——线荷载或集中荷载作用时组合楼板的有效计算宽度；

　　　　b_{fl}——线荷载或集中荷载的分布有效宽度，可按式（5-16）计算确定；

　　　　l_p——荷载作用点至组合楼板较近支座的距离；当跨内有多个集中荷载时，l_p 应取组合楼板较近支承点到产生较小 b_{ef} 值的荷载作用点的距离；

　　　　l——组合楼板的跨度。

4. 承载力计算

在使用阶段，组合楼板应验算其正截面抗弯承载力（图 5-11 中Ⅰ—Ⅰ截面）、斜截面抗剪承载力（图 5-11 中Ⅱ—Ⅱ截面）、纵向抗剪承载力（图 5-11 中Ⅲ—Ⅲ截面），对板上有较大集中荷载作用时尚需进行局部荷载作用下的抗冲切承载力验算。组合楼板的正截面抗弯承载力计算有两种方法：塑性方法和弹性方法。由于弹性方法计算比较繁琐，限于篇幅，本节仅介绍组合楼板抗弯承载力计算的塑性方法。

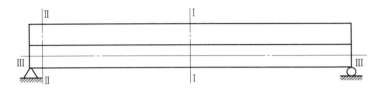

图 5-11 组合板临界破坏的截面

1）组合楼板的正截面抗弯承载力

组合楼板的正截面抗弯承载力计算公式是建立在组合楼板发生适筋破坏的基础上。对组合楼板的少筋和超筋破坏，在设计过程中是通过组合楼板受压区高度限制条件和构造措施来保证的。

（1）基本假定

① 假设受拉区和受压区的混凝土或钢材均达到强度设计值；

② 混凝土的抗拉强度较低，可忽略受拉混凝土的承载力；

③ 在组合楼板使用阶段，混凝土与压型钢板界面上的滑移很小，两者始终保持共同工作，组合楼板截面始终较好地符合平截面假定。

（2）承载力计算公式

组合楼板截面在正弯矩作用下，其正截面受弯承载力应符合下列规定（图 5-12）。

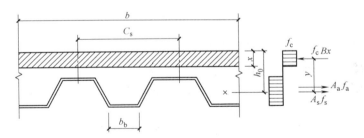

图 5-12 组合楼板的受弯计算简图

正截面受弯承载力计算：

$$M \leqslant f_c bx(h_0 - x/2) \tag{5-18}$$

$$f_c bx = A_a f_a + A_s f_y \tag{5-19}$$

式中　M——组合楼板在全部荷载作用下的弯矩设计值；

　　　x——组合楼板受压区高度，$x = A_s f/(B f_c)$；当 $x > 0.55 h_0$ 时，取 $x = 0.55 h_0$；

　　　h_0——组合楼板的有效高度，取压型钢板及钢筋拉力合力点至混凝土受压边的距离；

　　　b——组合楼板计算宽度，一般情况计算宽度可为 1m；

f_y——钢筋抗拉强度设计值；

A_s——计算宽度内板受拉钢筋截面面积；

f_a——压型钢板抗拉强度设计值；

A_a——计算宽度内压型钢板面积；

f_c——混凝土轴心抗压强度设计值。

组合楼板截面在负弯矩作用下，可不考虑压型钢板受压，将组合楼板截面简化成等效T形截面，其正截面承载力应符合下列公式的规定

$$M \leqslant f_c b_{min}(h_0' - x/2) \tag{5-20a}$$

$$f_c bx = A_a f_a + A_s f_y \tag{5-20b}$$

式中　M——计算宽度内组合楼板的负弯矩设计值；

h_0'——负弯矩区截面有效高度；

b_{min}——计算宽度内组合楼板换算腹板宽度，$b_{min} = \dfrac{b}{C_s} b_b$；

b——组合楼板计算宽度，一般情况计算宽度可为 1m；

C_s——压型钢板沿顺肋方向一个波宽内的截面面积；

b_b——压型钢板单个波槽的最小宽度。

2）组合楼板的斜截面抗剪承载力

$$V \leqslant 0.7 f_t b_{min} h_0 \tag{5-21}$$

式中　V——组合楼板在一个波宽内的最大剪力设计值；

f_t——混凝土轴心抗拉强度设计值。

3）组合楼板中压型钢板与混凝土间的纵向剪切粘结承载力
应符合下式规定：

$$V \leqslant m \frac{A_a h_0}{1.25a} + k f_t b h_0 \tag{5-22}$$

式中　V——组合楼板最大剪力设计值；

f_t——混凝土轴心抗拉强度设计值；

a——剪跨，均布荷载作用时，取 $a = l_n/4$；

l_n——板净跨度，连续板可取反弯点之间的距离；

A_a——计算宽度内组合楼板截面压型钢板面积；

m、k——剪切粘结系数，按《组合结构设计规范》JGJ 138—2016 附录 A 取值。

4）组合楼板的抗冲切承载力

在集中荷载作用下（图 5-13），组合楼板的抗冲切承载力可按下式计算：

$$V_1 \leqslant 0.7 f_t \delta u_m h_0 \tag{5-23a}$$

$$\delta = \min\left(0.4 + \frac{1.2}{\lambda_s}, 0.5 + \frac{\alpha_s h_0}{4u_m}\right) \tag{5-23b}$$

式中　V_1——组合楼板在集中荷载作用下的抗冲切承载力；

u_m——临界周边长度；

h_0——组合楼板的有效高度；

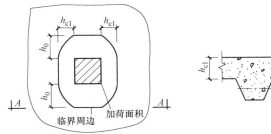 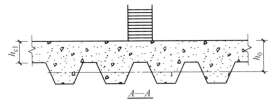

图 5-13 抗冲切验算的临界周边

f_t——混凝土轴心抗拉强度设计值；

λ_s——局部荷载或集中荷载作用面为矩形时的长边与短边尺寸的比值，λ_s 不宜大于 4；当 $\lambda_s < 2$ 时，取 $\lambda_s = 2$；当作用面为圆形时，取 $\lambda_s = 2$；

α_s——板柱结构中柱类型的影响系数；中柱，取 $\alpha_s = 40$；边柱，取 $\alpha_s = 30$；角柱，取 $\alpha_s = 20$。

5. 挠度与裂缝宽度计算

1）挠度计算

在使用阶段，不论实际支撑情况如何，组合楼板的挠度应按简支单向板计算，且需考虑荷载效应的标准组合（短期效应组合）和长期效应组合，计算公式如下：

$$v = \frac{5ql^4}{384B_{s(l)}} \leqslant \frac{l}{360} \tag{5-24}$$

式中 q——荷载标准值或荷载准永久值；

l——组合楼板的跨度；

$B_s = E_s I$——荷载效应标准组合（短期效应组合）的等效刚度；

$B_l = 0.5E_s I$——荷载长期效应组合的等效刚度；

E_s——压型钢板的弹性模量；

I——组合楼板全截面有效时的等效截面刚度（图 5-14），可按式（5-25）计算。

$$I = \frac{1}{\alpha_E}[I_c + A_c(x'_n - h'_c)^2] + I_s + A_s(h_0 - x'_n)^2 \tag{5-25a}$$

$$x'_n = \frac{A_c h'_c + \alpha_E A_s h_0}{A_c + \alpha_E A_s}, \quad \alpha_E = \frac{E_s}{E_c} \tag{5-25b}$$

式中 $\alpha_E = E_s / E_c$——钢材弹性模量与混凝土模量比值；

I_s、I_c——分别为压型钢板和混凝土部分各自对自身形心的惯性矩；

A_s、A_c——分别为压型钢板和混凝土的截面面积；

x'_n——全截面有效时，组合楼板中和轴至受压边缘的距离；

h'_c——组合楼板受压边缘至混凝土部分重心之间的距离；

h_0——组合楼板的有效高度，即组合楼板受压边缘至压型钢板截面重心的距离。

2）裂缝宽度计算

组合楼板负弯矩区段的最大裂缝宽度应按下列公式进行计算：

$$\omega_{max} = 1.9\psi\frac{\sigma_{sq}}{E_s}\left(1.9c_s + 0.08\frac{d_{eq}}{\rho_{te}}\right) \tag{5-26a}$$

$$\sigma_{sq} = \frac{M_q}{0.87h_0'A_s} \qquad (5\text{-}26b)$$

$$\psi = 1.1 - 0.65\frac{f_{tk}}{\rho_{te}\sigma_{sq}} \qquad (5\text{-}26c)$$

$$d_{eq} = \frac{\sum n_i d_i^2}{\sum n_i v_i d_i} \qquad (5\text{-}26d)$$

$$\rho_{te} = \frac{A_s}{A_{te}} \qquad (5\text{-}26e)$$

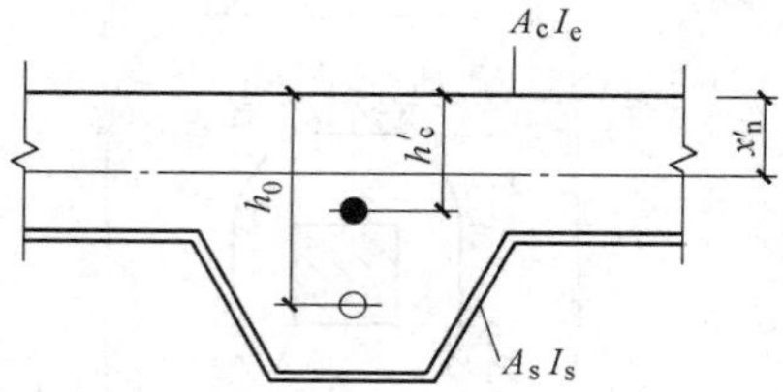

图 5-14　组合楼板惯性矩计算简图

$$A_{te} = 0.5b_{min}h + (b - b_{min})h_c \qquad (5\text{-}26f)$$

式中　ω_{max}——最大裂缝宽度；

ψ——裂缝间纵向受拉钢筋应变不均匀系数；当 $\psi<0.2$ 时，取 $\psi=0.2$；当 $\psi>1$ 时，取 $\psi=1$；对直接承受重复荷载的构件，取 $\psi=1$；

σ_{sq}——按荷载效应的准永久组合计算的组合楼板负弯矩区纵向受拉钢筋的等效应力；

E_s——钢筋弹性模量；

c_s——最外层纵向受拉钢筋外边缘至受拉区底边的距离，当 $c_s<20mm$ 时，取 $c_s=20mm$；

ρ_{te}——按有效受拉混凝土截面面积计算的纵向受拉钢筋配筋率；在最大裂缝宽度计算中，当 $\rho_{te}<0.01$ 时，取 $\rho_{te}=0.01$；

A_{te}——有效受拉混凝土截面面积；

A_s——受拉区纵向钢筋截面面积；

d_{eq}——受拉区纵向钢筋的等效直径；

d_i——受拉区第 i 种纵向钢筋的公称直径；

n_i——受拉区第 i 种纵向钢筋的根数；

v_i——受拉区第 i 种纵向钢筋的相对粘结特性系数，光面钢筋 $v_i=0.7$，带肋钢筋 $v_i=1.0$；

h_0'——组合楼板负弯矩区板的有效高度；

M_q——按荷载效应的准永久组合计算的弯矩值。

6. 自振频率计算

对组合楼板比较理想的自振频率应控制在 20Hz 以上，当组合楼板的自振频率在 15Hz 以下时，楼板很可能产生振动。

组合楼板的自振频率可按下式计算：

$$f_z = \frac{1}{\eta\sqrt{w}} \geq 15Hz \qquad (5\text{-}27)$$

式中　f_z——组合楼板的自振频率（Hz）；

w——仅考虑荷载效应标准组合下组合楼板的挠度（cm）；

η——组合楼板的支承条件系数，可按下列情况确定：两端简支的组合楼板，$\eta=0.178$；一端简支、一端固定的组合楼板，$\eta=0.177$；两端固定的组合楼板，$\eta=0.175$。

5.4 楼面梁设计

在轻型钢框架结构中，楼面钢梁主要包括框架梁或次梁。此类钢梁基本为单向受弯构件，截面形式宜采用中翼缘或窄翼缘 H 型钢，当截面尺寸无法满足或市场供货困难时，也可采用焊接的 H 形截面，如图 5-15（a）所示。若楼面采用压型钢板-混凝土组合楼盖时，为了降低用钢量，且考虑钢梁与混凝土板的共同工作，形成组合梁，可采用翼缘尺寸为上小下大的不对称工字形截面，如图 5-15（b）所示。对跨度较大且建筑美学要求较高的钢梁，可采用蜂窝梁，如图 5-15（c）所示。对少数钢梁，截面形式也可采用箱形，但其施工难度较大，且节点连接构造较为复杂。

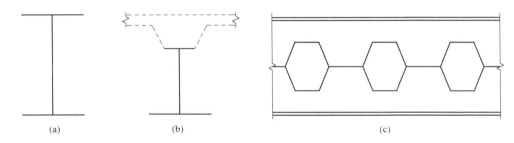

图 5-15　钢梁截面形式
（a）H 形截面；（b）组合截面；（c）蜂窝截面

本节主要介绍实腹式钢梁和组合梁的截面设计，而蜂窝梁的截面设计可参见相关钢结构设计手册。

5.4.1　钢梁设计

钢梁的截面设计应进行强度（抗弯、抗剪、局部承压、折算）、整体稳定、局部稳定和挠度等验算。

1. 强度计算

1）抗弯强度

对平面内受弯的实腹式钢梁，其抗弯强度可按下式计算：

$$\sigma = \frac{M_x}{\gamma_x W_{nx}} \leqslant f \tag{5-28a}$$

式中　M_x——绕 x 轴的弯矩设计值；

　　　W_{nx}——净截面的抵抗矩；

　　　γ_x——截面塑性发展系数；

　　　f——钢材的抗弯强度设计值。

2）抗剪强度

钢梁的抗剪强度可按下式计算：

$$\tau = \frac{VS}{I t_w} \leqslant f_v \tag{5-28b}$$

式中　V——计算截面沿腹板平面作用的剪力设计值；

　　　S——截面上计算点处以上毛截面对中和轴的面积矩；

　　　I——毛截面惯性矩；

　　　t_w——腹板厚度；

　　　f_v——钢材的抗剪强度设计值。

3）局部承压强度

钢梁的局部承压强度可按下式计算：

$$\sigma_c = \frac{F}{t_w l_z} \leqslant f \tag{5-28c}$$

式中　F——集中荷载，对动力荷载应考虑动力系数；

　　　l_z——集中荷载在腹板计算高度上边缘的假定分布长度，$l_z = a + 5h_y + 2h_R$，如图
　　　　　5-16所示；

　　　a——集中荷载沿钢梁跨度方向的支承长度；

　　　h_y——钢梁顶面至腹板计算高度上边缘的距离；

　　　h_R——轨道的高度；梁顶无轨道时，$h_R = 0$。

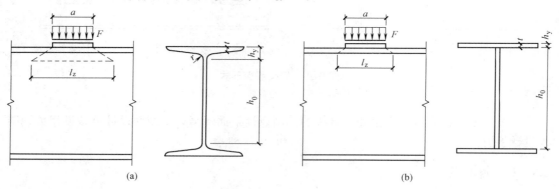

图 5-16　局部承压计算的假定分布长度

(a) 热轧型钢；(b) 焊接组合截面

4）折算应力

当腹板计算高度边缘处同时受有较大正应力、剪应力和局部压应力时，应按下式计算折算应力。

$$\sqrt{\sigma^2 + \sigma_c^2 - \sigma\sigma_c + 3\tau^2} \leqslant \beta_1 f \tag{5-28d}$$

式中　σ、σ_c、τ——分别为腹板计算高度边缘同一点上同时产生的正应力、局部压应力和
　　　　　　　剪应力；

　　　β_1——计算折算应力的强度设计值增大系数；当 σ 和 σ_c 异号时，$\beta_1 = 1.2$；
　　　　　当 σ 和 σ_c 同号或 $\sigma_c = 0$ 时，$\beta_1 = 1.1$。

2. 整体稳定计算

1）整体稳定计算的判别条件

当钢梁符合下列条件时，可不进行钢梁的整体稳定性计算：

（1）楼面有刚性铺板密铺在钢梁的受压翼缘上并与其牢固连接，能阻止钢梁受压翼缘的侧向位移。

（2）钢梁受压翼缘的自由长度 l_1 与其宽度 b_1 之比不超过表 5-6 中规定的限制。

H 型钢或等截面工字形简支梁不需计算整体稳定性的最大 l_1/b_1 表 5-6

钢号	跨中无侧向支承点的梁		跨中受压翼缘有侧向支承点的梁，无论荷载作用于何处
	荷载作用在上翼缘	荷载作用在下翼缘	
Q235	13.0	20.0	16.0
Q345	10.5	16.5	13.0
Q390	10.0	15.5	12.5
Q420	9.5	15.0	12.0

2）整体稳定计算

当钢梁不符合上述两个条件之一时，应按下式验算其整体稳定性：

$$\sigma = \frac{M_x}{\varphi_b W_x} \leqslant f \qquad (5\text{-}29)$$

式中 φ_b——钢梁的整体稳定系数，可按现行国家标准《钢结构设计标准》GB 50017 附录公式计算确定；

       W_x——毛截面的抵抗矩。

3. 局部稳定计算

对热轧 H 型钢、工字型钢、槽钢的板件一般能够满足局部稳定性的要求。对焊接组合的 H 形截面，翼缘与腹板的宽（高）厚比应符合现行国家标准《钢结构设计标准》GB 50017 中相关规定。

对轻型钢框架结构的抗震设计，在基本烈度或罕遇烈度地震作用下，对钢梁出现塑性部位的截面，翼缘与腹板的宽（高）厚比应不大于表 5-7 规定的限值。

钢梁翼缘与腹板宽（高）厚比的限值 表 5-7

板件	抗 震 等 级				非抗震设计
	一级	二级	三级	四级	
工字形截面和箱形截面翼缘外伸部分	9	9	10	11	11
箱形截面翼缘在两腹板之间部分	30	30	32	36	36
工字形截面和箱形截面腹板	$72-120\frac{N_b}{Af}$ $\leqslant 60$	$72-100\frac{N_b}{Af}$ $\leqslant 65$	$80-110\frac{N_b}{Af}$ $\leqslant 70$	$85-120\frac{N_b}{Af}$ $\leqslant 75$	$85-120\frac{N_b}{Af}$ $\leqslant 75$

注：1. N_b 表示钢梁的轴向力；A 表示钢梁的截面面积；f 表示钢材的抗拉强度设计值；

    2. 表中数值适用于 Q235 钢，采用其他牌号钢材时，应乘以 $\sqrt{235/f_y}$。

4. 钢梁的挠度计算

钢梁的挠度应满足以下公式要求：

$$v \leqslant [v] \qquad (5\text{-}30)$$

式中 v——钢梁的挠度，按荷载标准值采用弹性方法计算；

     $[v]$——钢梁的挠度容许值；对框架梁，一般取 $l/400$（永久荷载和可变荷载标准值作用）或 $l/500$（仅可变荷载标准值作用）；对次梁，一般取 $l/250$（永久荷载和可变荷载标准值作用）或 $l/300$（仅可变荷载标准值作用）；其中 l 为钢梁的跨度。

5.4.2　钢与混凝土组合梁设计

1. 组合梁的组成

钢与混凝土组合梁是由钢梁和钢筋混凝土板组成的，且通过在钢梁上翼缘表面设置抗剪连接件使钢梁与混凝土板两者成为整体共同工作。在组合梁的正弯矩区段，混凝土处于受压状态，钢梁处于受拉状态，两种材料能充分发挥各自长处，受力合理，且混凝土楼板对钢梁的整体和局部稳定能起到较好的约束作用。根据钢梁截面形式和混凝土板的种类不同，组合梁常用形式如图 5-17 所示。

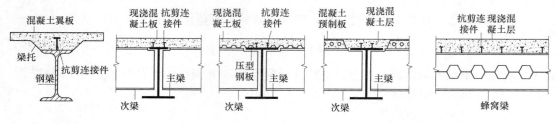

图 5-17　组合梁的常用形式

组合梁由钢筋混凝土翼缘板、托板、抗剪连接件和钢梁四部分组成的。钢筋混凝土翼缘板作为组合梁的受压翼缘，可保证钢梁的侧向整体稳定，一般可采用现浇或压型钢板组合的钢筋混凝土板，也可采用预制的钢筋混凝土板。板托可设置或不设置，应根据工程的具体情况确定，宜优先采用混凝土板托，但在组合梁截面计算中一般不考虑其板托的作用。抗剪连接件是钢筋混凝土翼缘板与钢梁能否组合成整体而共同工作的关键，主要用来承受两者界面上的纵向剪力，限制两者相对滑移和掀起；同时还需承受混凝土翼缘板与钢梁之间的掀起力，防止两者分离。

抗剪连接件宜采用栓钉，也可采用弯起钢筋、槽钢或有可靠连接保证的其他类型连接件，如图 5-18 所示。其中，栓钉和弯筋属于柔性连接件，而槽钢属于刚性连接件。

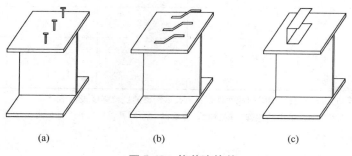

(a)　　　　　　　(b)　　　　　　　(c)

图 5-18　抗剪连接件

（a）栓钉；（b）弯筋；（c）槽钢

2. 组合梁受力状态与破坏模式

在组合梁中，钢梁与混凝土翼板共同工作的前提条件是：钢梁上翼缘设置足够的抗剪连接件，并深入混凝土翼板内，能够阻止混凝土翼板与钢梁之间产生相对滑移，使两者的弯曲变形协调，共同承担外荷载作用。

1）受力状态

按钢梁与混凝土翼板界面上的滑移大小来分类，组合梁可分为：完全抗剪连接组合梁和部分抗剪连接组合梁。完全抗剪连接：组合梁叠合面上抗剪连接件的纵向水平抗剪承载力能保证最大弯矩截面上抗弯承载力得以充分发挥。部分抗剪连接：在混凝土翼板与钢梁的接触面上，设置一定数量的抗剪连接件，且组合梁剪跨内抗剪连接件的数量小于完全抗剪连接所需的连接件数量。

（1）完全抗剪连接组合梁

完全抗剪连接组合梁是通过抗剪连接件将混凝土翼板与钢梁紧密地连接在一起，两者成为一个整体共同工作。在荷载作用下，截面仅有一个中和轴，中和轴以上截面（主要为混凝土翼板）受压，中和轴以下截面（主要为钢梁）受拉。在外荷载作用下，完全抗剪连接组合梁截面是通过混凝土翼板和钢梁共同承受弯矩，如图 5-19（a）所示；在弯曲状态下截面弹性应力分布和应变分布分别如图 5-19（b）、（c）所示。

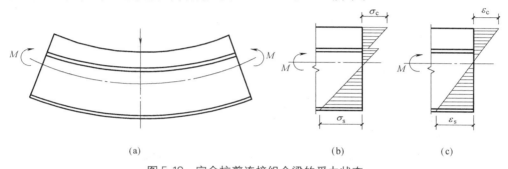

图 5-19 完全抗剪连接组合梁的受力状态
（a）组合梁受弯；（b）截面应力分布；（c）截面应变分布

（2）部分抗剪连接组合梁

部分抗剪连接组合梁的受力状态是混凝土翼板和钢梁各自受弯，如图 5-20（a）所示。在弯曲状态下，接触面上出现相对滑移，截面应力分布和应变分布分别如图 5-20（b）、（c）所示。

2）破坏形式

根据组合梁的抗剪连接程度以及混凝土翼板中的横向钢筋配筋率的不同，组合梁在弯矩作用下可能发生四种不同的破坏形式，即弯曲破坏、弯剪破坏、纵向剪切破坏以及纵向劈裂破坏。通常情况下，这四种破坏形式均是由于组合梁中混凝土翼板的不同破坏引起。

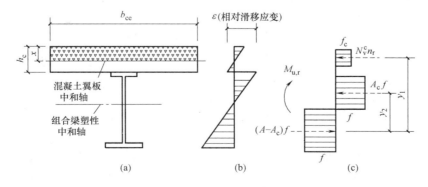

图 5-20 部分抗剪连接组合梁的受力状态
（a）部分抗剪连接组合梁截面；（b）截面应变分布；（c）截面应力分布

　　3. 组合梁的计算方法与设计原则

　　1) 计算方法

　　组合梁计算应遵循承载力极限状态和正常使用极限状态。目前，组合梁的计算方法主要有两种：弹性理论和塑性理论。在承载力极限状态下，对直接承受动力荷载或截面受压板件宽（高）厚比不满足塑性设计要求（表 5-5）的简支组合梁，采用弹性理论方法计算，且荷载作用效应取基本组合设计值（若需考虑混凝土徐变的影响，则荷载作用效应可取准永久组合设计值）；对不直接承受动力荷载的简支组合梁，可采用塑性理论方法。在正常使用极限状态下，组合梁计算应采用弹性理论方法，且荷载作用效应可分别取荷载标准值的短期效应和长期效应。

　　对组合梁承载力的计算，由于弹性理论方法比较繁琐，工程设计中较少采用，且限于教材篇幅，本节仅介绍按塑性理论计算方法。

　　在多数情况下，组合梁应按两阶段（施工阶段和使用阶段）分别进行计算与设计，具体方法如下：

　　(1) 第一阶段（施工阶段）

　　在组合梁中混凝土翼缘板强度达到 75% 前，钢梁单独承受组合梁的自重与全部施工荷载。钢梁的强度、稳定性和挠度可按 5.4.1 节内容进行计算，且钢梁的跨中挠度不宜过大，一般不应超过 25mm，以防止钢梁下凹段带来混凝土用量和自重的增加。

　　(2) 第二阶段（使用阶段）

　　在组合梁中混凝土翼缘板强度达到 75% 后，组合梁（钢梁与混凝土翼缘板）承担全部荷载（扣除施工活荷载）。

　　2) 设计原则

　　组合梁在设计过程中应遵循下列原则：

　　(1) 对不直接承受动力荷载的简支组合梁或多跨连续组合梁，承载力计算可采用塑性理论方法，且不考虑混凝土的徐变和收缩的影响；

　　(2) 为了简化计算，组合梁截面设计可不考虑板托截面的影响和受拉混凝土的作用；

　　(3) 当组合梁截面设计按塑性理论方法计算时，钢材强度设计值应乘以 0.9 的折减系数；

　　(4) 组合梁挠度应按荷载标准组合和准永久组合分别进行计算；

　　(5) 组合梁抗剪连接件的设计方法应采用与组合梁截面抗弯承载力相同的计算方法（弹性理论方法或塑性设计方法）；

　　(6) 在连续组合梁的支座负弯矩截面处，混凝土翼缘板由于受拉开裂退出工作，但其有效宽度范围的纵向受拉钢筋仍可参与工作；且应对支座附近处钢梁下翼缘的侧向稳定性进行验算。

　　4. 组合梁混凝土翼缘板的有效计算宽度

　　组合梁混凝土翼缘板的有效计算宽度 b_e 分布如图 5-21 所示，可按下式计算。

$$b_e = b_0 + b_1 + b_2 \tag{5-31}$$

式中　b_0——板托顶部的宽度，当板托倾角 $\alpha < 45°$ 时，可取 $\alpha = 45°$ 计算板托顶部的宽度；当无板托时，则取钢梁上翼缘的宽度；

　　b_1、b_2——梁外侧和内侧的翼板计算宽度，各取 $l/6$（l 为梁的跨度）和 $6h_{c1}$（h_{c1} 为混凝土板厚度）两者的较小值；此外，b_1 尚不应超过混凝土翼板的实际外伸

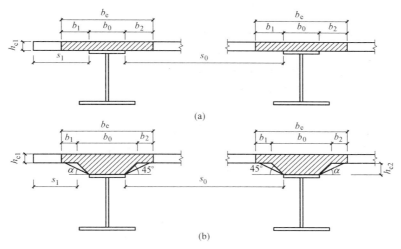

图 5-21　组合梁混凝土翼缘板的有效计算宽度

　　宽度 s_1，b_2 不应超过相邻钢梁上翼缘或板托间净距 s_0 的 1/2；当组合梁为中间梁时，式（5-31）中 $b_1 = b_2$；

　h_{c1}——混凝土翼缘板的厚度，当采用压型钢板组合楼板时，h_{c1} 应等于组合板的总厚度减去压型钢板的肋高，但在计算混凝土翼缘的有效宽度，压型钢板混凝土组合板的翼缘厚度 h_{c1} 可取带肋处板的总厚度。

　5. 简支组合梁承载力的计算

　1）完全抗剪连接简支组合梁

　（1）适用条件

　完全抗剪连接简支组合梁按塑性理论计算承载力，应满足下列条件：

　① 不直接承受动力荷载；

　② 组合梁中钢梁能全截面塑性，且钢材的力学性能应满足强屈比 $f_u/f_y \geqslant 1.2$、伸长率 $\delta_s \geqslant 15\%$、极限应变 $\varepsilon_u \geqslant 20\varepsilon_y$（$\varepsilon_u$ 为对应于抗拉极限强度 f_u 的应变；ε_y 为屈服点应变）；

　③ 组合梁中钢梁在出现全截面塑性前，其受压翼缘和腹板不应发生局部屈曲；

　④ 组合梁中钢梁的整体稳定有保证；

　⑤ 组合梁的塑性中和轴位于钢梁截面内，且钢梁受压翼缘和腹板板件的宽（高）厚比应符合表 5-5 的规定。

　（2）基本假定

　完全抗剪连接简支组合梁按塑性理论来进行承载力计算，应符合下列基本假定：

　① 钢梁与混凝土翼板之间应有可靠的抗剪连接；

　② 全部剪力由钢梁腹板承担；

　③ 塑性中和轴以上混凝土截面的压应力分布图形为矩形，应力值达到 f_c，其中 f_c 为混凝土轴心抗压强度设计值；

　④ 对承受正弯矩的组合梁截面或承受负弯矩且满足式（5-32）的组合梁截面，可不考虑弯矩和剪力之间的相互影响。

$$A_{st}f_{stp} \geqslant 0.15A_s f_p \qquad (5\text{-}32)$$

式中　A_{st}——负弯矩区混凝土翼缘板有效宽度范围内的纵向钢筋截面面积；

$\quad\quad\ A_s$——钢梁截面面积；

$\quad\quad\ f_{stp}$——钢筋抗拉塑性强度设计值，取 $0.9f_y$；

$\quad\quad\ f_p$——钢材的强度设计值，取 $0.9f$。

（3）截面分类

根据塑性中和轴的位置不同，简支组合梁的截面可分为两大类：

① 第一类截面：组合梁的塑性中和轴位于混凝土翼板内，如图 5-22（a）所示；

② 第二类截面：组合梁的塑性中和轴位于钢梁内，且钢梁的截面板件宽厚比满足表 5-5 的要求，如图 5-22（b）所示。

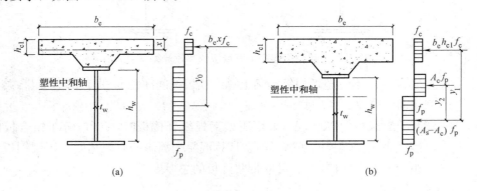

图 5-22　完全组合梁塑性分析计算简图
(a) 第一类截面；(b) 第二类截面

（4）承载力计算

完全抗剪连接组合梁的抗弯和抗剪承载力的计算公式参见表 5-8，其计算简图如图5-22所示。

组合梁的抗弯和抗剪承载力计算公式　　　　　　　　　　表 5-8

截面类型	适用条件	塑性抗弯承载力 M_p	塑性抗剪承载力 V_p	备注
第一类截面	$A_s f_p \leqslant b_e h_{c1} f_c$	$M \leqslant M_p = A_s f_p y_0 = b_e x f_c y_0$　(5-33a)	$V \leqslant V_p = t_w h_w f_{vp}$ (5-34)	$x = \dfrac{A_s f_p}{b_e f_c}$
第二类截面	$A_s f_p > b_e h_{c1} f_c$	$M \leqslant M_p = b_e h_{c1} f_c y_1 + A_{sc} f_p y_2$　(5-33b)		$A_{sc} = 0.5(A_s - b_e h_{c1} f_c / f_p)$
符号说明	M—组合梁截面的弯矩设计值； V—组合梁截面的剪力设计值； y_0—钢梁截面应力合力至混凝土受压区应力合力间的距离； y_1—钢梁受拉一侧截面应力合力至混凝土翼缘板截面应力合力间的距离； y_2—钢梁受拉区截面应力合力至钢梁受压区截面应力合力间的距离； x—组合梁塑性中和轴至混凝土翼缘板表面的距离； α_1—系数，可根据现行《混凝土结构设计规范》GB 52010—2010(2015 版)确定； A_s—钢梁的截面面积		A_{sc}—钢梁的受压面积； b_{ce}—混凝土翼缘的有效宽度； t_w—钢梁腹板厚度； h_w—钢梁腹板高度，可近似取钢梁全高； f_c—混凝土轴心抗压强度设计值； f_p—塑性设计时钢材的抗拉、抗压或抗弯强度设计值，一般取 $f_p = 0.9f$； f_{vp}—塑性设计时钢材的抗剪强度设计值，一般取 $f_{vp} = 0.9f_v$； f—钢材的抗拉、抗压或抗弯强度设计值； f_v—钢材的抗剪强度设计值	

2）部分抗剪连接简支组合梁

（1）适用条件

部分抗剪连接简支组合梁按塑性理论来进行承载力计算，应满足下列条件：

① 组合梁承受静荷载且集中力不大时，可采用部分抗剪连接组合梁；

② 组合梁跨度不应超过 20m；

③ 当钢梁为等截面梁时，其配置的连接件数量 n_1 不得小于完全抗剪连接时的连接件数量 n 的 50%。

（2）基本假定

部分抗剪连接简支组合梁按塑性理论来进行承载力计算时，应符合下列基本假定：

① 抗剪连接栓钉全截面进入塑性状态；

② 混凝土翼板与钢梁之间产生相对滑移；

③ 混凝土翼板的剪力应取计算截面左右两个剪跨内的抗剪栓钉受剪承载力设计值之和的较小值。

（3）承载力计算

部分抗剪连接简支组合梁的抗弯承载力可按下式进行计算，计算简图如图 5-23 所示。

$$x = \frac{n_r N_v^c}{b_e f_c} \qquad (5\text{-}35\text{a})$$

$$A_{sc} = \frac{A_s f_p - n_r N_v^c}{2 f_p} \qquad (5\text{-}35\text{b})$$

$$M \leqslant M_{p,r} = n_r N_v^c y_1 + 0.5(A_s f_p - n_r N_v^c) y_2 \qquad (5\text{-}35\text{c})$$

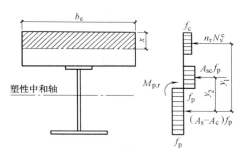

图 5-23　部分抗剪连接简支组合梁计算简图

式中　x——混凝土翼缘板的受压区高度；

　　$M_{p,r}$——部分抗剪连接组合梁的截面抗弯承载力；

　　n_r——部分抗剪连接时一个剪跨区的抗剪连接件数目；

　　N_v^c——单个抗剪连接件的抗剪承载力。

6. 连续组合梁承载力的计算

1）适用条件

连续组合梁按塑性理论计算承载力，除了应满足简支组合梁按塑性理论计算的条件外，还应满足下列条件：

（1）连续组合梁相邻两跨的跨度差不应超过短跨的 45%；

（2）边跨的跨度不得小于邻跨跨度的 70%，也不得大于邻跨跨度的 115%；

（3）在每跨的 1/5 跨度范围内，集中作用的荷载值不得大于此跨度总荷载的 1/2；

（4）连续组合梁中间支座截面的材料总强度比 γ 应满足下式要求：

$$0.15 \leqslant \gamma = \frac{A_{st} f_{st}}{A_s f} < 0.5 \qquad (5\text{-}36)$$

式中　A_{st}——混凝土翼板有效宽度内的纵向钢筋截面面积；

A_s——钢梁的截面面积；

f_{st}——钢筋的抗拉强度设计值；

f——钢材的抗拉强度设计值。

2）抗弯承载力

连续组合梁中间支座截面的抗弯承载力计算仍可采用塑性理论方法。抗弯承载力计算公式如下，计算简图如图 5-24 所示。

$$M_{up} = M_{sP} + A_{st}f_{stp}(y_{sc} - a'_s) \qquad (5-37)$$

式中　M_{up}——连续组合梁中间支座截面的塑性抗弯承载力；

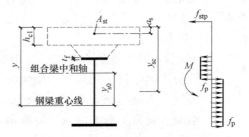

图 5-24　连续组合梁计算简图

M_{sp}——钢梁截面的塑性受弯承载力，取 $0.9W_p f$；

A_{st}——混凝土有效翼缘板计算宽度内纵向钢筋截面面积；

f_{stp}——钢筋的塑性强度设计值，取 $0.9f_y$；

y_{sc}——钢梁截面中和轴至混凝土翼缘板顶面的距离减去 $0.5y_{s0}$，$y_{sc} = y - 0.5y_{s0}$，当 $y_{s0} > y - h_{c1} - t_f$ 时，取 $h_{c1} + t_f$；

y——钢梁截面中和轴至混凝土翼缘板顶面的距离；

y_{s0}——钢梁截面中和轴至组合梁截面塑性中和轴的距离，$y_{s0} = A_{st}f_{stp}/(2t_w f_p)$，当 $y_{s0} > y - h_{c1} - t_f$ 时，取 $y - h_{c1} - t_f$；

h_{c1}——混凝土翼缘板的计算厚度；

t_w——钢梁腹板的厚度；

t_f——钢梁上翼缘的厚度；

a'_s——纵向钢筋形心立混凝土翼缘板顶面的距离。

3）抗剪承载力

假定连续组合梁截面的全部竖向剪力均由钢梁的腹板承受，且当混凝土翼缘板的纵向钢筋配置满足式（5-36）条件时，其受剪承载力可按式（5-34）计算。

7. 组合梁抗剪连接件设计

1）单个抗剪连接件的抗剪承载力

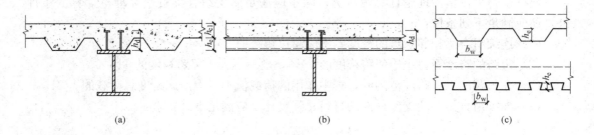

(a)　　　　　　　　　　　　　　(b)　　　　　　　　　　　　　　(c)

图 5-25　用压型钢板混凝土组合板作翼缘的组合梁

（a）肋与钢筋平行的组合梁截面；（b）肋与钢筋垂直的组合梁截面；（c）压型钢板组合板截面

组合梁各种连接件的抗剪承载力 N_v^c 计算公式参见表 5-9，计算简图如图 5-25 所示。

2）组合梁抗剪连接件的设计

在组合梁抗剪连接件设计时，假定混凝土翼板与钢梁界面上纵向水平剪力全部由抗剪连接件来承担，且不考虑混凝土翼板与钢梁之间的摩擦和粘结作用。组合梁抗剪连接件的塑性设计方法见表 5-10。

各种连接件的抗剪承载力计算公式　　　　　　　表 5-9

连接构件	抗剪承载力	符号说明
焊钉	$N_v^c = 0.43A_s\sqrt{E_c f_c}\lambda_1\lambda_2 \leqslant 0.7A_s f_u\lambda_1\lambda_2$ (5-38) （1）当压型钢板凸肋平行于梁（图 5-25a）且 $b_w/h_e < 1.5$ 时： $\lambda_2 = 0.6\dfrac{b_w}{h_e}\left(\dfrac{h_d - h_e}{h_e}\right) \leqslant 1.0$ (5-38a) （2）当压型钢板的凸肋垂直于梁（图 5-25b）时： $\lambda_2 = \dfrac{0.85}{\sqrt{n_0}}\dfrac{b_w}{h_e}\left(\dfrac{h_d - h_e}{h_e}\right) \leqslant 1.0$ (5-38b)	A_s——焊钉杆身截面面积； E_c、f_c——混凝土弹性模量和轴心抗压强度设计值； λ_1——折减系数；当连接件位于连续组合梁中间支座负弯矩区段内时，取 0.90；当位于悬臂梁内端负弯矩区段内时，取 0.80； λ_2——组合梁采用压型钢板组合板时折减系数，可按式（5-38）计算； f_u——焊钉的抗拉强度下限值，一般取 402N/mm^2； b_w——混凝土凸肋的平均宽度，当肋的上部宽度小于下部宽度时（图 5-25c），改取上部宽度； h_e——混凝土凸肋的高度； h_d——焊钉焊接后的高度，一般不大于 $h_e + 75\text{mm}$； t_f、t_w——槽钢翼缘的平均厚度和腹板的厚度； l_c——槽钢的长度； A_{st}、f_{st}——弯起钢筋的截面面积和抗拉强度设计值
槽钢	$N_v^c = 0.26(t_f + 0.5t_w)l_c\sqrt{E_c f_c}\lambda_1$ (5-39)	
弯起钢筋	$N_v^c = A_{st} f_{st}\lambda_1$ (5-40)	

组合梁抗剪连接件塑性设计方法　　　　　　　表 5-10

内　容	具体内容及计算公式	备　注
计算简图	如右图所示	
基本假定	（1）每一剪跨区内的各栓钉所承担的纵向剪力是均匀分布的； （2）可根据组合梁的弯矩图或剪力图（如计算简图所示）将每一剪跨区划分成若干个剪跨区段。对承受均布荷载的简支组合梁，可取零弯矩点至跨中弯矩绝对值最大点为界限，划分成若干个剪跨区段	
区段划分原则	抗剪连接件分段布置时的区段界限应取在以下的截面位置处： （1）所有支座截面； （2）所有最大正、负弯矩截面； （3）悬臂梁的自由端截面； （4）较大集中荷载的作用点截面； （5）弯矩图中的所有反弯点处截面； （6）组合梁截面的突变处截面	（1）在组合梁变截面处，两个相邻界限面的截面惯性矩之比不应超过 2； （2）当采用栓钉或槽钢抗剪连接件时，可将计算简图（b）中的剪跨区 m_1 和 m_3、m_4 和 m_5 分别合并为一个区，并采用完全抗剪连接

续表

内　容	具体内容及计算公式	备　注
连接件的纵向水平剪力计算	每个剪跨区段内混凝土翼缘板与钢梁接触面的纵向水平剪力： 对正弯矩区段 $$V_{ih}=\max(A_sf_p,b_eh_{c1}f_c) \quad (5\text{-}41a)$$ 对负弯矩区段 $$V_{ih}=A_{st}f_{stp} \quad (5\text{-}41b)$$	V_{ih}—每个剪跨区段内混凝土翼缘板与钢梁接触面的纵向水平剪力； f_{stp}—钢筋的塑性强度设计值，取 $0.9f_y$； f_p—钢材的塑性抗弯强度设计值，取 $0.9f$； A_{st}—负弯矩区混凝土翼缘板有效宽度范围内的纵向钢筋截面面积；
连接件的数量计算	每个剪跨区段内栓钉总数量： 完全抗剪连接件： $$n_f=V_{ih}/N_v^c \quad (5\text{-}42)$$ 部分抗剪连接件： 部分抗剪连接件实配个数不得少于 $0.5n_f$	A_s—焊钉杆身截面面积； f_c—混凝土的轴心抗压强度设计值； h_{c1}—混凝土翼缘板的计算厚度； n_f—每个剪跨区段内栓钉总数量； N_v^c—每个连接件的抗剪承载力设计值
布置原则	（1）按式（5-42）计算出的抗剪连接件数量可在对应的剪跨区段内均匀布置； （2）若某剪跨区段内有较大集中荷载作用时，应将抗剪连接件的数量按剪力图面积比值分配后再各自均匀布置，如右图所示	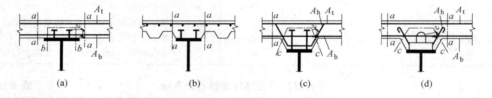

8. 组合梁纵向抗剪验算

组合梁混凝土翼板和板托内的横向钢筋计算可见表 5-11，计算简图如图 5-26 所示。

（a）　　　　　　（b）　　　　　　（c）　　　　　　（d）

图 5-26　纵向抗剪截面验算的截面位置

（a）无托板；（b）压型板肋与钢梁平行；（c）有托板且带栓钉；（d）有托板且带其他抗剪件

9. 组合梁挠度与裂缝宽度验算

1）组合梁挠度的计算

（1）挠度计算

对简支组合梁，其挠度计算应根据施工阶段钢梁下有无设置临时支撑分成两种情况，且计算时应分别考虑荷载效应的标准组合和准永久组合。

① 施工阶段钢梁下无临时支撑

组合梁的挠度可按下式计算：

$$v_c=v_{c1}+v_{c2}\leqslant[v] \quad (5\text{-}43a)$$

$$v_{c1}=\frac{5g_{lk}l^4}{384E_sI_s} \quad (5\text{-}43b)$$

$$v_{c2}=\max\left(\frac{5p_{2k}l^4}{384B_s},\frac{5p_{2k,l}l^4}{384B_l}\right) \quad (5\text{-}43c)$$

式中　　　v_c——组合梁的挠度；

　　　　　v_{c1}——施工阶段在自重标准值作用下的组合梁挠度；

v_{c2}——组合梁在使用阶段后增加荷载的标准值和准永久组合作用下的挠度较大值。

g_{lk}——施工阶段组合梁自重的标准值；

p_{2k}、$p_{2k,l}$——分别为使用阶段后增加的按荷载效应标准组合和准永久组合的荷载标准值；

I_s——钢梁截面的惯性矩；

B_s——组合梁的短期刚度，可按式（5-48）确定；

B_l——组合梁的长期刚度，可按式（5-49）确定；

E_s——钢材的弹性模量；

l——组合梁的跨度；

$[v]$——受弯构件的挠度限值，对一般组合楼盖的主梁和次梁可分别按 $l/400$ 和 $l/250$ 采用。

组合梁混凝土翼板和板托内的横向钢筋计算　　　　　　　　表 5-11

内　容	计　算　公　式	符　号　说　明
薄弱截面	需验算的薄弱截面主要为： (1)混凝土翼缘板纵向截面,如图 5-26 中 a-a； (2)包含抗剪连接件的截面,如图 5-26 中 b-b 和 c-c 截面	v_{la}—混凝土翼缘板纵向截面（a-a 截面）单位长度上的纵向剪力设计值（N/mm）； V_{lb}—包络连接件截面（b-b、c-c 截面）单位长度上的纵向剪力设计值（N/mm）； n_i——一个横截面上连接件的个数； N_v^c——一个连接件的抗剪承载力设计值； a_i——连接件的纵向间距； b_e——组合梁混凝土板有效计算宽度，可按式（5-31）确定； b_1、b_2—组合梁内、外侧的计算宽度； β_1—折减系数，当组合梁翼缘为普通混凝土时取 0.9，当为轻质混凝土时取 0.7 β_2—折减系数，当组合梁翼缘为普通混凝土时取 0.19，当为轻质混凝土时取 0.15； s——应力单位，取 1N/mm^2； l_s——纵向受剪截面的周边长度； f_{st}——钢筋抗拉强度设计值； A_{sv}——单位长度纵向受剪界面上与界面相交的横向钢筋截面面积； A_b——单位长度上组合梁翼缘板底部钢筋截面面积； A_t——单位长度上组合梁翼缘板上部钢筋截面面积； e——连接件的抗掀起端底部高出翼缘底部的钢筋距离； A_h——单位长度上板托横向钢筋截面面积； ρ_{min}—横向钢筋的最小配筋率
纵向水平剪力计算	(1)对 a-a 截面 $$V_{la}=\max\left(\frac{n_iN_v^cb_{c1}}{b_{ce}a_i},\ \frac{n_iN_v^cb_{c2}}{b_{ce}a_i}\right)\quad(5\text{-}44\text{a})$$ (2) 对 b-b 和 c-c 截面 $$V_{lb}=n_iN_v^c/a_i\quad(5\text{-}44\text{b})$$	
混凝土翼缘板与板托纵向界面抗剪承载力 V_u	$$V_u=\beta_1sl_s+0.7A_{sv}f_{st}\quad(5\text{-}45\text{a})$$ 或 $$V_u=\beta_2l_sf_c\quad(5\text{-}45\text{b})$$	
横向钢筋计算	单位长度上纵向受剪界面上与界面相交的横向钢筋截面面积为： (1) 对混凝土翼缘纵向截面（a-a 截面） $$A_{sv}=A_b+A_t\quad(5\text{-}46\text{a})$$ (2) 对无托板抗剪连接件的包络截面（b-b 截面） $$A_{sv}=2A_b\quad(5\text{-}46\text{b})$$ (3) 对有托板抗剪连接件的包络截面（c-c 截面） $$A_{sv}=\begin{cases}2A_h & e<30\text{mm}\\ 2(A_b+A_h) & e\geqslant30\text{mm}\end{cases}\quad(5\text{-}46\text{c})$$ (4) 最小配筋率 $$\rho_{min}=\frac{A_{sv}f_{st}}{l_s}\geqslant0.75\quad(5\text{-}46\text{d})$$	

② 施工阶段钢梁下有临时支撑

组合梁的挠度可按下式计算:

$$f_c = \max\left(\frac{5p_{2k}l^4}{384B_s}, \frac{5p_{2k,l}l^4}{384B_l}\right) \leqslant [f] \tag{5-47}$$

式中 p_{2k}、$p_{2k,l}$——分别为使用阶段组合梁按荷载效应标准组合和准永久组合的所有均布荷载标准值;

式中其他符号含义同式(5-46c)。

(2) 截面刚度

组合梁混凝土翼板与钢梁界面上存在着相对滑移,此滑移效应对组合梁的刚度有较大削弱,因此组合梁应采用荷载效应标准组合时的折减刚度 B_s 或荷载效应准永久组合时的折减刚度 B_l 来计算其挠度。

① 短期刚度 B_s

组合梁的短期刚度 B_s 可按下式计算:

$$B_s = \frac{E_s I_{eq}}{1+\xi} \tag{5-48}$$

式中 I_{eq}——组合梁的换算截面惯性矩(不考虑混凝土徐变);

ξ——组合梁的刚度折减系数,可按下式计算,当 $\xi \leqslant 0$ 时,取 $\xi = 0$。

$$\xi = \eta\left[0.4 - \frac{3}{(k_2 l)^2}\right] \tag{5-48a}$$

$$\eta = \frac{36E_s d_c d_s A_0}{n_s k_1 h l^2} \tag{5-48b}$$

$$A_0 = \frac{A_{cf} A_s}{\alpha_E A_s + A_{cf}} \tag{5-48c}$$

$$k_2 = 0.81\sqrt{\frac{n_s k_1 A_1}{E_s I_0 d_s}} \tag{5-48d}$$

$$A_1 = \frac{A_0 d_c^2 + I_0}{A_0} \tag{5-48e}$$

$$I_0 = I_s + \frac{I_{cf}}{\alpha_E} \tag{5-48f}$$

式中 E_s——钢材的弹性模量;

d_c——钢梁截面形心至混凝土翼板截面(对压型钢板混凝土组合楼板为其较弱截面)形心的距离;

d_s——抗剪连接件的平均距离;

n_s——抗剪连接件在一根钢梁上的列数;

k_1——抗剪连接件的刚度系数,一般取 N_v^c(N/mm);

h——组合梁的截面高度;

l——组合梁的跨度;

A_{cf}——组合梁混凝土翼板的截面面积,对压型钢板混凝土组合楼板翼缘,取其较弱截面的面积，且不考虑压型钢板的面积；

A_s——组合梁中钢梁的截面面积

α_E——钢材与混凝土弹性模量的比值；

I_s——钢梁绕自身截面中和轴的惯性矩；

I_{cf}——组合梁混凝土翼板绕自身截面中和轴的惯性矩，对压型钢板混凝土组合楼板翼缘，取其较弱截面的惯性矩，且不考虑压型钢板的惯性矩。

② 长期刚度 B_l

组合梁的长期刚度 B_l 可按下式计算：

$$B_l = \frac{E_s I_0^c}{1+\xi} \tag{5-49}$$

式中　I_0^c——组合梁的换算截面惯性矩（考虑混凝土徐变）。

利用式（5-49）计算组合梁的长期刚度 B_l 时，应将式（5-48a）～式（5-48f）中的所有 α_E 换成 $2\alpha_E$，计算 ξ 值，然后再代入式（5-49）中即可。

2）组合梁裂缝宽度计算

对允许出现裂缝的组合梁，最大裂缝宽度应满足下式要求：

$$w_{max} \leqslant [w_{max}] \tag{5-50}$$

式中　w_{max}——组合梁在荷载效应的标准组合下且考虑荷载准永久效应影响的最大裂缝宽度；

$[w_{max}]$——组合梁的裂缝宽度限值。

在连续组合梁的负弯矩区，混凝土翼板处于受拉状态，产生裂缝。组合梁混凝土翼板的受拉状态近似于轴心受拉混凝土构件，其对应的裂缝最大宽度 w_{max} 可按《混凝土结构设计规范》GB 50010 中轴心受拉混凝土构件裂缝宽度计算。

5.5 框架柱设计

在轻型钢框架结构中，常用的钢框架柱主要有以下几种类型：钢柱、型钢混凝土柱以及钢管（圆管、方矩形管）混凝土柱。在此类钢框架柱中，型钢混凝土柱抗火性能好，但抗震性能较差；钢管混凝土柱用钢量最省且抗震性能好，但节点连接与施工难度较大；钢柱施工便捷且可循环利用，但抗火性能差、用钢量偏大。

为此，轻型钢框架结构中钢柱的类型应结合工程的实际情况和施工要求综合考虑与比选，合理选用。目前，常用的类型为钢柱和钢管（圆管、方矩形管）混凝土柱。本节内容仅介绍钢柱截面设计。

钢柱的截面形式宜优先选用宽翼缘轧制 H 形钢、高频焊接轻型 H 形钢或焊接的 H 形钢（由三块钢板焊接而成的），如图 5-27（a）所示。当高度和荷载较大时，钢柱截面可采用箱形截面，如图 5-27（b）所示；此截面受力性能好，应用广泛，但用钢量较大，且制作和施工难度也较大。当结构的纵横向刚度要求均较大时，钢柱截面可采用十字形截面，如图 5-27（c）所示。若钢柱的外观要求较高时，截面可采用圆管截面，如图 5-27（d）所示。

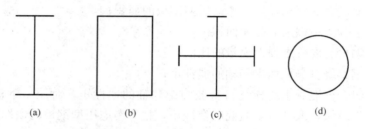

图 5-27　多层框架柱截面形式

（a）H 形截面；（b）箱形截面；（c）十字形截面；（d）圆管截面

5.5.1　钢框架柱计算长度

钢框架结构的整体稳定性应为整个结构体系的稳定，但为了便于计算，通常将钢框架的整体稳定简化为钢柱的稳定来分析。为此，钢柱计算长度的合理确定是简化过程的关键。钢柱计算长度主要与两个因素有关：钢框架结构的侧向约束和钢柱两端受到相邻梁柱的约束条件。

现行国家标准《钢结构设计标准》GB 50017 中规定：根据侧向约束的大小，将钢框架分为无支撑的纯框架和有支撑框架。其中，根据抗侧移刚度的大小，有支撑钢框架又可分为强支撑框架和弱支撑框架。

对轻型钢框架结构，等截面钢柱的计算长度可按下式计算确定：

$$l_0 = \mu l \tag{5-51}$$

式中　l_0——钢柱的计算长度；

　　　l——钢柱的实际长度，取决于钢框架结构的层高；

　　　μ——计算长度系数，主要取决于框架结构的侧向约束和钢柱两端的约束条件，可按下列规定确定。

1. 无支撑纯钢框架

对无支撑纯钢框架，计算长度系数 μ 按下列规定确定：

（1）当采用一阶弹性分析方法计算内力时，框架柱的计算长度系数 μ 按《钢结构设计标准》GB 50017 附录 D 表 D-2 有侧移框架柱的计算长度系数确定。

（2）当采用二阶弹性分析方法计算内力且在每层柱顶附加考虑按式（5-5）计算的假想水平力 H_{ni} 时，此时钢柱的计算长度系数 $\mu=1.0$。

（3）在重力荷载和风荷载（或多遇地震）作用下，若无支撑纯框架的层间位移满足 $\Delta u \leqslant 0.001h$（$h$ 为楼层层高）时，可忽略侧移的影响，则框架柱的计算长度系数 μ 按附表《钢结构设计标准》GB 50017 附录 D 表 D-1 无侧移框架柱的计算长度系数确定。

2. 有支撑纯钢框架

对有支撑纯钢框架，计算长度系数 μ 按下列规定确定：

（1）当支撑结构（支撑桁架、剪力墙、电梯井等）的侧移刚度（产生单位剪切角的水平力大小）S_b 满足式（5-52）条件时，钢框架结构为强支撑框架，则框架柱的计算长度系数 μ 按《钢结构设计标准》GB 50017 附录 D 表 D-1 无侧移框架柱的计算长度系数确定。

$$S_b \geqslant 3(1.2\sum N_{bi} - \sum N_{ci}) \tag{5-52}$$

式中 $\sum N_{bi}$、$\sum N_{ci}$——第 i 层层间所有框架柱用无侧移钢框架柱和有侧移钢框架柱计算
  长度算得的轴压杆稳定承载力之和。

（2）当支撑结构的侧移刚度 S_b 不满足式（5-52）条件时，钢框架结构为弱支撑框架，则框架柱的轴压杆稳定系数 φ 可按下式计算：

$$\varphi = \varphi_0 + (\varphi_1 - \varphi_0)\frac{S_b}{3(1.2\sum N_{bi} - \sum N_{ci})} \tag{5-53}$$

式中 φ_1、φ_0——钢框架柱利用《钢结构设计标准》GB 50017 附录 D 中无侧移框架柱和
  有侧移框架柱计算长度系数计算的轴心压杆稳定系数。

3. 近似确定方法

当采用一阶线弹性分析时，钢框架结构柱的计算长度系数 μ 可采用近似方法确定，且应符合下列规定：

1）有侧移钢框架

$$\mu = \sqrt{\frac{7.5K_1K_2 + 4(K_1 + K_2) + 1.6}{7.5K_1K_2 + K_1 + K_2}} \tag{5-54}$$

式中 K_1、K_2——分别为汇交于柱上、下端的横梁线刚度之和与柱线刚度之和的比值；
  对底层钢框架柱：当柱下端铰接且具有明确转动可能时，$K_2 = 0$；当
  柱下端采用平板式铰支座时，$K_2 = 0.1$；当柱下端刚接时，$K_2 = 10$。

在计算 K_1、K_2 时，上、下横梁的刚度应符合下列要求：

（1）当钢梁远端为铰接时，钢梁的线刚度应乘以 0.5；当钢梁远端为固接时，钢梁的线刚度应乘以 2/3；当钢梁近端与钢柱铰接时，钢梁的线刚度为 0。

（2）当钢梁与钢柱刚接且横梁承受较大的轴力时，横梁的线刚度应乘以下折减系数。

横梁远端与钢柱刚接时： $\quad\quad \alpha = 1 - N_b/(4N_{Eb}) \tag{5-54a}$

横梁远端铰接时： $\quad\quad\quad\quad \alpha = 1 - N_b/N_{Eb} \tag{5-54b}$

横梁远端固接时： $\quad\quad\quad\quad \alpha = 1 - N_b/(2N_{Eb}) \tag{5-54c}$

$$N_{Eb} = \pi^2 EI_b/l_b^2 \tag{5-54d}$$

式中 α——横梁线刚度的折减系数；

  N_b——横梁承受的轴力值；

  I_b——横梁的截面惯性矩；

  l_b——横梁的长度。

2）无侧移钢框架

$$\mu = \sqrt{\frac{(1 + 0.41K_1)(1 + 0.41K_2)}{(1 + 0.82K_1)(1 + 0.82K_1)}} \tag{5-55}$$

式中 K_1、K_2 的含义以及底层钢框架柱 K_1、K_2 的取值均同式（5-54）。

在计算 K_1、K_2 时，上、下横梁的刚度应符合下列要求：

（1）当钢梁远端为铰接时，钢梁的线刚度应乘以 1.5；当钢梁远端为固接时，钢梁的线刚度应乘以 2.0；当钢梁近端与钢柱铰接时，钢梁的线刚度为 0。

（2）当钢梁与钢柱刚接且横梁承受较大的轴力时，横梁线刚度的折减系数仍按式（5-54a）~式（5-54d）计算确定。

5.5.2　轴心受压钢柱

轻型钢框架轴心受压钢柱截面设计主要包括：强度计算、整体稳定计算、局部稳定计算以及长细比。

1. 强度计算

轴心受压钢柱的强度应按下式计算：

$$\sigma = \frac{N}{A_n} \leqslant f \tag{5-56}$$

式中　N——钢柱的轴压力设计值；

　　　A_n——钢柱的净截面面积；

　　　f——钢材的抗弯强度设计值。

2. 整体稳定计算

实腹式轴心受压钢柱的整体稳定性应按下式计算：

$$\sigma = \frac{N}{\varphi A} \leqslant f \tag{5-57}$$

式中　A——钢柱的毛截面面积；

　　　φ——轴心受压钢柱的整体稳定系数。

3. 局部稳定计算

轴心受压钢柱的局部稳定验算应符合表 5-12 中相关公式。

轴心受压柱局部稳定计算公式　　　　　　　　　表 5-12

截面式	板件位置	计算公式	符号说明
工字形或 H 形截面	外伸翼缘部分	$b/t \leqslant (10+0.1\lambda)\sqrt{235/f_y}$	b—翼缘板自由外伸宽度； b_0—腹板与加劲肋间的翼缘板无支承宽度； h_0—腹板计算高度； t—翼缘板的厚度； t_w—腹板的厚度； λ—构件两个方向长细比的较大值；当 $\lambda < 30$ 时，取 $\lambda = 30$；当 $\lambda > 100$ 时，取 $\lambda = 100$； f_y—钢材的屈服强度值
箱形截面	腹板	$h_0/t_w \leqslant (25+0.5\lambda)\sqrt{235/f_y}$	
	外伸翼缘部分	$b/t \leqslant 13\sqrt{235/f_y}$	
	两腹板间的翼缘部分	$b_0/t \leqslant 40\sqrt{235/f_y}$	
	腹板	$h_0/t_w \leqslant 40\sqrt{235/f_y}$	

4. 长细比

轴心受压钢柱的长细比一般不宜大于 $120\sqrt{235/f_y}$，宜控制在 $(60\sim80)\sqrt{235/f_y}$ 范围之间。

5.5.3　偏心受压钢柱

轻型钢框架偏心受压钢柱截面设计主要包括：强度计算、整体稳定（平面内和平面外）计算、局部稳定计算以及长细比。

1. 强度计算

弯矩作用在主平面内的压弯构件，其强度应按下式计算：

$$\frac{N}{A_n} \pm \frac{M_x}{\gamma_x W_{nx}} \leqslant f \tag{5-58}$$

式中　N、M_x——钢柱的轴力设计值和弯矩设计值；

A、W_{nx}——钢柱的净截面面积和净截面模量；

γ_x——截面塑性发展系数；

f——钢材强度设计值。

2. 平面内整体稳定计算

弯矩作用平面内的整体稳定性可按下式计算：

$$\frac{N}{\varphi_x A}+\frac{\beta_{mx} M_x}{\gamma_x W_{1x}(1-0.8N/N'_{Ex})}\leqslant f \qquad (5-59)$$

式中 φ_x——弯矩作用平面内的轴心受压构件稳定系数；

A——毛截面面积量；

W_{1x}——在弯矩作用平面内对较大受压纤维的毛截面模量；

N'_{Ex}——参数，$N'_{Ex}=\pi^2 EA/(1.1\lambda_x^2)$；

λ_x——x 方向的长细比；

β_{mx}——等效弯矩系数，可按下列规定确定。

1) 框架柱和两端支承的构件：

（1）无横向荷载作用时：$\beta_{mx}=0.65+0.35M_2/M_1$，$M_1$ 和 M_2 为端弯矩，使构件产生同向曲率（无反弯点）时取同号；使构件产生反向曲率（有反弯点）时取异号；且 $|M_1|\geqslant|M_2|$；

（2）有端弯矩和横向荷载同时作用时：使构件产生同向曲率时，$\beta_{mx}=1.0$；使构件产生反向曲率时，$\beta_{mx}=0.85$；

（3）无端弯矩但有横向荷载作用时：$\beta_{mx}=1.0$。

2) 对悬臂构件和分析内力未考虑二阶效应的无支撑纯钢框架和弱支撑钢框架柱，$\beta_{mx}=1.0$。

3. 平面外整体稳定计算

弯矩作用平面外的整体稳定性可按下式计算：

$$\frac{N}{\varphi_y A}+\eta\frac{\beta_{tx} M_x}{\varphi_b W_{1x}}\leqslant f \qquad (5-60)$$

式中 φ_y——弯矩作用平面外的轴心受压构件稳定系数；

φ_b——均匀弯曲的受弯构件整体稳定系数；

η——截面影响系数，闭口截面 $\eta=0.7$，其他截面 $\eta=1.0$；

β_{tx}——等效弯矩系数，可按下列规定确定。

1) 在弯矩作用平面外有支承的构件，应根据两相邻支承点间构件段内的荷载和内力情况确定：

（1）构件段无横向荷载作用时：$\beta_{tx}=0.65+0.35M_2/M_1$，$M_1$ 和 M_2 为端弯矩，使构件产生同向曲率（无反弯点）时，取同号；使构件产生反向曲率（有反弯点）时，取异号；且 $|M_1|\geqslant|M_2|$；

（2）有端弯矩和横向荷载同时作用时：使构件产生同向曲率时，$\beta_{tx}=1.0$；使构件产生反向曲率时，$\beta_{tx}=0.85$；

（3）无端弯矩但有横向荷载作用时：$\beta_{tx}=1.0$。

2) 弯矩作用平面外为悬臂的构件，$\beta_{tx}=1.0$。

4. 局部稳定计算

钢柱翼缘与腹板的宽（高）厚比限值应符合 5-13 的规定。

<table>
<tr><td rowspan="2">板件</td><td colspan="4">抗震等级</td><td rowspan="2">非抗震设计</td></tr>
<tr><td>一级</td><td>二级</td><td>三级</td><td>四级</td></tr>
<tr><td>工字形截面翼
缘外伸部分</td><td>10</td><td>11</td><td>12</td><td>13</td><td>13</td></tr>
<tr><td>工字形截面腹板</td><td>43</td><td>45</td><td>48</td><td>52</td><td>52</td></tr>
<tr><td>箱形截面壁板</td><td>33</td><td>36</td><td>38</td><td>40</td><td>40</td></tr>
<tr><td>圆管（径厚比）</td><td>50</td><td>55</td><td>60</td><td>70</td><td>70</td></tr>
</table>

钢柱翼缘与腹板宽（高）厚比的限值   **表 5-13**

注：表中数值适用于 Q235 钢，采用其他牌号钢材时，应乘以 $\sqrt{235/f_y}$。

5. 长细比

钢框架柱的长细比限值为：一级不应大于 $60\sqrt{235/f_y}$，二级不应大于 $70\sqrt{235/f_y}$，三级不应大于 $80\sqrt{235/f_y}$，四级及非抗震设计不应大于 $100\sqrt{235/f_y}$。

5.5.4 钢框架柱的抗震承载力

1. 基本规定

对轻型钢框架结构，除了下列情况之一外，节点左右两端和上下柱端的全塑性承载力应能满足钢框架柱的抗震承载力，即式（5-61a）和式（5-61b）：

(1) 钢柱所在楼层的受剪承载力比相邻上一层的受剪承载力高出 25%；

(2) 钢柱轴压比不超过 0.4；

(3) 钢柱轴力符合 $N_2 \leqslant \varphi A_c f$（$N_2$ 为 2 倍地震作用下的组合轴力设计值，A_c 为柱截面面积，φ 为柱轴心受压稳定系数）。

2. 抗震承载力验算

(1) 等截面钢梁与钢柱连接时：

$$\sum W_{pc}(f_{yc} - N/A_c) \geqslant \sum(\eta f_{yb} W_{pb}) \tag{5-61a}$$

(2) 梁端加强型连接或骨式连接的端部变截面钢梁与钢柱连接时：

$$\sum W_{pc}(f_{yc} - N/A_c) \geqslant \sum(\eta f_{yb} W_{pb1} + M_v) \tag{5-61b}$$

式中　W_{pc}、W_{pb}——分别为计算平面内汇交于节点的钢柱与钢梁的塑性截面模量；

$\quad\quad W_{pb1}$——钢梁塑性铰所在截面的塑性截面模量；

$\quad\quad f_{yc}$、f_{yb}——分别为钢柱与钢梁所用钢材的屈服强度；

$\quad\quad\quad N$——按设计地震作用组合获得的钢柱轴力设计值；

$\quad\quad\quad A_c$——钢柱的截面面积；

$\quad\quad\quad \eta$——强柱系数，一级取 1.15，二级取 1.10，三级取 1.05，四级取 1.0；

$\quad\quad\quad M_v$——钢梁塑性铰剪力对钢梁端产生的附加弯矩，$M_v = V_{pb}x$；

$\quad\quad\quad V_{pb}$——钢梁塑性铰的剪力；

$\quad\quad\quad x$——塑性铰至钢柱面的距离，塑性铰可取梁端部变截面翼缘的最小处。

5.6　支撑和剪力墙设计

5.6.1　支撑和剪力墙的类型

在轻型钢结构中，钢支撑主要有中心支撑和偏心支撑，分别详见图 5-2（a）、（b）。中心支撑应用较为普遍，主要适用于非抗震设防地区或抗震设防烈度较低地区。偏心支撑主要用于抗震设防烈度较高地区，在偏心支撑中通常部分梁段（支撑与梁交点至柱边的区段）设计成消能梁段；通过消能梁段的塑性变形耗能，提高结构的延性和抗震性能。

中心支撑与偏心支撑受杆件的长细比限制，截面尺寸较大，受压时易于失稳屈曲。为了解决上述问题，提高结构的侧向刚度，可在钢框架结构中嵌入墙板作为等效支撑或剪切板，即形成钢框架-剪力墙结构体系。剪力墙主要有以下 3 种类型：钢板剪力墙板、内藏钢板支撑剪力墙板和带竖缝混凝土剪力墙板。

1. 钢板剪力墙板

钢板剪力墙板采用钢板或带加劲肋的钢板制成的，如图 5-28（a）所示。在设防烈度为 7 度或 7 度以上的建筑结构中，宜采用两侧焊接纵向或横向加劲肋的钢板剪力墙板，以增强钢板的稳定性和刚度；对非抗震或设防烈度为 6 度的建筑结构，钢板剪力墙板可不设加劲肋。钢板剪力墙板的上下两边缘和左右两边缘可分别与框架结构的钢梁和钢柱连接。钢板剪力墙板仅承担沿框架梁、柱周边的剪力，不承担框架梁上的竖向荷载。

2. 内藏钢板支撑剪力墙板

内藏钢板支撑剪力墙板是以钢板支撑为基本支撑，外包钢筋混凝土的预制构件，如图 5-28（b）所示。内藏钢板支撑可采用中心支撑，也可采用偏心支撑，但在高烈度地震区宜选用偏心支撑。支撑的形式常为人字形、交叉形或单斜杆形。预制墙板仅在钢板支撑斜杆的上下端节点处与钢框架梁相连，其他部位与钢框架的梁或柱均不相连，可为钢支撑提供面外支撑。剪力墙板仅承担水平剪力，不承担竖向荷载。

3. 带竖缝混凝土剪力墙板

带竖缝混凝土剪力墙板是由预制板构成的，且嵌固于钢框架梁柱之间，如图 5-28（c）所示。剪力墙板仅承担水平荷载产生的水平剪力，不承担竖向荷载产生的压力。此种剪力墙板具有较大的初始刚度，刚度退化系数小，延性好，在反复荷载作用下墙肢的裂缝还有一定的可恢复性，抗震性能好。

5.6.2　中心支撑设计

1. 设计基本规定

中心钢支撑设计时应遵循以下基本规定：

1）中心钢支撑斜杆的轴线应交汇于框架梁柱的轴线上。

2）对抗震设计的结构，不应采用 K 形支撑体系，可采用十字交叉支撑体系，也宜采用人字支撑或单斜杆支撑。

3）当采用只能受拉的单斜杆支撑时，应同时设置不同倾斜方向的两组单斜杆，且每层不同方向斜杆的截面面积在水平方向的投影面积之差不超过 10%。

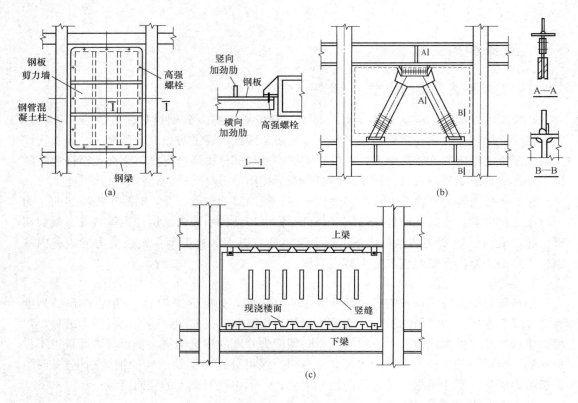

图 5-28   剪力墙类型

(a) 钢板剪力墙板；(b) 内藏钢板支撑剪力墙板；(c) 带竖缝混凝土剪力墙板

4）支撑斜杆宜采用双轴对称截面。在抗震设防区，当采用单轴对称截面时，应采取相应构造措施以防止支撑斜杆绕对称轴屈曲。

5）在多遇地震效应组合作用下，支撑斜杆内力应乘以以下增大系数：十字交叉支撑和单斜杆支撑取 1.3；V 形和人字形支撑取 1.5。

6）人字形支撑框架设计时尚应符合下列规定：

（1）与支撑相交的横梁，在钢柱之间应保持连续。

（2）在确定支撑跨的横梁截面时，不应考虑支撑在跨中的支承作用。

（3）横梁承受的荷载主要有：重力荷载和支撑斜杆屈曲产生的不平衡力（跨中节点处两根支撑斜杆分别受拉屈服、受压屈曲所引起的不平衡竖向分力和水平分力）。在不平衡力中，支撑受压屈曲承载力和受拉屈服承载力应分别取 $0.3\varphi A f_y$ 和 $A f_y$。

（4）为了减少竖向不平衡力引起的钢梁横截面过大，可采用跨层 X 形支撑或拉链柱，分别如图 5-29（a）、（b）所示。

（5）在支撑与钢横梁相交处，钢梁的上下翼缘应设置侧向支承，且侧向支撑能承受的侧向力不应小于 $0.02 b_f t_f f_y$（b_f、t_f、f_y 分别为钢梁上翼缘的宽度、厚度和所用钢材的屈服强度）。当钢梁上带有组合楼板时，则钢梁的上翼缘可不需验算。

2. 强度计算

中心钢支撑的强度计算可按下式计算：

$$\sigma = \frac{N}{A_{brn}} \leqslant f \qquad (5-62)$$

式中　N——中心支撑斜杆的轴心拉力或压力设计值；

　　　A_{brn}——支撑斜杆的净截面面积；

　　　f——钢材的强度设计值。

3. 整体稳定计算

轴心受压中心钢支撑斜杆的整体稳定性应按下式计算：

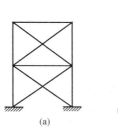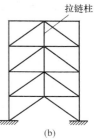

图 5-29　人字形支撑的加强措施

（a）跨层 X 形支撑；（b）拉链柱

$$\sigma = \frac{N}{\varphi A_{br}} \leqslant \eta f \qquad (5-63)$$

式中　A_{br}——支撑斜杆的毛截面面积；

　　　φ——按支撑长度比 λ 确定的轴心受压钢柱的整体稳定系数；

　　　η——受循环荷载作用时的材料强度降低系数；有地震作用组合时，$\eta = 1/(1 + 0.35\lambda_n)$；无地震作用组合时，$\eta = 1.0$；

　　　λ_n——支撑斜杆的正则化长细比，$\lambda_n = (\lambda/\pi)\sqrt{f_y/E}$；

　　　λ——支撑斜杆的长细比；

　　　E——支撑斜杆钢材的弹性模量；

　　　f、f_y——支撑斜杆钢材的抗压强度设计值和屈服强度值。

4. 局部稳定计算

中心支撑斜杆的板件宽厚比不应大于表 5-14 中规定的限值。

中心钢支撑板件宽厚比的限值　　　　　　　　　　表 5-14

板件	抗震等级				非抗震设计
	一级	二级	三级	四级	
翼缘外伸部分	8	9	10	13	13
工字形截面腹板	25	26	27	33	33
箱形截面壁板	18	20	25	30	30
圆管（径厚比）	38	40	40	42	42

注：表中数值适用于 Q235 钢，采用其他牌号钢材时，应乘以 $\sqrt{235/f_y}$。

5. 长细比

中心支撑斜杆的长细比，按受压杆件设计时，不应大于 $120\sqrt{235/f_y}$，且一、二、三级中心支撑斜杆不得采用拉杆设计；对非抗震设计和四级的中心支撑斜杆，按受拉杆件设计时，其长细比不应大于 $180\sqrt{235/f_y}$。

5.6.3　偏心支撑设计

1. 设计基本规定

偏心钢支撑设计时应遵循以下基本规定：

1）偏心支撑斜杆应至少有一端与梁柱连接，且在支撑与钢梁交点至钢柱之间或支撑同一跨内另一支撑与钢梁交点之间形成消能梁段，如图 5-30 所示。

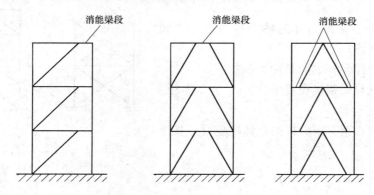

图 5-30　偏心支撑的消能梁段

2）在结构顶层，偏心支撑可不设置消能梁段；在设置偏心支撑的跨内，当底层的弹性承载力大于其余各层承载力的 1.5 倍时，底层可采用中心支撑。

3）为了确保消能梁段具有可靠的消能能力，消能梁段以及与其同一跨内的非消能梁段的钢材屈服强度不应大于 $345\text{N}/\text{mm}^2$。

4）消能梁段截面板件的宽厚比不应大于表 5-15 中规定的限值。

偏心支撑消能梁段截面板件的宽厚比限值　　　　　表 5-15

板件名称		宽厚比限值
外伸翼缘部分		$8\sqrt{\dfrac{235}{f_y}}$
腹板	当 $\dfrac{N}{Af} \leqslant 0.14$ 时	$90\left(1-1.65\dfrac{N}{Af}\right)\sqrt{\dfrac{235}{f_y}}$
	当 $\dfrac{N}{Af} > 0.14$ 时	$33\left(2.3-\dfrac{N}{Af}\right)\sqrt{\dfrac{235}{f_y}}$

注：N 为消能梁段的轴力设计值；A 为消能梁段的截面面积；f、f_y 为消能梁段钢材的抗拉强度设计值和屈服强度。

5）当有地震作用组合时，偏心支撑框架中除消能梁段外的构件内力设计值应按下列规定调整：

（1）支撑的轴力设计值：

$$N_{\text{br}} = \eta_{\text{br}} \frac{V_l}{V} N_{\text{br,com}} \tag{5-64a}$$

（2）位于消能梁段同一跨的框架梁的弯矩设计值：

$$M_{\text{b}} = \eta_{\text{b}} \frac{V_l}{V} M_{\text{b,com}} \tag{5-64b}$$

（3）柱的弯矩和轴力设计值：

$$M_{\text{c}} = \eta_{\text{c}} \frac{V_l}{V} M_{\text{c,com}} \tag{5-64c}$$

$$N_{\text{c}} = \eta_{\text{c}} \frac{V_l}{V} N_{\text{c,com}} \tag{5-64d}$$

式中 N_{br}——支撑的轴力设计值;

M_b——位于消能梁段同一跨的框架梁弯矩设计值;

M_c、N_c——分别为钢柱的弯矩和轴力设计值;

V_l——不考虑轴力影响的消能梁段受剪承载力,可按式(5-65b)或式(5-65d)确定;

V——消能梁段的剪力设计值;

$N_{br,com}$——对应于消能梁段剪力设计值V的支撑组合轴力计算值;

$M_{b,com}$——对应于消能梁段剪力设计值V的位于消能梁段同一跨钢框架梁组合的弯矩计算值;

M_c、N_c——分别对应于消能梁段剪力设计值V的钢柱组合弯矩计算值和轴力计算值;

η_{br}——偏心支撑内力设计值的增大系数,对一级时取值不应小于1.4,对二级时取值不应小于1.3,对三级时取值不应小于1.2;

η_b、η_c——分别为位于消能梁段同一跨的钢框架梁弯矩设计值增大系数和钢柱的内力设计值增大系数;对一级时取值不应小于1.3;对二级时取值不应小于1.2;对三级时取值不应小于1.1。

2. 消能梁段的设计

1) 抗剪承载力验算

在多遇地震作用下,消能梁段的抗剪承载力应符合下列要求:

(1) 当$N \leqslant 0.15Af$时:

$$V \leqslant \kappa V_l \tag{5-65a}$$

$$V_l = \min(0.58A_w f_{ay}, 2M_{lp}/a) \tag{5-65b}$$

(2) 当$N > 0.15Af$时:

$$V \leqslant \kappa V_{lc} \tag{5-65c}$$

$$V_{lc} = \min\{0.58A_w f_{ay}\sqrt{1 - [N/(Af)]^2}, 2.4M_{lp}[1 - N/(Af)]/a\} \tag{5-65d}$$

式中 κ——系数,可取0.9;

N、V——分别为消能梁段的轴力设计值和剪力设计值;

V_l、V_{lc}——分别为消能梁段受剪承载力和考虑轴力影响的受剪承载力;

M_{lp}——消能梁段的全塑性受弯承载力,$M_{lp} = fW_p$;

A、W_p——分别为消能梁段的截面面积和塑性截面模量;

A_w——消能梁段截面的腹板面积,$A_w = (h - 2t_f)t_w$;

a、h——分别为消能梁段的净长和截面高度;

t_w、t_f——分别为消能梁段的腹板厚度和翼缘厚度;

f、f_{ay}——分别为消能梁段所有钢材的抗压强度设计值和屈服强度值。

2) 抗弯承载力验算

在多遇地震作用下,消能梁段的抗弯承载力应符合下列要求:

(1) 当$N \leqslant 0.15Af$时:

$$\frac{M}{W} + \frac{N}{A} \leqslant f \tag{5-66a}$$

(2) 当$N > 0.15Af$时:

$$\left(\frac{M}{h} + \frac{N}{2}\right)\frac{1}{b_f t_f} \leqslant f \tag{5-66b}$$

式中　M——消能梁段的弯矩设计值；

　　　W——消能梁段的截面模量；

　　　b_f——消能梁段截面的翼缘宽度；

其他符号含义同式（5-65a）～式(5-65d)。

3）构造要求

为了使消能梁段能够具有良好的滞回性能和耗能能力，消能梁段应符合下列构造要求。

（1）耗能梁段的净长

当净长 $a \leqslant 1.6 M_{lp}/V_l$ 时，消能梁段塑性变形以剪切变形为主，属剪切屈服型；当净长 $a > 1.6 M_{lp}/V_l$ 时，消能梁段塑性变形以弯曲变形为主，属弯曲屈服型。研究结果表明，剪切屈曲型消能梁段更有利于抗震耗能，因此消能梁段宜设计成剪切屈曲型，且消能梁段的净长应符合下列要求：

① 当 $N \leqslant 0.16 Af$ 时：

$$a \leqslant 1.6 M_{lp}/V_l \tag{5-67a}$$

② 当 $N > 0.16 Af$ 时：

当 $\rho(A_w/A) < 0.3$ 时：

$$a < 1.6 M_{lp}/V_l \tag{5-67b}$$

当 $\rho(A_w/A) \geqslant 0.3$ 时：

$$a \leqslant [1.15 - 0.5\rho(A_w/A)]1.6 M_{lp}/V_l \tag{5-67c}$$

$$\rho = N/V \tag{5-67d}$$

式中　M_{lp}——消能梁段的全塑性受弯承载力；

　　　V_l——消能梁段的受剪承载力；

　　　N——消能梁段的轴力设计值；

　　　V——消能梁段的剪力设计值；

　A、A_w——分别为消能梁段的截面面积和腹板截面面积；

　　　a——消能梁段的长度；

　　　ρ——消能梁段的轴力设计值与剪力设计值之比；

　　　f——消能梁段钢材的抗压强度设计值。

（2）耗能梁段腹板上加劲肋

消能梁段上加劲肋设置应满足下列要求，如图 5-31 所示。

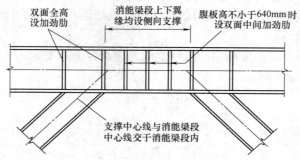

图 5-31　消能梁段腹板的加劲肋设置

① 消能梁段与支撑连接处，应在腹板上设置加劲肋；加劲肋的高度应为消能梁段腹板的高度。当消能梁段截面的腹板高度不大于 640mm 时，可单侧设置加劲肋；当消能梁段截面腹板高度大于 640mm 时，应在两侧设置加劲肋，且一侧加劲肋的宽度不应小于 $(0.5b_f - t_w)$，厚度不应小于 t_w 和 10mm 的较大值。

② 当 $a \leqslant 1.6M_{lp}/V_l$ 时，中间加劲肋间距不大于 $(30t_w - 0.2h)$。

③ 当 $2.6M_{lp}/V_l < a \leqslant 5.0M_{lp}/V_l$ 时，应在距消能梁段端部 $1.5b_f$ 处设置中间加劲肋，且中间加劲肋间距不应大于 $(52t_w - 0.2h)$。

④ 当 $1.6M_{lp}/V_l < a \leqslant 2.6M_{lp}/V_l$ 时，中间加劲肋的间距可按上述②、③两条的线性插值。

⑤ 当 $a > 5.0M_{lp}/V_l$ 时，可不设置中间加劲肋。

⑥ 加劲肋与消能梁段的腹板与翼缘之间可采用角焊缝连接，连接腹板角焊缝的受拉承载力不应小于 $A_{st}f$，连接翼缘角焊缝的受拉承载力不应小于 $A_{st}f/4$（A_{st} 为加劲肋的横截面面积）。

（3）耗能梁段的其他要求

① 消能梁段的腹板上不得贴焊补强板，也不得开洞。

② 消能梁段与钢柱翼缘之间应采用坡口全熔透对接焊缝的刚性连接，消能梁段腹板与钢柱之间应采用角焊缝连接。

③ 当消能梁段与钢柱翼缘连接的一端采用加强型连接时，消能梁段的长度可从加强的端部算起，加强的端部梁腹板应设置加劲肋。

④ 支撑轴线与钢梁轴线的交点不得位于消能梁段之外。

⑤ 抗震设计时，支撑与消能梁段连接的承载力不得小于支撑的承载力。若支撑端部有弯矩，支撑与钢梁连接的承载力应按压弯构件设计。

⑥ 在消能梁段与支撑连接位置处，消能梁段上下翼缘应设置侧向支撑，且侧向支撑的轴力设计值不应小于消能梁段翼缘轴向极限承载力的 6%，即 $0.06f_{yb}bf_ftf$（f_y 为消能梁段钢材的屈服强度，b_f、t_f 分别为消能梁段翼缘的宽度和厚度）。

⑦ 与消能梁段位于同一跨度内的钢框架梁，当其稳定性不能满足设计要求时，应在钢梁的上下翼缘设置侧向支撑，且侧向支撑的轴力设计值不应小于钢梁翼缘轴向承载力设计值的 2%，即 $0.02fb_ft_f$（f 为钢框架梁钢材的抗拉强度设计值，b_f、t_f 分别为钢框架梁翼缘的宽度和厚度）。

3. 偏心支撑斜杆的设计

偏心支撑斜杆的轴向承载力应按下式验算：

$$N_{br} \leqslant \varphi A_{br} f \tag{5-68}$$

式中　　N_{br}——支撑的轴力设计值；

φ——由支撑斜杆长细比确定的轴心受压构件稳定系数；

A_{br}——支撑斜杆的截面面积；

f——支撑斜杆所用钢材的强度设计值。

4. 偏心支撑框架钢梁与钢柱的承载力

偏心支撑框架钢梁与钢柱的承载力可按现行国家标准《钢结构设计标准》GB 50017 的相关规定进行验算。

5.6.4 钢板剪力墙设计

限于篇幅，本节仅介绍钢板剪力墙的设计，内藏钢板支撑剪力墙板和带竖缝混凝土剪力墙板的相关设计可参见《高层民用建筑钢结构技术规程》JGJ 99—2015 的附录 C 和 D。

1. 基本规定

钢板剪力墙设计时应遵循以下基本规定：

（1）钢板剪力墙可采用非加劲钢板和加劲钢板两种类型，分别如图 5-32（a）和（b）所示。对非抗震设计或抗震等级为四级的钢结构，可采用非加劲钢板剪力墙；对抗震等级为三级及以上的钢结构，可采用加劲（竖向、横向、竖向与横向同时）钢板剪力墙，且竖向加劲肋宜双面设置或双面交替设置，横向加劲肋宜单面或双面交替设置。

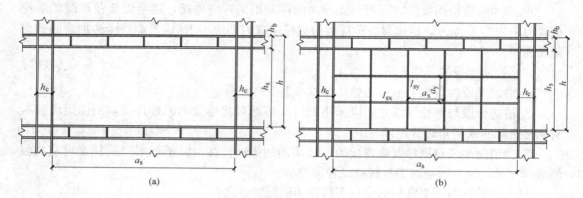

图 5-32 钢板剪力墙
(a) 非加劲；(b) 加劲

（2）钢板剪力墙宜按仅承受水平荷载且不承受竖向荷载进行设计。若钢板剪力墙不可避免需要承受竖向荷载时，则其竖向应力导致抗剪承载力的下降幅度不应超过 20%。

（3）在进行钢板剪力墙内力分析时，计算模型应符合以下规定：当钢板剪力墙不承受竖向荷载时，结构整体内力分析中可采用剪切膜单元来模拟；当钢板剪力墙参与承受竖向荷载时，结构整体内力分析中应采用正交异性板的平面应力单元来模拟。

2. 非加劲钢板剪力墙计算

1）不承受竖向荷载的非加劲钢板剪力墙

（1）抗剪强度

对不承受竖向荷载的非加劲钢板剪力墙，不利用其屈曲后抗剪强度，其抗剪稳定性可按下式计算：

$$\tau \leqslant \varphi_s f_v \tag{5-68a}$$

$$\varphi_s = \frac{1}{\sqrt[3]{0.738 + \lambda_s^6}} \leqslant 1.0 \tag{5-68b}$$

$$\lambda_s = \sqrt{\frac{f_y}{\sqrt{3}\tau_{cr0}}} \tag{5-68c}$$

$$\tau_{cr0} = \frac{k_{ss0}\pi^2 E}{12(1-\upsilon^2)}\left(\frac{t}{a_s}\right)^2 \tag{5-68d}$$

$$k_{ss0} = \begin{cases} 6.5 + \dfrac{5.0}{(h_s/a_s)^2} & h_s/a_s \geqslant 1 \\ 5.0 + \dfrac{6.5}{(h_s/a_s)^2} & h_s/a_s < 1 \end{cases} \tag{5-68e}$$

式中 τ——钢板剪力墙的剪应力；

f_v、f_y——分别为钢材抗剪强度设计值和屈服强度值；

υ——钢材的泊松比，一般取 0.3；

E——钢材弹性模量；

a_s、h_s——分别为钢板剪力墙的宽度和高度；

t——钢板剪力墙的厚度。

对不承受竖向荷载的非加劲钢板剪力墙，且允许利用其屈曲后强度，在荷载标准值组合作用下，其剪应力除了需要满足式（5-68a）外，尚需符合下列规定：

① 考虑屈曲后强度的钢板剪力墙的平均剪应力应符合下式要求。

$$\tau \leqslant \varphi_{sp} f_v \tag{5-69a}$$

$$\varphi_{sp} = \frac{1}{\sqrt[3]{0.552 + \lambda_s^{3.6}}} \leqslant 1.0 \tag{5-69b}$$

② 在考虑屈曲后强度的钢板剪力墙设计中，钢横梁的强度计算应考虑轴压力，轴压力的大小可由下式计算确定。

$$N = (\varphi_{sp} - \varphi_s) a_s t f_v \tag{5-69c}$$

式中 N——钢横梁内部的轴压力值；

a_s、t——分别为钢板剪力墙的宽度和厚度。

③ 钢横梁还应考虑钢板剪力墙中拉力场的均布竖向分力产生的弯矩，与其他竖向荷载产生的弯矩叠加。拉力场的均布竖向分力 q_s 可按下式计算确定。

$$q_s = (\varphi_{sp} - \varphi_s) t f_v \tag{5-69d}$$

④ 边框钢柱应考虑钢板剪力墙中拉力场的水平均布分力产生的弯矩，与其余内力叠加。

⑤ 考虑屈曲后强度对钢板剪力墙设计，可在钢板设置少量的竖向加劲肋组成接近方形的区格。区格钢板剪力墙的竖向强度和刚度应分别满足下列公式的要求。

$$N \leqslant (\varphi_{sp} - \varphi_s) a_x t f_v \tag{5-69e}$$

$$\gamma = \frac{E I_{sy}}{D a_x} \geqslant 60 \tag{5-69f}$$

$$D = \frac{E t^3}{12(1 - \upsilon^2)} \tag{5-69g}$$

式中 N——区格钢板剪力墙的竖向力；

a_x——竖向加劲肋之间的水平距离，对闭口截面加劲肋，应为区格净宽；

I_{sy}——竖向加劲肋的截面惯性矩；

D——区格钢板剪力墙的抗弯刚度。

（2）弯曲强度

在弯矩作用下的非加劲钢板剪力墙，其弯曲应力应满足下式：

$$\sigma_b \leqslant \varphi_{bs} f \tag{5-70a}$$

$$\varphi_{bs} = \frac{1}{\sqrt[3]{0.738 + \lambda_b^6}} \leqslant 1.0 \tag{5-70b}$$

$$\lambda_b = \sqrt{\frac{f_y}{\sigma_{bcr0}}} \tag{5-70c}$$

$$\sigma_{bcr0} = \frac{k_{b0}\pi^2 E}{12(1-\nu^2)}\left(\frac{t}{a_s}\right)^2 \tag{5-70d}$$

$$k_{b0} = 11\left(\frac{h_s}{a_s}\right)^2 + 14 + 2.2\left(\frac{a_s}{h_s}\right)^2 \tag{5-70e}$$

式中　σ_b——钢板剪力墙的弯曲应力；

　　　f——钢材强度设计值；

其他符号含义同式（5-68a）～（5-68e）。

（3）竖向压应力

对不承受竖向重力荷载的钢板剪力墙，应不考虑实际存在的竖向应力对抗剪承载力的影响，且应限制实际可能存在的竖向应力大小。竖向重力荷载产生的压应力应满足下式要求：

$$\sigma_G \leqslant 0.3\varphi_\sigma f \tag{5-71a}$$

$$\sigma_G = \frac{\sum N_i}{A_s + \sum A_i} \tag{5-71b}$$

$$\varphi_\sigma = \frac{1}{(1+\lambda_\sigma^{2.4})^{0.833}} \tag{5-71c}$$

$$\lambda_\sigma = \sqrt{\frac{f_y}{\sigma_{cr0}}} \tag{5-71d}$$

$$\sigma_{cr0} = \frac{k_{\sigma0}\pi^2 E}{12(1-\nu^2)}\left(\frac{t}{a_s}\right)^2 \tag{5-71e}$$

$$k_{\sigma0} = \chi\left(\frac{h_s}{a_s} + \frac{a_s}{h_s}\right)^2 \tag{5-71f}$$

式中　σ_G——竖向重力荷载产生的钢板剪力墙压应力；

$\sum N_i$、$\sum A_i$——分别为重力荷载在钢板剪力墙边框柱中产生的轴力和边框柱截面面积的和；

　　　A_s——钢板剪力墙截面面积；

　　　χ——嵌固系数，取 1.23；

其他符号含义同式（5-68a）～（5-68e）。

2）承受竖向荷载的非加劲钢板剪力墙

承受竖向荷载钢板剪力墙，其应力组合应满足下式要求：

$$\left(\frac{\tau}{\varphi_s f_v}\right)^2 + \left(\frac{\sigma_b}{\varphi_{bs} f}\right)^2 + \frac{\sigma_G}{\varphi_\sigma f} \leqslant 1 \tag{5-72}$$

3. 仅设置竖向加劲肋的钢板剪力墙计算

1）弹性剪切屈曲临界应力 τ_{cr}

（1）当 $\gamma = EI_s/(Da_x) \geqslant \gamma_{\tau th}$ 时：

$$\tau_{cr} = k_{\tau p}\frac{\pi^2 E}{12(1-\nu^2)}\left(\frac{t}{a_x}\right)^2 \tag{5-73a}$$

$$k_{\tau p} = \begin{cases} \chi\left[5.34 + \dfrac{4.0}{(h_s/a_x)^2}\right] & h_s/a_x \geqslant 1 \\ \chi\left[4.0 + \dfrac{5.34}{(h_s/a_s)^2}\right] & h_s/a_x < 1 \end{cases} \tag{5-73b}$$

(2) 当 $\gamma = EI_s/(Da_x) < \gamma_{\tau th}$ 时：

$$\tau_{cr} = k_{ss}\frac{\pi^2 E}{12(1-\upsilon^2)}\left(\frac{t}{a_x}\right)^2 \tag{5-73c}$$

$$k_{ss} = k_{ss0}\left(\frac{a_x}{a_s}\right)^2 + \left[k_{\tau p} - k_{ss0}\left(\frac{a_x}{a_s}\right)^2\right]\left(\frac{\gamma}{\gamma_{\tau th}}\right)^2 \tag{5-73d}$$

(3) 当 $0.8 \leqslant \beta = h_s/a_x \leqslant 5$ 时，$\gamma_{\tau th}$ 应按下式计算：

$$\gamma_{\tau th} = 6\eta_v(7\beta^2 - 5) \geqslant 6 \tag{5-73e}$$

$$\eta_v = 0.42 + \frac{0.58}{[1 + 5.42\,(J_{sy}/I_{sy})^{2.6}]^{0.77}} \tag{5-73f}$$

式中　　　χ——嵌固系数，对闭口加劲肋，取 1.23；对开口加劲肋，取 1.0；

　　J_{sy}、I_{sy}——分别为竖向加劲肋的自由扭转常数和惯性矩；

$a_x = a_s/(n_v + 1)$——竖向加劲肋之间的水平距离，对闭口截面加劲肋，应为区格净宽；

　　　　　n_v——竖向加劲肋的道数。

2) 竖向受压弹性屈曲应力 σ_{cr}

(1) 当 $\gamma = EI_s/(Da_x) \geqslant \gamma_{\sigma th}$ 时：

$$\sigma_{cr} = \sigma_{crp} = k_{pan}\frac{\pi^2 E}{12(1-\upsilon^2)}\left(\frac{t}{a_x}\right)^2 \tag{5-74a}$$

(2) 当 $\gamma = EI_s/(Da_x) < \gamma_{\sigma th}$ 时：

$$\sigma_{cr} = \sigma_{cr0} + (\sigma_{crp} - \sigma_{cr0})\frac{\gamma}{\gamma_{\sigma th}} \tag{5-74b}$$

(3) $\gamma_{\sigma th}$ 应按下式计算：

$$\gamma_{\sigma th} = 1.5\left(1 + \frac{1}{n_v}\right)\left[k_{pan}(n_v+1)^2 - k_{\sigma 0}\right]\left(\frac{h_s}{a_s}\right)^2 \tag{5-74c}$$

式中　k_{pan}——小区格竖向受压屈曲系数，$k_{pan} = 4\chi$；

　　χ——嵌固系数，对闭口加劲肋，取 1.23；对开口加劲肋，取 1.0；

　　σ_{cr0}——非加劲钢板剪力墙的竖向屈曲应力。

3) 竖向抗弯弹性屈曲应力 σ_{bcr}

(1) 当 $\gamma = EI_s/(Da_x) \geqslant \gamma_{\sigma th}$ 时：

$$\sigma_{bcr} = \sigma_{bcrp} = k_{bpan}\frac{\pi^2 E}{12(1-\upsilon^2)}\left(\frac{t}{a_x}\right)^2 \tag{5-75a}$$

$$k_{bpan} = 4 + 2\beta_\sigma + 2\beta_\sigma^3 \tag{5-75b}$$

(2) 当 $\gamma = EI_s/(Da_x) < \gamma_{\sigma th}$ 时：

$$\sigma_{bcr} = \sigma_{bcr0} + (\sigma_{bcrp} - \sigma_{bcr0})\frac{\gamma}{\gamma_{\sigma th}} \tag{5-75c}$$

式中　k_{bpan}——小区格竖向不均匀受压屈曲系数；

　　β_σ——区格应力梯度，即区格两边的应力差除以较大压应力；

　　σ_{bcr0}——非加劲钢板剪力墙的竖向弯曲屈曲应力。

4）设计条件

对仅设置竖向加劲肋的钢板剪力墙，在剪应力、弯曲应力和压应力作用下的弹塑性承载力应符合下列规定要求：

（1）对受剪、受弯和受压各自的弹性临界应力，应分别满足式（5-68a）、式（5-70a）和式（5-71a）的要求；

（2）对受剪、受弯和受压组合内力作用下的稳定承载力，应满足式（5-72）的要求；

（3）当竖向重力荷载产生的应力设计值不满足式（5-71a）和式（5-71b）的要求时，应采取有效措施减少钢板剪力墙中的竖向荷载值。

4. 仅设置水平加劲肋的钢板剪力墙计算

1）弹性剪切屈曲临界应力 τ_{cr}

（1）当 $\gamma_x = EI_{sx}/(Da_y) \geqslant \gamma_{\tau th,h}$ 时：

$$\tau_{cr} = \tau_{crp} = k_{\tau p} \frac{\pi^2 E}{12(1-\upsilon^2)} \left(\frac{t}{a_s}\right)^2 \tag{5-76a}$$

$$k_{\tau p} = \begin{cases} \chi\left[5.34 + \dfrac{4.0}{(a_y/a_s)^2}\right] & a_y/a_s \geqslant 1 \\[3mm] \chi\left[4.0 + \dfrac{5.34}{(a_y/a_s)^2}\right] & a_y/a_s < 1 \end{cases} \tag{5-76b}$$

（2）当 $\gamma_x = EI_{sx}/(Da_y) < \gamma_{\tau th,h}$ 时：

$$\tau_{cr} = k_{ss} \frac{\pi^2 E}{12(1-\upsilon^2)} \left(\frac{t}{a_s}\right)^2 \tag{5-76c}$$

$$k_{ss} = k_{ss0} + (k_{\tau p} - k_{ss0})\left(\frac{\gamma}{\gamma_{\tau th,h}}\right)^2 \tag{5-76d}$$

（3）当 $0.8 \leqslant \beta_h = a_s/a_y \leqslant 5$ 时，$\gamma_{\tau th,h}$ 应按下式计算：

$$\gamma_{\tau th,h} = 6\eta_h(7\beta_h^2 - 4) \geqslant 5 \tag{5-76e}$$

$$\eta_h = 0.42 + \frac{0.58}{[1 + 5.42\,(J_{sx}/I_{sx})^{2.6}]^{0.77}} \tag{5-76f}$$

式中　χ——嵌固系数，对闭口加劲肋，取 1.23；对开口加劲肋，取 1.0；

J_{sx}、I_{sx}——分别为水平加劲肋的自由扭转常数和惯性矩；

a_y——水平加劲肋之间的水平距离，$a_y = h_s/(n_h+1)$，对闭口截面加劲肋，应为区格净宽；

n_h——水平加劲肋的道数。

2）竖向受压弹性屈曲应力 σ_{cr}：

（1）当 $\gamma = EI_{sx}/(Da_y) \geqslant \gamma_{x0}$ 时：

$$\sigma_{cr} = \sigma_{crp} = k_{pan} \frac{\pi^2 E}{12(1-\upsilon^2)} \left(\frac{t}{a_s}\right)^2 \tag{5-77a}$$

$$k_{pan} = \left(\frac{a_s}{a_y} + \frac{a_y}{a_s}\right)^2 \tag{5-77b}$$

（2）当 $\gamma = EI_{sx}/(Da_y) < \gamma_{x0}$ 时：

$$\sigma_{cr} = \sigma_{cr0} + (\sigma_{crp} - \sigma_{cr0})\left(\frac{\gamma}{\gamma_{x0}}\right)^{0.6} \tag{5-77c}$$

（3）γ_{x0} 应按下式计算：

$$\gamma_{x0} = 0.3\left(1 + \cos\frac{\pi}{n_h + 1}\right)\left[1 + \left(\frac{a_s}{a_y}\right)^2\right]^2 \tag{5-77d}$$

3）竖向抗弯弹性屈曲应力 σ_{bcr}

（1）当 $\gamma = EI_{sx}/(Da_y) \geqslant \gamma_{x0}$ 时：

$$\sigma_{bcr} = \sigma_{bcrp} = k_{bpan}\frac{\pi^2 E}{12(1 - v^2)}\left(\frac{t}{a_s}\right)^2 \tag{5-78a}$$

$$k_{bpan} = 11\left(\frac{a_y}{a_s}\right)^2 + 14 + 2.2\left(\frac{a_s}{a_y}\right)^2 \tag{5-78b}$$

（2）当 $\gamma = EI_{sx}/(Da_y) < \gamma_{x0}$ 时：

$$\sigma_{bcr} = \sigma_{bcr0} + (\sigma_{bcrp} - \sigma_{bcr0})\left(\frac{\gamma}{\gamma_{x0}}\right)^{0.6} \tag{5-78c}$$

4）设计条件

对仅设置横向加劲肋的钢板剪力墙，在剪应力、弯曲应力和压应力作用下的弹塑性承载力应符合下列规定要求：

（1）对受剪、受弯和受压各自的弹性临界应力，应分别满足式（5-68a）、式（5-70a）和式（5-71a）的要求；

（2）对受剪、受弯和受压组合内力作用下的稳定承载力，应满足式（5-72）的要求；

（3）当竖向重力荷载产生的应力设计值不满足式（5-71a）和式（5-71b）的要求时，应采取有效措施减少钢板剪力墙中的竖向荷载值。

5. 设置竖向和水平双向加劲肋的钢板剪力墙计算

1）基本规定

（1）同时设置竖向和水平加劲肋的钢板剪力墙，计算时不宜考虑屈曲后强度。

（2）加劲肋一侧的计算宽度应取钢板剪力墙厚度的 15 倍；加劲肋划分的钢板剪力墙区格的宽高比宜接近 1；钢板剪力墙区格的宽厚比应满足：当采用开口加劲肋时，$(a_x + a_y)/t \leqslant 220$；当采用闭口加劲肋时，$(a_x + a_y)/t \leqslant 250$。

（3）当加劲肋的刚度参数满足下式时，仅需验算区格的稳定性；当加劲肋的刚度参数不满足下式时，需验算钢板剪力墙整体稳定性，即需验算在剪应力、弯曲应力和压应力作用下的弹塑性承载力。

$$\gamma_x = \frac{EI_{sx}}{Da_y} \geqslant 33\eta_h \quad , \quad \gamma_y = \frac{EI_{sy}}{Da_x} \geqslant 33\eta_v \tag{5-79}$$

2）弹性剪切屈曲临界应力 τ_{cr}

$$\tau_{cr} = \tau_{cr0} + (\tau_{crp} - \tau_{cr0})\left(\frac{\gamma_{av}}{36.33\sqrt{\eta_v\eta_h}}\right)^{0.7} \leqslant \tau_{crp} \tag{5-80a}$$

$$\gamma_{av} = \sqrt{\frac{EI_{sx}}{Da_x}\frac{EI_{sy}}{Da_y}} \tag{5-80b}$$

式中 τ_{crp}——钢板剪力墙小区格的剪切屈曲临界应力；

τ_{cr0}——非加劲钢板剪力墙的剪切屈曲临界应力。

3）竖向受压弹性屈曲应力 σ_{ycr}

(1) 当 $h_s/a_s < (D_y/D_x)^{0.25}$ 时：

$$\sigma_{ycr} = \frac{\pi^2}{a_s^2 t_s}\Big[D_x\Big(\frac{h_s}{a_s}\Big)^2 + 2D_{xy} + D_y\Big(\frac{a_s}{h_s}\Big)^2 \Big] \tag{5-81a}$$

(2) 当 $h_s/a_s \geqslant (D_y/D_x)^{0.25}$ 时：

$$\sigma_{ycr} = \frac{2\pi^2}{a_s^2 t_s}\big(\sqrt{D_x D_y} + D_y\big) \tag{5-81b}$$

$$D_x = D + \frac{EI_{sx}}{a_y}, \quad D_y = D + \frac{EI_{sy}}{a_x}, \quad D_{xy} = D + 0.5\Big(\frac{GJ_{sx}}{a_x} + \frac{GJ_{sy}}{a_y}\Big) \tag{5-81c}$$

4）竖向抗弯弹性屈曲应力 σ_{bcr}

(1) 当 $h_s/a_s < \frac{2}{3}(D_y/D_x)^{0.25}$ 时：

$$\sigma_{bcr} = \frac{6\pi^2}{a_s^2 t_s}\Big[D_x\Big(\frac{h_s}{a_s}\Big)^2 + 2D_{xy} + D_y\Big(\frac{a_s}{h_s}\Big)^2 \Big] \tag{5-82a}$$

(2) 当 $h_s/a_s \geqslant \frac{2}{3}(D_y/D_x)^{0.25}$ 时：

$$\sigma_{bcr} = \frac{12\pi^2}{a_s^2 t_s}\big(\sqrt{D_x D_y} + D_y\big) \tag{5-82b}$$

5）设计条件

对设置竖向和水平双向加劲肋的钢板剪力墙，在剪应力、弯曲应力和压应力作用下的弹塑性承载力应符合下列规定要求：

(1) 对受剪、受弯和受压各自的弹性临界应力，应分别满足式（5-68a）、式（5-70a）和式（5-71a）的要求；

(2) 对受剪、受弯和受压组合内力作用下的稳定承载力，应满足式（5-72）的要求；

(3) 竖向重力荷载产生的应力设计值不宜大于竖向弹塑性稳定承载力设计值的 0.3 倍。

5.7　连接节点设计

5.7.1　连接节点的设计原则

轻型钢框架结构连接节点的设计应遵循以下设计原则：

1）节点构造简单，受力明确，减少应力集中。

2）在节点连接中，不允许同时采用两种方法的连接将同一力传至同一连接件上。

3）节点连接设计应遵循强连接、弱构件的原则；构件的拼接节点设计应遵循等强原则或比等强原则更高的原则。

4）对重要和复杂受力的节点，宜使节点连接的承载力留有 $10\% \sim 15\%$ 的富余量。

5）钢框架结构的梁柱节点及柱脚节点应设计为刚性连接；支撑与钢框架结构的连接节点可设计成为铰接连接。

6）钢结构构件的连接系数 α 按表 5-16 的规定采用。

钢构件连接的连接系数 α 表 5-16

母材牌号	梁端连接时		支撑连接/构件拼接		柱脚	
	焊接	螺栓连接	焊接	螺栓连接		
Q235	1.40	1.45	1.25	1.30	埋入式	1.2(1.0)
Q345	1.30	1.35	1.20	1.25	外包式	1.2(1.0)
Q345GJ	1.25	1.30	1.15	1.20	外露式	1.0

注：1. 屈服强度高于 Q345 的钢材，按 Q345 的规定采用；

2. 屈服强度高于 Q345GJ 的 GJ 钢材，按 Q345GJ 的规定采用；

3. 括号内的数字用于箱形柱和圆管柱；

4. 外露式柱脚是指刚接柱脚，只适用于房屋高度 50m 以下。

7）钢框架抗侧力构件的梁与柱连接应符合下列基本要求：

（1）梁与 H 形柱（绕强轴）刚性连接以及梁与箱形柱或圆管柱刚性连接时，弯矩由梁翼缘和腹板受弯区的连接承受，剪力由腹板受剪区的连接承受。

（2）梁与柱的连接宜采用翼缘焊接和腹板高强度螺栓连接的形式。一、二级时梁与柱宜采用加强型连接或骨式连接。非抗震设计和三、四级时，梁与柱的连接可采用全焊接连接。

（3）梁腹板用高强度螺栓连接时，应先确定腹板受弯区的高度，并对设置于连接板上的螺栓进行合理布置，再分别计算腹板连接的受弯承载力和受剪承载力。

8）梁与柱刚性连接时，梁翼缘与柱的连接、框架柱的拼接、外露式柱脚的柱身与底板的连接以及如伸臂桁架等重要受拉构件的拼接，均应采用一级全熔透焊缝，其他全熔透焊缝为二级。非熔透的角焊缝和部分熔透的对接与角接组合焊缝的外观质量标准应为二级。现场一级焊缝宜采用气体保护焊。

5.7.2 钢框架梁与柱的连接

在钢框架结构中，钢梁与钢柱连接节点设计是整个设计的关键环节。根据图 5-1 所示的约束刚度大小，可将钢梁与钢柱的连接节点分成三种类型：刚性连接、半刚性连接和铰接连接。

1. 梁柱刚性连接节点

钢梁与钢柱刚性连接节点的形式主要分为三种：①全焊缝连接节点：钢梁的上、下翼缘均采用全熔透坡口焊缝，腹板采用角焊缝与钢柱的翼缘进行连接；②栓焊混合连接节点：钢梁的上、下翼缘采用全熔透坡口焊缝与钢柱翼缘连接，腹板采用高强度螺栓与钢柱翼缘上的连接板进行连接；③全螺栓连接节点：钢梁的上、下翼缘以及腹板借助 T 形连接件采用高强度螺栓与钢柱翼缘进行连接。

钢梁与钢柱刚性连接时，节点设计应需要验算以下各项内容：①节点连接承载力；②在梁上、下翼缘的拉力和压力作用下，柱腹板的受压承载力和柱翼缘板的刚度；③梁柱连接的节点域抗剪承载力。

1）节点连接承载力验算

抗震设计时，钢梁与钢柱刚性连接节点极限承载力可按下式分别进行计算：

$$M_u^j \geqslant \alpha M_p \tag{5-83a}$$

$$V_u^j \geqslant \alpha(\sum M_p / l_n) + V_{Gb} \tag{5-83b}$$

非抗震设计时，钢梁与钢柱刚性连接的受弯承载力应按下式进行计算：

$$M_j = W_e^j f \tag{5-83c}$$

式中　M_u^j——钢梁与钢柱节点连接的极限受弯承载力，可按式（5-84）确定；

　　　　M_p——钢梁的全塑性受弯承载力（加强型节点连接时应按未扩大的原截面计算），当考虑轴力影响时，可按表 5-17 中的 M_{pc} 计算；

　　　$\sum M_p$——钢梁两端截面的塑性受弯承载力之和；

　　　　V_u^j——钢梁与钢柱节点连接的极限受剪承载力；

　　　　V_{Gb}——钢梁在重力荷载代表值（9 度尚应包括竖向地震作用标准值）作用下，按简支梁分析获得的梁端截面剪力设计值；

　　　　M_j——钢梁与钢柱节点连接的受弯承载力；

　　　　W_e^j——连接的有效截面模量，当钢梁与 H 形钢柱（绕强轴）连接时，$W_e^j = 2I_e / h_b$；

　　　　　　　当钢梁与箱形或圆管截面钢柱连接时，$W_e^j = \dfrac{2}{h_b}\left[I_e - \dfrac{1}{12} t_{wb}(h_{0b} - 2h_m)^3\right]$；

　　　　I_e——扣除焊孔的钢梁端部有效截面惯性矩；当梁腹板采用高强度螺栓连接时，为扣除螺栓孔和梁翼缘与连接板之间间隙后的截面惯性矩；

　　　　l_n——钢梁的净跨；

　h_b、h_{0b}——分别为钢梁截面和腹板的高度；

　　　　h_m——钢梁腹板的有效受弯高度，如图 5-33 所示，可按式（5-85a）～式（5-85f）计算确定；

　　　　t_{wb}——钢梁腹板的厚度；

　　　　α——连接系数，可按表 5-16 确定；

　　　　f——钢梁的抗拉、抗压和抗弯强度设计值。

受弯构件和压弯构件的塑性受弯承载力　　　　　　　　　　　表 5-17

构件	截面形式	受力条件	塑性受弯承载力计算公式	符 号 说 明
受弯构件	H 形截面和箱形截面		$M_p = W_p f_y$	M_p——构件无轴力时截面的全塑性受弯承载力； M_{pc}——构件有轴力时截面的全塑性受弯承载力； N——构件轴力设计值； N_y——构件的轴向屈服承载力，$N_y = A_n f_y$； A——构件的截面面积； A_w——柱构件的截面腹板面积； f_y——构件腹板钢材的屈服强度
压弯构件	H 形截面（绕强轴）和箱形截面	$N/N_y \leqslant 0.13$	$M_{pc} = M_p$	
		$N/N_y > 0.13$	$M_{pc} = 1.15\left(1 - \dfrac{N}{N_y}\right)M_p$	
	H 形截面（绕弱轴）和箱形截面	$\dfrac{N}{N_y} \leqslant \dfrac{A_w}{A}$	$M_{pc} = M_p$	
		$\dfrac{N}{N_y} > \dfrac{A_w}{A}$	$M_{pc} = \left[1 - \left(\dfrac{N - A_w f_y}{N_y - A_w f_y}\right)^2\right]M_p$	
	圆形空心截面	$N/N_y \leqslant 0.20$	$M_{pc} = M_p$	
		$N/N_y > 0.20$	$M_{pc} = 1.25\left(1 - \dfrac{N}{N_y}\right)M_p$	

（1）节点连接的极限受弯承载力

工字形钢梁与箱形钢柱或圆钢管柱的连接如图 5-33 所示。钢梁与钢柱节点连接的极限受弯承载力 M_u^j 可按下式计算确定。

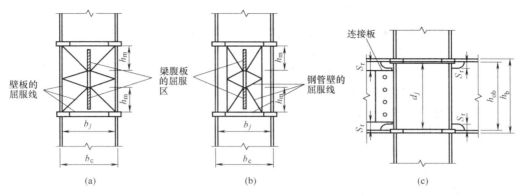

图 5-33 工字形钢柱与箱形钢柱或圆钢管柱连接
(a) 箱形柱；(b) 箱形柱；(c) 梁柱连接

$$M_u^j = M_{uf}^j + M_{uw}^j \qquad (5-84)$$

式中　M_{uf}^j——钢梁翼缘连接的极限受弯承载力，$M_{uf}^j = A_f(h_b - t_{fb})f_{ub}$；

$\quad M_{uw}^j$——钢梁腹板连接的极限受弯承载力，$M_{uw}^j = mW_{wpe}f_{yw}$，其受力性能详见图 5-34所示；

$\quad W_{wpe}$——钢梁腹板有效截面的塑性截面模量，$W_{wpe} = (h_b - 2t_{fb} - 2S_r)^2 t_{wb}/4$；

$\quad A_f$——钢梁的翼缘截面面积；

$\quad m$——钢梁腹板连接的受弯承载力系数，可按式（5-86a）～式（5-86c）计算确定；

$\quad t_{fb}$——钢梁翼缘的厚度；

$\quad S_r$——钢梁腹板过焊孔高度，高强度螺栓连接时为剪力板和钢梁翼缘间间隙的距离，如图 5-33（c）所示；

$\quad f_{ub}$——钢梁翼缘钢材的抗拉强度最小值。

（2）钢梁腹板有效受弯高度 h_m

① H 形钢柱（绕强轴）

$$h_m = h_{0b}/2 \qquad (5-85a)$$

② 箱形柱

$$h_m = \frac{b_j}{\sqrt{b_j t_{wb} f_{yb}/(t_{fc}^2 f_{yc}) - 4}} \qquad (5-85b)$$

③ 圆管柱

$$h_m = \frac{b_j}{\sqrt{0.5k_1}\sqrt{k_2\sqrt{1.5k_1} - 4}} \qquad (5-85c)$$

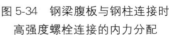

图 5-34　钢梁腹板与钢柱连接时
高强度螺栓连接的内力分配

④ 有效受弯高度 h_m 尚需满足以下条件：

对箱形柱和圆管柱，当 $h_m < S_r$ 时：　　　　　　　　　　$h_m = S_r$ 　　　　(5-85d)

对箱形柱，当 $h_m > 0.5d_j$ 或 $b_j t_{wb} f_{yb}/(t_{fc}^2 f_{yc}) \leqslant 4$ 时：

$$h_m = 0.5d_j \qquad (5-85e)$$

对圆管柱，当 $h_m > 0.5d_j$ 或 $k_2\sqrt{1.5k_1} \leqslant 4$ 时：

$$h_m = 0.5d_j \qquad (5-85f)$$

式中 h_m——与箱形或圆管钢柱连接时，钢梁腹板（一侧）的有效受弯高度；

d_j——箱形钢柱壁板上下加劲肋内侧之间的距离；

b_j——箱形柱壁板屈服区的宽度，$b_j=b_c-2t_{fc}$；

b_c——箱形柱壁板宽度或圆管柱的外径；

t_{fc}——箱形柱壁板的厚度；

f_{yb}——钢梁钢材的屈服强度，当钢梁腹板采用高强度螺栓连接时，为钢柱连接板钢板的屈服强度；

f_{yc}——钢柱钢材的屈服强度；

k_1、k_2——分别为与圆管钢柱相关截面和承载力指标，$k_1=b_j/t_{fc}$，$k_2=t_{wb}f_{yb}/(t_{fc}f_{yc})$；

其他符号含义同前面公式。

（3）钢梁腹板连接的受弯承载力系数 m

① H 形钢柱（绕强轴）

$$m=1.0 \tag{5-86a}$$

② 箱形柱

$$m=\min\left\{1,4\frac{t_{fc}}{d_j}\sqrt{\frac{b_jf_{yc}}{t_{wb}f_{yw}}}\right\} \tag{5-86b}$$

③ 圆管柱

$$m=\min\left\{1,\frac{8}{\sqrt{3}k_1k_2r}(\sqrt{k_2\sqrt{1.5k_1}-4}+r\sqrt{0.5k_1})\right\} \tag{5-86c}$$

式中 r——圆管截面钢柱上下横隔板之间的距离与钢管内径的比值，$r=d_j/b_j$；

f_{yw}——钢梁腹板钢材的屈服强度；

其他符号含义同前面公式。

2）钢柱腹板的受压承载力和柱翼缘板的刚度

（1）钢柱腹板受压承载力

在钢梁受压翼缘的作用下，钢柱腹板由于局部屈曲会产生破坏。在进行柱腹板的受压承载力验算过程中，一般假定钢梁受压翼缘屈服时传来的压力将以 1：2.5 的角度均匀地传递到腹板角焊缝的边缘（图 5-35）。

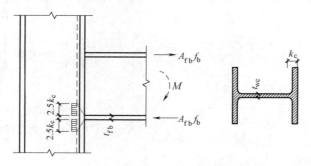

图 5-35   钢柱腹板受压有效宽度

在钢梁受压翼缘作用下，柱腹板受压承载力（通过厚度 t_{wc} 衡量）应满足下式要求：

$$t_{wc}\geqslant\max\left(\frac{N_{bc}}{b_ef_c},\quad\frac{h_c}{30}\sqrt{\frac{f_{yc}}{235}}\right) \tag{5-87a}$$

式中　N_{bc}——钢梁受压翼缘屈服时的压力，$N_{bc}=A_{fb}f_b$；

　　　　A_{fb}——钢梁受压翼缘的截面面积；

　　　　f_b——钢梁钢材的抗拉、抗压强度设计值；

　　　　b_e——钢柱腹板局部受压的有效宽度，$b_e=t_{fb}+5k_c$；

　　　　t_{fb}——钢梁翼缘的厚度；

　　　　k_c——钢柱翼缘外侧至腹板倒角根部或角焊缝焊趾的距离；

　　　　h_c——钢柱腹板的高度；

　　f_c、f_{yc}——分别为钢柱所用钢材的抗压强度设计值和屈服强度值。

当钢柱腹板厚度不能满足式（5-87）时，应将钢柱的腹板加厚或设置钢柱腹板水平加劲肋。设置的加劲肋需满足下列要求：

$$A_s \geqslant (A_{fb}-t_{wc}b_e)\frac{f_b}{f_c} \tag{5-87b}$$

$$b_s/t_s \leqslant 9\sqrt{235/f_y} \tag{5-87c}$$

式中　A_s——加劲肋的总面积；

　　b_s、t_s——分别为加劲肋的宽度和厚度。

（2）钢柱翼缘板的刚度验算

根据等强度原则，柱翼缘的厚度 t_{fc} 应满足下式：

$$t_{fc} \geqslant 0.4\sqrt{N_{bc}/f_c} \tag{5-87d}$$

3）节点域抗剪承载力

在钢梁与钢柱刚性节点连接处，柱与梁上、下翼缘对应位置应设置水平加劲肋，由水平加劲肋和柱翼缘相包围形成柱节点域。

（1）节点域腹板的抗剪强度

节点域的剪力和弯矩如图 5-36（a）所示，节点域腹板的抗剪强度可按下式计算：

$$\frac{M_{b1}+M_{b2}}{V_p} \leqslant \frac{4}{3}f_v \tag{5-88a}$$

工字形截面钢柱（绕强轴）：　　　$V_p=h_{b1}h_{c1}t_p$

工字形截面钢柱（绕弱轴）：　　　$V_p=2h_{b1}bt_f$

箱形截面钢柱：　　$V_p=1.8h_{b1}h_{c1}t_p$

圆管截面钢柱：　　$V_p=(\pi/2)h_{b1}h_{c1}t_p$

十字形截面钢柱（图 5-36b）：

$$V_p=\varphi h_{b1}(h_{c1}t_p+2bt_f)，\quad \varphi=\frac{\alpha^2+2.6(1+2\beta)}{\alpha^2+2.6}$$

$$\alpha=\frac{h_{b1}}{b}，\quad \beta=\frac{A_f}{A_w}，\quad A_f=bt_f，A_w=h_{c1}t_p$$

式中　M_{b1}、M_{b2}——节点域两侧钢梁端部的弯矩设计值；

　　　　f_v——钢材的抗剪强度设计值；

　　　　V_p——节点域的体积；

　　　　h_{b1}——钢梁翼缘中心间的距离；

　　　　h_{c1}——工字形截面柱翼缘中心间的距离、箱形截面壁板中心间的距离和圆管截面柱管壁中线的直径；

t_p——钢柱腹板和节点域补强板厚度之和，或局部加厚时的节点域厚度，箱形柱时为一块腹板的厚度，圆管柱为壁厚；

t_f——钢柱的翼缘厚度；

b——钢柱的翼缘宽度。

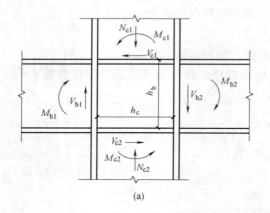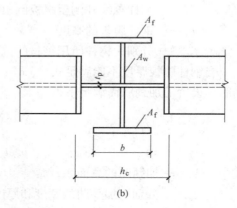

图 5-36   钢梁与钢柱连接节点域

(a) 节点域的内力；(b) 十字形钢柱的节点体积

（2）节点域的屈服承载力

节点域的屈服承载力应符合下式要求。当不能满足要求时，应进行补强或局部加大腹板厚度。

$$\psi\frac{M_{pb1}+M_{pb2}}{V_p}\leqslant\frac{4}{3}f_v \tag{5-88b}$$

式中 M_{pb1}、M_{pb2}——分别为节点域两侧钢梁的全塑性受弯承载力；

ψ——折减系数；钢框架抗震等级为三级、四级时，取 $\psi=0.6$；钢框架抗震等级为一级、二级时，取 $\psi=0.7$；

f_v——钢材的屈服抗剪强度，可取钢材屈服强度的 0.58 倍。

（3）节点域腹板的厚度

加劲肋（或隔板）与钢柱翼缘所包围的节点域腹板厚度 t_p 应满足下式要求：

$$t_p\geqslant\frac{h_{0b}+h_{0c}}{90} \tag{5-88c}$$

式中 t_p——钢柱节点域腹板的厚度，当为箱形截面钢柱时，取一块腹板的厚度；

h_{0b}、h_{0c}——分别为钢梁腹板和钢柱腹板的高度。

2. 梁柱铰接连接节点

钢梁与钢柱的铰接连接是通过连接板来实现钢梁的腹板与钢柱的翼缘连接，而钢梁的翼缘与钢柱翼缘无连接。连接板与钢柱的翼缘连接一般采用双面角焊缝连接，连接板与钢梁腹板是通过高强度螺栓连接，如图 5-37 所示。此

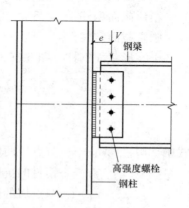

图 5-37   钢梁与钢柱的
铰接连接节点

时，节点连接除了承受钢梁端部的剪力 V 外，还需承受偏心所产生的附加弯矩 $M_e = Ve$。

3. 梁柱半刚性连接节点

钢梁与钢柱半刚性节点的连接形式可采用 T 形连接件连接或端板连接。T 形连接件连接的梁柱节点如图 5-38（a）所示，其转动刚度在很大程度上取决于螺栓预拉力和 T 形连接件翼缘的抗弯能力；此类节点在地震作用下难以满足刚接要求，同时在非抗震设计时也应考虑节点的柔性。端板连接的梁柱节点如图 5-38（b）所示，端板焊接于钢梁端部，并采用高强度螺栓与钢柱翼缘连接；此类节点一般为半刚性连接，当端板厚度较小且变形较大时，端板受到撬开的作用，出现附加撬力和弯曲变形，其受力性能与 T 形连接节点相似。

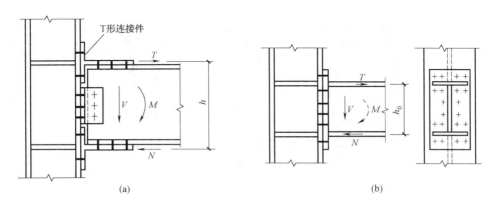

图 5-38　梁柱半刚性连接节点
（a）T 形连接件连接；（b）端板连接

4. 梁柱连接节点构造要求

钢框架结构中梁柱刚性连接节点应满足下列构造要求：

（1）钢梁与钢柱的连接宜采用钢柱贯通型。当钢柱与钢梁在相互垂直的两个方向上均为刚性连接时，钢柱宜采用箱形截面；当箱形截面壁板厚度小于 16mm 时，不宜采用熔化嘴电渣焊焊接隔板。

（2）钢梁腹板（或连接板）与钢柱翼缘的连接焊缝应满足：①当板厚小于 16mm 时，可采用双面角焊缝，焊缝截面的有效高度不得小于 5mm；②当腹板厚度等于或大于 16mm 时，应采用 K 形坡口焊缝。

（3）钢梁与钢柱在现场焊接连接时的过焊孔可采用下列两种连接方式：①常规型，如图 5-39（a）所示，钢梁腹板上下端应作扇形切角且下端的切角高度应稍大些，与钢梁翼缘相连处应预留半径为 10～15mm 的圆弧；与柱翼缘连接处的下翼缘应全长采用角焊缝焊接衬板，焊脚尺寸宜取 6mm；②改进型，如图 5-39（b）所示，钢梁翼缘与钢柱的连接应采用气体保护焊焊缝。

（4）钢梁与箱形钢柱连接时，应在箱形柱与钢梁翼缘连接处对应设置横隔板；当箱形柱壁板厚度大于 16mm 时，为防止壁板出现层状撕裂，宜采用贯通式隔板；隔板应外伸与钢梁翼缘连接，外伸长度宜为 25～30mm。

（5）钢梁与钢柱加强型连接主要有以下几种类型：①钢梁翼缘扩翼式连接，如图5-40

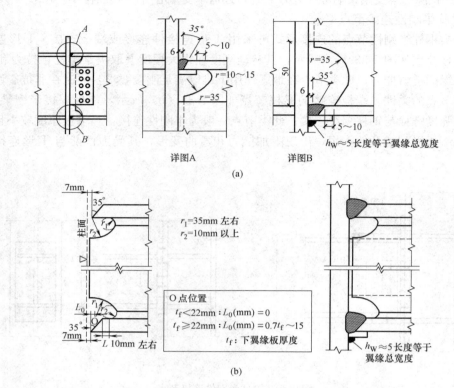

图 5-39　钢梁与钢柱连接的过焊孔

(a) 常规型；(b) 改进型

(a) 所示；②钢梁翼缘局部加宽式连接，如图 5-40 (b) 所示；③钢梁翼缘盖板式连接，如图 5-40 (c) 所示；④钢梁骨式连接，如图 5-40 (d) 所示；⑤钢梁翼缘板式连接，如图 5-40 (e) 所示。当具有相当可靠的依据时，梁柱节点也可采用其他连接形式。

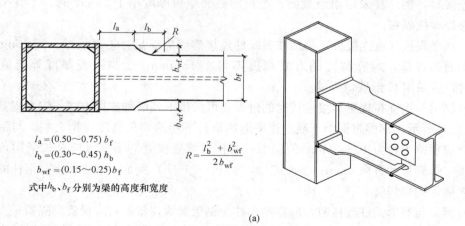

图 5-40　钢梁与钢柱的加强型连接 (一)

(a) 梁翼缘扩翼式连接

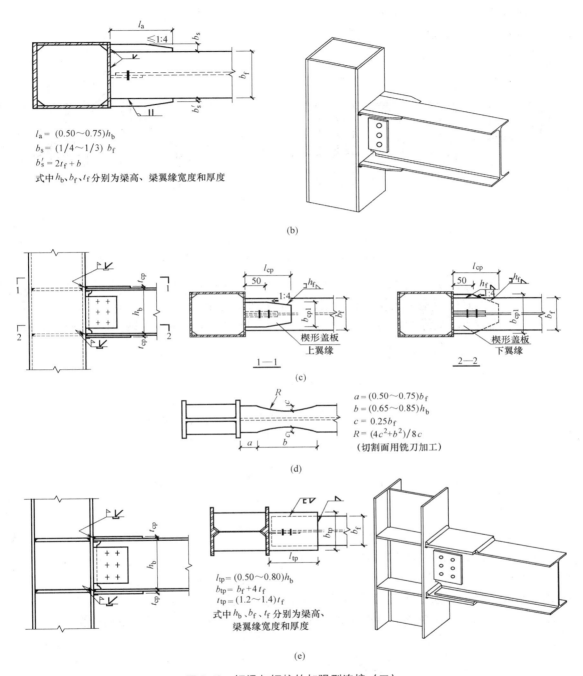

$l_a = (0.50 \sim 0.75)h_b$

$b_s = (1/4 \sim 1/3)\,b_f$

$b_s' = 2t_f + b$

式中 h_b、b_f、t_f 分别为梁高、梁翼缘宽度和厚度

(b)

(c)

$a = (0.50 \sim 0.75)b_f$

$b = (0.65 \sim 0.85)h_b$

$c = 0.25b_f$

$R = (4c^2 + b^2)/8c$

（切割面用铣刀加工）

(d)

$l_{tp} = (0.50 \sim 0.80)h_b$

$b_{tp} = b_f + 4t_f$

$t_{tp} = (1.2 \sim 1.4)t_f$

式中 h_b、b_f、t_f 分别为梁高、
梁翼缘宽度和厚度

(e)

图 5-40　钢梁与钢柱的加强型连接（二）

（b）梁翼缘局部加宽式连接；（c）梁翼缘盖板式连接；（d）梁骨式连接；（e）梁翼缘板式连接

（6）当与钢柱连接两侧的钢梁高度不相等时，且两侧钢梁的高度相差大于或等于 150mm，可在对应每个钢梁的翼缘位置均应设置水平加劲肋，如图 5-41（a）所示。若两侧钢梁的高度相差小于 150mm，可通过加腋方式将截面高度较小的梁端部高度局部加大，且加腋翼缘的坡度不应大于 1∶3，如图 5-41（b）所示；也可采用设置斜加劲肋，加劲肋

的倾斜度不应大于 1:3，如图 5-41（c）所示。当与钢柱相连的钢梁在两个相互垂直方向的高度不相等，且高度差值大于或等于 150mm 时，应分别设置钢柱的水平加劲肋，如图 5-41（d）所示。

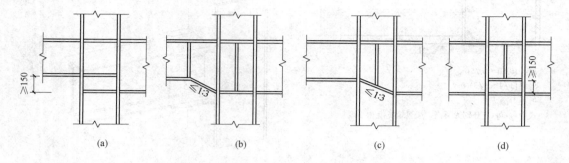

图 5-41　钢梁高度不等时的梁柱连接节点

（a）高度相差较大；（b）高度相差较小（加腋）；（c）高度相差较小（斜加劲）；（d）两垂直方向

（7）当钢梁与 H 形钢柱（绕弱轴）刚性连接时，加劲肋应伸至钢柱翼缘以外 75mm，并以变宽度形式伸至钢梁翼缘，且与翼缘采用全熔透对接焊缝连接，如图 5-42 所示；加劲肋应两面设置，翼缘加劲肋厚度应大于钢梁翼缘厚度；钢梁腹板与钢柱连接板采用高强度螺栓连接。

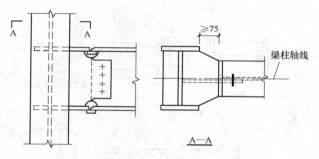

图 5-42　钢梁与 H 形钢柱弱轴刚性连接

（8）当钢梁与钢柱刚性连接时，在钢梁的上下翼缘对应的位置需设置钢柱的水平加劲肋（横隔板）。对抗震设计的结构，水平加劲肋（横隔板）的厚度不应小于钢梁翼缘的厚度加 2mm，且钢材强度不得低于钢梁翼缘的钢材强度，其外侧应与钢梁翼缘外侧对齐，如图 5-43 所示。对非抗震设计的结构，水平加劲肋（横隔板）应能传递钢梁翼缘的集中力，厚度需通过计算确定；当内力较小时，其厚度不应小于 1/2 钢梁翼缘厚度，且符合板件宽厚比限值；水平加劲肋宽度应从钢柱边缘后退 10mm。

（9）当钢梁与钢柱连接节点域厚度不满足规范要求时，对 H 形组合柱宜将腹板在节点域局部加厚，如图 5-44（a）所示。腹板加厚的范围应伸出钢梁上下翼缘外不小于

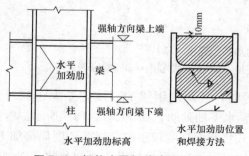

图 5-43　钢柱水平加劲肋构造要求

150mm，对轧制 H 形钢柱可贴焊补强板加强，如图 5-44（b）所示。

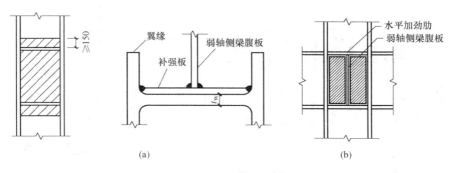

图 5-44 钢梁与钢柱节点域加强
（a）节点域加厚；（b）补强板设置

5.7.3 构件拼接节点

1. 钢柱拼接节点

1）钢柱拼接节点形式

钢柱与钢柱连接节点的形式主要有以下三种：①全焊缝连接，适用于箱形或圆管形截面柱的拼接连接，如图 5-45（a）所示；整个截面采用全熔透的坡口对接焊缝连接；②栓焊混合连接，适用于 H 形截面柱的拼接连接，如图 5-45（b）所示；翼缘板通常采用全熔透的坡口对接焊缝连接，腹板采用摩擦型高强度螺栓连接；③全螺栓连接，适用于 H 形截面柱的拼接连接，如图 5-45（c）所示；翼缘板和腹板均采用摩擦型高强度螺栓连接。

2）钢柱拼接节点的基本规定

钢柱拼接连接节点设计时应遵循下列基本规定：

（1）钢框架柱的拼接节点应设置在弯矩较小的位置，宜位于钢梁上方的 1.2～1.3m。

（2）钢柱拼接节点处应设置安装耳板，宜仅在钢柱一个方向的两侧设置耳板；耳板的厚度应根据阵风和其他施工荷载来确定，且不得小于 10mm。

（3）对抗震设计的钢框架柱，钢框架的拼接应采用与钢柱自身等强度的连接，拼接节点应采用全熔透坡口焊缝。

（4）对非抗震设计的钢结构，当钢框架柱的拼接不产生拉力时，可不按等强度连接设计，拼接节点可采用部分熔透焊缝。若采用部分熔透焊缝，可假定钢柱轴力和弯矩的25%直接通过上下钢柱的接触面传递，此时钢柱的上下端应铣平顶紧，并与柱轴线垂直。部分熔透剖口焊缝的有效深度 t_e 不宜小于板厚的 1/2，如图 5-46 所示。钢框架柱拼接节点应进行承载力验算，且节点设计弯矩不得小于钢柱全截面塑性弯矩的 1/2，弯矩由翼缘和腹板承受、剪力由腹板承受、轴力由翼缘和腹板分担。

（5）对箱形截面钢柱拼接节点，应全部采用焊接连接。为了保证焊缝熔透，其坡口形式如图 5-47 所示。下节箱形钢柱的上端应设置横隔板，边缘沿柱口截面一起刨平，且应与钢柱端口齐平，厚度不宜小于 16mm。在上节箱形钢柱安装单位的下部附近，也应设置上柱横隔板，其厚度不宜小于 10mm。在钢柱拼接节点上下侧各 100mm 范围内，截面的组装焊缝应采用全熔透坡口焊缝。

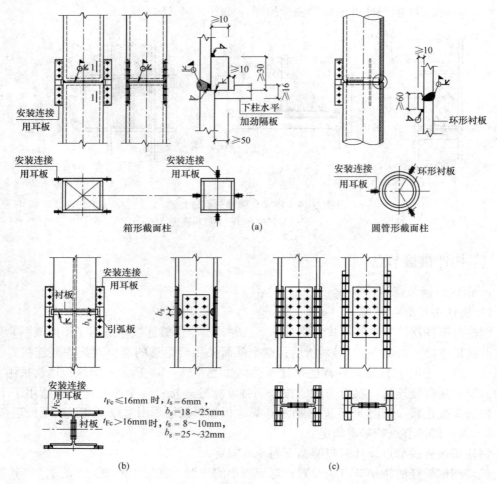

图 5-45 钢柱拼接节点形式

（a）全焊缝连接；（b）栓焊混合连接；（c）全螺栓连接

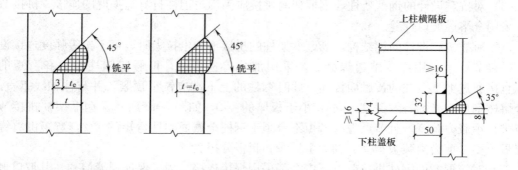

图 5-46 钢柱拼接节点的部分熔透焊缝 　　图 5-47 箱形截面钢柱拼接节点构造

（6）在钢柱拼接处需改变截面时，拼接节点应遵循下列原则与要求：

① 可保持钢柱截面高度不变，仅改变其翼缘的厚度。

② 若需要改变钢柱截面高度时，为了不影响外挂墙板，边钢柱可采用图 5-48（a）所

示的拼接节点，但在计算时应考虑上下钢柱偏心所产生的附加弯矩；中钢柱可采用图 5-48（b）所示的拼接节点。箱形截面钢柱变截面区段的上下端应设置横隔板，且在现场拼接时应将上下端铣平，并采用周边坡口焊接。

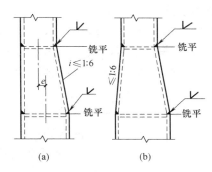

图 5-48 钢柱变截面的拼接节点
(a) 边钢柱；(b) 中钢柱

③ 钢柱的变截面区段一般宜设置于梁柱连接节点的位置。当变截面区段长度小于钢梁截面高度时，变截面段可位于钢梁截面高度范围之内，如图 5-49（a）所示；当变截面区段长度大于钢梁截面高度时，变截面段应位于钢梁截面高度范围之外，且距钢梁上下翼缘均需留不小于 150mm 的距离，以防止钢梁翼缘与钢柱焊接焊缝影响变截面段的连接焊缝，如图 5-49（b）所示。

④ 当钢柱变截面段采用钢梁贯通式节点连接，可通过在钢梁上下改变钢柱截面尺寸来实现，如图 5-50 所示。

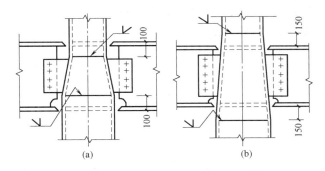

图 5-49 变截面钢柱与钢梁连接节点（柱贯通式）
(a) 变截面区段位于梁高范围内；(b) 变截面区段位于梁高范围外

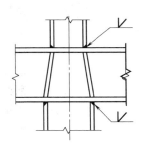

图 5-50 变截面钢柱与钢梁
连接节点（梁贯通式）

2. 钢梁拼接节点

1）钢梁拼接节点形式

钢梁拼接节点的连接形式主要有以下三种：①栓焊混合连接，如图 5-51（a）所示；翼缘板采用全熔透的坡口对接焊缝连接，腹板采用摩擦型高强度螺栓连接；②全螺栓连接，如图 5-51（b）所示；翼缘板和腹板均采用摩擦型高强度螺栓连接；③全焊缝连接，

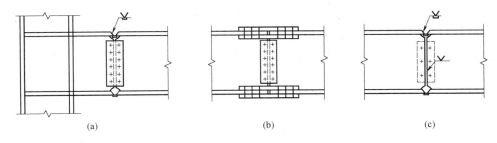

图 5-51 钢梁拼接节点形式
(a) 栓焊混合；(b) 全螺栓；(c) 全焊缝

适用于抗震等级为三级、四级或非抗震设计的框架梁，如图 5-51（c）所示；翼缘板和腹板均采用全熔透的坡口对接焊缝连接。

2）拼接节点的受弯承载力

钢梁拼接节点的受弯极限承载力应按下式计算确定。

$$M_{ub,sp}^j \geqslant \alpha M_p \tag{5-89}$$

式中　　$M_{ub,sp}^j$——钢梁拼接节点的极限受弯承载力；

　　　　M_p——钢梁的全塑性受弯承载力（加强型节点连接时应按未扩大的原截面计算），当考虑轴力影响时，可按表 5-17 中的 M_{pc} 计算；

　　　　α——连接系数，可按表 5-16 确定。

钢梁拼接节点当全截面采用高强度螺栓连接时，按弹性方法计算确定截面的翼缘弯矩和腹板弯矩应符合下列公式要求。

$$M_f + M_w \geqslant M_j \tag{5-90a}$$
$$M_f \geqslant (1 - \psi I_w / I_0) M_j \tag{5-90b}$$
$$M_w \geqslant (\psi I_w / I_0) M_j \tag{5-90c}$$

式中　　M_f、M_w——分别为拼接节点处钢梁翼缘和腹板的弯矩设计值；

　　　　M_j——拼接节点处钢梁的弯矩设计值，原则上 $M_j = W_b f_y$；当拼接节点处弯矩值较小时，不应小于 $0.5 W_b f_y$；

　　　　W_b——钢梁的截面塑性模量；

　　　　I_w——钢梁腹板的截面惯性矩；

　　　　I_0——钢梁的截面惯性矩；

　　　　ψ——弯矩传递系数，一般取 0.4；

　　　　f_y——钢材的屈服强度值。

在抗震设计时，钢梁拼接节点设计时应考虑轴力的影响；非抗震设计时，钢梁拼接节点可按实际内力进行设计，且腹板连接可按承受全部剪力和部分弯矩计算，翼缘连接按所分配的弯矩进行计算。

5.7.4　钢梁连接节点

1. 次梁与主梁连接节点

1）连接节点的形式

次梁与主梁连接节点主要有两种形式：简支铰接和连续刚接。通常情况下，次梁与主梁之间的连接被设计成简支铰接。简支铰接连接节点可通过以下方式实现：次梁的腹板与主梁的竖向加劲板之间通过高强度螺栓来连接，如图 5-52（a）和（b）所示；当次梁截面较小且内力不大时，也可直接将次梁的腹板连接到主梁的腹板上，如图 5-52（c）所示。当次梁跨数较多、跨度较长、荷载较大时，也可将次梁与主梁的连接设计成为连续刚接，如图 5-53（a）和（b）所示。

2）简支铰接连接节点的计算

次梁与主梁简支铰接连接节点的计算简图如图 5-54 所示，具体计算如下。

（1）高强度螺栓计算

在次梁端部剪力 V 的作用下，单颗高强度螺栓所受到的力：

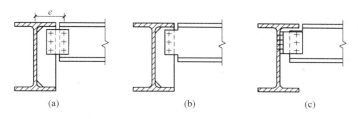

图 5-52 次梁与主梁的简支铰接连接

（a）拼接连接；（b）加劲肋连接；（c）角钢连接

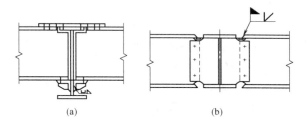

图 5-53 次梁与主梁的连续刚性连接

（a）主次钢梁不等高；（b）主次钢梁等高

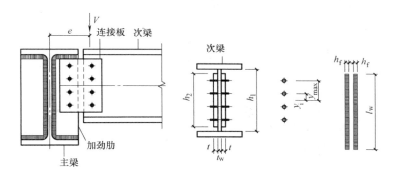

图 5-54 次梁与主梁简支铰接连接的计算简图

$$N_v = V/n \tag{5-91a}$$

在次梁端部偏心弯矩 $M_e = Ve$ 的作用下，受力最大的单颗高强度螺栓的内力：

$$N_M = M_e y_{max} / (\sum y_i^2) \tag{5-91b}$$

在剪力 V 和偏心弯矩 M_e 共同作用下，受力最大的单颗高强度螺栓的合力：

$$N_{smax} = \sqrt{(N_v)^2 + (N_M)^2} \leqslant N_v^{bH} \tag{5-91c}$$

（2）主梁加劲肋的连接焊缝计算

主梁加劲肋与主梁的连接焊缝一般采用双面直角角焊缝连接。假设焊缝焊脚尺寸为 h_f，计算长度为 l_w，则在剪力 V 和偏心弯矩 M_e 共同作用下其强度按下列公式计算：

$$\tau_v = \frac{V}{2 \times 0.7 h_f l_w} \tag{5-92a}$$

$$\sigma_M = \frac{M_e}{W_w} \tag{5-92b}$$

$$\sigma_{\text{fs}} = \sqrt{(\tau_{\text{V}})^2 + (\sigma_{\text{M}}/\beta_{\text{f}})^2} \leqslant f_{\text{f}}^{\text{w}} \tag{5-92c}$$

式中　W_{w}——角焊缝的截面抵抗矩。

（3）连接板的厚度

连接板的厚度 t 可按下列方法确定：

当采用双剪连接时：　$t = t_{\text{w}}h_1/(2h_2) + (1\sim3)\text{mm}$ 且不宜小于 6mm

当采用单剪连接时：　$t = t_{\text{w}}h_1/h_2 + (2\sim4)\text{mm}$ 且不宜小于 8mm

式中　h_1——次梁腹板的高度；

　　　h_2——次梁腹板连接板垂直方向上的长度；

　　　t_{w}——次梁腹板的厚度。

2. 侧向隔撑节点设计

在进行抗震设计时，钢框架梁应在出现塑性铰（一般距柱轴线 1/8～1/10 梁跨或 2 倍梁的截面高度）截面的上下翼缘处均设置侧向隔撑。当楼板为钢筋混凝土且与主梁的上翼缘有可靠连接时，则可以仅在相互垂直框架梁固端的下翼缘（0.15 倍梁跨附近）设置侧向隔撑，如图 5-55（a）所示。当框架梁端部采用加强型连接或骨式连接，应在塑性区段外、钢梁腹板上设置竖向加劲肋，且偏置 45°；侧向隔撑与竖向加劲肋在钢梁下翼缘附近连接，竖向加劲肋与钢梁翼缘不焊接，如图 5-55（b）所示。若钢梁下翼缘宽度局部加大，对钢梁下翼缘有加大的侧向约束，视情况也可不设置隔撑。

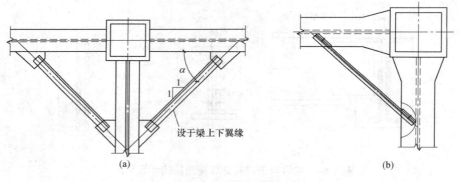

设于梁上下翼缘

（a）　　　　　　　　　　　　　（b）

图 5-55　主梁侧向隔撑连接节点

（a）梁端为普通连接；（b）梁端为加强型或骨式连接

侧向隔撑的设计可按下列公式进行计算：

（1）侧向隔撑的轴力 N_{cs}

$$N_{\text{cs}} = \frac{A_{\text{f}}f}{85\cos\alpha}\sqrt{\frac{f_{\text{y}}}{235}} \tag{5-93a}$$

（2）隔撑的强度 σ_{cs}

$$\sigma_{\text{cs}} = \frac{N_{\text{cs}}}{\varphi A_{\text{cs}}} \leqslant f_{\text{cs}} \tag{5-93b}$$

（3）隔撑的长细比 λ_{cs}

$$\lambda_{\text{cs}} \leqslant 120\sqrt{\frac{235}{f_{\text{csy}}}} \tag{5-93c}$$

式中　A_f——主钢梁的一侧翼缘的截面面积；

　　　A_{cs}——侧向隔撑杆件的截面面积；

　　　φ——根据侧向隔撑长细比按轴心受压杆件所确定的稳定系数；

　　　α——隔撑与梁轴线的夹角，当梁相互垂直时可取 $45°$。

f、f_y——主钢梁所用钢材的抗压强度设计值和屈服强度值；

f_{cs}、f_{csy}——隔撑所用钢材的抗压强度设计值和屈服强度值。

3. 钢梁腹板开洞

在实际工程中，钢框架梁常因设备管道等横向贯穿而需在梁腹板上开设洞口，应采取一定的措施对洞口进行补强处理。

1）洞口补强设计原则

在钢梁腹板开设洞口处，截面弯矩应由翼缘承担，剪力应由开洞腹板和补强板件共同承担。开设洞口处的钢梁腹板和补强板的截面面积之和应大于原腹板的截面面积，且补强板件应采用与原母材强度等级相同的钢材。

2）开设洞口的尺寸

钢梁腹板开设的洞口尺寸一般需根据设备管道工艺要求确定。若开设洞口为圆孔时，孔径 d_h 不应大于腹板高度的 $1/3$，即 $d_h \leqslant h_{wb}/3$。若开设洞口为矩形孔时，矩形孔的宽度（垂直方向）不宜大于 $h_{wb}/3$，孔的长度（水平方向）不宜大于 2 倍的孔宽。

3）洞口补强措施

（1）当开孔位置距梁端 $1/10$ 跨度以外、$d_h \leqslant h_{wb}/5$ 且孔径小于 80mm，孔与孔的中心距离大于或等于 3 倍孔径时，可不采用补强措施。

（2）当 $h_{wb}/5 \leqslant d_h \leqslant h_{wb}/3$ 时，可采用套管补强，如图 5-56（a）所示。套管的壁厚 t_R 应大于或等于梁腹板的厚度 t_{wb}；套管的长度应略小于梁的宽度；套管与梁腹板的连接一般在梁腹板两侧采用角焊缝连接，焊脚尺寸取 $0.7t_{wb}$。

（3）当 $d_h \leqslant h_{wb}/3$ 时，也可在腹板两侧成对设置环形板补强，如图 5-56（b）所示。环形板的厚度不宜小于 $0.7t_{wb}$；环形板的宽度可在 $75 \sim 125$mm 范围内采用，一般为 100mm；环形板与腹板的连接宜采用角焊缝，其焊脚尺寸为 $0.7t_{wb}$。

（4）当 $d_h \leqslant h_{wb}/3$ 且成规律布置时，可在腹板上一侧或两侧设置斜向加劲肋补强，加劲肋的厚度一般取 $0.7t_{wb}$，如图 5-56（c）所示；加劲肋的宽度不应大于其厚度的 15 倍，且加劲肋的总宽度应比梁宽度小；加劲肋与腹板的连接宜采用双面角焊缝，其焊脚尺寸为 0.7 倍加劲肋的厚度。

（5）当钢梁腹板上开设的洞孔为矩形时，可同时采用纵向加劲肋和横向加劲肋进行补强，如图 5-56（d）所示。纵向和横向加劲肋的厚度一般取 $0.7t_{wb}$；加劲肋的宽度不应大于其厚度的 15 倍，且加劲肋的总宽度应比梁宽度小；加劲肋与腹板的连接宜采用双面角焊缝，其焊脚尺寸为 0.7 倍加劲肋的厚度。

5.7.5　钢柱脚节点

1. 钢柱脚的形式

按结构的受力特点的不同，钢柱脚节点可分为铰接连接柱脚和刚性固定连接柱脚两大类。铰接连接柱脚仅传递垂直力和水平力，刚性固定连接柱脚除了传递垂直力和水平力外

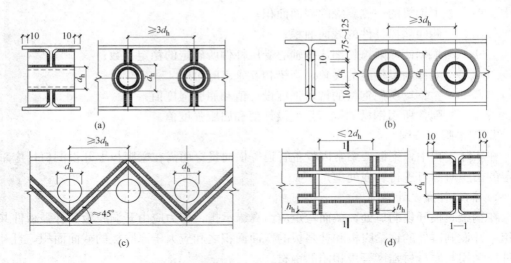

图 5-56　梁腹板开洞的补强措施

（a）套管补强；（b）环板补强；（c）斜加劲肋补强；（d）纵横向加劲肋补强

还需传递弯矩。但是，在实际工程中，铰接柱脚并不是完全理想的铰，刚性柱脚也不是完全的刚固，常有介于上述两种柱脚之间的半刚性固定柱脚。

　　按柱脚构造形式的不同，刚性固定连接柱脚又可分为整体式柱脚和分离式柱脚。整体式柱脚又可分为外露式、埋入式和外包式三类柱脚，分别如图 5-57（a）～（c）所示。各类钢柱脚设计时均应进行受压、受弯和受剪承载力的计算，其轴力、弯矩和剪力的设计值均应取钢柱底部的相应截面内力设计值。

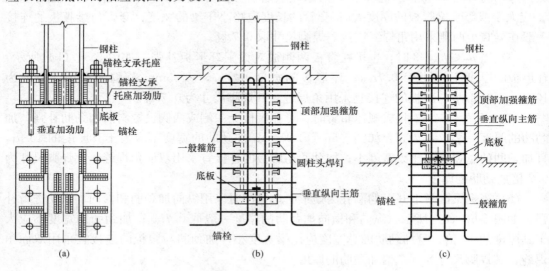

图 5-57　刚性连接的钢柱脚

（a）外露式；（b）埋入式；（c）外包式

2. 钢柱脚的构造要求

各类钢柱脚设计时均应满足下列构造要求：

1）外露式钢柱脚通过地脚锚栓将钢柱脚底板锚固于混凝土基础中。当钢框架抗震等级为三级及以上时，钢柱脚底部锚栓截面面积不宜小于钢柱下端截面面积的20％。

2）埋入式钢柱脚是将柱脚埋入混凝土基础内，且通过地脚螺栓实现钢柱脚底板与下部混凝土的连接。埋入钢柱脚尚需满足下列条件：

（1）埋置深度：对H形截面钢柱，埋置深度不应小于2倍钢柱截面高度；对箱形截面钢柱，埋置深度不应小于2.5倍钢柱截面边长；对圆形钢管柱，埋置深度不应小于3倍钢柱外径。

（2）保护层厚度：在埋入钢柱的侧边，混凝土保护层厚度应满足图5-58（a）的要求；C_1不应小于钢柱受弯方向截面高度的1/2，且不小于250mm；C_2不应小于钢柱受弯方向截面高度的2/3，且不小于400mm。

（3）钢筋配置：在埋入钢柱的四角应设置竖向钢筋，四周应配置箍筋，且箍筋直径不应小于10mm，间距不大于250mm；在边柱和角柱柱脚中，埋入部分的顶部和底部还需设置U形钢筋，U形钢筋开口向内，用以抵抗柱脚剪力，如图5-58（b）所示。

（4）水平加劲肋与横隔板的设置：在混凝土基础顶部，钢柱应设置水平加劲肋；当箱形截面钢柱壁板宽厚比大于30时，应在埋入钢柱部分的顶部设置横隔板，也可在箱形截面钢柱埋入部分填充混凝土（需填充至基础顶部以上1倍箱形截面高度）。

（5）埋入钢柱的翼缘表面宜设置栓钉。

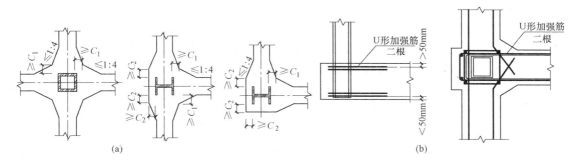

图 5-58　埋入式钢柱脚的构造要求
（a）保护层厚度；（b）边柱U形加强钢筋

3）外包式钢柱脚是由钢柱脚和外包混凝土组成的，位于混凝土基础顶面以上。外包式钢柱脚尚需满足下列条件：

（1）外包尺寸：外包混凝土的高度不应小于2.5倍钢柱截面高度，柱脚底板至外包层顶部箍筋的距离与外包混凝土宽度的比值不应小于1.0。

（2）钢筋配置：外包层内纵向受力钢筋在基础内的锚固长度应满足现行国家标准《混凝土结构设计规范》GB 50010中相关规定；四角主钢筋的上、下部均应设置弯钩，弯钩投影长度不应小于15d；外包层中应配置箍筋，箍筋直径、间距和配箍率应符合现行国家标准《混凝土结构设计规范》GB 50010中钢筋混凝土的要求；在外包层顶部箍筋应加密，不少于3道，间距不应大于50mm。

（3）外包部分的钢柱翼缘表面宜设置栓钉。

4）钢柱脚底板应采用抗弯连接，即通过地脚锚栓将底板与混凝土基础连接。地脚锚栓尚需满足下列要求：

（1）材质：地脚锚栓应采用 Q235 钢和 Q345 钢制作。

（2）直径：可采用 M24、M27、M30、M33、M36、M39、M42 的地脚锚栓，但一般直径不宜小于 M24。

（3）锚固长度：一般不宜小于 $25d$（d 为锚栓的直径），其下部端头应设置弯钩（一般为 $4d$），或锚板或锚梁，锚板厚度宜大于 1.3 倍锚栓直径。

（4）锚栓孔径：在柱脚底板上，宜取 $d+(5\sim10)$mm；在锚栓垫板上，宜取 $d+2$mm；锚栓垫板通常与底板等厚。

（5）混凝土：锚栓四周与底部应具有足够厚度的混凝土，避免基础冲切破坏，且锚栓底部混凝土的厚度还需满足混凝土基础的保护层厚度要求；柱脚底板与基础混凝土之间应填充强度等级为 C40 的细石混凝土或强度等级为 M50 的膨胀水泥砂浆找平，厚度不宜小于 50mm。

（6）焊缝：在钢柱安装校正完毕后，应将锚栓垫板四周与底板焊牢，焊脚尺寸不宜小于 10mm；锚栓应采用双螺帽紧固，为防止螺母松动，螺母应与锚栓垫板点焊。

（7）施工定位：在埋设锚栓时，为了保证锚栓的定位准确，宜采用固定架和木模板来保证锚栓准确定位。

3. 外露式钢柱脚设计

1）柱脚底板尺寸

外露式钢柱脚的底板尺寸可通过柱脚底板下混凝土的局部承压计算来确定，荷载大小为钢柱的轴力设计值，承压面积为底板面积，具体计算方法可参见现行国家标准《混凝土结构设计规范》GB 50010 中混凝土的局部承压验算。

2）地脚锚栓计算

在钢柱柱脚的轴力和弯矩作用下，地脚锚栓面积可按下式进行计算确定。

$$M \leqslant M_l \tag{5-94a}$$

在进行抗震设计时，在柱脚连接处钢柱截面可能会出现塑性铰，因此钢柱脚的极限受弯承载力应大于钢柱的全塑性抗弯承载力，即：

$$M_{pc} \leqslant M_u \tag{5-94b}$$

式中　M——钢柱脚的弯矩设计值；

　　　M_l——在轴力和弯矩作用下的钢柱脚受弯承载力，可按钢筋混凝土压弯构件截面设计方法计算；计算截面为柱脚底板面，受拉区由锚栓承受拉力，受压区由混凝土基础承担压力，受压区锚栓不参加受力；锚栓和混凝土强度均取设计值。

　　　M_{pc}——考虑轴力时钢柱截面的塑性受弯承载力，可按表 5-16 确定；

　　　M_u——考虑轴力时的钢柱脚受弯承载力，可采用式（5-94a）中 M_l 的计算方法，但锚栓和混凝土强度均取标准值。

当钢柱脚地脚锚栓承受拉力和剪力共同作用时，单根地脚锚栓承载力可按下式进行计算。

$$\left(\frac{N_t}{N_t^a}\right)^2 + \left(\frac{V_v}{V_v^a}\right)^2 \leqslant 1 \tag{5-94c}$$

式中　N_t、V_v——分别为单根地脚锚栓承受的拉力设计值和剪力设计值；

N_t^a——单根锚栓的受拉承载力，$N_t^a = A_e f_t^a$；

V_t^a——单根锚栓的受剪承载力，$V_t^a = A_e f_v^a$；

A_e——单根锚栓截面面积；

f_t^a、f_v^a——分别为锚栓钢材的抗拉、抗剪强度设计值。

3）地脚锚栓计算

钢柱脚底板锚栓一般不宜用于承受柱脚底部的水平剪力。柱脚底部的水平剪力应由柱脚底板与其下部的混凝土或水泥砂浆之间的摩擦力来抵抗。柱脚抗剪承载力 V_{fb} 可按下式计算：

$$V \leqslant V_{fb} = \mu_{sc} N \tag{5-94d}$$

式中 μ_{sc}——柱脚底板与下部混凝土或水泥砂浆的摩擦系数，一般取为 0.4。

当按式（5-94d）不能满足时，可按图 5-59 所示的形式设置抗剪键（可采用角钢、槽钢、工字钢、H 型钢）来抵抗水平力。

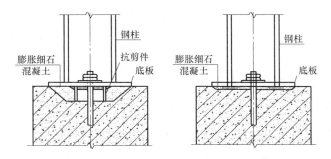

图 5-59　钢柱脚底部的抗剪件

4. 埋入式钢柱脚设计

1）柱脚底板尺寸

埋入式钢柱脚的底板尺寸可通过柱脚底板下混凝土的局部承压计算来确定，荷载大小为钢柱的轴力设计值，承压面积为底板面积，具体计算方法可参见现行国家标准《混凝土结构设计规范》GB 50010—2010 中混凝土的局部承压验算。

2）钢柱脚极限承载力

在进行抗震设计时，在基础顶面处钢柱截面易于出现塑性铰，因此轴力和弯矩共同作用下的基础混凝土侧向抗弯极限承载力（钢柱脚极限承载力）需要验算。钢柱埋入范围内的混凝土侧向应力分布如图 5-60 所示。

在钢柱埋入范围内，钢柱脚的极限承载力不应小于考虑轴力时钢柱全截面塑性抗弯承载力，且与极限受弯承载力对应的钢柱脚剪力不应大于钢柱的塑性抗剪承载力，验算公式如下：

$$M_u \geqslant \alpha M_{pc} \tag{5-95a}$$

$$V_u = M_u / l \leqslant 0.58 h_w t_w f_y \tag{5-95b}$$

$$M_u = f_{ck} B_c l \left[\sqrt{(2l + h_B)^2 + h_B^2} - (2l + h_B) \right] \tag{5-95c}$$

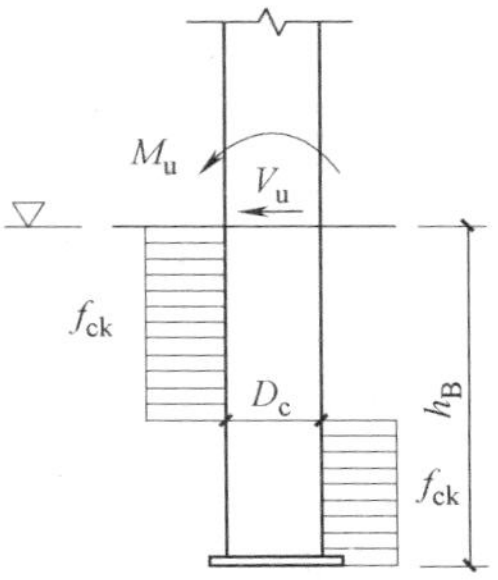

式中 M_u、V_u——在钢柱埋入范围内钢柱脚的极限受弯承载力及与其对应的抗剪承载力；

图 5-60　钢柱埋入范围内的混凝土侧向应力分布

M_{pc}——考虑轴力时钢柱全截面的塑性受弯承载力，可按表 5-17 确定；

l——基础顶面到钢柱反弯点的距离，可取钢柱脚所在层层高的 2/3；

B_c——与弯矩作用方向垂直的钢柱截面宽度，对 H 形截面钢柱，应取等效宽度；

h_B——钢柱脚的埋置深度；

h_w、t_w——分别为钢腹板的高度和厚度；

f_{ck}——基础混凝土抗压强度标准值；

f_y——钢材的屈服强度值；

α——连接系数，可按表 5-16 确定。

3）U 形加强钢筋的计算

在边（角）钢柱埋入范围内，混凝土基础上、下部位均需设置 U 形加强钢筋，如图 5-58（b）所示。U 形加强钢筋的数量可按下列公式进行计算确定：

（1）当钢柱脚受到由内向外作用的剪力时，如图 5-61（a）所示

$$M_u \leqslant f_{ck} D_c l \left[\frac{T_y}{f_{ck} D_c} - l - h_B + \sqrt{(l+h_B)^2 - \frac{2T_y(l+a)}{f_{ck} D_c}} \right] \tag{5-96a}$$

（2）当钢柱脚受到由外向内作用的剪力时，如图 5-61（b）所示

$$M_u \leqslant -(f_{ck} D_c l^2 + T_y l) + f_{ck} D_c l \sqrt{l^2 + \frac{2T_y(l+h_B-a)}{f_{ck} D_c}} \tag{5-96b}$$

式中　M_u——埋入部分钢柱脚由 U 形加强钢筋提供的侧向极限受弯承载力，可取为 M_{pc}；

T_y——U 形加强钢筋的受拉承载力，$T_y = A_t f_{yk}$；

A_t——U 形加强钢筋的截面面积之和；

D_c——与弯矩作用方向平行的柱身尺寸；

h_B——钢柱脚的埋置深度；

l——基础顶面到钢柱反弯点的距离，可取钢柱脚所在层层高的 2/3；

a——U 形加强钢筋合力点至基础上表面或至钢柱底板下表面的距离；

f_{yk}——U 形加强钢筋的强度标准值；

f_{ck}——基础混凝土抗压强度标准值。

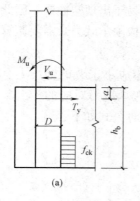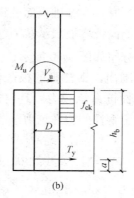

图 5-61　埋入式钢柱脚 U 形钢筋计算简图

（a）由内向外的剪力；（b）由外向内的剪力

5. 外包式钢柱脚设计

1) 柱脚底板尺寸

外包式钢柱脚的底板尺寸可通过柱脚底板下混凝土的局部承压计算来确定，荷载大小为钢柱的轴力设计值，承压面积为底板面积，具体计算方法可参见现行国家标准《混凝土结构设计规范》GB 50010—2010 中混凝土的局部承压验算。

2) 钢柱脚受弯承载力计算

外包式钢柱脚的弯矩和剪力主要是由外包层混凝土和钢柱脚共同承担，受弯状态下钢柱脚外包层的有效面积可见图 5-62（a）所示。外包式钢柱脚的受弯承载力可按下式计算：

$$M \leqslant 0.9A_s f h_0 + M_l \qquad (5-97)$$

式中　M——钢柱脚的弯矩设计值；

　　　A_s——外包层混凝土中受拉侧的钢筋截面面积；

　　　f——受拉钢筋抗拉强度设计值；

　　　h_0——受拉钢筋合力点至混凝土受压区边缘的距离；

　　　M_l——钢柱脚的受弯承载力，可按式（5-94a）计算确定。

在进行抗震设计时，在外包混凝土顶面处，钢柱截面易于出现塑性铰。因此，外包式钢柱脚的极限受弯承载力应大于钢柱的全塑性受弯承载力。外包式钢柱脚的极限受弯承载力应满足下列公式：

$$M_u \geqslant \alpha M_{pc} \qquad (5-98a)$$

$$M_u = \min(M_{u1}, M_{u2}) \qquad (5-98b)$$

$$M_{u1} = M_{pc}/(1 - l_r/l) \qquad (5-98c)$$

$$M_{u2} = 0.9A_s f_{yk} h_0 + M_{u3} \qquad (5-98d)$$

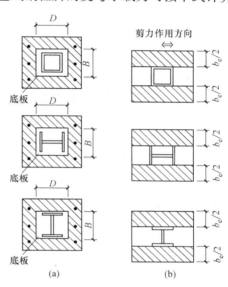

图 5-62　外包式钢柱脚的外包混凝土有效面积（阴影部分）
（a）受弯状态；（b）受剪状态

式中　M_u——外包式钢柱脚的极限受弯承载力；

　　　M_{pc}——考虑轴力时钢柱的全塑性受弯承载力，可按表 5-17 计算确定；

　　　M_{u1}——考虑轴力影响，当外包混凝土顶部箍筋处钢柱弯矩达到全塑性受弯承载力 M_{pc} 时，按比例放大的外包混凝土底部弯矩；

　　　l——基础顶面（或钢柱底板）到钢柱反弯点的距离，可取钢柱脚所在层层高的 2/3；

　　　l_r——外包混凝土顶部箍筋至钢柱底板的距离；

　　　M_{u2}——外包钢筋混凝土的抗弯承载力与 M_{u3} 的和；

　　　M_{u3}——钢柱脚的极限受弯承载力，可采用式（5-94b）中 M_u 的计算方法；

　　　A_s——外包层混凝土中受拉侧的钢筋截面面积；

　　　h_0——受拉钢筋合力点至混凝土受压区边缘的距离；

　　　f_{yk}——钢筋的抗拉强度标准值；

　　　α——连接系数，可按表 5-16 确定。

3）钢柱脚受剪承载力计算

外包式钢柱脚的外包混凝土截面受剪承载力应符合下式：

$$V \leqslant b_e h_0 (0.7 f_t + 0.5 f_{yv} \rho_{sh}) \tag{5-99a}$$

在进行抗震设计时，外包混凝土截面受剪承载力还需满足下列公式要求：

$$V_u \geqslant M_u / l_r \tag{5-99b}$$

$$V_u \leqslant b_e h_0 (0.7 f_{tk} + 0.5 f_{yvk} \rho_{sh}) + M_{u3} / l_r \tag{5-99c}$$

式中　V——钢柱脚底部截面的剪力设计值；

V_u——外包式钢柱脚的极限受剪承载力；

b_e——外包层混凝土截面的有效宽度，可按图 5-62（b）确定；

ρ_{sh}——水平箍筋的配箍率，$\rho_{sh} = A_{sh} / b_e s$，当 $\rho_{sh} > 1.2\%$ 时，取 1.2%；

A_{sh}——配置在同一截面内箍筋的截面面积；

s——箍筋的间距；

f_{tk}——混凝土轴心抗拉强度标准值；

f_t——混凝土轴心抗拉强度设计值；

f_{yv}——箍筋的抗拉强度设计值；

f_{yvk}——箍筋的抗拉强度标准值。

5.8　设计实例

5.8.1　设计资料

本工程为江苏省南京市某四层化工厂房，结构主体采用钢结构体系。结构层高均为 5m，总高度为 20m，水平投影长度为 24m，宽度为 18m。一～三层楼面采用压型钢板组合楼板，屋顶采用普通压型钢板，墙面采用 ALC 板。结构承受的荷载作用主要包括：永久荷载、可变荷载（包括机器动荷载）、风荷载、温度作用和地震作用（按 7 度抗震设防烈度考虑）。结构的空间示意图、柱位图、正视图和侧视图分别如图 5-63～图 5-66 所示。

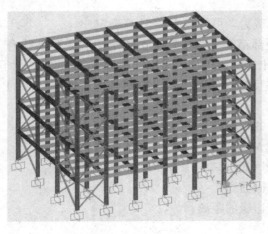

图 5-63　结构空间示意图

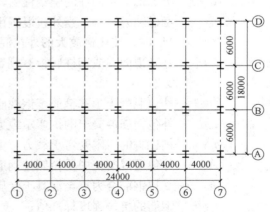

图 5-64　结构柱位图

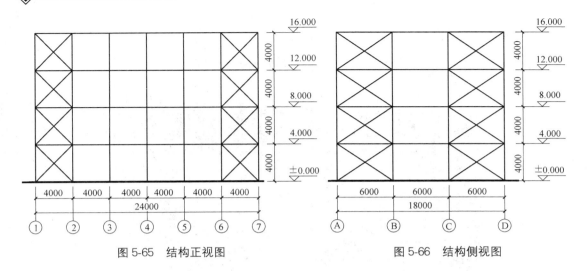

图 5-65 结构正视图   图 5-66 结构侧视图

5.8.2 荷载标准值

1. 屋面永久荷载标准值

结构钢材自重由计算软件自动计算，屋顶压型钢板和檩条的自重可近似折算成面荷载，取值为：$0.5kN/m^2$。

2. 屋面可变荷载标准值

屋面活荷载与雪荷载不同时组合，一般取两者的较大值；轻型钢结构为对雪荷载敏感的结构，考虑 100 年重现期的基本雪压，即，屋面可变荷载标准值取为 $0.75kN/m^2$。

3. 楼面永久荷载标准值

10mm 厚面层，20mm 厚 1：2 水泥砂浆打底	$0.65kN/m^2$
等效 102mm 厚组合楼板混凝土部分	$0.102×25＝2.55kN/m^2$
组合楼板压型钢板部分	$0.15kN/m^2$
	$3.35kN/m^2$

4. 楼面可变荷载标准值

楼面活荷载为 $4kN/m^2$。机器荷载大小根据工艺要求确定，并且将机器荷载乘以 1.2 放大系数，再按可变荷载计算。

5. 墙面永久荷载标准值

墙面采用 ALC 板，荷载为：$0.65kN/m^2$。

6. 风荷载标准值

基本风压值 $0.40kN/m^2$；地面粗糙系数按 B 类取值；风荷载高度变化系数按现行国家标准《建筑结构荷载规范》GB 50009—2012 的规定采用，风振系数按照规范中的公式：$\beta_z=1+2gI_0B_z\sqrt{1+R^2}$ 计算。

7. 温度作用

考虑 $\pm25℃$ 的温度作用。

8. 地震作用

按照七度抗震设防烈度计算。

5.8.3　结构方案设计

本工程结构采用 PKPM 软件进行设计，计算主界面如图 5-67 所示。

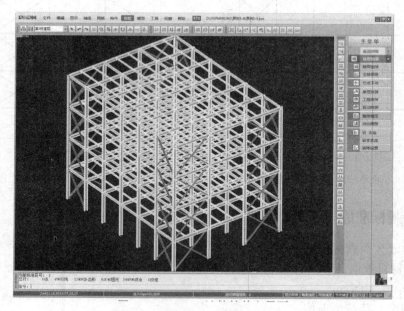

图 5-67　PKPM 计算软件主界面

钢柱截面均采用同一种 H 形截面尺寸，HM440×300×11×18；钢梁截面采用三种 H 形截面尺寸，横向框架梁为 HM390×300×10×16，纵向框架梁 HM340×250×9×14，组合次梁 HM294×200×8×12；支撑截面采用双等边角钢组合截面形式，即为 2∠125×8；压型钢板型号为 YX75-200-600，厚度为 1.0mm。

5.8.4　组合楼板设计

压型钢板的型号为 YX75-200-600（图 5-68），厚度为 1.0mm。压型钢板板肋沿主梁轴线方向布置，按照组合截面设计。

1. 压型钢板的截面特性

计算过程中取单位宽度（200mm）的一个板单元为对象进行计算，截面面积：$A_s = 323\text{mm}^2$，截面惯性矩：$I_s = 2.386 \times 10^5 \text{mm}^4$，$h_s = 75\text{mm}$，$x_c = 30.7\text{mm}$。

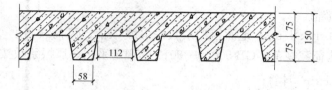

图 5-68　组合楼板截面图

2. 施工阶段验算

1）荷载计算

200mm 板宽内的均布荷载：$q_1 = 1.2 \times 0.2 \times (2.55 + 0.15) + 1.4 \times 0.2 \times 2.0 = 1.21\text{kN/m}^2$

2）内力计算

200mm 板宽内的弯矩值：$M = \frac{1}{8}q_1 l^2 = \frac{1}{8} \times 1.21 \times 2^2 = 0.60\text{kN} \cdot \text{m}$

3）强度计算

根据式（5-13）可验算压型钢板在施工阶段的承载力：

$M = 0.60\text{kN} \cdot \text{m} < fW_{s1} = fI_s/(h_s - x_c) = 215 \times 2.386 \times 10^5/(75 - 30.7)\text{kN} \cdot \text{m}$
$= 1.16\text{kN} \cdot \text{m}$

$M = 0.60\text{kN} \cdot \text{m} < fW_{s2} = fI_s/x_c = 215 \times 2.386 \times 10^5/30.7\text{kN} \cdot \text{m}$
$= 1.67\text{kN} \cdot \text{m}$

故施工阶段强度满足要求。

4）挠度计算

根据式（5-14b）可计算压型钢板的挠度：

$[v] = \min(l/180, 20) = \min(2000/180, 20) = 11.1\text{mm}$

$v = \frac{5ql^4}{384EI_s} = \frac{5 \times 0.2 \times (2.7 + 2.0) \times 2000^4}{384 \times 2.06 \times 10^5 \times 2.386 \times 10^5} = 4.0\text{mm} < 11.1\text{mm}$

故施工阶段挠度满足要求。

3. 使用阶段验算

压型钢板上的混凝土厚度为 75mm，组合楼板强边（顺肋）方向的正弯矩和挠度按照简支单向板计算。

楼板的混凝土强度等级为 C30，抗压强度设计值 $f_c = 14.3 \text{ kN/m}^2$，$\alpha_1 = 1.0$，组合楼板的有效高度 $h_0 = 105.7\text{mm}$，压型钢板以上的混凝土厚度 $h_{c1} = 75\text{mm}$。

1）荷载计算

1m 板宽内的均布荷载：$q_2 = 1.2 \times 0.2 \times 3.35 + 1.4 \times 0.2 \times 4.0 = 1.92\text{kN/m}^2$

2）内力计算

200mm 板宽内的弯矩设计值：$M = \frac{1}{8}q_2 l^2 = \frac{1}{8} \times 1.92 \times 2^2 = 0.96\text{kN} \cdot \text{m}$

200mm 板宽内的剪力设计值：$V = \frac{1}{2}q_2 l = \frac{1}{2} \times 1.92 \times 2 = 1.92\text{kN}$

3）正截面承载力验算

$x = \frac{A_s f}{B f_c} = \frac{323 \times 215}{200 \times 14.3} = 24.3\text{mm} < 0.55h_0 = 0.55 \times 105.7 = 58.1\text{mm}$

且 $x < h_{c1} = 75\text{mm}$，属于第一类截面，根据式（5-18）可计算组合楼板的正截面承载力：

$M_u = 0.8xbf_c\left(h_0 - \frac{x}{2}\right) = 0.8 \times 24.3 \times 200 \times 14.3 \times (105.7 - 24.3/2)$
$= 5.2\text{kN} \cdot \text{m} > 0.96\text{kN} \cdot \text{m}$

正截面承载力满足要求。

4）斜截面承载力验算

根据式（5-20）可计算组合楼板的斜截面承载力：

$$V_u = 0.7 f_t b h_0 = 0.7 \times 1.43 \times 200 \times 105.7 = 21.2 \text{kN} > 1.92 \text{kN}$$

斜截面承载力满足要求。

5）挠度验算

将组合楼板的混凝土截面换算成钢截面之后，组合截面惯性矩可根据式（5-25）求得：

$$x'_n = \frac{A_c h'_c + \alpha_E A_s h_0}{A_c + \alpha_E A_s} = \frac{20475 \times 56.9 + 6.87 \times 323 \times 105.7}{20475 + 6.87 \times 323} = 61.7 \text{mm}$$

$$I = \frac{1}{\alpha_E}[I_c + A_c (x'_n - h'_c)^2] + I_s + A_s (h_0 - x'_n)^2$$

$$= \frac{1}{6.87} \times [3.06 \times 10^7 + 20475 \times (6.17 - 56.9)^2] + 2.386 \times 10^5 + 323 \times (105.7 - 61.7)^2$$

$$= 5.388 \times 10^6 \text{mm}^4$$

根据式（5-24）可得：

$$B_s = E_s I = 2.06 \times 10^5 \times 5.388 \times 10^6 = 11.1 \times 10^{11} \text{N} \cdot \text{mm}^2$$

$$B_l = 0.5 E_s I = 0.5 \times 11.1 \times 10^{11} = 5.55 \times 10^{11} \text{N} \cdot \text{mm}^2$$

$$v = \frac{5ql^4}{384 B_s} + \frac{5gl^4}{384 B_l} = \frac{5 \times 0.2 \times 3.35 \times 2000^4}{384 \times 11.1 \times 10^{11}} + \frac{5 \times 0.2 \times 4.0 \times 2000^4}{384 \times 5.55 \times 10^{11}}$$

$$= 0.43 \text{mm} \leqslant \frac{l}{360} = \frac{2000}{360} = 5.55 \text{mm}$$

组合楼板使用阶段的挠度满足要求。

5.8.5　组合梁设计

该楼层活荷载标准值为 4kN/m²，次梁跨中的机器荷载标准值为 75kN，正常使用时的楼面恒载为 3.35kN/m²，组合楼板（包括压型钢板和混凝土）自重：2.7kN/m²。压型钢板型号为 YX75-200-600，其上现浇 75mm 厚混凝土，施工荷载为 2kN/m²。梁格布置如图 5-69 所示，次梁与主梁为铰接连接。钢材材质采用 Q345B.F，楼板混凝土强度等级为 C30，楼板和钢梁采用圆柱头焊钉连接，压型钢板布置方向为板肋平行于主梁轴线方向。

次梁按照组合截面进行设计，需要分别进行施工阶段和使用阶段验算。

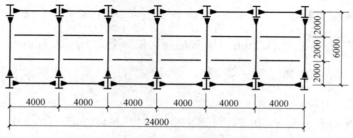

图 5-69　组合梁平面结构布置图

1. 截面特性

钢次梁截面为 HM294 × 200 × 8 × 12，面积 $A = 7303 \text{mm}^2$，惯性矩 $I = 1.14 \times$

$10^8 \, \mathrm{mm}^4$，抵抗矩 $W_x = 7.79 \times 10^5 \, \mathrm{mm}^3$，半截面面积矩 $S_x = 4.113 \times 10^5 \, \mathrm{mm}^3$。

2. 混凝土翼缘板的有效宽度确定

由于压型钢板的板肋方向与次梁方向相互垂直，故可不考虑压型钢板顶面以下混凝土的作用，组合楼板按无板托考虑。

（1）根据图 5-21 可知，b_0 取钢梁上翼缘宽度，即 $b_0 = 200 \, \mathrm{mm}$。

（2）b_1 和 b_2 取 $l/6$、$6h_{c1}$ 和 $s_0/2$ 中的最小值：

$l/6 = 4000/6 = 667 \, \mathrm{mm}$；$6h_{c1} = 6 \times 75 = 450 \, \mathrm{mm}$；$\quad s_0/2 = (2000-200)/2 = 900 \, \mathrm{mm}$

$b_1 = b_2 = \min(l/6, 6h_{c1}, s_0/2) = \min(667, 450, 900) = 450 \, \mathrm{mm}$

（3）根据式（5-31），可计算出混凝土翼板有效宽度：

$b_e = b_0 + b_1 + b_2 = 200 + 450 + 450 = 1100 \, \mathrm{mm}$

（4）组合截面次梁的计算简图如图 5-70 所示。

3. 组合梁的换算截面

由于组合梁的钢梁截面为型钢，其局部稳定一般均能自动满足设计要求，且能够满足塑性设计的要求，所以组合梁可按塑性方法进行设计。

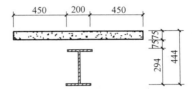

图 5-70   组合截面次梁的计算简图

1）荷载短期效应时的换算截面（图 5-71）

钢与混凝土弹性模量比值：$\alpha_e = E/E_c = 6.87$

混凝土板换算截面的换算宽度：$b_{eq} = 1100/6.87 = 160.1 \, \mathrm{mm}$

换算截面面积：$A_{sc} = 160.1 \times 75 + 7303 = 19310.5 \, \mathrm{mm}^2$

混凝土顶板至中和轴距离：$x = \dfrac{160.1 \times 75 \times 75/2 + 7303 \times 297}{19310.5} = 135.6 \, \mathrm{mm}$

换算截面惯性矩：

$I_{sc} = \dfrac{1}{12} \times 160.1 \times 75^3 + 160.1 \times 75 \times (135.6 - 75/2)^2 + 1.14 \times 10^8 + 7303 \times (308.4 - 147)^2$

$\qquad = 4.25 \times 10^8 \, \mathrm{mm}^8$

2）考虑徐变影响的换算截面（图 5-72）

图 5-71   荷载短期效应时的换算截面

图 5-72   考虑徐变影响的换算截面

混凝土板换算截面的换算宽度：$b_{eq,l} = 1100/(2 \times 6.87) = 80.0 \, \mathrm{mm}$

换算截面面积：$A_{sc,l} = 80.0 \times 75 + 7303 = 13303 \, \mathrm{mm}^2$

混凝土顶板至中和轴距离：$x = \dfrac{80.0 \times 75 \times 75/2 + 7303 \times 297}{13303} = 180 \, \mathrm{mm}$

换算截面惯性矩：

$I_{sc,l} = \dfrac{1}{12} \times 80.0 \times 75^3 + 80.0 \times 75 \times (180 - 75/2)^2 + 1.14 \times 10^8 + 7303 \times (264 - 147)^2$

$\qquad = 3.39 \times 10^8 \, \mathrm{mm}^8$

4. 施工阶段的验算

1）荷载计算

钢梁自重：	0.56kN/m
现浇混凝土板自重：	2.7kN/m²
施工活荷载：	2.0kN/m²

（1）钢梁上作用的恒荷载标准值和设计值分别为：

$g_{1k}=0.56+2.7×2=5.96$kN/m；　$g_1=1.2g_{1k}=1.2×5.96=7.15$kN/m

（2）钢梁上作用的活荷载标准值和设计值分别为：

$q_{1k}=2.0×2=4.0$kN/m；　$q_1=1.4q_{1k}=1.4×4.0=5.6$kN/m

2）内力计算

（1）恒荷载产生的弯矩和剪力设计值分别为：

$$M_{1gmax}=\frac{1}{8}g_1l^2=\frac{1}{8}×7.15×4^2=14.3\text{kN·m}$$

$$V_{1gmax}=\frac{1}{2}g_1l=\frac{1}{2}×7.15×4=14.3\text{kN}$$

（2）活荷载产生的弯矩和剪力设计值分别为：

$$M_{1qmax}=\frac{1}{8}q_1l^2=\frac{1}{8}×5.6×4^2=11.2\text{kN·m}$$

$$V_{1qmax}=\frac{1}{2}q_1l=\frac{1}{2}×5.6×4=11.2\text{kN}$$

（3）钢梁上作用的弯矩和剪力设计值分别为：

$M_{1max}=M_{1gmax}+M_{1qmax}=14.3+11.2=25.5$kN·m

$V_{1max}=V_{1gmax}+V_{1qmax}=14.3+11.2=25.5$kN

3）钢梁上的应力验算

钢梁的整体稳定系数 φ_b 可按一般钢梁整体稳定计算，可得 $\varphi_b=0.915$。

$$\sigma=\frac{M_{1max}}{\varphi_bW_x}=\frac{25.5×10^6}{0.915×779×10^3}=35.8 \text{ N/mm}^2<305 \text{ N/mm}^2$$

$$\tau=\frac{V_{1max}S}{I_st_w}=\frac{25.5×10^3×411.3×10^3}{1.14×10^8×8}=10.8 \text{ N/mm}^2<175 \text{ N/mm}^2$$

4）钢梁的挠度验算

$$\frac{v}{l}=\frac{5(g_{1k}+q_{1k})l^3}{384EI}=\frac{5×(5.96+4)×4000^3}{384×2.06×10^5×1.14×10^8}=\frac{1}{2669}<\frac{1}{250}$$

施工阶段挠度满足要求。

5. 使用阶段的验算

1）荷载计算

钢梁自重：	0.56kN/m
楼面自重：	3.35kN/m²
楼面活荷载：	4.0kN/m²
次梁上的机器荷载：	75kN

（1）组合梁上作用的恒荷载标准值和设计值分别为：

$g_{2k}=3.35\times2+0.56=7.26kN/m$； $g_2=1.2g_{2k}=1.2\times7.26=8.71kN/m$

（2）组合梁上作用的活荷载标准值和设计值分别为：

$q_{2k}=4\times4.0\times2+75=107kN$； $q_1=1.4q_{1k}=1.4\times107=149.8kN$

2）内力计算

（1）恒荷载产生的弯矩和剪力设计值分别为：

$$M_{2gmax}=\frac{1}{8}g_2l^2=\frac{1}{8}\times8.71\times4^2=17.42kN\cdot m$$

$$V_{2gmax}=\frac{1}{2}g_2l=\frac{1}{2}\times8.71\times4=17.42kN$$

（2）活荷载产生的弯矩和剪力设计值分别为：

$$M_{2qmax}=\frac{1}{4}q_2l=\frac{1}{4}\times149.8\times4=149.8kN\cdot m$$

$$V_{2qmax}=\frac{1}{2}q_2=\frac{1}{2}\times149.8=74.9kN$$

（3）使用阶段荷载产生的弯矩和剪力设计值分别为：

$M_{2max}=M_{2gmax}+M_{2qmax}=17.42+149.8=167.22kN\cdot m$

$V_{2max}=V_{2gmax}+V_{2qmax}=17.42+74.9=92.32kN$

3）稳定性验算

对于简支组合梁，在使用阶段由于混凝土翼板可为钢梁翼缘（受压翼缘）提供可靠的侧向支承点，故钢次梁的整体稳定性无需计算。

钢次梁选用型钢梁，局部稳定性无需计算。

4）抗弯承载力验算

根据表 5-8 进行组合截面次梁抗弯承载力验算。

（1）截面类型判断

$A_sf_p=7303\times0.9\times305=2004674N$， $b_ef_ch_{c1}=1100\times14.3\times75=1179750N$

由于 $A_sf_p>b_ef_ch_{c1}$，所以塑性中和轴在钢梁截面内，属于第二类截面。

（2）钢梁受压区面积

$A_{sc}=0.5\times(A_s-b_ef_ch_{c1}/f_p)=0.5\times(7303-1179750/305)=1717mm^2$

（3）钢梁受压区高度：

$A_{sc}=1717mm^2<A_{上翼缘}=200\times12=2400mm^2$，说明塑性中和轴位于钢梁的翼缘内，则钢梁的受压区高度 h_{sc} 为：$h_{sc}=\dfrac{A_{sc}}{b}=\dfrac{1717}{200}=8.58mm$。

（4）钢梁受压区合力中心至钢梁上翼缘顶面的距离

$$x_t=\frac{h_{sc}}{2}=\frac{8.58}{2}=4.29mm$$

（5）钢梁受拉区合力中心至钢梁下翼缘底边的距离

$$x_b=\frac{200\times(12-8.58)\times[294-8.58-0.5\times(12-8.58)]+200\times12\times0.5\times12+270\times8\times(0.5\times270+12)}{200\times(12-8.58)+200\times12+270\times8}$$

$=100.3mm$

（6）钢梁受拉区应力合力中心至混凝土翼板受压区应力合力中心距离 y_1

$y_1=h_s+h_{c1}+h_{c2}-h_{c1}/2-x_b=294+75+75-75/2-100.3=306.2mm$

（7）钢梁受拉区应力合力中心至钢梁受拉区应力合力中心距离 y_2

$y_2 = h_s - x_t - x_b = 294 - 4.29 - 100.3 = 189.41\text{mm}$

（8）组合截面次梁的抗弯承载力

根据式（5-33b）可得：

$M_u = b_e f_c h_{c1} y_1 + A_{sc} f_p y_2 = 1100 \times 14.3 \times 75 \times 306.2 + 1717 \times 0.9 \times 305 \times 189.41$
$\qquad = 450.5\text{kN} \cdot \text{m} > M_{2max} = 167.22\text{kN} \cdot \text{m}$

抗弯承载力满足要求。

5）抗剪承载力验算

根据式（5-34）可得：

$V_P = t_w h_w f_{vp} = 8 \times 270 \times 0.9 \times 175 = 340.2\text{kN} > 92.32\text{kN}$

抗剪承载力满足要求。

6）挠度验算

施工阶段作用于钢梁的恒载标准值：$g_{1k} = 5.96\text{kN/m}$

使用阶段作用于组合梁上的后增加荷载标准值：

$g_{2k} = 0.65 \times 2 = 1.3\text{kN/m}$，　$q_{2k} = 107\text{kN}$

根据式（5-46a）、式（5-46b）及（5-46c）可得：

$$v_1 = \frac{5 g_{1k} l^4}{384 E I_s} = \frac{5 \times 5.96 \times 4000^4}{384 \times 2.06 \times 10^5 \times 1.14 \times 10^8} = 0.8\text{mm}$$

$$v_{2,1} = \frac{5 g_{2k} l^4}{384 E I_{sc}} + \frac{q_{2k} l^3}{48 E I_{sc}}$$
$$\qquad = \frac{5 \times 1.3 \times 4000^4}{384 \times 2.06 \times 10^5 \times 4.25 \times 10^8} + \frac{107 \times 10^3 \times 4000^3}{48 \times 2.06 \times 10^5 \times 4.25 \times 10^8} = 1.7\text{mm}$$

$$v_{2,2} = \frac{5 g_{2k} l^4}{384 E I_{sc,1}} + \frac{\phi_d q_{2k} l^3}{48 E I_{sc,1}}$$
$$\qquad = \frac{5 \times 1.3 \times 4000^4}{384 \times 2.06 \times 10^5 \times 3.39 \times 10^8} + \frac{0.7 \times 107 \times 10^3 \times 4000^3}{48 \times 2.06 \times 10^5 \times 3.39 \times 10^8} = 1.5\text{mm}$$

$v_2 = \max(v_{2,1}, v_{2,2}) = 1.7\text{mm}$

$v = v_1 + v_2 = 0.8 + 1.7 = 2.5\text{mm} < 4000/250 = 16\text{mm}$

挠度满足要求。

综上所述，所选截面的组合次梁能够满足各项设计要求。

6. 抗剪连接件计算

1）抗剪连接件的类型

抗剪连接件采用 φ19 圆柱头焊钉，高度 $h_d = 130\text{mm}$，截面面积 $A_s = 284\text{mm}^2$。压型钢板型号为 YX75-200-600，平均宽度 $b_w = 130\text{mm}$，波高 $h_c = 75\text{mm}$。

2）单个焊钉抗剪承载力

由于组合次梁为简支梁，梁上无负弯矩区段，故 $\lambda_1 = 1.0$；压型钢板凸肋垂直于次梁，布置两排抗剪连接件，根据式（5-38b）可得：

$$\lambda_2 = \frac{0.85 b_w}{\sqrt{n_0} h_e} \left(\frac{h_d - h_e}{h_e} \right) = \frac{0.85}{\sqrt{2}} \times \frac{130}{75} \times \left(\frac{130 - 75}{75} \right) = 0.764 \leqslant 1.0$$

根据式（5-38）可得：

$$N_v^c = \min(0.43A_s \sqrt{E_c f_c} \lambda_1 \lambda_2, 0.7A_s f_u \lambda_1 \lambda_2)$$

$$0.43A_s \sqrt{E_c f_c} \lambda_1 \lambda_2 = 0.43 \times 287 \times \sqrt{3.0 \times 10^4 \times 14.3} \times 1.0 \times 0.764 = 61.74 \text{kN}$$

$$0.7A_s f_u \lambda_1 \lambda_2 = 0.7 \times 287 \times 402 \times 1.0 \times 0.764 = 61.70 \text{kN}$$

$$N_v^c = 61.70 \text{kN}$$

3）组合梁上最大弯矩点和邻近零弯矩点之间的混凝土板与钢梁间的纵向剪力

根据式（5-41a）：

$$V_{ih} = \max(A_s f_p, b_e h_{c1} f_c) = b_e h_{c1} f_c = 1100 \times 75 \times 14.3 = 1179.8 \text{kN}$$

4）组合梁半跨所需抗剪件数量

根据式（5-42）可得：

$$n_f = V_{ih}/N_v^c = 1179.8/61.70 \approx 20 \text{ 个}$$

5）抗剪连接件的纵向间距

沿半跨双排布置，纵向间距为：

$$a_i = (4000/2)/(20/2) = 200 \text{mm}，即每个板肋内布置两个圆柱头焊钉。$$

需满足 $a_i = 200 > 4d = 4 \times 19 = 76 \text{mm}$，且 $a_i = 200 < 4h_a = 4 \times 75 \text{mm} = 300 \text{mm}$。

综上，抗剪连接件的布置方式为沿半跨布置两排 $\phi 19$ 圆柱头焊钉，纵向间距取 200mm。

5.8.6 框架梁设计

框架梁按照纯钢梁设计，不考虑组合截面。框架梁截面设计应进行强度（抗弯、抗剪、局部承压、折算）、整体稳定、局部稳定和挠度等验算。

1. 内力设计值

由电算结果可知，框架梁最大弯矩 $M_{max} = 141 \text{kN} \cdot \text{m}$，对应的剪力为 $V_{max} = 133 \text{kN}$。

2. 截面特性

横向框架梁截面为 HM340×250×9×14，面积 $A = 10150 \text{mm}^2$，惯性矩 $I = 2.17 \times 10^8 \text{mm}^4$，抵抗矩 $W_x = 1.28 \times 10^6 \text{mm}^3$，半截面面积矩 $S_x = 6.80 \times 10^5 \text{mm}^3$。

3. 强度验算

1）抗弯强度

根据式（5-28a）可得：

$$\sigma = \frac{M_x}{\gamma_x W_{nx}} = \frac{141 \times 10^6}{1.05 \times 1.28 \times 10^6} = 104.9 \text{MPa} \leqslant f = 305 \text{MPa}$$

抗弯强度满足要求。

2）抗剪强度

根据式（5-28b）可得：

$$\tau = \frac{VS}{It_w} = \frac{133 \times 10^3 \times 6.80 \times 10^5}{2.17 \times 10^8 \times 9} = 46.3 \text{MPa} \leqslant f_v = 175 \text{MPa}$$

抗剪强度满足要求。

3）局部承压强度

由于此框架梁翼缘没有作用集中荷载，所以，不需要验算局部承压强度。

4）折算应力

腹板计算高度边缘处同时受有较大正应力、剪应力，可根据式（5-28d）计算折算应力：

$$\sqrt{\sigma^2+3\tau^2}=\sqrt{104.9^2+3\times46.3^2}=132.0\text{MPa}\leqslant\beta_1 f=1.1\times305=335.5\text{MPa}$$

折算应力满足要求。

4. 整体稳定验算

楼面有刚性铺板密铺在钢梁的受压翼缘上并与其牢固连接、能阻止钢梁受压翼缘的侧向位移时，可不计算梁的整体稳定性。

该框架梁上翼缘与楼板采用栓钉可靠连接，故整体性可得到保证，其整体稳定性不需要验算。

5.8.7　框架边柱设计

1. 钢柱的内力设计值

根据电算结果，偏安全地选取各组最大内力设计值进行边柱截面设计：$M_{max}=39.5\text{kN}\cdot\text{m}$，$N_{max}=547.5\text{kN}$，另一端弯矩为 $M_2=32.5\text{kN}\cdot\text{m}$。

2. 钢柱的截面特性

钢柱的截面尺寸为：HM440×300×11×18，楼层层高为 5m。钢柱的截面和净截面面积为：$A=A_n=15244\text{mm}^2$；在 x 轴方向和 y 轴方向的截面惯性矩分别为：$I_x=5.416\times10^8\text{mm}^4$、$I_y=8.1\times10^7\text{mm}^4$；在 x 轴方向和 y 轴方向的截面和净截面抵抗矩分别为：$W_x=W_{nx}=2461200\text{mm}^3$、$W_y=W_{ny}=540200\text{mm}^3$。

3. 与钢柱相关联的钢梁截面特性

横向钢框架梁截面尺寸均为 HM340×250×9×14，其截面惯性矩为：$I_b=2.089\times10^8\text{mm}^4$。

鉴于使用阶段混凝土楼板和钢梁共同工作，故设计时需将钢梁的刚度乘以一个放大系数。对钢框架中间梁：其截面惯性矩为 $I'_b=1.5I_b$。

4. 钢柱的计算长度

底层边柱平面内的计算长度：

$$K_1=\frac{1.5\times\dfrac{2.089\times10^8}{6000}}{2\times5.416\times10^8/5000}=0.241,\quad K_2=10（由于底层柱脚为刚接）$$

根据式（5-54）可得：

$$\mu=\sqrt{\frac{7.5K_1K_2+4(K_1+K_2)+1.6}{7.5K_1K_2+K_1+K_2}}$$

$$=\sqrt{\frac{7.5\times0.241\times10+4\times(0.241+10)+1.6}{7.5\times0.241\times10+0.241+10}}=1.46$$

故底层边柱平面内计算长度为：$l=\mu l_0=1.46\times5=7.3\text{m}$

5. 框架柱强度验算

根据式（5-58）：

$$\frac{N}{A_n}+\frac{M_x}{\gamma_x W_{nx}}=\frac{547.5\times10^3}{15244}+\frac{39.5\times10^6}{1.05\times2461200}=51.2\text{MPa}<305\text{MPa}$$

强度满足要求。

6. 框架柱整体稳定验算：

1）平面内整体稳定验算

$\lambda_x = l_x / i_x = 7300/188 = 38.8$

$N'_{Ex} = \dfrac{\pi^2 EA}{1.1\lambda_x^2} = \dfrac{\pi^2 \times 206000 \times 15244}{1.1 \times 38.8^2} = 18715.8\text{kN}$

$\lambda_x \sqrt{f_y/235} = 38.8 \times \sqrt{345/235} = 47.0$

$\beta_{mx} = 1.0$，$\varphi_x = 0.924$。

根据式（5-59）：

$$\dfrac{N}{\varphi_x A} + \dfrac{\beta_{mx} M_x}{\gamma_x W_{1x}(1-0.8N/N'_{Ex})}$$

$$= \dfrac{547.5 \times 10^3}{0.924 \times 15244} + \dfrac{1.0 \times 39.5 \times 10^6}{1.05 \times 2461200 \times (1-0.8 \times 547.5/18715.8)} = 54.5\text{MPa} < 305\text{MPa}$$

平面内整体稳定性满足要求。

2）平面外整体稳定验算

$\lambda_y = l_y / i_y = 5000/73 = 68.49$

$\lambda_y \sqrt{f_y/235} = 68.48 \times \sqrt{345/235} = 83.0$

$\varphi_y = 0.668$，$\eta = 1.0$

$\beta_{tx} = 0.65 + 0.35 \dfrac{M_2}{M_1} = 0.65 + 0.35 \times \dfrac{32.5}{39.5} = 0.94 > 0.4$

根据式（5-60）：

$$\dfrac{N}{\varphi_y A} + \eta \dfrac{\beta_{tx} M_x}{\varphi_b W_{1x}}$$

$$= \dfrac{547.5 \times 10^3}{0.668 \times 15244} + 1.0 \times \dfrac{0.94 \times 39.5 \times 10^6}{1.0 \times 2461200} = 68.9\text{MPa} < 305\text{MPa}$$

平面外整体稳定满足要求。

5.8.8　框架中柱设计

1. 钢柱的内力设计值

由电算可得到此柱的控制内力设计值为：$M_{max} = 28.2\text{kN} \cdot \text{m}$，$N_{max} = 866.5\text{kN}$，另一端弯矩为 $M_2 = 18.3\text{kN} \cdot \text{m}$。

2. 钢柱的截面特性

钢柱的截面尺寸为：HM440×300×11×18，楼层层高为 5m。钢柱的截面和净截面面积为：$A = A_n = 15244\text{mm}^2$；在 x 轴方向和 y 轴方向的截面惯性矩分别为：$I_x = 5.416 \times 10^8 \text{mm}^4$、$I_y = 8.1 \times 10^7 \text{mm}^4$；在 x 轴方向和 y 轴方向的截面和净截面抵抗矩分别为：$W_x = W_{nx} = 2461200\text{mm}^3$、$W_y = W_{ny} = 540200\text{mm}^3$。

3. 与钢柱相关联的钢梁、钢柱截面特性

横向钢框架梁截面尺寸均为 HM340×250×9×14，其截面惯性矩为：$I_b = 2.089 \times 10^8 \text{mm}^4$。

鉴于使用阶段混凝土楼板和钢梁的共同工作，故设计时需将钢梁的刚度乘以一个放大系数。对钢框架中间梁：其截面惯性矩为 $I_b'=1.5I_b$。

4. 钢柱的计算长度

底层中柱平面内的计算长度：

$$K_1=\frac{2\times1.5\times\dfrac{2.089\times10^8}{6000}}{2\times5.416\times10^8/5000}=0.482, \quad K_2=10 \text{（由于底层柱脚为刚接）}$$

根据式（5-54）可得：

$$\mu=\sqrt{\frac{7.5K_1K_2+4(K_1+K_2)+1.6}{7.5K_1K_2+K_1+K_2}}$$

$$=\sqrt{\frac{7.5\times0.482\times10+4\times(0.482+10)+1.6}{7.5\times0.482\times10+0.482+10}}=1.31$$

故底层边柱平面内计算长度为：$l=\mu l_0=1.31\times5=6.55\text{m}$

5. 框架中柱强度验算：

根据式（5-58）：

$$\frac{N}{A_n}+\frac{M_x}{\gamma_x W_{nx}}=\frac{866.5\times10^3}{15244}+\frac{28.2\times10^6}{1.05\times2461200}=67.8\text{MPa}<305\text{MPa}$$

强度设计满足要求。

6. 框架柱整体稳定验算：

1）平面内整体稳定验算

$$\lambda_x=l_x/i_x=6550/188=34.8$$

$$N_{Ex}'=\frac{\pi^2EA}{1.1\lambda_x^2}=\frac{\pi^2\times206000\times15244}{1.1\times34.8^2}=23265.6\text{kN}$$

$$\lambda_x\sqrt{f_y/235}=34.8\times\sqrt{345/235}=42.6$$

$$\beta_{mx}=1.0, \quad \varphi_x=0.935。$$

根据式（5-59）：

$$\frac{N}{\varphi_x A}+\frac{\beta_{mx}M_x}{\gamma_x W_{1x}(1-0.8N/N_{Ex}')}$$

$$=\frac{866.5\times10^3}{0.935\times15244}+\frac{1.0\times28.2\times10^6}{1.05\times2461200\times(1-0.8\times866.5/23265.6)}=71.4\text{MPa}<305\text{MPa}$$

平面内整体稳定性满足要求。

2）平面外整体稳定验算

$$\lambda_y=l_y/i_y=5000/73=68.49$$

$$\lambda_y\sqrt{f_y/235}=68.48\times\sqrt{345/235}=83.0$$

$$\varphi_y=0.668, \quad \eta=1.0$$

$$\beta_{tx}=0.65+0.35\frac{M_2}{M_1}=0.65+0.35\times\frac{18.3}{28.2}=0.88>0.4$$

根据式（5-60）：

$$\frac{N}{\varphi_y A}+\eta\frac{\beta_{tx}M_x}{\varphi_b W_{1x}}$$

$$=\frac{866.5\times10^3}{0.668\times15244}+1.0\times\frac{0.88\times28.2\times10^6}{1.0\times2461200}=95.2\text{MPa}<305\text{MPa}$$

平面外整体稳定满足要求。

5.8.9 节点设计

1. 刚性柱脚设计

限于篇幅，下面仅以钢框架中柱为例进行柱脚设计，柱脚形式采用外露式刚性柱脚。钢柱截面为：HM440×300×11×18。偏安全地取各组内力组合中的最大值进行设计：$N=861.6\text{kN}$，$M=28.2\text{kN·m}$，$V=9.3\text{kN}$。

1）柱脚底板计算

（1）底板的截面特性

初步选取底板宽度 $B=500\text{mm}$，$L=640\text{mm}$，如图 5-73 所示，则底板的截面特性：

$A=500\times640=320000\text{mm}^2$，$W=\dfrac{500\times640^2}{6}=34133333\text{mm}^3$。

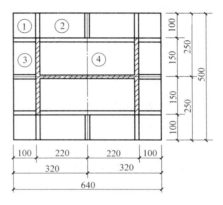

图 5-73 柱脚计算简图

基础的混凝土强度等级为 C30，抗压强度设计值 $f_c=14.3\text{N/mm}^2$。

（2）底板的应力值

采用第一种内力组合进行计算。

$$\sigma_{max}=\frac{N}{A_n}+\frac{M}{W_n}=\frac{861.6\times10^3}{320000}+\frac{28.2\times10^6}{34133333}=3.52\text{N/mm}^2<f_c=14.3\text{N/mm}^2$$

$$\sigma_{min}=\frac{N}{A_n}-\frac{M}{W_n}=\frac{861.6\times10^3}{320000}-\frac{28.2\times10^6}{34133333}=1.87\text{N/mm}^2<f_c=14.3\text{N/mm}^2$$

（3）底板的弯矩值

板①两相邻边支承板：$b_2/a_2=71/141=0.5$，$\beta_2=0.0602$，$\sigma_c=3.52\text{N/mm}^2$，则

$$M=\beta_2\sigma_c a_2^2=0.0602\times3.52\times141^2=4213\text{N·mm}；$$

板②三边支承板：$b_2/a_2=100/220=0.45$，$\beta_2=0.0522$，$\sigma_c=3.26\text{N/mm}^2$，则

$$M=\beta_2\sigma_c a_2^2=0.0522\times3.26\times220^2=8236\text{N·mm}；$$

板③三边支承板：$b_2/a_2=100/150=0.67$，$\beta_2=0.0836$，$\sigma_c=3.52\text{N/mm}^2$，则

$$M=\beta_2\sigma_c a_2^2=0.0836\times3.52\times150^2=6621\text{N·mm}；$$

板④四边支承板：$b_1/a_1=412/150=2.75$，$\beta_2=0.1250$，$\sigma_c=3.26\text{N/mm}^2$，则

$$M=\beta_1\sigma_c a_1^2=0.1250\times3.26\times150^2=9169\text{N·mm}。$$

（4）底板的厚度确定

底板的厚度为：

$$t=\sqrt{\frac{6M}{f}}=\sqrt{\frac{6\times9169}{205}}=16.4\text{mm}，取底板的厚度为 }t=20\text{mm。}$$

2）钢柱与底板的连接焊缝计算

不考虑加劲肋等补强板件与底板连接焊缝作用，且 H 形截面柱与底板连接处翼缘采用完全焊透的对接焊缝，而腹板采用角焊缝。腹板与底板的连接角焊缝焊脚尺寸 $h_f=12\text{mm}$。H 形截面柱单翼缘板截面面积为 $A_f=300\times18=5400\text{mm}^2$；腹板与底板连接处的角焊缝有效截面面积为 $A_{eww}=2\times412\times12\times0.7=6921.6\text{mm}^2$。

柱翼缘抵抗矩：$W_f=(2\times300\times18\times213^2+2\times\frac{1}{12}\times300\times18^2)/220=2187000\text{mm}^3$

$$\sigma_N=\frac{N}{2A_f+A_{eww}}=\frac{861.6\times10^3}{2\times5400+6291.6}=50.4\text{ N/mm}^2<160\times1.22=195.2\text{ N/mm}^2$$

$$\sigma_M=\frac{M}{W_f}=\frac{28.2\times10^6}{2187\times10^3}=12.9\text{ N/mm}^2<160\times1.22=195.2\text{ N/mm}^2$$

$$\tau_V=\frac{V}{A_{eww}}=\frac{9.3\times10^3}{6921.6}=1.3\text{ N/mm}^2<160\text{ N/mm}^2$$

$$\sigma_f=\sigma_N+\sigma_M=50.4+12.9=63.3\text{ N/mm}^2<160\text{ N/mm}^2$$

$$\sigma_{fs}=\sqrt{\left(\frac{\sigma_f}{\beta_f}\right)^2+(\tau_V)^2}=\sqrt{\left(\frac{63.3}{1.22}\right)^2+(1.3)^2}=51.9\text{ N/mm}^2<160\text{ N/mm}^2$$

由上面的计算可以得出钢柱和底板的连接焊缝能够满足设计要求。

3）柱脚锚栓计算

底板受压区长度 $x_n=397\text{mm}$，受拉侧底板边缘至受拉螺栓中心的距离 $l_t=50\text{mm}$，则

$$e=\frac{M}{N}=\frac{28.2\times10^6}{861.6\times10^3}=33\text{mm}<\frac{L}{6}=107\text{mm}$$

所以 $T_a=0$。

选取 12 个 M24 地脚螺栓沿底板对称轴对称布置，螺栓的布置如图 5-73、图 5-74 所示，满足设计要求。

4）柱脚水平抗剪计算

取柱脚底板与其下部的混凝土或水泥砂浆之间的摩擦系数 $\mu_{sc}=0.4$，则柱脚抗剪承载力为：

$$V_{fb}=\mu_{sc}N=0.4\times861.6=344.6\text{kN}$$

$$V=9.3\text{kN}<V_{fb}$$

柱脚水平抗剪承载力满足设计要求。

2. 主梁和次梁连接节点设计

主梁和次梁的连接采用铰接连接。连接处的剪力设计值为 $V=92.32\text{kN}$。

选用 M20 扭剪型高强螺栓，单个螺栓的设计承载力为 $N_V^b=0.9\times1\times0.4\times155=55.8\text{kN}$。所需螺栓数目为 $n=V/N_V^b=92.32/55.8=1.7$ 个，实际用 3 个。

主梁与次梁的连接大样图如图 5-75 所示。

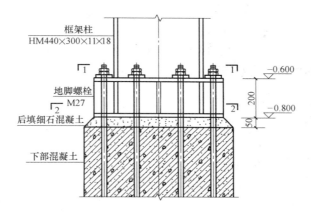

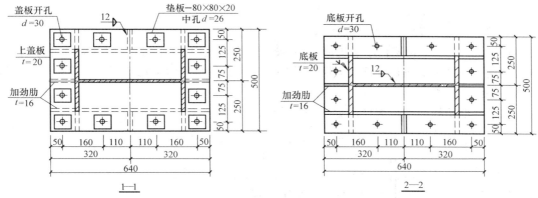

图 5-74 柱脚大样图

3. 主梁和框架柱连接节点设计

主梁和框架柱的连接采用刚接连接。梁的翼缘和框架柱采用剖口焊缝连接，梁的腹板和框架柱采用 M20 扭剪型高强螺栓连接。计算时假定翼缘连接仅承受弯矩，腹板连接仅承受剪力。

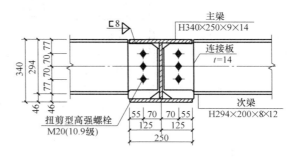

图 5-75 主梁和次梁连接大样图

1）连接处内力

连接处的剪力设计值为 $V=133$kN，弯矩设计值为 $M=141$kN·m。

2）腹板螺栓设计

单个螺栓的设计承载力为 $N_V^b=0.9×1×0.4×155=55.8$kN，则所需螺栓数目为 $n=V/N_V^b=133/55.8=2.4$ 个，实际布置 6 个螺栓。

3）翼缘焊缝承载力验算

弯矩在上下翼缘产生的拉力和压力大小为：

$P=M/(340-14)=141×10^6/326=433$kN

翼缘剖口焊缝连接承载力为：

$P_t=(250-10)×14×160=537$kN$>P=433$kN，满足设计要求。

4) 连接的极限受弯承载力验算

梁翼缘连接的极限受弯承载力：

$$M_{uf}^j = A_f(h_b - t_{fb})f_{ub} = 250 \times 14 \times (340 - 14) \times 470 = 536.3 \text{kN} \cdot \text{m}$$

梁腹板连接的极限受弯承载力：

$$M_{uw}^j = mW_{wpe}f_{yw} = m \cdot \frac{1}{4}(h_b - 2t_{fb} - 2S_r)^2 t_{wb} \cdot f_{yw}$$

$$= 1.0 \times \frac{1}{4} \times (340 - 2 \times 14 - 2 \times 50)^2 \times 9 \times 345 = 34.9 \text{kN} \cdot \text{m}$$

梁柱连接的极限受弯承载力：

$$M_u^j = M_{uf}^j + M_{uw}^j = 536.3 + 34.9 = 571.2 \text{kN} \cdot \text{m}$$

梁的全塑性受弯承载力：

$$M_p = W_p f_y = 2461200 \times 235 = 578.4 \text{kN} \cdot \text{m}$$

其中，f_y 取为柱连接板材的屈服强度。

根据式（5-83a），连接承载力应满足 $M_u^j \geqslant \alpha M_p$，其中 α 按照表 5-16 选取，不难看出，本例中这一条件无法满足。而在实际工程中，这一条件也经常无法实现，本算例仅提供解题思路供读者参考。

主梁与框架柱的连接大样图如图 5-76 所示。

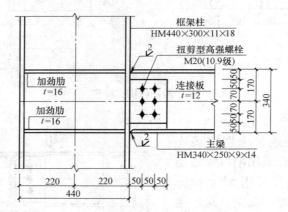

图 5-76   主梁和框架柱连接大样图

本章小结

（1）轻型钢框架结构布置时应遵循相关基本原则和现行国家标准中的规定，建筑形体设计应尽量避免结构平面的不规则性和竖向的不规则性。

（2）在竖向荷载、风荷载以及多遇地震作用下，轻型钢框架结构的内力和位移可采用有限元方法精确计算，也可采用近似分析方法计算（一阶线弹性分析和二阶线弹性分析）；在罕遇地震作用下，结构的弹塑性变形可采用简化的弹塑性分析方法、静力弹塑性分析方法（Push-over 推覆分析）或弹塑性时程分析方法等方法计算。在轻型钢框架结构或构件满足一定条件下，结构内力可采用塑性分析方法计算。

（3）在外荷载作用下，压型钢板-混凝土组合楼板的受力过程主要分为两个阶段：施工阶段和使用阶段。在施工阶段中，外荷载主要是由压型钢板承担；在使用阶段中，外荷载是由压型钢板和上部混凝土共同承担。压型钢板-混凝土组合楼板计算应按施工阶段和使用阶段分别进行计算；施工阶段受弯承载力可按弹性方法计算；使用阶段受弯承载力可按塑性理论计算；使用阶段压型钢板-混凝土组合楼板挠度应分别按荷载效应的标准组合和准永久组合进行计算。

（4）钢梁的截面设计主要包括强度、整体稳定、局部稳定和挠度的验算。钢-混凝土组合梁计算分为两个阶段：施工阶段计算和使用阶段计算。在施工阶段，钢-混凝土组合梁的外荷载主要是由钢梁承担，可按钢梁截面设计。在使用阶段，外荷载是由钢梁和上部混凝土翼板共同承担，钢-混凝土组合梁截面设计主要包括受弯承载力（完全抗剪连接组合梁、部分抗剪连接组合梁和连续组合梁）、受剪承载力、纵向抗剪承载力、挠度和裂缝宽度计算。使用阶段受弯承载力可按塑性理论计算；使用阶段钢-混凝土组合梁挠度应分别按荷载效应的标准组合和准永久组合进行计算。

（5）轻型钢框架柱的计算长度可按无侧移框架和有侧移框架来确定。轴心受压钢柱的截面设计主要包括强度、整体稳定、局部稳定和刚度的验算。偏心受压钢柱的截面设计主要包括强度、整体稳定（平面内和平面外）、局部稳定和刚度的验算。对抗震设防的钢框架柱，尚需验算钢柱的抗震承载力。

（6）钢支撑主要包括中心支撑和偏心支撑。中心钢支撑的截面设计主要包括强度、整体稳定、局部稳定和刚度的验算。偏心钢支撑的截面设计主要包括消能梁段的设计和偏心支撑杆件的截面设计。钢板剪力墙截面设计主要包括非加劲钢板剪力墙、仅设置竖向加劲肋钢板剪力墙、仅设置水平加劲肋钢板剪力墙以及同时设置竖向和水平加劲肋钢板剪力墙的承载力计算。

（7）连接节点是钢结构的重要组成部分，连接节点设计是钢框架结构设计的关键环节。钢框架结构连接节点时应遵循相关的基本设计原则和现行国家标准中的规定。钢框架结构节点连接设计主要包括：钢梁与钢柱刚接、铰接和半刚性连接节点计算，钢梁连接节点（次梁与主梁节点、隔撑节点）计算，钢柱拼接节点和钢梁拼接节点计算，钢柱脚节点（外露式、外包式和埋入式）计算，以及连接节点的相关构造要求。

思考与练习题

5-1　轻型钢框架结构有哪些种类？结构布置需要遵循哪些原则？

5-2　轻型钢框架结构的梁柱常用哪些截面？

5-3　轻型钢框架结构分析应遵循什么原则？具体分析方法有哪些，且列出每种方法的优缺点？

5-4　试述压型钢板-混凝土组合楼板的构成与特点？采用压型钢板-混凝土组合楼板作为楼板的优点有哪些？

5-5　为什么压型钢板-混凝土组合楼板需要按施工阶段和使用阶段两个阶段进行计算？试述在施工和使用阶段压型钢板-混凝土组合楼板的计算原则、验算内容及方法。

5-6　如何区分压型钢板-混凝土组合楼板是单向板还是双向板？何为压型钢板-混凝土组合楼板的弱边与强边？如何利用各向同性板的内力表获取压型钢板-混凝土组合楼板

内力？

5-7 在压型钢板-混凝土组合楼板中和钢筋混凝土板中，受拉钢筋的异同点是什么？

5-8 针对压型钢板-混凝土组合楼板和钢筋混凝土板，试比较在强边方向受弯承载力计算图形的异同点？

5-9 压型钢板-混凝土组合楼板抗弯承载力的影响因素有哪些？

5-10 压型钢板-混凝土组合楼板的主要构造要求有哪些？

5-11 何为钢与混凝土组合梁，其具有哪些特点？钢与混凝土组合梁的组成及各组成部分的作用是什么？

5-12 钢与混凝土组合梁的破坏形态有哪几种？

5-13 钢与混凝土组合梁中混凝土翼板有效计算宽度如何确定？简述钢与混凝土组合梁的计算内容、计算原则及计算方法。

5-14 钢与混凝土组合梁中混凝土徐变引起翼缘板和钢梁中的应力如何变化？在计算过程中如何考虑混凝土徐变的影响？

5-15 按弹性理论和塑性理论计算钢与混凝土组合梁的受弯承载力时，应分别采用哪些基本假定？弹性理论方法和塑性理论方法的适用范围是什么？

5-16 在施工阶段，钢梁下是否设置临时支撑，对钢与混凝土组合梁的承载力有何影响？

5-17 钢与混凝土组合梁中抗剪连接件的作用是什么？常用的抗剪连接件有哪几种？

5-18 何为完全抗剪连接组合梁、部分抗剪连接组合梁、抗剪连接程度？抗剪连接程度对钢与混凝土组合梁承载力有何影响？

5-19 在钢与混凝土组合梁负弯矩区中，混凝土翼板的裂缝开展为什么与轴心受拉混凝土构件很类似？

5-20 何为钢与混凝土组合梁的短期刚度、长期刚度？钢梁与混凝土翼板接触面上的滑移效应对钢与混凝土组合梁的刚度有何影响？

5-21 在施工阶段和使用阶段，简支组合梁、连续组合梁及部分抗剪连接组合梁的挠度应如何计算？

5-22 钢与混凝土组合梁的混凝土裂缝受哪些因素影响？

5-23 钢框架柱的计算长度与哪些因素有关？应如何确定？

5-24 轴心受压钢柱和偏心受压钢柱的截面设计内容包括哪些？

5-25 偏心钢支撑截面设计时应重点考虑什么？不同类型的钢板剪力墙截面应如何设计？

5-26 钢框架结构节点设计要遵循哪些原则？

5-27 钢框架梁柱刚接节点的计算内容包括哪些？主次钢梁铰接节点的计算内容包括哪些？

5-28 钢梁拼接节点和钢柱拼接节点的设计内容是什么？

5-29 外露式、外包式和埋入式钢柱柱脚节点的计算原则是什么？

5-30 某建筑结构楼盖采用压型钢板-混凝土组合楼板，楼板支承于次钢梁上，四边简支。压型钢板选用 YXB75-200-600 型，厚度 $t=1.2\text{mm}$；在压型钢板上浇筑混凝土，混凝土出压型钢板翼缘外的厚度为 75mm；次钢梁的跨度为 10m，间距为 3m。已知：钢材材质为 Q235B 钢，混凝土强度等级为 C30，施工阶段楼面活荷载为 1.5kN/m^2，使用阶段楼面活荷载为 3.0kN/m^2；楼面建筑做法为：20mm 的混凝土找平层，30mm 的现制水磨石地面。试验算此压型钢板-混凝土组合楼板是否能够满足要求？

5-31　现有一钢与混凝土组合楼盖，楼板采用现浇混凝土板，板厚为 $h=150\text{mm}$，次钢梁为两端简支，因此次梁应为钢-混凝土组合梁，如图 5-77 所示。已知：次梁的跨度 $l=8.7\text{m}$，间距为 $S_0=3.2\text{m}$；次钢梁截面形式为三块钢板焊接而成的对称 H 形截面，如图 5-77 所示；三块钢板尺寸为：上翼缘为 -250×18，下翼缘为 -250×18，腹板为 -564×12；钢材材质为 Q235 钢，混凝土强度等级采用 C30；施工阶段楼面活荷载标准值为 $q_1=1.5\text{kN/m}^2$，使用阶段楼面活荷载标准值为 $q_2=2.5\text{kN/m}^2$；楼面建筑构造为：20mm 厚混凝土找平层，30mm 厚水磨石地面层；施工阶段钢梁下无临时支撑。试计算在施工阶段和使用阶段钢-混凝土组合梁是否满足设计要求？

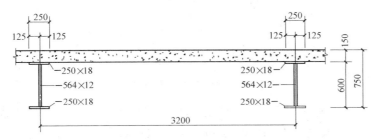

图 5-77　组合钢次梁截面

5-32　钢-混凝土组合梁截面尺寸如图 5-78 所示，跨度 $l=6.0\text{m}$，间距 $S_0=2.0\text{m}$，混凝土翼板厚度为 $h=80\text{mm}$。钢梁截面形式为三块钢板焊接而成的不对称 H 形截面，且三块钢板的尺寸分别为：上翼缘为 -150×14，下翼缘为 -250×14，腹板为 -326×10。钢材材质为 Q235 钢，混凝土强度等级为 C25，施工阶段钢梁下设置足够多的临时支撑。不考虑混凝土温差作用和收缩作用。试计算：

（1）按塑性理论方法确定钢-混凝土组合梁的抗弯承载力和抗剪承载力？

（2）若钢-混凝土组合梁的抗剪连接程度为 0.6，则其抗弯承载力和抗剪承载力是多少？

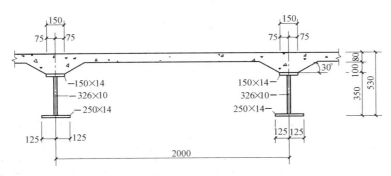

图 5-78　组合钢截面尺寸

5-33　钢框架某一楼层的结构平面布置如图 5-79 所示，长度为 16.2m，宽度为 9.9m，采用钢与混凝土组合楼盖。楼面建筑构造做法为：从上向下依次为，40mm 厚水磨石面层、20mm 水泥砂浆找平层、100mm 厚钢筋混凝土现浇楼板、三夹板吊顶（吊顶荷载标准值为 0.20kN/m²）。现已知：楼面活荷载标准值为 3.0kN/m²，钢材材质为 Q235钢，混凝土强度等级为 C30，施工阶段钢梁下无临时支撑。试设计此楼盖的主钢梁和次钢梁截面？

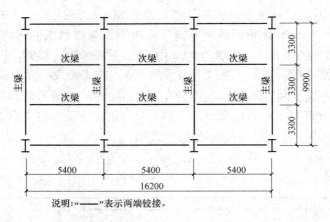

图 5-79　结构平面布置

5-34　如图 5-80 所示轴心受压钢柱，两端铰接，长度 $l = 2.6$m，钢材材质采用 Q235B，轴心力设计值 $N = 300$kN。已知：钢柱截面面积 $A = 25.0$ cm²，回转半径为：$i_x = 5.6$cm，$i_y = 2.0$cm。Q235B 钢材强度设计值为 $f = 215$ N/mm²，Q345B 钢材强度设计值为 $f = 315$ N/mm²；绕 x 轴和 y 轴均属 b 类截面。试问：

（1）此轴心受压柱是否能安全工作？

（2）此轴心受压柱钢材材质改用 Q345B 钢材，是否能安全工作？为什么？

（3）在不改变轴心受压柱截面尺寸和钢材材质（Q235B）的前提下，有没有其他更有效的方法使钢柱承载力满足安全要求？试说明并验算。

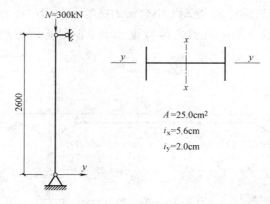

图 5-80　轴心受压钢柱截面

5-35　钢框架的钢梁与钢柱刚性连接节点，采用栓焊混合连接方式，如图 5-81 所示。钢柱与钢梁截面型号分别为 HW400×400、HM500×300，钢材材质均采用 Q345 钢。已知：节点的弯矩设计值为 $M = 450$kN·m，剪力设计值为 $V = 250$kN，高强度螺栓为 10.9

级 M20 摩擦型，焊缝质量为二级。试设计此连接节点。

5-36 某主钢梁与次钢梁铰接连接，如图 5-82 所示。主钢梁与次钢梁的截面型号分别为 HM500X300、HN400X200，钢材材质均采用 Q345 钢。已知：梁端的剪力设计值为 $V=180kN$，高强度螺栓为 10.9 级 M20 摩擦型。试设计此主次钢梁连接节点。

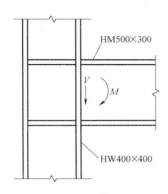

图 5-81　梁柱刚性连接节点

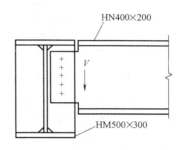

图 5-82　主次钢梁铰接连接节点

5-37 某钢框架边钢柱柱脚采用埋入式节点，钢柱的截面形式为箱形截面，截面尺寸为 $600 \times 500 \times 25 \times 25$。已知：边钢柱的内力基本组合值为 $N=400kN$，$M=500kN \cdot m$，$V=150kN$；钢材材质均采用 Q345 钢，钢筋采用 HRB400，基础混凝土强度等级为 C40。试设计此钢柱柱脚节点。

第6章 交错桁架结构

本章要点及学习目标

本章要点：

(1) 交错桁架的结构体系的组成、桁架形式及结构布置；

(2) 交错桁架结构的荷载及内力分析方法；

(3) 交错桁架结构构件设计；

(4) 交错桁架结构楼板的受力特点及设计方法；

(5) 交错桁架连接节点的设计方法。

学习目标：

(1) 掌握交错桁架结构体系的组成及布置原则；

(2) 了解交错桁架结构的荷载及内力分析方法；

(3) 熟悉交错桁架结构柱、桁架及边梁的设计方法；

(4) 了解交错桁架结构楼板的受力特点，掌握楼板的设计方法；

(5) 熟悉交错桁架结构连接节点的设计方法。

交错桁架结构是在钢框架结构基础上演变而来的一种经济、实用、高效的结构体系。在美国钢铁公司的赞助下，麻省理工学院于 20 世纪 60 年代中期提出了交错桁架结构，主要适用于多高层住宅、旅馆、医院、办公楼等平面为矩形或弧形的钢结构房屋。

交错桁架结构体系可提供较大的无柱面积，房间布置灵活。交错桁架结构柱的数量少，主体结构采用钢结构，当围护结构和隔墙采用轻质预制材料时，便于工厂化生产和施工，建设周期短。国外的研究表明：同一多层建筑采用刚接框架、带支撑框架和交错桁架三种结构体系，单位面积用钢量之比为 6∶5∶3。交错桁架结构体系最早应用于明尼苏达圣保罗的一个 16 层老年人公寓。随着我国《交错桁架钢结构设计规程》JGJ/T 329—2015 的制定，在国内的工程中也开始采用交错桁架结构体系了。

6.1 结构形式及布置

6.1.1 交错桁架结构的组成

交错桁架结构体系主要由柱、横向平面桁架、纵向框架或框架支撑、楼板等构件组成，交错桁架结构的三维轴测图见图 6-1。一般情况下，柱布置在房屋周边，可采用钢柱或钢管混凝土柱。平面桁架的高度与层高相同，跨度与建筑物宽度相同，平面桁架两端支承在房屋纵向边柱上。在建筑横向的每个轴线上，平面桁架每隔一层设置 1 榀，而在相邻轴线上平面桁架交错布置，交错桁架结构正立面及各榀桁架见图 6-2，图 6-2（a）中竖直粗实线为设置桁架的位置。

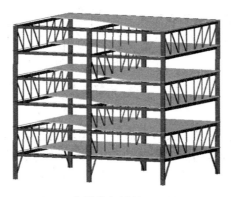

图 6-1 交错桁架结构三维轴测图

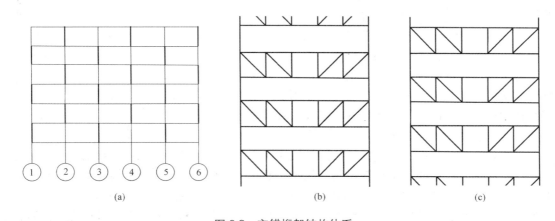

① ② ③ ④ ⑤ ⑥

(a)   (b)   (c)

图 6-2 交错桁架结构体系

(a) 交错桁架体系正立面示意图；(b) 1、3、5 轴桁架；(c) 2、4、6 轴桁架

在相邻桁架间，楼板一端支承在下一层平面桁架的上弦杆上，另一端支承在上一层桁架的下弦杆上。楼板在整个结构体系中起着传递侧向剪力的横隔作用，楼板与桁架之间应有可靠连接，楼板可采用压型钢板组合楼板或现浇混凝土楼板。交错桁架的纵向可采用梁柱组成的框架结构，当纵向刚度不足时，也可采用框架支撑结构。

交错桁架的围护结构和隔墙宜采用轻质材料，一般采用轻质板材或采用压型钢板加玻璃棉或岩棉的轻质保温材隔音层组成的复合墙体，并将桁架包裹住，以减轻结构自重，便于工厂化生产和施工。采用适当的墙体构造可达到需要的防火等级。平面桁架在相邻的轴线上交错布置，可获得两倍柱距的大开间，便于建筑平面自由布置。在结构上可采用小柱距和缩短楼板跨度，使板厚减小，减轻结构自重。在顶层，采用立柱支承屋面结构。在底层，若想获得无柱空间，可在二层设吊杆支承楼面。

6.1.2 桁架的形式

交错桁架结构中桁架采用平行弦型桁架，根据平面桁架腹杆的布置分为 3 种形式（图

6-3)：空腹式桁架、单斜腹杆式桁架、混合式桁架。桁架跨高比对结构的横向刚度及经济性有影响，桁架的跨高比在 5～6 之间较合理。

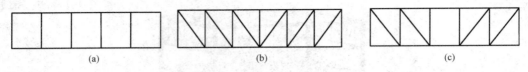

(a)　　　　　　　　　(b)　　　　　　　　　(c)

图 6-3　桁架形式

(a) 空腹式；(b) 单斜腹杆式；(c) 混合式

空腹式桁架各节间无斜腹杆，仅有竖腹杆，可方便建筑上设置走廊、门洞等。当房屋的宽度较宽时，在竖向荷载作用下，桁架的跨中会产生较大的挠度，不能满足正常使用的要求。空腹式桁架一般只用于有特殊要求，且结构跨度较小、层数较低、抗震设防烈度要求比较低的结构。

单斜腹杆式桁架在各个节间设置了斜腹杆，桁架的刚度大，在竖向荷载作用下，与空腹式桁架相比，桁架跨中的挠度明显减小，适合于跨度较大的结构。但由于桁架节间均设置了斜腹杆，建筑上不容易布置走廊、门洞等，这种形式的桁架应用不多。

混合式桁架取消了部分斜腹杆，以满足建筑上设置走廊的要求，走廊应设在桁架剪力较小的节间。一般将走廊设置在桁架的跨中。桁架跨中的剪力较小，个别节间不设置斜腹杆对结构的刚度影响不大，在竖向荷载作用下，结构挠度仍然很小。混合式桁架是交错桁架结构中应用最多的一种桁架形式，国外的许多工程如加拿大虹谷饭店、美国巴鲁大学教学楼、美国新泽西州大洋城国际旅游饭店等均采用的是混合式桁架形式。

空腹式桁架的竖向腹杆与柱子共同抵抗横向水平荷载，各层桁架的竖杆类似于短的框架柱，结构体系在横向水平荷载作用下的侧移曲线与框架结构的侧移曲线相似，以剪切变形为主，交错桁架柱参与抵抗横向水平荷载。在水平荷载作用下，柱中的内力以弯矩、剪力为主，轴力次之。结构的工作性能类似于普通框架，平面桁架所有节点都应设计成刚性节点，弦杆与柱的连接也应按刚性节点设计。当交错桁架结构的平面桁架采用单斜腹杆式或混合式桁架时，层间剪力主要由桁架的斜腹杆承受，横向荷载的作用将通过平面桁架的端斜杆以轴力的形式传给柱。腹杆与弦杆的连接及平面桁架与柱的连接可按铰接设计。单斜腹杆式和混合式桁架斜腹杆的倾角宜为 $45°～60°$。

6.1.3　结构布置

1. 结构布置的一般原则

交错桁架结构体系较适用于平面形状为矩形（图 6-4）、弧形、环形的建筑，也可用于 L 形、T 形等建筑。从经济、合理的角度分析，交错桁架结构特别适用于宽度不大于 18m、层数为 15～20 层的建筑结构。交错桁架结构的经济高宽比宜在 3～6 之间。为了减少地震作用下的扭转效应，结构布置时宜使结构各层的抗侧力刚度中心与水平作用合力中心接近。各层刚度中心应尽可能接近在同一竖直线上，框架宜沿建筑物纵向等柱距布置，桁架错列设置。框架数为奇数时，结构对称，受力合理。

交错桁架结构为新型结构，在我国应用还缺乏设计和施工经验，为了安全，抗震设防烈度在 8 度及以下时，参考国家标准《建筑抗震设计规范》GB 50011—2010 中对框架结构的最大高度规定，对交错桁架的允许设计高度适当降低。抗震设防烈度为 6 度的地区，交错桁架结构的高度不宜大于 90m；抗震设防烈度为 7 度的地区，交错桁架结构的高度不宜大于 60m；抗震设防烈度为 8 度（0.30g）地区，交错桁架的高度不宜大于 40m。设防烈度超过 8 度（0.30g）的地区，暂不建议使用。

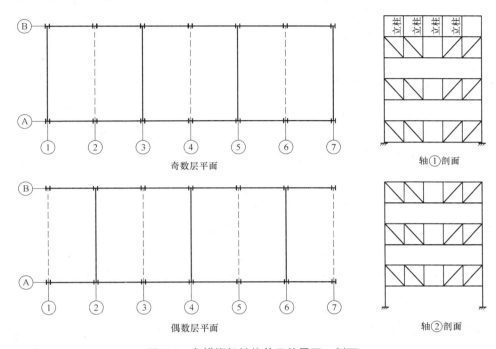

图 6-4　交错桁架结构单元的平面、剖面

2. 结构横向布置

交错桁架结构的跨度一般不宜大于 21m，跨度过大导致结构不经济。交错桁架结构体系柱数量少，水平荷载下的体系类似一悬臂梁，周边柱子相当于悬臂梁的翼缘，桁架相当于梁腹板。在竖向荷载和水平荷载作用下，柱子主要承受轴力，剪力和弯矩较小，基础的数量和体积都明显减小。交错桁架结构的基础形式可采用柱下独立基础。结构底层布置落地桁架时，基础梁可作为桁架下弦。

交错桁架结构的横向刚度大，一般不设置支撑系统。当底层为获得无柱空间，无法布置落地桁架时，底层刚度较弱，形成结构薄弱层，应在底层对应轴线设横向斜撑，抵抗层间剪力（图 6-5）。底层无落地桁架时，对于二层无桁架的轴线，需设吊杆支承楼面。顶层无桁架的轴线采用立柱支承屋面板。采用吊杆或立柱支承楼面时，吊杆和立柱应连在桁架节点处，避免桁架弦杆产生附加弯矩。交错桁架结构端部轴线采用框架抗侧力可方便开窗洞。山墙框架梁柱节点与相邻轴线桁架弦杆间需要设置连梁，由山墙框架梁、相邻桁架弦杆、连梁、楼板、柱组成抗侧力体系共同抵抗山墙风荷载。

3. 结构纵向布置

结构的纵向柱距宜取 6～9m。采用小柱距可以增加结构的纵向刚度，减小楼板厚度，但柱和桁架数量均增加，会增加结构的造价。采用大柱距，楼板厚度相应增大。实际工程中应根据使用功能和经济性能选择合理的柱距。交错桁架结构可采用边柱与纵向连梁刚接

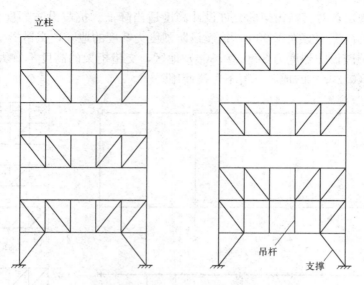

图 6-5　支撑、吊杆、立柱

组成纵向框架抵抗纵向水平力，柱截面强轴布置在横向平面（图 6-4）内，以提高纵向框架的刚度。当结构的柱距较大时，纵向框架承载力或刚度不足，在纵向设支撑，纵向框架支撑的数量可按需要设置，一般情况下，柱间支撑布置在结构两端的第一开间或第二开间，当纵向刚度不足时，在中间加设柱间支撑。为了便于开设窗洞，也可在窗洞上下部位布置纵向支撑桁架。

4. 结构布置其他要求

同一层桁架在相邻轴线交错设置，需要楼板将上层桁架的剪力传给下层相邻桁架，楼板与桁架弦杆之间应设可靠连接传递水平剪力，保证整个结构体系的连续性和空间协同工作。出于经济考虑，美国钢结构协会的"Steel Design Guide Series 14：Staggered Truss Framing System"允许采用预制空心板叠合楼板（空心板之间采取具体的连接措施保证楼板整体性）或压型钢板组合楼板。鉴于国内的抗震要求，宜采用压型钢板组合楼板或现浇钢筋混凝土楼板，不应采用整体性较差的预制板。楼板直接与相邻桁架的上下弦相连。楼板厚度不宜小于 120mm。楼梯、电梯间可加设钢梁柱，组成局部框架。楼梯、电梯井也是抗侧力体系的一部分。

6.2　结构分析

6.2.1　荷载及效应组合

交错桁架钢结构的荷载和作用包括竖向荷载、风荷载和地震作用。

1. 竖向荷载

交错桁架钢结构的竖向荷载主要有永久荷载（结构自重等）、楼面活荷载及屋面活荷载、积灰荷载和雪荷载。活荷载、积灰荷载和雪荷载标准值应按现行国家标准《建筑结构荷载规范》GB 50009—2012 的规定采用。设计楼面梁、墙、柱及基础时，楼面活荷载可按现行国家标准《建筑结构荷载规范》GB 50009—2012 的规定进行折减。

2. 风荷载

垂直于房屋表面任意高度处的风荷载标准值 w_k 应按第 3 章式（3-12）计算。

3. 地震作用

地震作用应按现行国家标准《建筑抗震设计规范》GB 50011—2010 计算。交错桁架钢结构的阻尼比在多遇地震作用计算时可取 0.04，在罕遇地震作用计算时可取 0.05。交错桁架钢结构适用于多层、小高层建筑，按多遇地震进行抗震变形验算时，可不考虑与风荷载效应的组合。进行罕遇地震作用验算时，不应计入风荷载，其竖向荷载宜取重力荷载代表值。

当结构的质量和刚度的分布基本对称时，允许沿结构的两个主轴方向分别计算水平地震作用，各方向的水平地震作用应由该方向抗侧力构件承担。当桁架沿纵向等柱距布置，且框架数量为奇数，沿高度方向平面桁架均匀错层设置，同一层内每榀框架的构件材性、截面都相同时，质量中心与刚度中心基本重合，可不计算结构整体扭转效应。质量和刚度分布明显不对称的结构，应计算双向水平地震作用并计入扭转的影响。

《建筑抗震设计规范》GB 50011—2010 中对不进行扭转耦联计算的规则结构，要求平行于地震作用方向边榀框架地震作用效应应乘以增大系数。基于此，交错桁架结构不进行平扭耦联计算时，平行于地震作用方向的两个边框架，其地震作用效应应乘以增大系数，短边可按 1.15 采用，长边可按 1.05 采用，角部构件宜同时乘以两个方向各自的增大系数。

计算各振型地震影响系数所采用的结构自振周期，应采用按主体结构弹性刚度计算所得周期乘以考虑非结构构件影响的折减系数，其值可取 0.8～1.0。

计算单向地震作用，且考虑扭转影响时，应考虑偶然偏心的影响。矩形平面每层沿垂直于地震作用方向的附加偏心距可按下式采用：

$$e_i = \pm 0.05 L_i \tag{6-1}$$

式中　L_i——第 i 层垂直于地震作用方向的建筑物长度。

交错桁架结构宜采用振型分解反应谱法进行地震作用计算。对高度不超过 40m，质量和刚度沿高度分布比较均匀的交错桁架结构，地震反应弹性分析可采用底部剪力法。对复杂交错桁架结构宜采用时程分析法补充计算。对于不考虑扭转影响的结构，可按"平方和开平方法（SRSS 法）"得出振型组合内力及位移；对需要考虑扭转影响的结构，可按"完全二次型方根法（CQC 法）"得到振型组合内力及位移。SRSS 法、CQC 法分别为现行国家标准《建筑抗震设计规范》GB 50011—2010 中的指定方法。

交错桁架结构在横向（桁架方向）有很好的侧向刚度。纵向的抗侧力体系通常由建筑物外围的抗弯框架或支撑体系、电梯井、楼梯间组成。一般情况下，结构的前三阶振型分别为纵向变形、横向变形和扭转变形。当结构纵向抗侧移刚度较小时，纵向变形为结构的第一振型。国外的研究表明：在横向水平地震作用下交错桁架结构性能类似于一个支撑体系和延性抗弯框架体系的组合。建筑物的长宽比、高宽比、结构的扭转效应、底层的支撑形式、桁架的形式、混合式桁架空腹节间长度的变化都对结构的抗震性能有较大影响。国内的研究表明：①结构横向最大层间位移角随建筑物的长宽比增加而增大，结构质量中心和刚度中心不重合时，结构的最大层间位移角将明显增大；②层间位移角总体上随着结构高宽比增加而增大；③混合式桁架空腹节间长度增加，将使结构柔性增加，层间位移增大；④建筑物的层高增大，最大层间位移角增大，合适的高跨比为 1/5 左右，再进一步减小层高对最大层间位移角影响不大；⑤空腹桁架体系的横向刚度要明显小于混合式桁架体系；⑥混合式桁架体系薄弱层多位于底层。

交错桁架结构在多遇地震作用下任一楼层的水平地震剪力应符合下式要求：

$$V_{EKi} \geqslant \lambda \sum_{j=i}^{n} G_j \tag{6-2}$$

式中　V_{EKi}——第 i 层对应于水平地震作用标准值的楼层剪力；

　　　λ——剪力系数，按现行国家标准《建筑抗震设计规范》GB 50011—2010 取值；

　　　G_j——第 j 层的重力荷载代表值；

　　　n——结构计算总层数。

4. 荷载效应组合

按承载能力极限状态设计时，应考虑荷载效应的基本组合，必要时尚应考虑荷载效应的偶然组合，荷载和材料强度均采用设计值。结构的承载能力应包括构件和连接的强度、结构和构件的稳定性。正常使用极限状态设计应考虑荷载效应的标准组合。

6.2.2　一般规定

交错桁架钢结构内力与位移可按有限元法进行弹性计算。采用混合式桁架或单斜腹杆式桁架的交错桁架钢结构的横向刚度较大，$P\text{-}\Delta$ 效应影响很小，交错桁架结构横向内力与位移计算可不考虑二阶效应。交错桁架的纵向一般采用框架或框架支撑结构，对符合式（6-3）的纵向框架或框架支撑结构，计算纵向内力与位移需考虑 $P\text{-}\Delta$ 效应。

$$\frac{\sum N \cdot [\Delta u]}{\sum H \cdot h} > 1 \tag{6-3}$$

式中　$\sum N$——所计算楼层各柱轴向力设计值之和；

　　　$\sum H$——所计算楼层及以上各层的水平力设计值之和；

　　　$[\Delta u]$——层间相对位移容许值，见《钢结构设计标准》GB 50017 附录；

　　　h——所计算楼层高度。

进行结构内力和位移计算中是否考虑平面桁架与混凝土楼板的组合作用，将对计算结果产生较大影响。压型钢板组合楼板、现浇钢筋混凝土楼板通过抗剪连接件与桁架弦杆相连，混凝土楼板在一定程度上参与桁架弦杆的受力。在分析竖向荷载作用时，交错桁架结构不宜考虑组合梁效应。美国 AISC 设计指南 "Steel Design Guide Series 14：Staggered Truss Framing System" 认为在竖向荷载作用下，桁架下弦杆产生轴拉力，鉴于混凝土材料不能有效传递拉力，建议分析竖向荷载作用时忽略组合梁效应。

在分析交错桁架结构横向水平荷载作用时，考虑组合梁效应，楼板参与受力，但在计算横向水平荷载作用下的桁架内力时并不考虑楼板组合效应，而在最后弦杆内力组合时考虑楼板影响。美国 AISC 设计指南采用如下假定：所有横向水平荷载引起的桁架弦杆轴力由混凝土楼板承受，不参与桁架弦杆的内力组合。横向水平荷载引起的桁架弦杆剪力和弯矩由弦杆承受，参与桁架弦杆的内力组合。

6.2.3 内力和位移计算模型

交错桁架结构一般采用有限元分析程序计算内力和位移，交错桁架结构为空间受力结构体系，采用手算比较困难，为了保证计算的准确性，宜至少采用两个结构分析软件建立力学模型进行计算。目前采用有限元分析模型主要是空间协同计算模型。当缺少空间分析条件或进行初步设计，同时结构布置规则，质量和刚度沿高度分布均匀、不计扭转效应时，可采用不考虑扭转效应的平面模型计算。如不满足上述的条件时，可采用考虑扭转的平面模型。

6.2.3.1 空间协同计算模型

交错桁架结构的楼板将层间剪力从上层桁架的下弦传递到下层桁架的上弦，水平荷载作用下，结构为空间受力结构体系，采用空间协同计算模型更合理，也考虑了结构在受荷载作用时的扭转效应。进行内力及位移分析时，桁架弦杆、柱、梁等构件采用三维梁单元，桁架的腹杆可视节点连接构造，采用梁单元或杆单元，楼板采用壳单元。交错桁架的楼板通常采用现浇楼板或现浇组合楼板，如能保证楼板平面内的整体刚度，其在自身平面内的刚度相当大，可假定楼板面内刚度无穷大，这种情况需另行计算楼板面内弯矩和剪力。对于风载和多遇地震作用分析，刚性横隔假定合理。

6.2.3.2 平面计算模型

1. 竖向荷载作用下的平面结构分析法

与框架结构类似，交错桁架结构中的各榀框架（由柱和桁架组成）在竖向荷载作用下的协同工作效应较小。因此在竖向荷载作用下，可不考虑体系中各榀框架间的协同工作，分别取体系中单榀框架（图 6-6），单独分析其在竖向荷载下的内力和变形。对于竖向荷载作用下的平面结构，其内力分析可借助于现有的结构分析软件计算完成。

2. 水平荷载作用下的平面结构分析法

交错桁架结构在横向荷载作用下，采用平面结构分析时不应以单榀框架作为计算模型。当交错桁架沿纵向等柱距布置，且框架数量为奇数，沿高度方向平面桁架均匀错层设置，同一层内每榀框架的构件材性、截面都相同时，横向水平荷载作用下可采用忽略扭转效应的平面结构空间协同分析方法。

交错桁架结构在横向荷载作用时，由于楼板的连系作用，相邻框架间的空间协同工作非常显著。当可以忽略结构整体扭转影响时，采用忽略扭转效应的平面协同分析方法，分别为平面协同分析模型和连续支撑框架模型。考虑整体结构的扭转时，可采用考虑扭转修正的平面模型。

1）平面协同分析模型

分析方法和步骤如下：

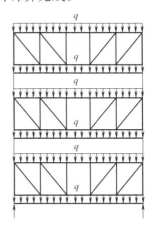

图 6-6 竖向荷载下的
简化计算模型

（1）将两种类型的框架按照线性叠加的原则，分别叠合成一榀总框架，将楼板用刚性链杆模拟，两个总框架以刚性链杆连接，计算模型如图 6-7 所示。

（2）计算总框架中各构件的截面几何特性。总框架某一层柱、桁架腹杆的截面几何特性为同层、同一类所有榀框架中相应构件截面几何特性之和。总框架横梁的截面几何特性等于同层中同一类各单榀框架中桁架弦杆截面特性之和。

（3）明确桁架节点做法之后，可采用有限单元法求解各层链杆轴力及结构位移。

（4）根据各层链杆轴力，得出水平荷载作用下 A、B 型框架各层所分配的剪力分别为 $P_{Ai}-P_i(i=1,2,\cdots m)$，$P_i+P_{Bi}(i=1,2\cdots m)$，将 A、B 型框架各层所分配的剪力 $(P_{Ai}-P_i)$ 和 $(P_i+P_{Bi})(i=1,2\cdots m)$ 按抗侧移刚度分配给各平面框架，求出柱及桁架各杆件内力。

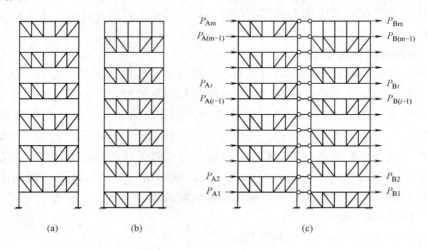

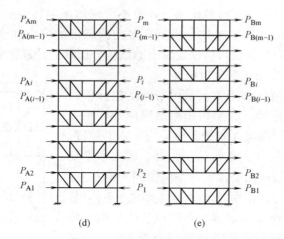

图 6-7　平面协同模型

（a）A 型；（b）B 型；（c）考虑结构空间整体作用计算简图；（d）A 型桁架；（e）B 型桁架

2）连续支撑框架模型

分析方法和步骤如下：

（1）所有榀框架按照线性叠加的原则，叠合成一个沿高度连续布置桁架的总框架结构，如图 6-8 所示。

（2）计算总框架中各构件的截面几何特性。总框架某一层柱、桁架腹杆的截面几何特性为同层所有榀框架中相应构件截面几何特性之和。模型中横梁的截面几何特性等于叠合的各单榀桁架弦杆截面特性之和。

（3）明确桁架节点做法之后，可采用有限单元法求解总框架的内力、位移。

（4）步骤 3 所求得的位移就是交错桁架结构相应的位移值。将步骤 3 所求出的内力值按照各单榀框架对应构件的刚度比例关系进行二次分配，以分配后的内力作为各构件的设计依据。据相关文献介绍，各杆内力与空间分析误差不大。

采用平面协同模型和平面连续支撑模型对三个结构算例进行对比计算表明：平面连续支撑模型用于位移计算时较平面协同模型合理。因平面连续支撑模型假定了相邻两榀框架对应点侧移完全相等，

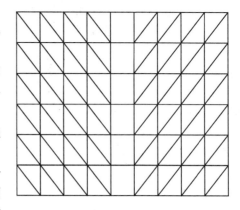

图 6-8 平面连续支撑模型

更符合楼板平面内刚性的假定，而平面协同模型不能保证相邻框架对应点侧移完全相等。

3）考虑扭转的平面模型

在横向水平荷载作用下，考虑结构整体扭转对结构内力的影响时，宜采用空间分析法。横向荷载作用下交错桁架产生扭转效应，采用平面结构分析时，应考虑扭转影响。将结构视为若干榀平面框架的组合，考虑协同工作及扭转影响，修正各榀平面桁架的剪力。

（1）刚度中心

结构刚度中心的物理解释为：当各抗侧力结构不考虑扭转时，按刚度所分配的层间剪力的合力作用点就是刚度中心。交错桁架结构沿纵向是关于中轴对称的，某一层的刚度中心在对称轴上，只需考虑结构横向水平荷载作用的扭转效应。按图 6-9 的坐标系，令 x_i 为第 i 榀桁架到 y 轴的距离，D_i 为第 i 榀桁架的剪切刚度，矩形平面层间刚度中心坐标可按下式计算：

$$x_0 = \sum(D_i x_i)/\sum D_i, y_0 = B/2 \tag{6-4}$$

式中　x_0、y_0——分别为图 6-9 所示的刚度中心在 x 轴和 y 轴的坐标；

　　　　D_i——层中第 i 榀桁架的剪切刚度，由公式（6-7）计算；

　　　　x_i——层中第 i 榀桁架的横坐标；

　　　　B——交错桁架结构横向跨度。

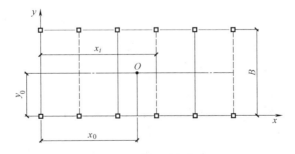

图 6-9 层间刚度中心

（2）平面桁架的剪切刚度

剪切刚度为桁架发生单位层间剪切角所对应的剪力，平面桁架的剪切刚度 D 可以通过求解其层间剪切角 γ 得到。影响平面桁架剪切刚度的因素较多，除了弦杆、斜腹杆的轴

向变形外，还有弦杆的弯曲、剪切变形及竖杆的轴向变形。只有建立精确的数值分析模型，借助于计算机才能得到平面桁架剪切刚度的精确解。比较简化的方法，可采用结构力学的方法，对桁架施加单位水平剪力，求出桁架的剪切变形 γ（图6-10b），或层间相对位移 Δ。由 $\Delta=\gamma h$ 也可以得出桁架的剪切刚度，h 为桁架的高度。根据美国 AISC 设计指南"Steel Design Guide Series 14：Staggered Truss Framing System"，图6-10（b）所示的桁架节间在单位水平力作用下变形 Δ 为：

$$\Delta=[d^3/(l^2A_d)+l/A_g]/E \tag{6-5}$$

单个节间的剪切刚度：

$$D_{ij}=E/(d^3/(l^2A_d)+l/A_g) \tag{6-6}$$

混合式桁架的剪切刚度可按下式计算：

$$D_i=\sum_{j=1}^{m}D_{ij} \tag{6-7}$$

式中 　D_i——某层第 i 榀桁架的剪切刚度（N/mm）；

　　　　D_{ij}——第 i 榀桁架第 j 节间的剪切刚度（N/mm）；

　　　　m——第 i 榀桁架中有斜腹杆节间的数目，无斜腹杆节间的剪切刚度为零；

　　　　E——钢材的弹性模量（N/mm²）；

　　　　d——斜腹杆长度（mm）；

　　　　l——桁架竖杆的水平距离（mm）；

　　　　A_d——斜腹杆的截面面积（mm²）；

　　　　A_g——上弦杆的截面面积（mm²）。

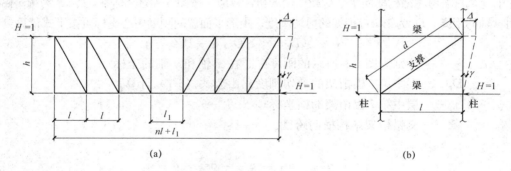

图6-10　桁架的剪切变形
（a）桁架承受剪切力受力简图；（b）桁架中一个节间

（3）考虑扭转后的剪力修正

图6-11（a）为交错桁架结构某一层的结构平面图。沿 y 方向的层间总剪力 Q_y 不通过层刚度中心 O，计算偏心距为 $e=e_0\pm0.05L$，e_0 为实际偏心矩，L 为垂直于水平荷载合力方向建筑物的长度，$\pm0.05L$ 为附加偏心距。假设楼板只出现刚体平移和转动。将图6-11（a）所示的受力和位移状态分解为图6-11（b）和图6-11（c）。图6-11（b）为通过刚度中心作用有水平合力，楼板沿 y 方向产生层间相对位移 δ。图6-11（c）为通过刚度中心 O 作用有扭矩 $T=Q_ye$，楼板绕刚度中心产生层间相对转角 θ。

楼层各点处的层间位移均可用刚度中心处的层间相对水平位移 δ 和绕刚度中心的转角

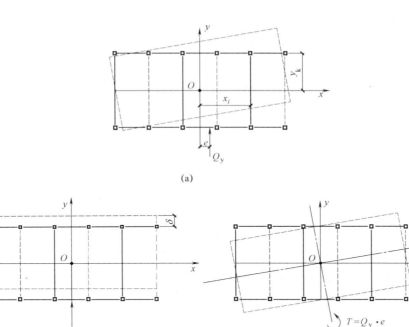

图 6-11 楼层的平移及扭转变形

θ 表示，如沿 x 方向第 i 榀桁架距刚度中心的距离为 x_i，沿 y 方向的层间相对位移为：

$$\delta_{yi} = \delta + \theta x_i \tag{6-8}$$

沿 y 方向第 k 榀框架距刚度中心的距离为 y_k，沿 x 方向的层间相对位移可表示为：

$$\delta_{xk} = -\theta y_k \tag{6-9}$$

设 D_{xk} 为第 k 榀纵向框架在 x 方向的剪切刚度；D_{yi} 为横向第 i 榀桁架在 y 方向的剪切刚度。剪切刚度的定义为：使某层某榀抗侧力结构产生单位层间相对位移时需要的水平力。

设 V_{xk} 为纵向第 k 榀框架在 x 方向所承担的剪力，V_{yi} 为横向第 i 榀桁架在 y 方向所承担的剪力，则：

$$V_{xk} = D_{xk}\delta_{xk} = -D_{xk}\theta y_k \tag{6-10a}$$

$$V_{yi} = D_{yi}\delta_{yi} = D_{yi}\delta + D_{yi}\theta x_i \tag{6-10b}$$

由图 6-11（a），沿 y 方向的层间总剪力 Q_y 应与各榀桁架在 y 方向所能承担的剪力平衡，即：

$$\sum Y = 0, \quad Q_y = \sum D_{yi}\delta + \sum D_{yi}\theta x_i \tag{6-11}$$

因 O 为刚度中心，有 $\sum D_{yi}x_i = 0$，由式（6-14）得：

$$\delta = \frac{Q_y}{\sum D_{yi}} \tag{6-12}$$

δ 相当于不考虑扭转效应条件下，剪力 Q_y 所引起的层间位移。

图 6-11（c）中，对刚度中心的外扭矩 $T = Q_y e$ 应与各榀桁架所承担的剪力对刚度中心的抵抗力矩相平衡，即：

$$\sum T = 0, \quad Q_y e = \sum (V_{yi}x_i) - \sum (V_{xk}y_k) \tag{6-13}$$

等式中的第一项是 y 方向各榀桁架的抵抗力矩，第二项是 x 方向各榀框架的抵抗力矩。

由式（6-10）、式（6-13）及 $\sum D_{yi}x_i=0$，得出：

$$Q_y e = \theta(\sum D_{yi}x_i^2 + \sum D_{xk}y_k^2) \tag{6-14}$$

$$\theta = \frac{Q_y e}{\sum D_{yi}x_i^2 + \sum D_{xk}y_k^2} \tag{6-15}$$

将 δ 和 θ 代入式（6-10），得出每榀桁（框）架考虑扭转效应后，分担的剪力：

$$V_{xk} = \frac{D_{xk}y_k}{\sum D_{yi}x_i^2 + \sum D_{xk}y_k^2}Q_y e \tag{6-16}$$

$$V_{yi} = \frac{D_{yi}}{\sum D_{yi}}Q_y + \frac{D_{yi}x_i}{\sum D_{yi}x_i^2 + \sum D_{xk}y_k^2}Q_y e \tag{6-17}$$

鉴于结构在 y 方向荷载作用时，x 方向的受力一般不大，对式（6-17）中的 V_{xk} 可略去不计。V_{yi} 中的第一项表示结构平移产生的剪力，第二项表示结构扭转产生的剪力。式（6-17）中的 V_{yi} 可改写成：

$$V_{yi} = \left[1 + \frac{(\sum D_{yi})x_i e}{\sum D_{yi}x_i^2 + \sum D_{xk}y_k^2}\right]\frac{D_{yi}}{\sum D_{yi}}Q_y \tag{6-18}$$

简写成：

$$V_{yi} = \alpha_{yi}\frac{D_{yi}}{\sum D_{yi}}Q_y \tag{6-19}$$

式中：

$$\alpha_{yi} = 1 + \frac{(\sum D_{yi})x_i e}{\sum D_{yi}x_i^2 + \sum D_{xk}y_k^2} \tag{6-20}$$

系数 α_{yi} 相当于考虑扭转后对第 i 榀桁架剪力的修正。每榀桁架的坐标有正、有负，系数 α 可大于 1 或小于 1，前者相当于考虑扭转后剪力增大，后者相当于考虑扭转后剪力减小。同一层的平面桁架应考虑附加偏心距为 $\pm 0.05L$ 两种情况的不利工况。

（4）考虑扭转影响的计算步骤

① 求解结构不考虑扭转时的内力和位移；

② 求解各楼层刚度中心，计算附加偏心距为 $\pm 0.05L$ 两种工况的计算偏心距 e 及各层的扭转角 θ、各榀框架的扭转修正系数 α_{yi}；

③ 对构件内力修正，将不考虑扭转时各构件分配到的内力乘以该榀框架对应的扭转修正系数后即得出该榀框架构件的最后内力；

④ 对结构的各层间位移重新进行修正。

6.2.4　结构变形要求

1. 交错桁架钢结构受弯构件的挠度容许值

不宜大于表 6-1 的规定值。

受弯构件挠度容许值   表 6-1

构件类别		挠度容许值	
		$[v_T]$	$[v_Q]$
楼层梁	桁架及主梁	$l/400$	$l/500$
	次梁及楼梯梁	$l/250$	$l/300$
	抹灰顶棚的梁	$l/250$	$l/350$
楼板		$l/150$	—

注：1. 表中 l 为构件跨度；$[v_T]$ 为全部荷载标准值产生的挠度（如有起拱应减去拱度）的容许值；$[v_Q]$ 为可变荷载标准值产生的挠度容许值；

    2. 计算桁架、梁的挠度时可考虑楼板的组合作用；

    3. 在计算结构和构件的变形时，不需考虑螺栓孔引起的截面削弱。

为了减小交错桁架结构的挠度，结构中桁架可预先起拱。起拱值应根据实际需要确定，可取为恒载标准值加二分之一活载标准值所产生的挠度。

2. 风荷载作用下结构的侧移限值

风荷载作用下，按弹性方法计算得到结构在风载标准值作用下的层间位移不宜超过 $h/250$，h 为层高。

3. 地震作用下交错桁架结构的层间位移限值

交错桁架结构横向刚度较大，采用弹性计算时，多遇地震作用下，结构的层间位移不宜超过 $h/250$。考虑弹塑性计算时，在罕遇地震作用下，结构的横向层间位移不宜大于 $h/75$，结构的纵向层间位移不宜大于 $h/50$。

当采用有较高变形限值的非结构构件和装饰材料时，风载标准值作用下的层间位移和多遇地震作用下的层间位移宜适当减小。

6.3 构件设计

6.3.1 一般规定

交错桁架结构的内力应按柱、桁架（弦杆和腹杆）、梁、支撑等构件最不利内力计算确定，当最不利组合内力确定后，进行构件设计。一般需要验算构件强度、刚度、整体稳定和局部稳定性。结构构件承载能力计算应满足式（6-21）和式（6-22）的要求。

$$\text{不考虑地震作用时,} \gamma_0 S \leqslant R \tag{6-21}$$

$$\text{考虑多遇地震作用时,} S_E \leqslant R/\gamma_{RE} \tag{6-22}$$

式中 γ_0——结构重要性系数；

      S——不考虑地震作用时，荷载效应组合的设计值；

      S_E——考虑多遇地震作用时，荷载和地震作用效应组合的设计值；

      R——结构抗力；

      γ_{RE}——承载力抗震调整系数，对钢柱、钢管混凝土柱、桁架、支撑、节点板件、连接焊缝及螺栓均取 0.8。

结构构件正常使用极限状态的计算应满足式（6-23）的要求。

$$S_b \leqslant C \qquad\qquad (6-23)$$

式中　C——结构或构件达到正常使用要求的变形容许值；

　　　S_b——荷载效应组合的标准值。

6.3.2　交错桁架柱设计

6.3.2.1　交错桁架柱的类型

交错桁架柱一般采用钢柱和矩形钢管混凝土柱，为了增加结构的纵向刚度，强轴与桁架平行。从用钢量来看，矩形钢管混凝土柱用钢量较省。从桁架和梁与柱之间的连接节点看，钢柱与桁架及钢梁的连接点比较方便，钢管混凝土柱与这些构件连接复杂。从环保的角度上看，应优先选用钢柱，钢材是可循环生产的绿色建材。

6.3.2.2　钢柱设计

1. 钢柱设计要求

交错桁架柱宜选用 H 型钢、高频焊接 H 型钢以及由三块板焊接而成的 H 形截面。钢柱截面形式的选择主要根据受力确定。交错桁架柱一般都是压（拉）弯构件，在初步设计中，根据估算的柱设计轴力值 N，按 $1.2N$ 的轴心受压构件来初估柱截面尺寸。交错桁架柱截面尺寸沿结构高度一般可按每 3～4 层作一次截面尺寸变化。尽量使用较薄的钢板，其厚度不宜超过 100mm。柱板件宽厚比不应大于表 6-2 的规定。

框架柱板件宽厚比限值   表 6-2

板件名称		宽厚比限值	
		7、8 度抗震设防	6 度抗震设防及非抗震设防
柱	H 形截面翼缘外伸部分	11	13
	H 形截面腹板	45	52
	箱形截面壁板	36	40

注：表列数值适用于 Q235 钢，采用其他牌号钢材时应乘以 $\sqrt{235/f_y}$。

2. 钢柱强度计算

钢柱按压弯构件计算截面强度，弯矩作用在两个主平面内的压弯构件，其截面强度应按下列规定计算：

$$\frac{N}{A_n} \pm \frac{M_x}{\gamma_x W_{nx}} \pm \frac{M_y}{\gamma_y W_{ny}} \leqslant f \qquad\qquad (6-24)$$

式中　N、M_x、M_y——钢柱轴力设计值、绕 x 轴弯矩设计值和绕 y 轴弯矩设计值；

　　A_n、W_{nx}、W_{ny}——净截面面积、绕 x 轴的净截面模量和绕 y 轴的净截面模量；

　　　　　γ_x、γ_y——与截面模量相应的截面塑性发展系数，按国家标准《钢结构设计标准》GB 50017 选取，当压弯构件受压翼缘的自由外伸宽度与其厚度之比大于 $13\sqrt{235/f_y}$；而不超过 $15\sqrt{235/f_y}$，应取 $\gamma_x = 1$；

　　　　　　　　f——钢材的设计强度，有地震时需除以钢柱承载能力的抗震调整系数 γ_{RE}；

　　　　　　　f_y——钢材的屈服强度。

3. 钢柱稳定计算

单向受弯的实腹式压弯钢柱稳定计算参考本书5.5.3节，实际中双向受弯的压弯构件较少，《钢结构设计标准》GB 50017给出了双轴对称工字形截面（含H型钢）和箱形截面的压弯构件稳定计算公式，这些公式可以看作是由单向受弯压弯构件的平面内和平面外的稳定公式组合构成。

$$\frac{N}{\varphi_x A} + \frac{\beta_{mx} M_x}{\gamma_x W_{1x}\left(1 - 0.8\dfrac{N}{N'_{Ex}}\right)} + \eta\frac{\beta_{ty} M_y}{\varphi_{by} W_{1y}} \leqslant f \tag{6-25}$$

$$\frac{N}{\varphi_y A} + \eta\frac{\beta_{tx} M_x}{\varphi_{bx} W_{1x}} + \frac{\beta_{my} M_y}{\gamma_y W_{1y}\left(1 - 0.8\dfrac{N}{N'_{Ey}}\right)} \leqslant f \tag{6-26}$$

式中　　M_x、M_y——所计算范围内构件对x轴和y轴的最大弯矩；

　　　　φ_x、φ_y——对x轴和y轴的轴心受压构件稳定系数；

　　　　φ_{bx}、φ_{by}——梁的整体稳定系数；

　　　　β_{mx}、β_{my}——按公式（5-59）中有关弯矩作用平面内的规定采用；

　　　　β_{tx}、β_{ty}和η——按公式（5-60）中有关弯矩作用平面外的规定采用；

　　　　N'_{Ex}、N'_{Ey}——考虑抗力分项系数的欧拉临界力，$N'_{Ex}=\pi^2 EA/(1.1\lambda_x^2)$，$N'_{Ey}=\pi^2 EA/(1.1\lambda_y^2)$。

4. 钢柱计算长度

交错桁架钢柱的计算长度等于该层的高度乘以计算长度系数μ。《钢结构设计标准》GB 50017将框架分为无支撑的纯框架和有支撑框架，其中有支撑的框架根据抗侧移刚度的大小，分为强支撑框架和弱支撑框架。交错桁架钢结构的横向刚度较大，一般情况属于强支撑框架，钢柱平面内计算长度可简单取层高即计算长度系数μ均可取为1.0，平面外计算长度，即纵向框架的计算长度应按本书5.5.1节计算。

6.3.2.3　矩形钢管混凝土柱的设计

1. 矩形钢管混凝土柱设计要求

矩形钢管混凝土柱的截面最小边尺寸不宜小于400mm，钢管壁厚不宜小于10mm，截面的高宽比不宜大于2。矩形钢管可采用冷成型的直缝或螺旋缝焊接管或热轧管，也可用冷弯型钢或热轧钢板、型钢焊接成型的矩形管。

矩形钢管混凝土柱壁板件宽厚比（图6-12）不应大于表6-3规定的限值。

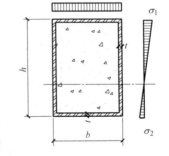

图6-12　矩形钢管截面板件应力分布

矩形钢管混凝土柱壁板宽厚比b/t、h/t的限值　　　　　　表6-3

构件类型	b/t	h/t
轴压	60ε	60ε
压弯	60ε	当$1\geqslant\psi>0$时：$30(0.9\psi^2-1.7\psi+2.8)\varepsilon$ 当$0\geqslant\psi\geqslant-1$时：$30(0.74\psi^2-1.44\psi+2.8)\varepsilon$

注：1. ε为钢材强度转化系数，当为使用阶段时，$\varepsilon=\sqrt{235/f_y}$；当为施工阶段验算时，$\varepsilon=\sqrt{235/1.1\sigma_0}$，$\sigma_0$取施工阶段荷载作用下的板件实际应力设计值，压弯时$\sigma_0$取$\sigma_1$；$f_y$为钢材的屈服强度；

　　2. $\psi=\sigma_2/\sigma_1$，σ_1、σ_2分别为板件最外边缘的最大、最小应力（N/mm²），压应力为正，拉应力为负。

矩形钢管中的混凝土强度等级不应低于 C30。对 Q235 钢管，宜配 C30 或 C40 混凝土；对 Q345 钢管，宜配 C40 及 C50 及以上等级的混凝土；对于 Q390、Q420 钢管，宜配不低于 C50 级的混凝土。混凝土的强度设计值、强度标准值和弹性模量应按现行国家标准《混凝土结构设计规范》GB 50010—2010 的规定采用。

矩形钢管混凝土柱中，混凝土的工作承担系数 α_c 应控制在 $0.1 \sim 0.7$ 之间，α_c 按下式计算：

$$\alpha_c = \frac{f_c A_c}{f A_s + f_c A_c} \tag{6-27}$$

式中 f——钢材的抗压强度设计值；

  f_c——混凝土的抗压强度设计值；

  A_s——钢管的截面面积；

  A_c——管内混凝土的截面面积。

矩形钢管混凝土柱还应按空矩形钢管进行施工阶段的强度、稳定性和变形验算。施工阶段的荷载主要为湿混凝土的重力和实际可能作用的施工荷载。矩形钢管柱在施工阶段的轴向应力不应大于其钢材抗压强度设计值的 60％，并应满足强度和稳定性的要求。

矩形钢管混凝土柱在进行地震作用下的承载能力极限状态设计时，承载力抗震调整系数 γ_{RE} 宜取 0.80。

矩形钢管混凝土柱的刚度，可按下式规定取值。

轴向刚度：

$$EA = E_s A_s + E_c A_c \tag{6-28}$$

弯曲刚度：

$$EI = E_s I_s + 0.8 E_c I_c \tag{6-29}$$

式中 E_s、E_c——钢材和混凝土的弹性模量；

  I_s、I_c——钢管与管内混凝土截面的惯性矩。

矩形钢管混凝土柱的截面最大边尺寸大于等于 800mm 时，宜采取在柱子内壁上焊接栓钉、纵向加劲肋等构造措施，确保钢管和混凝土共同工作。

在每层钢管混凝土柱下部的钢管壁上应对称开两个排气孔，孔径为 20mm，用于浇筑混凝土时排气以保证混凝土密实以及清除施工缝处的浮浆、溢水等，并在发生火灾时，排除钢管内由混凝土产生的水蒸气，防止钢管爆裂。

2. 矩形钢管混凝土柱设计

1）轴心受压构件

（1）承载力计算

$$N \leqslant N_{un} = f A_{sn} + f_c A_c \tag{6-30}$$

（2）整体稳定计算

$$N \leqslant \varphi N_u = \varphi (f A_s + f_c A_c) \tag{6-31}$$

$$\lambda_0 = \frac{\lambda}{\pi} \sqrt{\frac{f_y}{E_s}} \tag{6-32}$$

$$\lambda = l_0 / i_0 \tag{6-33}$$

$$i_0 = \sqrt{\frac{I_s + I_c E_c / E_s}{A_s + A_c f_c / f}} \tag{6-34}$$

式中　N——轴心压力设计值；

N_{un}——轴心受压时净截面受压承载力设计值；

A_{sn}——钢管的净截面面积；

N_u——轴心受压时截面受压承载力设计值；

φ——轴心受压构件的稳定系数，其值可根据相对长细比 λ_0，查《钢结构设计标准》GB 50017 中 b 类截面轴心受压构件确定；

λ_0——正则化长细比；

f_y——矩形钢管钢材的屈服强度；

l_0——轴心受压构件的计算长度；

i_0——矩形钢管混凝土柱截面的当量回转半径。

2）弯矩作用在一个主平面内的压弯构件

（1）承载力计算

$$\frac{N}{N_{un}}+(1-\alpha_c)\frac{M}{M_{un}}\leqslant1 \tag{6-35}$$

$$\frac{M}{M_{un}}\leqslant1 \tag{6-36}$$

$$M_{um}=[0.5A_{sn}(h-2t-d_n)+bt(t+d_n)]f \tag{6-37}$$

$$d_n=\frac{A_s-2bt}{(b-2t)\dfrac{f_c}{f}+4t} \tag{6-38}$$

式中　N——轴心压力设计值；

M——弯矩设计值；

α_c——混凝土工作承担系数；

M_{un}——只有弯矩作用时，净截面的受弯承载力设计值；

d_n——管内混凝土受压区的高度；

f——钢材抗弯强度设计值；

b、h——分别为矩形钢管截面平行、垂直于弯曲轴的边长；

t——钢管壁厚。

（2）弯矩作用平面内的稳定计算

$$\frac{N}{\varphi_x N_u}+(1-\alpha_c)\frac{\beta M_x}{\left(1-0.8\dfrac{N}{N'_{Ex}}\right)M_{ux}}\leqslant1 \tag{6-39}$$

$$且\frac{\beta M_x}{\left(1-0.8\dfrac{N}{N'_{Ex}}\right)M_{ux}}\leqslant1 \tag{6-40}$$

$$M_{ux}=[0.5A_s(h-2t-d_n)+bt(t+d_n)]f \tag{6-41}$$

$$N'_{Ex}=N_{Ex}/1.1 \tag{6-42}$$

$$N_{Ex}=N_u\frac{\pi^2 E_s}{\lambda_x^2 f} \tag{6-43}$$

式中　φ_x——弯矩作用平面内的轴心受压稳定系数，其值由弯矩作用平面内的相对长细比 λ_{0x} 查得，λ_{0x} 由公式（6-32）计算；

M_{ux}——只有弯矩 M_x 作用时截面的受弯承载力设计值；

N'_{Ex}——考虑分项系数影响后的欧拉临界力；

N_{Ex}——欧拉临界力；

β——等效弯矩系数，根据稳定性的计算方向按下列规定采用。

① 在计算方向内有侧移的框架柱和悬臂柱，$\beta=1.0$；

② 在计算方向内无侧移的框架柱和两端支承的构件：

a. 无横向荷载作用时，$\beta=0.65+0.35\dfrac{M_2}{M_1}$，$M_1$ 和 M_2 为端弯矩，使构件产生相同曲率时取同号，反之取异号，$|M_1|\geqslant|M_2|$；

b. 有端弯矩和横向荷载作用时，使构件产生同向曲率时，$\beta=1.0$；使构件产生反向曲率时，$\beta=0.85$；

c. 无端弯矩但有横向荷载作用时，$\beta=1.0$。

（3）弯矩作用平面外的稳定计算

$$\frac{N}{\varphi_y N_u}+\frac{\beta M_x}{1.4 M_{ux}}\leqslant 1 \tag{6-44}$$

式中　φ_y——弯矩作用平面外的轴心受压稳定系数，其值由弯矩作用平面外的正则化长细比 λ_{0y} 查得，λ_{0y} 由公式（6-32）计算。

3）弯矩作用在两个主平面内的压弯构件

（1）承载力计算

$$\frac{N}{N_{un}}+(1-\alpha_c)\frac{M_x}{M_{unx}}+(1-\alpha_c)\frac{M_y}{M_{uny}}\leqslant 1 \tag{6-45}$$

$$且\frac{M_x}{M_{unx}}+\frac{M_y}{M_{uny}}\leqslant 1 \tag{6-46}$$

式中　M_x、M_y——分别为绕主轴 x、y 轴作用的弯矩设计值；

M_{unx}、M_{uny}——分别为绕 x、y 轴的净截面受弯承载力设计值，按公式（6-41）计算。

（2）绕主轴 x 轴的稳定性计算

$$\frac{N}{\varphi_x N_u}+(1-\alpha_c)\frac{\beta_x M_x}{\left(1-0.8\dfrac{N}{N'_{Ex}}\right)M_{ux}}+\frac{\beta_y M_y}{1.4 M_{uy}}\leqslant 1 \tag{6-47}$$

$$且\frac{\beta_x M_x}{\left(1-0.8\dfrac{N}{N'_{Ex}}\right)M_{ux}}+\frac{\beta_y M_y}{1.4 M_{uny}}\leqslant 1 \tag{6-48}$$

（3）绕主轴 y 轴的稳定性计算

$$\frac{N}{\varphi_y N_u}+\frac{\beta_x M_x}{1.4 M_{ux}}+(1-\alpha_c)\frac{\beta_y M_y}{\left(1-0.8\dfrac{N}{N'_{Ey}}\right)M_{uy}}\leqslant 1 \tag{6-49}$$

$$且\frac{\beta_x M_x}{1.4 M_{ux}}+(1-\alpha_c)\frac{\beta_y M_y}{\left(1-0.8\dfrac{N}{N'_{Ey}}\right)M_{uy}}\leqslant 1 \tag{6-50}$$

式中　β_x、β_y——分别为在计算稳定的方向对 M_x、M_y 的弯矩等效系数。

4）剪力作用的计算

矩形钢管混凝土柱的剪力可假定由钢管管壁承受，即：

$$V_x \leqslant 2t(b-2t)f_v \tag{6-51}$$

$$V_y \leqslant 2t(h-2t)f_v \tag{6-52}$$

式中 V_x、V_y——沿主轴 x 轴、y 轴的剪力设计值；

       b、h——沿主轴 x 轴方向、y 轴方向的边长；

       f_v——钢材的抗剪强度设计值。

6.3.3 桁架设计

6.3.3.1 一般规定

桁架弦杆宜采用热轧 H 型钢或焊接工字形截面，混合式桁架腹杆宜采用矩形钢管截面，腹杆的最小截面不应小于 □100mm×100mm×6mm，节点板厚度不宜小于 12mm。桁架弦杆的宽度不宜小于 200mm。由于垫板缀合的型钢组合截面滞回性能、延性较差，桁架杆件不宜采用由垫板缀合的型钢组合截面。

弦杆平面内计算长度取节间的几何长度。混合式桁架腹杆可采用节点板与弦杆连接，桁架端部斜杆和底层横向支撑斜杆平面内、外计算长度均取 l，桁架其他腹杆平面内计算长度取 $0.8l$，平面外计算长度取 l，l 为节间几何长度。桁架压杆的长细比不宜大于 $120\sqrt{235/f_y}$，拉杆不宜大于 $180\sqrt{235/f_y}$。

试验及有限元模拟结果表明交错桁架结构的破坏起始于桁架端斜杆和相邻空腹节间的斜杆受压屈曲或拉断。端斜杆一旦断裂，桁架不能传力给柱子，结构体系失效。混合式桁架体系在横向水平地震作用下，结构的延性耗能主要集中在无斜腹杆的空腹节间。为保证空腹节间形成主要的耗能区域，在强烈地震作用下，相邻斜腹杆及连接应避免过早破坏。为了避免桁架端斜杆、与空腹节间相邻的斜杆在强震作用下破坏，杆件的轴力设计值应乘以增大系数 1.4。

桁架杆件的板件宽厚比不应大于表 6-4 规定的限值。

桁架杆件的板件宽厚比限值   表 6-4

板件名称	宽厚比限值	
	7、8 度抗震设防	6 度抗震设防及非抗震设防
H 形截面弦杆翼缘外伸部分	10	13
H 形截面弦杆腹板	30	40
矩形管截面腹杆壁板	25	35

注：表中数值适用于 Q235 钢，采用其他钢号时应乘以 $\sqrt{235/f_y}$。

6.3.3.2 桁架杆件计算

桁架上、下弦杆应按连续压（拉）弯构件设计。由于楼板需要传递水平剪力，楼板与桁架弦杆之间采用抗剪连接件连接，要求连接必须可靠，弦杆与混凝土楼板有可靠连接时，可不计算平面外稳定。桁架弦杆的强度计算可按式（5-58）进行，桁架弦杆为压弯构件时，平面内的稳定可按式（5-59）计算。

混合式桁架和单斜杆式桁架的腹杆应按轴心受力构件计算其强度、整体稳定及局部稳定。其中杆件的局部稳定应满足表 6-5 中板件宽厚比限值。

桁架腹杆截面的强度按式（5-56）计算确定，桁架腹杆的整体稳定按式（5-57）计算。

6.3.4　框架梁设计

框架梁是指交错桁架结构纵向边梁，在没有水平荷载参与组合的情况下，主要承受弯矩和剪力，按受弯构件进行计算。在水平荷载作用下，楼板传递剪力，楼板的平面内会产生弯矩，导致纵向框架梁内产生轴力。纵向框架梁与框架柱刚接并同时作为楼板的边缘构件时，应考虑楼板平面内的弯矩在梁内产生的轴力，纵向框架梁与柱的连接计算也应考虑该轴力。该轴力可按式（6-53）计算。

$$H=M/B \tag{6-53}$$

式中　H——楼板纵向边梁中的拉（压）力设计值（kN）；

$\quad\quad M$——桁架横向水平剪力作用下楼板平面内的弯矩设计值（kN·m）；

$\quad\quad B$——楼板宽度（m）。

框架梁板件的宽厚比不应大于表 6-5 规定的限值。

框架梁板件宽厚比限值   表 6-5

板件名称		宽厚比限值	
		7、8 度抗震设防	6 度抗震设防及非抗震设防
梁	H 形截面翼缘外伸部分	9	11
	H 形截面腹板	$30\leqslant 72-100N_b/(Af)\leqslant 65$	$40\leqslant 85-120N_b/(Af)\leqslant 75$

注：表列数值适用于 Q235 钢，采用其他牌号钢材时应乘以 $\sqrt{235/f_y}$。

框架梁一般与楼板有可靠连接，当为压弯构件时，可按式（5-58）进行强度计算，平面内的稳定可按式（5-59）计算。如需要计算平面外稳定可按式（5-60）计算。当框架梁为受弯构件时，按式（5-28a）计算抗弯强度，按式（5-28b）计算抗剪强度，需要计算钢梁的整体稳定时，可按式（5-29）计算。

6.3.5　支撑设计

交错桁架的支撑一般为中心支撑，宜采用双轴对称截面。与支撑一起组成支撑系统的横梁、柱及其连接应具有承受支撑传来内力的能力。出于强柱弱梁的考虑，柱脚不能过早出现塑性铰。底层不设落地桁架，只设斜撑时刚度偏弱。在往复荷载作用下，支撑杆受压屈曲后，体系的抗剪能力发生较大退化。当框架底层局部无落地桁架只设横向支撑时，设支撑的底层框架柱地震内力应乘以增大系数 1.5。

研究表明，在反复拉压作用下，长细比大于 40 $\sqrt{235/f_y}$ 的支撑承载力降低显著。为此，对于抗震设防结构，支撑长细比应作更严格的要求。非抗震设防结构的支撑，当按只能受拉的杆件设计时，其长细比不应大于 300 $\sqrt{235/f_y}$。当按既能受拉又能受压的杆件设计时，其长细比不应大于 150 $\sqrt{235/f_y}$。抗震设防结构的支撑杆件长细比，按压杆设计时不应大于 120 $\sqrt{235/f_y}$。

支撑杆件的板件宽厚比不应大于表 6-6 规定的限值。

支撑的板件宽厚比限值　　　　　　　　　　　　　　　　　　表 6-6

板件名称	宽厚比限值	
	7、8 度抗震设防	6 度抗震设防及非抗震设防
H 形截面翼缘外伸部分	9	13
H 形截面腹板	26	33
箱形截面壁板	20	30
圆管外径与壁厚比	40	42

注：表中数值适用于 Q235 钢，采用其他钢号时应乘以 $\sqrt{235/f_y}$；圆管应乘以 $235/f_y$。

支撑斜杆为轴心受力构件，可按式（5-62）计算强度，式（5-63）计算稳定。

6.4　楼面及屋面板设计

6.4.1　交错桁架的楼板及屋面板

交错桁架结构的楼板形式主要采用现浇钢筋混凝土楼板和压型钢板组合楼板。其中，压型钢板组合楼板较常用，这种楼板是将压型钢板直接铺设于桁架弦杆上翼缘，通过栓钉与桁架弦杆焊接，然后浇筑混凝土形成。楼板必须有足够的整体刚度，以保证结构的空间整体刚度和空间协调工作。为了确保楼板传递水平剪力，楼板与桁架的弦杆之间应可靠连接。楼板的跨度一般为桁架之间的距离，桁架之间一般不设置次梁，要求楼板要满足变形的要求。

交错桁架结构的楼板除直接承受竖向荷载并将其传递给竖向承载构件外，还起传递水平剪力的作用。交错桁架结构除应验算楼面及屋面板在重力荷载作用下的承载力、变形外，尚应验算其在桁架传来的横向水平力作用下的平面内抗剪承载力及其与桁架间的连接承载力。在竖向荷载作用下，压型钢板组合楼板的设计方法参见 5.3 节，混凝土楼板的设计方法在相关教材中均有论述，这里不再赘述。

6.4.2　楼板及屋面板承担的水平剪力

楼板及屋面板所承担的横向水平剪力主要由桁架传递而来，楼层间每榀桁架所分担的层间剪力可由设计软件空间计算分析确定，也可按下列公式计算：

$$V_i = V_s + V_{tors} \tag{6-54}$$

$$V_s = Q_w \cdot D_i / \sum D_i \tag{6-55}$$

式中　V_i——层间第 i 榀桁架分担的剪力（kN）；

V_s——结构平移产生的剪力（kN），按式（6-55）计算；

V_{tors}——结构扭转产生的剪力（kN），忽略扭转影响时此项为零，按式（6-56）计算；

D_i——第 i 榀桁架的剪切刚度，混合式桁架按式（6-6）和式（6-7）计算；

Q_w——侧向荷载引起的层剪力。

结构层间单位转角使第 i 榀桁架产生的剪力为 $D_i x_i$，x_i 为第 i 榀桁架到层转动中心的距离（图 6-11a）。小变形下，忽略纵向框架的影响。根据平衡关系，层间所有横向桁架剪力对转动中心的力矩 $\sum D_i x_i^2$ 等于层间单位转角所需的扭矩，式中 D_i 为第 i 榀桁架的剪切刚度。层间扭矩（图 6-13）$T = Q_w \cdot e$ 使第 i 榀桁架产生的剪力为：

$$V_{\text{tors}} = \frac{Q_w e}{\sum D_i x_i^2} D_i x_i = \frac{Q_w \cdot e \cdot x_i \cdot D_i}{(\sum D_i x_i^2)} \tag{6-56}$$

式中　$\sum D_i$——结构的层间总剪切刚度，为同层各桁架剪切刚度 D_i 之和；

　　　　e——扭转计算偏心距；

　　　　x_i——相对于层刚度中心的桁架位置坐标，应注意奇数层和偶数层刚度中心及桁架位置的不同。

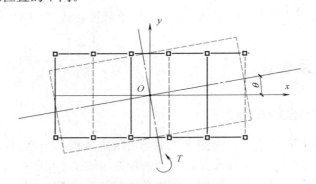

图 6-13　层间转角及扭矩 T

交错桁架的水平荷载主要有风荷载和地震作用，验算楼板平面内抗剪承载力时，最大水平剪力设计值取风荷载和地震作用的设计最大值，按下式确定：

$$V = \max(1.4V_{wk}, 1.3V_{Ehk}) \tag{6-57}$$

式中　V_{wk}——风载标准值产生的剪力（kN）；

　　　　V_{Ehk}——水平地震作用产生的剪力（kN）。

楼板纵向边与边梁之间抗剪连接件应能传递按（6-53）式计算的轴力 H 产生的剪力流 f_H。

【例题 6-1】　图 6-14 为一交错桁架结构的 2（偶数层）、3（奇数层）层结构布置，图中 H12、H14、H16 为第二层桁架，H23、H25、H27 为第三层桁架。为开窗口及设抗风柱方便，①、⑧轴线山墙不设桁架，为平面框架传力，图中已注明尺寸。已知在横向水平地震作用下，层间剪力值标准值为 4300.5kN。计算楼板平面内受力分析及轴力 H 产生的剪力流 f_H。

【解】　（1）层间桁架剪力

假定每一层中各榀桁架的剪切刚度相同，偶数层刚度中心坐标为：

$$x_0 = \frac{9.0 + 27.0 + 50.4}{3} = \frac{86.4}{3} = 28.8\text{m}$$

奇数层刚度中心坐标 $x_0 = 118.8/3 = 39.6\text{m}$

荷载偏心为：

偶数层 $e_0 = (68.4/2) - 28.8 = 5.4\text{m}$

奇数层 $e_0 = (68.4/2) - 39.6 = -5.4\text{m}$

附加 5% 的偶然偏心，最终的荷载计算偏心距为：

偶数层：$e = 5.4 \pm (68.4 \times 5\%) = 8.82\text{m}；1.98\text{m}$

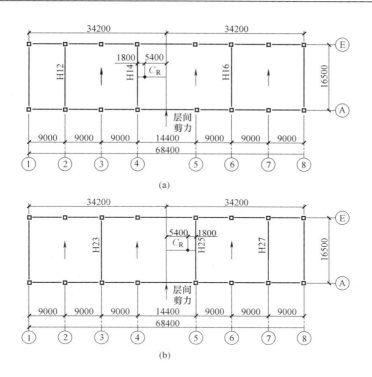

图 6-14 层间刚度中心

（a）偶数层；（b）奇数层

奇数层：$e = -5.4 \pm (68.4 \times 5\%) = -1.98\text{m}$；$-8.82\text{m}$

本算例中奇数层和偶数层的刚度中心是反对称的。层扭矩等于层间剪力乘以计算偏心距。横向水平地震作用产生的扭矩：

$$T = 4300.5 \times (\pm)8.82 = \pm 37930.4\text{kN} \cdot \text{m}$$

$$T = 4300.5 \times (\pm)1.98 = \pm 8515\text{kN} \cdot \text{m}$$

式中，4300.5kN 为第 2 层的横向水平地震作用层间剪力值（标准值）。

因每一层中各榀桁架的剪切刚度相同，则各桁架的底部平移剪力分量相同。

横向水平地震作用：$V_s = 4300.5/3 = 1433.5\text{kN}$，每个桁架的扭转剪力分量大小不同，考虑正负号后与侧移剪力分量叠加结果如表 6-7 所示。表中数值由公式（6-65）～式（6-67）算出。表中最后一列为横向水平地震工况桁架设计的控制剪力，此剪力已计入 $\pm 5\%$ 的附加偏心，＊号表示所控制的偏心工况。

横向水平地震作用引起的桁架剪力（kN）   表 6-7

桁架	x_i	V_s	$T = \pm 37930.4\text{kN} \cdot \text{m}$		$T = \pm 8515\text{kN} \cdot \text{m}$		桁架控制剪力
			V_{tors}	V_i	V_{tors}	V_i	V_i
H12	−19.8	1433.5	−871.4	562.1	−195.6	1237.9＊	1237.9
H14	−1.8	1433.5	−79.2	1354.3	−17.78	1415.7＊	1415.7
H16	21.6	1433.5	950.6	2384.1＊	213.4	1646.9	2384.1
H23	−21.6	1433.5	950.6	2384.1＊	213.4	1646.9	2384.1
H25	1.8	1433.5	−79.2	1354.3	−17.78	1415.7＊	1415.7
H27	19.8	1433.5	−871.4	562.1	−195.6	1237.9＊	1237.9

在横向水平地震作用下，桁架 H12 和 H27 的底部剪力为 1237.9kN，桁架 H14 和 H25 为 1415.7kN，桁架 H16 和 H23 为 2384.1kN。

（2）楼板的面内横向剪力及弯矩

楼板支承在桁架的上、下弦杆上，纵向与侧向力作用方向垂直。从结构的整体受力来讲，隔板（楼板）的作用类似于一个深梁，拉压带形成了翼缘。隔板的开口部位应设边缘构件。上部桁架的剪力作用给隔板，迫使隔板传递剪力到下部相邻的桁架（图 6-15）。

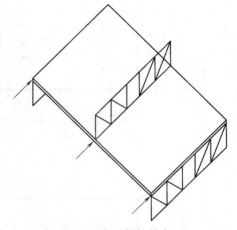

图 6-15　隔板的传力

由表 6-8 中各偏心工况横向水平地震作用下桁架剪力得出的楼板剪力、弯矩如图 6-16 所示。

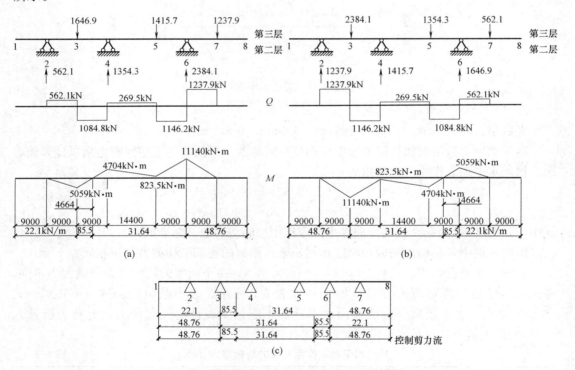

图 6-16　楼板剪力、弯矩、剪力流（二层楼板）

（a）工况 1：＋5％附加偏心；（b）工况 2：−5％附加偏心；（c）剪力流分布

横向水平地震作用下楼板的最大剪力值为 1237.9 kN（标准值）。

（3）楼板的边缘加劲构件

楼板周边设钢梁作为加劲构件（可利用纵向框架梁），加劲构件类似于深梁的翼缘，楼板在横向水平荷载下的弯矩使加劲构件产生的轴力近似为：

$$H = M/B$$

从弯矩为零的区域到最大弯矩区，楼板与边梁的连接必须能传递 H 力。根据图 6-16 的弯矩分布，边梁的轴力设计值及楼板与边梁连接的剪力流如下：

$+5\%$附加偏心工况

$$H=5059\times1.3/16.5=398.6\text{kN}$$

$$f_H=398.6/18=22.1\text{kN/m}$$

$$f_H=398.6/4.664=85.5\text{kN/m}$$

$$H=11140\times1.3/16.5=877.7\text{kN}$$

$$f_H=877.7/27.736=31.64\text{kN/m}$$

$$f_H=877.7/18=48.76\text{kN/m}$$

式中 1.3 为水平地震作用分项系数。

计算所得的剪力流 f_H 如图 6-16（a）所示。对-5%的附加偏心，由同样的计算过程得出的结果如图 6-16（b）所示。两种工况的控制剪力流如图 6-16（c）所示。

楼板纵边的钢梁除承受轴力 H 外，还要承受竖向荷载。如利用纵向框架梁，尚应考虑框架梁内力。梁与柱的连接应考虑轴力 H 的影响。楼板和边梁之间的连接应能传递剪力流 f_H，楼板与边梁的连接可采用抗剪连接件与梁焊接。

6.4.3　抗剪连接件设计

楼面板、屋面板与桁架间的抗剪连接件可采用栓钉、槽钢、弯筋等。桁架弦杆上的抗剪连接件宜均匀布置，所需抗剪连接件数量可按下式计算：

$$n=\frac{V_i}{N_v^c} \tag{6-58}$$

式中　V_i——层间第 i 榀桁架分担的剪力，可按式（6-54）计算，取风荷载和地震作用下的较大值；

N_v^c——单个抗剪连接件的受剪承载力设计值，可按表 5-9 采用。

抗剪连接件，必须与钢梁或桁架的弦杆焊接，其设置应符合下列规定：

（1）栓钉连接件钉头下表面或槽钢连接件上翼缘下表面宜高出翼板底部钢筋顶面 30mm；

（2）连接件的最大间距不应大于混凝土翼板厚度的 4 倍，且不大于 400mm；

（3）连接件的外侧边缘与钢梁翼缘边缘之间的距离不应小于 20mm；

（4）连接件的外侧边缘至混凝土翼板边缘之间的距离不应小于 100mm；

（5）连接件顶面的混凝土保护层厚度不应小于 15mm。

采用栓钉连接件时，尚应符合下列规定：

（1）当栓钉位置不正对钢梁腹板时，如钢梁翼缘承受拉力，则栓钉直径不应大于钢梁上翼缘厚度的 1.5 倍；如钢梁上翼缘不承受拉力，则栓钉直径不应大于钢梁上翼缘厚度的 2.5 倍；

（2）栓钉长度不应小于其杆径的 4 倍；

（3）栓钉沿梁轴线方向的间距不应小于杆径的 6 倍；垂直于梁轴线方向的间距不应小于杆径的 4 倍；

（4）压型钢板作底模的组合梁，栓钉杆直径不宜大于 19mm，混凝土凸肋宽度不应小于栓钉杆直径的 2.5 倍；栓钉高度 h_d 应符合 $(h_e+30)\leqslant h_d\leqslant(h_e+75)$ 的要求（其中 h_e 是混凝土凸肋高度）。

6.4.4　水平力作用下楼板抗剪强度计算

交错桁架体系楼板在横向水平剪力作用下类似于不出现斜裂缝的深受弯构件，楼板在横向水平剪力标准值作用下，宜按现行国家标准《混凝土结构设计规范》GB 50010—2010 中不出现斜裂缝的深受弯构件验算抗剪强度。

楼板的受剪截面（横截面）应符合下式要求：

$$V\leqslant\frac{1}{60}(7+l_0/h)\beta_c f_c bh_0 \tag{6-59}$$

式中　V——最大剪力设计值；

　　　l_0——楼板（深受弯构件）的计算跨度，当 $l_0<2h$ 时，取 $l_0=2h$；

　　　b——楼板厚度；

　　h、h_0——楼板宽度和截面有效高度 $h_0=0.8h$；

　　　β_c——混凝土强度影响系数：当混凝土强度等级不超过 C50 时，β_c 取 1.0；当混凝土强度等级为 C80 时，β_c 取 0.8；其间按线性内插法确定。

斜截面的受剪承载力应满足下式要求：

$$V\leqslant\frac{1.75}{\lambda+1}f_t bh_0+\frac{(l_0/h-2)}{3}f_{yv}\frac{A_{sv}}{S_h}h_0+\frac{(5-l_0/h)}{6}f_{yh}\frac{A_{sh}}{S_v}h_0 \tag{6-60}$$

式中　λ——计算剪跨比，当 $l_0/h\leqslant2.0$ 时，$\lambda=0.25$；

　　l_0/h——跨高比，当 $l_0/h\leqslant2.0$ 时，取 $l_0/h=2.0$；

　　　f_t——混凝土轴心抗拉强度设计值；

　f_{yv}、f_{yh}——分别为竖向、纵向分布筋的抗拉强度设计值；

A_{sv}、A_{sh}——分别为楼板同一截面竖向（隔板横向）、纵向抗剪分布筋的截面积（可利用楼板配筋的富裕截面积）；

　S_h、S_v——分别为竖向、纵向分布筋的间距。

当要求隔板不出现斜裂缝时，应符合下式要求：

$$V_k\leqslant0.5f_{tk}bh_0 \tag{6-61}$$

$$V_k=\max(V_{wk},V_{EhK})$$

式中　f_{tk}——混凝土轴心抗拉强度标准值。

当式（6-61）满足时，可不进行楼板斜截面受剪承载力计算。

楼板与桁架弦杆的上表面易出现裂缝，为避免此部位在使用条件下出现裂缝，楼板宜双层双向配筋，在桁架弦杆支承部位宜适当增加沿桁架方向的配筋。

楼板的开口部位应参照现行行业标准《高层建筑混凝土结构技术规程》JGJ 3—2010 的要求，设边缘构件加强。

6.5　连接节点设计

交错桁架腹杆与弦杆的连接计算一般可按铰接假定，要求此处节点的抗弯刚度不应过大，可采用节点板连接。桁架腹杆与弦杆之间采用刚接连接时，腹杆与弦杆之间直接焊接。结构内力分析时，弦杆与柱之间的连接也可假定为铰接，弦杆和交错桁架柱之间可采用焊接或高强螺栓连接。

6.5.1 腹杆与弦杆连接节点

6.5.1.1 连接形式

腹杆与弦杆之间采用铰接，连接节点可采用图 6-17、图 6-18 的连接形式。一般情况下，腹杆与弦杆的节点采用节点板连接，管截面腹杆在端部开槽口，节点板嵌入。方钢管与节点板连接，端部开槽口的长度、宽度一定要准确。槽口底部与节点板厚度方向的焊缝很重要，如缺焊会使钢管在进入节点板的位置过早发生脆性拉断。混合式桁架在空腹节间靠弦杆弯曲传递剪力，使桁架刚度变弱。此部位采用较大的竖杆及竖杆刚性连接可增强桁架刚度，也有助于强震下空腹节间弦杆端部形成塑性铰耗能，采用混合式桁架或空腹式桁架时，桁架在空腹节间的竖腹杆与弦杆宜采用刚性连接，如图 6-19 所示。

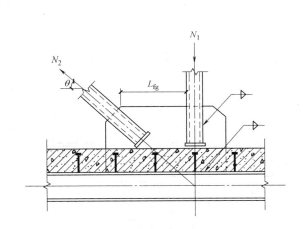

图 6-17 腹杆与弦杆的连接构造

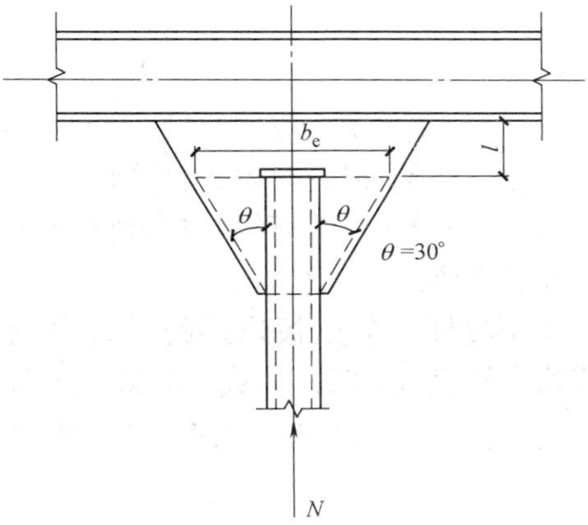

图 6-18 板件有效宽度

6.5.1.2 连接计算

1. 腹杆受拉

矩形钢管截面受拉腹杆与节点板连接的承载力设计值应按下列公式计算，并取其较小值。

1) 考虑剪切滞后的钢管净截面承载力

$$N_1 \leqslant A_{en} f \qquad (6\text{-}62)$$

2) 钢管在焊缝处的剪切承载力

$$N_2 \leqslant 4 l_w t f_v \qquad (6\text{-}63)$$

3) 焊缝承载力

$$N_3 \leqslant 4 \times 0.7 h_f l_w f_f^w \qquad (6\text{-}64)$$

4) 节点板承载力

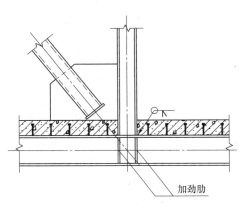

图 6-19 空腹节间竖杆与弦杆刚接

$$N_4 \leqslant 2l_w t_1 f_v + Bt_1 f \tag{6-65}$$

$$N_5 \leqslant f \sum (\eta_i A_i), \qquad \eta_i = \frac{1}{\sqrt{1 + 2\cos^2\alpha_i}} \tag{6-66}$$

$$A_{en} = \beta A_n, A_n = A_g - 2tt_1 \tag{6-67}$$

$$\beta = 1 - x/l_w \leqslant 0.9, x = \frac{B^2 + 2BH}{4(B+H)} \tag{6-68}$$

式中　f——钢管或节点板的抗拉（压）强度设计值（N/mm²）；

　　　f_v——钢管或节点板钢材的抗剪强度设计值（N/mm²）；

　　A_{en}——钢管的等效净截面面积（mm²）；

　　　B——钢管截面宽度（mm）；

　　　H——钢管截面高度（mm）；

　　　l_w——钢管与节点板的角焊缝长度（mm），不应小于1.0H；

　　　A_g——钢管的毛截面面积；

　　　t——钢管壁厚（mm）；

　　　t_1——节点板厚度（mm）；

　　　h_f——焊脚尺寸（mm）；

　　　A_i——第 i 段破坏面的截面积（mm²），$A_i = t_1 l_i$；

　　　l_i——第 i 破坏段的长度（mm），应取板件中最危险的破坏线的长度（图6-20）；

　　　η_i——第 i 段的拉剪折算系数；

　　　α_i——第 i 段破坏线与拉力轴线的夹角。

2. 腹杆受压

受压腹杆与节点板连接的承载力设计值除应按式（6-62）～式（6-68）计算外，尚应按公式（6-69）计算节点板的屈曲强度，并取其较小值。

$$N_6 \leqslant A_e \varphi f \tag{6-69}$$

式中　A_e——节点板有效截面面积（mm²），$A_e = b_e t_1$；

　　　b_e——板件有效宽度（mm）（图6-18）；

　　　f——节点板钢材受压强度设计值（N/mm²）；

　　　φ——轴心受压构件的稳定系数，根据 λ，按现行国家标准《钢结构设计标准》GB 50017 的 a 类截面查出的 φ 系数；

　　　λ——节点板受压时的计算长细比，$\lambda = 1.2l/i$；

　　　l——板侧向支承点间距（mm）（图6-18）；

　　　i——回转半径（mm），$i = t_1/\sqrt{12}$；

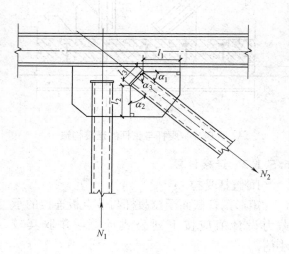

图6-20　板件的拉剪撕裂

t_1——节点板厚度（mm）。

3. 节点板与弦杆之间角焊缝强度

节点板主要承受来自腹杆的轴力，当同一个节点中既有斜腹杆又有竖腹杆时，节点板与弦杆之间的角焊缝承受斜腹杆和竖腹杆合力。图 6-17 为节点板腹杆所受到的力，节点板与弦杆之间的角焊缝承受剪力式（6-70）、拉力式（6-71）和弯矩式（6-72）。

$$V = N_2 \cos\theta \tag{6-70}$$

$$P = N_2 \sin\theta - N_1 \tag{6-71}$$

$$M = V \cdot e_v - P \cdot e_h = N_2 \cdot d/2 - (N_2 \sin\theta - N_1) \cdot e_h \tag{6-72}$$

剪力 V 在焊缝中产生剪应力，拉力 P 和弯矩 M 产生法向拉压应力，这些应力可按矢量叠加，焊缝危险点的应力小于或等于焊缝设计强度。焊缝强度计算公式为（6-76）。

$$\tau_f = \frac{V}{2 \times 0.7 h_f l_w} \tag{6-73}$$

$$\sigma_f^P = \frac{P}{2 \times 0.7 h_f l_w} \tag{6-74}$$

$$\sigma_f^M = \frac{6M}{2 \times 0.7 h_f l_w^2} \tag{6-75}$$

$$\sqrt{\left(\frac{\sigma_f}{\beta_f}\right)^2 + \tau_f^2} = \sqrt{\left(\frac{\sigma_f^P + \sigma_f^M}{\beta_f}\right)^2 + \tau_f^2} \leqslant f_f^w \tag{6-76}$$

式中　σ_f——按焊缝有效截面计算，垂直于焊缝长度方向的应力（N/mm²）；

　　　τ_f——按焊缝有效截面计算，沿焊缝长度方向的剪应力（N/mm²）；

　　　h_f——角焊缝焊脚尺寸（mm）；

　　　l_w——焊缝计算长度（mm），每条角焊缝取实际长度减去 $2h_f$；

　　　f_f^w——角焊缝强度设计值（N/mm²）；

　　　β_f——正面角焊缝的强度设计值增大系数：对于承受静力荷载和间接承受动力荷载的结构，$\beta_f = 1.22$；对直接承受动力荷载的结构，$\beta_f = 1.0$；

　　　e_v——斜腹杆与竖腹杆及弦杆轴线交点到节点板与弦杆连接边缘的距离即弦杆截面高度的一半（mm）；

　　　d——弦杆的截面高度（mm）；

　　　e_h——节点板竖向中心线到斜腹杆与竖腹杆及弦杆轴线交点之间的距离（mm）。

4. 节点板设计要求

连接腹杆的节点板应满足下列要求：

（1）节点板的剪切承载力极限值应满足下式要求：

$$0.75 P_{bs} \geqslant 1.2 P_y \tag{6-77}$$

式中　P_y——节点板有效宽度截面的拉、压屈服承载力（N）。

$$P_y = A_{gw} f_y \tag{6-78}$$

$$P_{bs} = 0.72 f_y A_{gv} + f_u A_{nt}，当 f_u A_{nt} \geqslant 0.6 f_u A_{nv} \tag{6-79}$$

$$P_{bs} = 0.72 f_u A_{nv} + 1.2 f_y A_{gt}，当 f_u A_{nt} < 0.6 f_u A_{nv} \tag{6-80}$$

式中　f_y——节点板钢材的屈服强度（N/mm²）；

　　　A_{gw}——节点板按有效宽度 b_e（图 6-18）计算的毛截面面积（mm²）；

　　　P_{bs}——节点板剪切承载力极限值（N）；

A_{gv}、A_{nv}——受剪的毛截面面积和净截面面积（mm²），可按公式（6-65）第 1 项中的 $2l_w t_1$ 计算；

A_{gt}、A_{nt}——受拉的毛截面面积和净截面面积（mm²），可按公式（6-65）第 2 项中的 Bt_1 计算；

　　　f_u——节点板钢材的极限抗拉强度最小值（N/mm²）。

（2）节点板屈服之前不应发生净截面受拉破坏：

$$0.75P_n \geqslant 1.2P_y \qquad (6-81)$$

式中　P_n——节点板净截面极限抗拉承载力最小值（N），$P_n = A_{nw} f_u$；

　　　A_{nw}——按有效宽度 b_e（图 6-19）计算的净截面面积（mm²）；

　　　P_y——按公式（6-79）计算（N）。

节点板应满足下式要求（图 6-17）：

$$\frac{L_{fg}}{t_1} \leqslant 60\sqrt{\frac{235}{f_y}} \qquad (6-82)$$

式中　L_{fg}、t_1——分别为节点板自由边长度（mm）、板厚（mm）。

6.5.2　弦杆与柱连接节点

　　交错桁架的柱分别与桁架上下弦连接，一般情况下，下弦的连接节点只有下弦杆与柱连接，而没有腹杆与柱连接，此时连接节点可采用铰接、半刚接或刚接，这种连接节点的构造与一般的框架结构完全一样，这里不再赘述。上弦杆与柱的连接中，在节点处一般会有斜腹杆连接在一起，节点连接与普通框架结构的连接不同。交错桁架在横向刚度较大，纵向刚度较小，为了增加结构纵向刚度，柱的强轴垂直于纵轴，横向桁架与柱弱轴连接。柱与桁架的上弦可采用铰接（半刚接）或刚接，图 6-21、图 6-22 分别给出了弦杆及腹杆与柱之间的连接节点代表形式。

　　为施工方便，端斜杆通过节点板与上弦杆连成整体，节点板与工字形截面上弦杆角焊缝相连。图 6-21 为桁架弦杆与焊接 H 型截面弱轴连接的构造，端斜杆和弦杆的轴线交汇于柱轴线。图 6-22 为桁架弦杆与钢管混凝土柱连接的节点构造，铰接连接的端斜杆和弦杆的轴线交汇于柱的内边缘，刚接连接的端斜杆和弦杆的轴线交汇于柱轴线。图 6-22（a）为柱内设横隔板，栓焊混合刚性连接。图 6-22（b）为柱内设外伸的竖向加劲板（剪切板），竖向加劲板与柱壁板采用焊缝连接，上弦杆、节点板与柱内外伸的加劲板角焊缝连接，属铰接构造。安装时先用螺栓固定，节点板和上弦杆腹板与竖直剪切板相靠，桁架就位后，再加焊角焊缝。

　　下面以图 6-22（b）的连接构造为例，给出设计方法。连接节点铰接，一般不考虑次弯矩作用，端斜杆为轴力杆。而上弦杆端部一般情况下有轴力、剪力（按铰接，忽略端弯矩）作用，节点受力比较复杂。

　　1. 外伸加劲板与节点板及弦杆腹板之间螺栓的计算

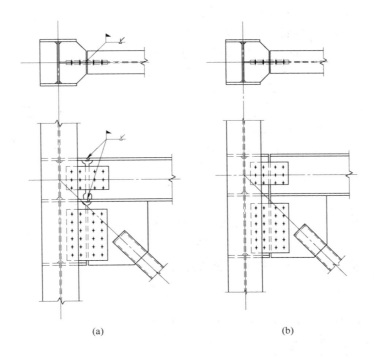

图 6-21　与 H 型柱弱轴连接

（a）刚接；（b）铰接

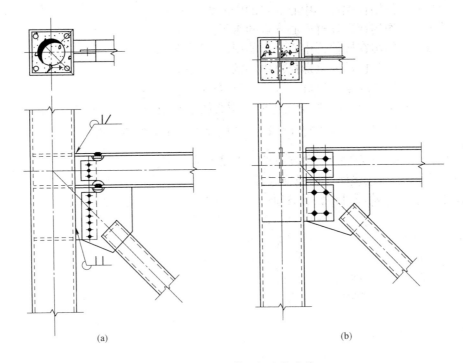

图 6-22　与钢管混凝土柱连接

（a）刚接；（b）铰接

钢管混凝土柱的伸出的内插钢板，分别通过高强螺栓与桁架的弦杆腹板及节点板连接起来。连接螺栓受力如图 6-23 所示。图中的 N_1、N_2、Q 为考虑荷载组合后，对节点最不利的一组内力。假定 Q 作用在螺栓群的中心 o 点，将 N_1、N_2 向螺栓群中心 o 点平移，得出作用在螺栓群中心的竖向力 $V = Q + N_2 \sin\theta$，水平力 $H = N_2 \cos\theta - N_1$，弯矩 $M = He_1 - e_2 N_2 \sin\theta$。

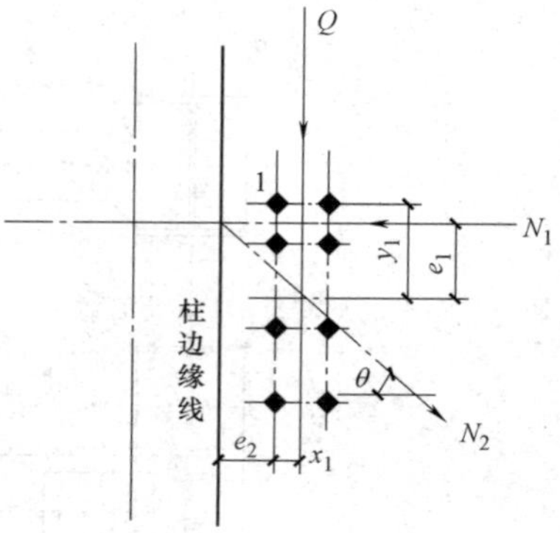

弯矩作用下受力最大的螺栓所受到的剪力为：

$$N_{M1x} = \frac{My_1}{\sum_i (x_i^2 + y_i^2)} \tag{6-83}$$

图 6-23　连接螺栓

$$N_{M1y} = \frac{Mx_1}{\sum_i (x_i^2 + y_i^2)} \tag{6-84}$$

竖向剪力作用下一个高强螺栓所承受的剪力为：

$$N_{v1y} = \frac{V}{n_b} \tag{6-85}$$

水平剪力作用下一个高强螺栓所承受的剪力为：

$$N_{H1x} = \frac{H}{n_b} \tag{6-86}$$

在弯矩和剪力共同作用下，受力最大的一个螺栓所能承受的剪力为：

$$N_{s1} = \sqrt{(N_{M1x} + N_{v1x})^2 + (N_{M1y} + N_{H1x})^2} \leqslant N_v^{bH} \tag{6-87}$$

式中　　　V——作用在螺栓群中心 o 点的竖向力（N）；

　　　　　H——作用在螺栓群中心 o 点的水平力（N）；

　　　　　M——作用在螺栓群中心 o 点的扭矩（N·mm）；

　　　　　e_1——上弦杆轴线至螺栓群中心的距离（mm）；

　　　　　e_2——柱边缘至螺栓群中心的距离（mm）；

　　　x_i、y_i——任一个高强螺栓至螺栓群中心的水平距离和垂直距离（mm）；

$\sum_i (x_i^2 + y_i^2)$——连接板一侧所有高强螺栓到螺栓中心距离的平方和；

　　　　N_v^{bH}——一个高强螺栓的抗剪承载力设计值（N）。

2. 节点板与弦杆连接面剪切强度验算

节点板与弦杆连接面可按斜腹杆轴力产生的水平剪力验算剪切强度：

$$|N_2 \cos\theta, (N_2 \cos\theta - N_1)| \leqslant b_n t f_v \tag{6-88}$$

式中　b_n——节点板与弦杆连接边的净宽度；

　　　　t——节点板厚；

　　　　f_v——钢材剪切剪切强度设计值。

3. 节点板与弦杆连接角焊缝强度验算

$$N_2 \cos\theta \leqslant 2 \times 0.7 h_f f_f^w l_w \tag{6-89}$$

式中　l_w——节点板与弦杆连接角焊缝有效长度（mm）；

　　　　h_f——焊脚尺寸（mm）；

　　　　f_f^w——角焊缝强度设计值（N/mm²）。

当桁架弦杆与框架柱采用节点板连接时，节点板中存在轴力、弯矩及剪力时，节点板控制截面应按下式验算承载力：

$$\left(\frac{N}{N_y}\right)^2 + \frac{M}{M_p} + \frac{V}{V_y} \leqslant 1.0 \tag{6-90}$$

式中　N、M、V——控制截面的轴力（N）、弯矩（N·mm）、剪力（N）设计值；

N_y——截面的屈服轴力设计值（N），$N_y = Af$；

M_p——截面的塑性弯矩设计值（N·mm），$M_p = W_p f$；

V_y——截面的屈服剪力设计值（N），$V_y = Af_v$；

W_p——截面的塑性截面模量（mm³）；

f——节点板的抗拉（压）强度设计值（N/mm²）。

交错桁架柱脚节点的设计可参考本书第 5 章 5.7.5 节。

6.6 设计实例

6.6.1 工程概述

本工程为江苏省苏州市某 6 层公寓楼，建筑平面形状为矩形，采用交错桁架结构体系。结构首层层高 3.65m，标准层层高 3.1m，房屋宽度 16.1m，房屋总长度 52.8m，室内外高差 0.45m。除楼梯间外，柱距为 7.5m，内部无柱。180mm 厚现浇钢筋混凝土楼板，楼面找平层及面层共 50mm 厚。屋面做法包括表层上人屋面装饰层、卵石砂浆保护层、聚酯纤维无纺布隔离层、聚塑苯板、水泥砂浆找平层、聚氯乙烯橡胶共混防水材料、JS 防水涂料等。独立基础，外露式钢柱脚，地基承载力 180kPa。

6.6.2 设计标准

本工程结构设计所采用的主要标准如下：

《工程结构可靠度设计统一标准》GB 50153—2008

《建筑工程抗震设防分类标准》GB 50223—2008

《建筑结构荷载规范》GB 50009—2012

《交错桁架钢结构设计规程》JGJ T 329—2015

《钢结构设计标准》GB 50017—2017

《冷弯薄壁型钢结构技术规范》GB 50018—2002

《混凝土结构设计规范》GB 50010—2010

《建筑抗震设计规范》GB 50011—2010

《高层建筑混凝土结构技术规程》JGJ 3—2010

《建筑地基基础设计规范》GB 50007—2011

6.6.3 结构布置

公寓楼标准层结构布置见图 6-24。为了增加结构纵向刚度，在结构 A、B 轴两端增设了中心支撑（图 6-25）。一般情况下，交错桁架结构的横向刚度较大，柱截面的强轴与建筑的短向平行。本工程结构高度较低，在纵向设置了中心支撑，柱为宽翼缘 H 形截面，柱截面的强轴与建筑物纵向平行布置。建筑物的横向抗侧力体系为交错桁架，纵向抗侧力体系主要为 A、B 轴线的纵向中心支撑框架。图 6-24 中有两种不同的桁架，即 HJ1 和 HJ2 系列。HJ1 和 HJ2 见图 6-26 和图 6-27。HJ1 为第一种类型桁架，位于奇数轴线。HJ2 为第二种类型桁架，位于偶数轴线。类型 1 桁架与类型 2 桁架交替摆放。

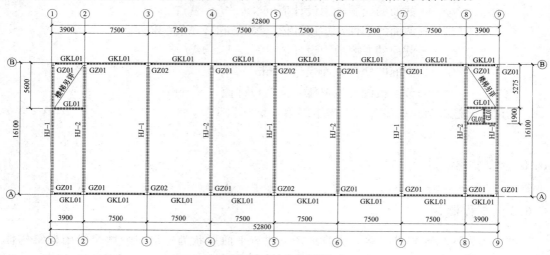

图 6-24　结构布置图

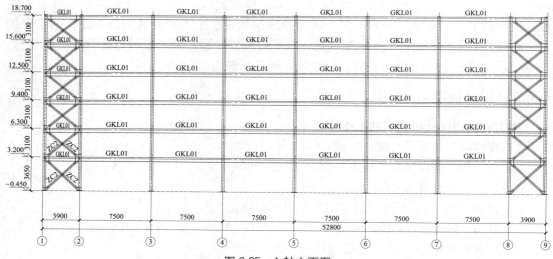

图 6-25　A 轴立面图

6.6.4　荷载及荷载组合

1. 荷载工况

（1）钢结构自重：由程序自动计算得到。

（2）附加恒荷载：楼板、屋面板、楼面找平层及面层自重，按实际重量计算。吊顶荷载为 0.5kN/m²。假设分摊到楼面上的轻质隔墙为 0.6kN/m²。外墙荷载为 2.0kN/m²（墙体面积），除了屋面外，楼面建筑做法的附加恒荷载为 1.6kN/m²。

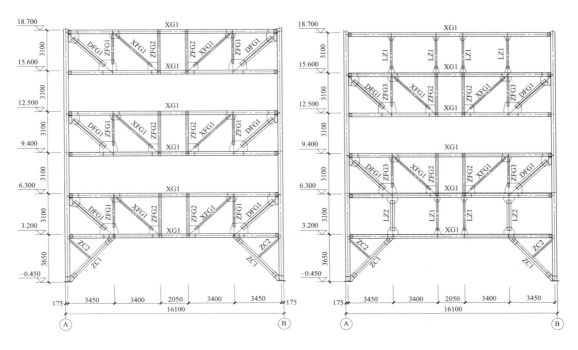

图 6-26 HJ1 布置图   图 6-27 HJ2 布置图

（3）活载及雪荷载：楼面活荷载取 2.0kN/m²。屋面为上人屋面，活荷载取 2.0kN/m²，基本雪压为 0.4kN/m²，取两者较大值 2.0kN/m²。

（4）风荷载：按荷载规范取值，基本风压为 0.45kN/m²，地面粗糙度为 B 类。

（5）地震作用分析及取值：抗震设防烈度为 7 度，设计基本地震加速度值为 0.10g，设计地震分组是第一组，场地类别Ⅲ类，结构阻尼比为 0.04，建筑抗震设防类别为丙类。

2. 荷载组合

1）荷载效应设计值

（1）1.2 恒＋1.4 活

（2）1.35 恒＋1.4×0.7 活

（3）1.2 恒±1.4 风

（4）1.0 恒±1.4 风

（5）1.2 恒＋1.4 活±1.4×0.6 风

（6）1.0 恒＋1.4 活±1.4×0.6 风

（7）1.2 恒＋1.4×0.7 活±1.4 风

（8）1.0 恒＋1.4×0.7 活±1.4 风

（9）1.2 重力荷载代表值±1.3 水平方向地震

2）荷载效应标准组合值

（1）1.0 恒＋1.0 活

（2）1.0 恒±1.0 风

　　(3) 1.0 恒＋1.0 活±1.0×0.6 风

　　(4) 1.0 恒＋1.0×0.7 活±1.0 风

　　(5) 1.0 重力荷载代表值±1.0 水平方向地震

6.6.5　材料选择

　　1. 钢材

　　交错桁架主承重结构采用 Q235B 级钢材，楼板采用 C30 混凝土。

　　2. 焊接材料

　　手工焊采用 E43 型焊条，焊条型号选择与主体金属强度相适应，手工焊接焊条符合现行国家标准《低合金钢焊条》GB 5118 的规定。自动焊接或半自动焊接采用的焊丝和焊剂选择与主体金属强度相适应。

　　3. 连接螺栓

　　普通螺栓符合现行国家标准《六角头螺栓—A 和 B 级》GBT 5782 和《六角头螺栓—C 级》GBT 5780；锚栓采用 Q235B 级钢制作。

　　高强度螺栓符合现行国家标准《钢结构高强度大六角头螺栓、大六角螺母，垫圈与技术条件》GBT 1231 或《钢结构用扭剪型高强螺栓连接副》GB/T 3632 的规定。

　　螺栓连接的强度设计值、高强螺栓的设计预应力值，以及高强螺栓连接的钢材摩擦面抗滑移系数值，符合现行国家标准《钢结构设计标准》GB 50017 的规定。

6.6.6　结构计算

　　采用结构设计软件完成设计，计算过程中框架梁、柱、桁架构件采用梁单元。桁架腹杆的两端采用铰接假定，释放掉梁单元两端的弯曲自由度。楼板采用壳单元，结构计算模型见图 6-28，为了表达清楚，模型中未显示楼板单元。

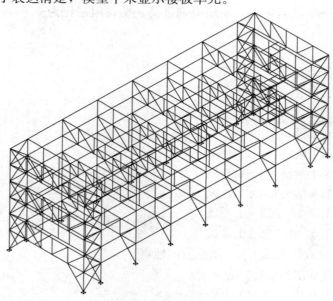

图 6-28　计算模型

对结构进行模态分析，得到结构前 20 阶频率，由模态分析的结果来看，结构的基本周期为 1.03s，结构第 1 阶振型为 X 向（纵向）水平振动、第 2 阶振型为 Y 向（横向）水平振动（0.66s）、第 3 阶振型为扭转振动（0.57s），结构整体性能良好。计算振型达到 20 阶振型后，结构在 X、Y 两个方向的质量参与系数分别为 97.39%、91.95%，能够满足抗震规范要求质量参与系数达到 90% 以上的要求。计算结果表明结构的挠度及层间位移满足规范及规程要求。

经过计算分析交错桁架结构的构件截面尺寸如表 6-8 所示。

屋盖杆件材料表 表 6-8

构件编号	构件名称	构件规格	材性
GZ01	钢柱	H350×350×16×20	Q235B
GKL01	钢梁	H450×200×8×12	Q235B
XG1	桁架弦杆	H300×300×10×16	Q235B
ZFG1	竖腹杆	□150×150×10×10	Q235B
ZFG2	竖腹杆	H200×150×8×12	Q235B
ZFG3	竖腹杆	□150×150×14×14	Q235B
DXG1	端斜杆	2□150×150×10×10	Q235B
XFG	斜腹杆	□150×150×10×10	Q235B
ZC1	支撑	H300×300×12×20	Q235B
ZC2	支撑	H200×150×8×12	Q235B
LZ1	吊杆	□150×150×10×10	Q235B
LZ2	吊杆	□150×150×14×14	Q235B

6.6.7 构件验算

本例中以中间 1 榀 HJ1 的部分构件为例进行验算。

1. 桁架弦杆截面验算

本设计中采用现浇混凝土楼板，弦杆整体稳定性无须验算，只需验算抗弯强度、平面内稳定、抗剪强度，局部稳定。HJ1 的 1 层弦杆截面为 H300×300×10×16。由内力组合可知，最不利的内力组合为：$N=-199.12$kN，$M_x=87.05$kN·m。

1）截面特征

$A=A_n=300\times16\times2+(300-16\times2)\times10=12280\text{mm}^2$

工字形截面取：$\gamma_x=1.05$，$\gamma_y=1.2$

$I_x=\frac{1}{12}\times300\times300^3-\frac{1}{12}\times(300-10)\times(300-2\times16)^3=2.098\times10^8\text{mm}^4$

$W_{nx}=\frac{I_x}{y/2}=\frac{2.098\times10^8}{300/2}=1.399\times10^6\text{mm}^3$

$I_y=\frac{1}{12}\times(300-32)\times10^3+2\times\frac{1}{12}\times16\times300^3=7.202\times10^7\text{mm}^4$

$W_{ny}=\frac{I_y}{x/2}=\frac{7.202\times10^7}{300/2}=4.801\times10^5\text{mm}^3$

2）强度验算

抗弯强度：$\dfrac{N}{A_n} \pm \dfrac{M_x}{\gamma_x W_{nx}} \leqslant f$

$$\dfrac{199120}{12280} + \dfrac{87.05 \times 10^6}{1.05 \times 1.399 \times 10^6} = 75.48 \text{N/mm}^2 < f = 205 \text{N/mm}^2$$

故满足要求。

3）平面内稳定

根据《交错桁架钢结构设计规程》JGJ/T 329—2015，桁架弦杆平面内的计算长度系数为 1.0。

$$i_x = \sqrt{\dfrac{I_x}{A}} = \sqrt{\dfrac{2.098 \times 10^8}{12280}} = 130.7$$

$$\lambda_x = \dfrac{l_{ox}}{i_x} = \dfrac{3450}{130.7} = 26.40 < [\lambda] = 120 \sqrt{235/f_y}$$

桁架弦杆为焊接工字形截面，属于 B 类截面，长细比 $\lambda_x = 26.40$，查表得 $\varphi_x = 0.948$。

$$N'_{Ex} = \dfrac{\pi^2 EA}{1.1\lambda_x} = \dfrac{3.14 \times 206 \times 10^3 \times 12280}{1.1 \times 26.40} = 273526 \text{kN}$$

$$\beta_{mx} = 1$$

$$\dfrac{N}{\varphi_x A} + \dfrac{\beta_{mx} M_x}{\gamma_x W_{1x}\left(1 - 0.8\dfrac{N}{N'_{Ex}}\right)} \leqslant f$$

$$\dfrac{199120}{0.948 \times 12280} + \dfrac{87.05 \times 10^6}{1.05 \times 1.399 \times 10^6 \times \left(1 - 0.8 \times \dfrac{199.12}{273526}\right)} = 76.40 \text{N/mm}^2 < f = 205 \text{N/mm}^2$$

4）局部稳定验算

翼缘：$\dfrac{b}{t} = \dfrac{(300-10)/2}{16} = 9.06 < 10\sqrt{\dfrac{235}{f_y}} = 10$

腹板：$\dfrac{h_0}{t_w} = \dfrac{300 - 16 \times 2}{10} = 26.8 < 30\sqrt{\dfrac{235}{f_y}} = 30$

满足要求。

2. 桁架端斜腹杆截面验算

桁架端斜杆组合荷载作用下承受的是拉力，仅计算强度即可。端斜杆承受的拉力设计值为 $N = 1503.97 \text{kN}$。根据《交错桁架钢结构设计规程》JGJ/T 329—2015 规定，设计端斜杆时，端斜杆设计值应乘以增大系数 1.4，故其设计值为 2105.56kN。桁架端斜杆的截面为双拼的矩形管截面，每个矩形管截面为□150×10，中间填板厚度为 25mm，端斜腹杆的几何长度为 4638mm。

1）截面特征

单根矩形管截面 $A = 150 \times 150 - (150 - 2 \times 10) \times (150 - 2 \times 10) = 5600 \text{mm}^2$

两根矩形管截面 $2A = 11200 \text{mm}^2$

桁架端斜杆为轴心受力构件，构件平面外的惯性矩较小，仅计算面外惯性矩即可。

$$I_y = 2 \times \dfrac{1}{12} \times [150 \times 150^3 - (150 - 2 \times 10) \times (150 - 2 \times 10)^3] = 3.677 \times 10^7 \text{mm}^4$$

$$i_y = \sqrt{\frac{I_x}{A}} = \sqrt{\frac{3.677 \times 10^7}{11200}} = 57.3$$

2）刚度验算

根据《交错桁架钢结构设计规程》JGJ/T 329—2015 规定，端斜杆平面内外的计算长度系数均为 1.0。

$$\lambda_y = \frac{l_{oy}}{i_y} = \frac{4638}{57.3} = 80.94 < [\lambda] = 180 \sqrt{235/f_y}$$

刚度验算满足要求。

3）强度验算

端斜杆在各种荷载组合下承受拉力，因而只验算截面强度即可。

$$\sigma = \frac{N}{A_n} = \frac{2105.56 \times 10^3}{11200} = 188.0 \text{N/mm}^2 < f = 215 \text{N/mm}^2$$

强度满足要求。

4）局部稳定验算

$$\frac{h_0}{t} = \frac{150 - 2 \times 10}{10} = 13 < 25 \sqrt{235/f_y}$$

满足要求。

3. 桁架竖腹杆截面验算

桁架竖腹杆承受压力的设计值为 $N = -816.96$kN。桁架竖腹杆为矩形管截面，截面尺寸为 □150×10，竖腹杆的几何长度为 3100mm。桁架竖腹杆平面内的计算长度系数为 0.8，平面外的计算长度系数取 1.0。

1）截面特征

$$A = 150 \times 150 - (150 - 2 \times 10) \times (150 - 2 \times 10) = 5600 \text{mm}^2$$

$$I_x = I_y = \frac{1}{12} \times [150 \times 150^3 - (150 - 2 \times 10) \times (150 - 2 \times 10)^3] = 1.838 \times 10^7 \text{mm}^4$$

$$i_x = i_y = \sqrt{\frac{I_x}{A}} = \sqrt{\frac{1.838 \times 10^7}{5600}} = 57.3$$

2）刚度验算

$$\lambda_y = \frac{l_{oy}}{i_y} = \frac{3100}{57.3} = 54.1 < [\lambda] = 120 \sqrt{235/f_y}$$

刚度验算满足要求。

3）整体稳定验算

热轧方钢管为 B 类截面，长细比 $\lambda_y = 54.1$，查表得 $\varphi_y = 0.837$。

$$\sigma = \frac{N}{\varphi A} = \frac{816.96 \times 10^3}{0.837 \times 5600} = 174.3 \text{N/mm}^2 < f = 215 \text{N/mm}^2$$

稳定满足要求。

4）局部稳定验算

$$\frac{h_0}{t} = \frac{150 - 2 \times 10}{10} = 13 < 25 \sqrt{235/f_y}$$

满足要求。

4. 柱截面验算

以底层柱为例进行验算。根据《交错桁架钢结构设计规程》JGJ/T 329—2015 要求，当框架底层局部无落地桁架只设横向支撑时，设支撑的底层框架柱地震内力应乘以增大系数 1.5。柱截面为 H 形截面，截面尺寸为 H350×350×16×20，考虑地震内力放大后，柱的内力设计值为：$N = -3157.71\text{kN}$，柱下端 $M_x = 22.87\text{kN} \cdot \text{m}$，柱上端 $M_x = -14.160\text{kN} \cdot \text{m}$。

1）截面特征

$A_n = 350 \times 20 \times 2 + 310 \times 16 = 18960 \text{mm}^2$

工字形截面取：$\gamma_x = 1.05$，$\gamma_y = 1.2$

$$I_x = \frac{1}{12} \times 16 \times 310^3 + 2 \times \left(\frac{1}{12} \times 350 \times 20^3 + 165^2 \times 350 \times 20 \right) = 4.21 \times 10^8 \text{mm}^4$$

$$W_{nx} = \frac{I_x}{y/2} = \frac{4.21 \times 10^8}{175} = 2.41 \times 10^6 \text{mm}^3$$

$$I_y = 2 \times \frac{1}{12} \times 20 \times 350^3 + \frac{1}{12} \times 310 \times 16^3 = 1.430 \times 10^8 \text{mm}^4$$

$$W_{ny} = \frac{I_y}{x/2} = \frac{1.430 \times 10^8}{175} = 8.171 \times 10^5 \text{mm}^3$$

2）强度验算

$$\frac{N}{A_n} \pm \frac{M_x}{\gamma_x W_{nx}} \leqslant f$$

$$\frac{3157.71 \times 10^3}{18960} + \frac{22.87 \times 10^6}{1.05 \times 2.41 \times 10^6} = 175.58 \text{ N/mm}^2 < f = 205 \text{ N/mm}^2$$

满足要求。

3）刚度验算

$$i_x = \sqrt{\frac{I_x}{A}} = \sqrt{\frac{4.21 \times 10^8}{18960}} = 149.01$$

$$i_y = \sqrt{\frac{I_x}{A}} = \sqrt{\frac{1.43 \times 10^8}{18960}} = 86.85$$

根据《交错桁架钢结构技术规程》JGJ/T 329—2015 可知平面内的计算长度系数取 1.0，结构的纵向为强支撑，平面外的计算长度系数偏安全的取为 1.0。柱的几何长度为 3650mm。

$$\lambda_x = \frac{\mu l_{ox}}{i_x} = \frac{3650}{149.01} = 24.50 < [\lambda] = 150$$

$$\lambda_y = \frac{\mu l_{oy}}{i_y} = \frac{3650}{86.85} = 42.03 < [\lambda] = 150$$

满足要求。

4）压弯构件的整体稳定验算

$$\frac{N}{\varphi_x A} + \frac{\beta_{mx} M_x}{\gamma_x W_x \left(1 - 0.8 \dfrac{N}{N'_{Ex}} \right)} \leqslant f$$

$$\frac{N}{\varphi_y A} + \eta \frac{\beta_{tx} M_x}{\varphi_{bx} W_x} \leqslant f$$

长细比 $\lambda_x = 24.5$、$\lambda_y = 42.03$，查表得 $\varphi_x = 0.955$、$\varphi_y = 0.89$。

$$N'_{Ex} = \frac{\pi^2 EA}{1.1\lambda_x} = 58382.2kN$$

$$\beta_{mx} = 0.65 + 0.35\frac{M_2}{M_1} = 0.65 - 0.35 \times \frac{14.160}{22.87} = 0.433$$

$$\beta_{tx} = 0.65 + 0.35\frac{M_2}{M_1} = 0.65 - 0.35 \times \frac{14.160}{22.87} = 0.433$$

$$\varphi_{bx} = \beta_b \frac{4320}{\lambda_y^2} \cdot \frac{Ah}{W_x}\left[\sqrt{1 + \left(\frac{\lambda_y t_1}{4.4h}\right)^2} + \eta_b\right]$$

$$\beta_b = 1.75 - 1.05\frac{M_2}{M_1} + 0.3\left(\frac{M_2}{M_1}\right)^2 = 1.75 + 1.05 \times \frac{14.160}{22.87} + 0.3 \times \left(\frac{14.160}{22.87}\right)^2 = 2.52 > 2.3,$$

取 $\beta_b = 2.3$

$$\varphi_{bx} = \beta_b \frac{4320}{\lambda_y^2} \cdot \frac{Ah}{W_x}\left[\sqrt{1 + \left(\frac{\lambda_y t_1}{4.4h}\right)^2} + \eta_b\right]$$

$$= 2.3 \times \frac{4320}{42.03^2} \times \frac{18960 \times 350}{2.41 \times 10^6} \times \left[\sqrt{1 + \left(\frac{42.03 \times 20}{4.4 \times 350}\right)^2}\right] = 17.64 > 0.6$$

$$\varphi'_{bx} = 1.07 - \frac{0.282}{\varphi_{bx}} = 1.07 - \frac{0.282}{17.64} = 1.05 > 1, \text{ 取 } \varphi'_{bx} = 1$$

$$\frac{N}{\varphi_x A} + \frac{\beta_{mx}M_x}{\gamma_x W_x\left(1 - 0.8\frac{N}{N'_{Ex}}\right)} = \frac{3157.71 \times 10^3}{0.955 \times 18960} + \frac{0.433 \times 22.87 \times 10^6}{1.05 \times 2.41 \times 10^6 \times \left(1 - 0.8 \times \frac{3157.71}{58382.2}\right)}$$

$$= 178.48N/mm^2 < f$$

$$\frac{N}{\varphi_y A} + \eta\frac{\beta_{tx}M_x}{\varphi_{bx}W_x} = \frac{3157.71 \times 10^3}{0.89 \times 18960} + 1 \times \frac{0.433 \times 22.87 \times 10^6}{1 \times 2.41 \times 10^6} = 191.24N/mm^2 < f$$

故整体稳定满足要求。

5）局部稳定验算

翼缘：$\frac{b}{t} = \frac{(350-16)/2}{20} = 8.35 < 11\sqrt{\frac{235}{f_y}}$

腹板：$\frac{b}{t} = \frac{(350-2\times20)}{16} = 19.4 < 45\sqrt{\frac{235}{f_y}}$

满足要求。

6.6.8 节点设计

1. 桁架弦杆、斜腹杆与钢柱连接节点验算

桁架弦杆、斜腹杆与钢柱的连接节点构造如图 6-29 所示，焊缝的焊脚尺寸满足构造要求。桁架端斜杆的截面为双拼的矩形管截面，每个矩形管截面为□150×10，最不利荷载组合的情况下，斜腹杆承受轴向拉力为 1503.97kN，弦杆在节点处承受的轴向力为 -192.68kN，剪力为 16.3kN。

1）斜腹杆与节点板的连接计算

（1）焊缝承载力

共有 8 条焊缝，每条焊缝的计算长度为 $l_w = 400 - 2 \times 8 = 384mm$，$h_f = 8mm$，根据构

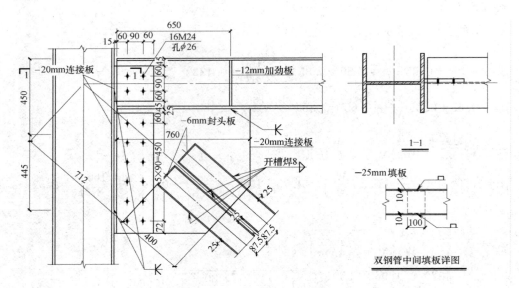

图 6-29　弦杆、斜腹杆与柱连接节点

造要求 $8h_f = 64\text{mm} < l_{w1} < 60h_f = 480\text{mm}$，焊缝计算长度为 384mm。

$N_F = 1503.97\text{kN}$，节点板厚 20mm，腹杆为双拼矩形管截面口 150×10。

$$\tau_f = \frac{N_1}{0.7h_f \sum l_w} = \frac{1503970}{0.7 \times 8 \times (384 \times 8)} = 87.4\text{N/mm}^2 < f_f^w = 160\text{N/mm}^2$$

满足要求。

（2）考虑剪切滞后的钢管净截面承载力

$$x = \frac{B^2 + 2BH}{4(B+H)} = \frac{150^2 + 2 \times 150 \times 150}{4(150+150)} = 56.25\text{mm}$$

$$\beta = 1 - \frac{x}{l_w} = 1 - \frac{56.25}{384} = 0.85$$

$$A_n = A_g - 2tt_1 = 5600 - 2 \times 10 \times 20 = 5200\text{mm}^2$$

$$A_{en} = \beta A_n = 5200 \times 0.85 = 4420\text{mm}^2$$

$$N_2 = 2A_{en}f = 2 \times 4420 \times 215 = 1900600\text{N} = 1900.6\text{kN} > 1503.97\text{kN}$$

（3）钢管在焊缝处的剪切承载力

$$N_3 = 2 \times 4l_w t f_v = 2 \times 4 \times 384 \times 10 \times 125 = 3840000\text{N} = 3840\text{kN} > 1503.97\text{kN}$$

（4）节点板承载力

$$N_4 = 2 \times (2l_w t_1 f_v + Bt_1 f) = 2 \times (2 \times 384 \times 20 \times 125 + 150 \times 20 \times 215) = 5130000\text{N} = 5130\text{kN} > 1503.97\text{kN}$$

计算节点板有效宽度的承载力，由作图法得，板件的有效宽度 $b_e = 780\text{mm}$，则：

$$N_5 = b_e t f = 786 \times 20 \times 215 = 3379800\text{N} = 3379.8\text{kN} > 1503.97\text{kN}$$

节点板的强度满足要求。

2）柱上的连接板与弦杆、腹杆节点板的高强螺栓摩擦型连接计算

斜腹杆与弦杆之间的夹角为 $42°$，可得水平方向的力 $V = 1503.97 \times \cos 42° = 1117.67\text{kN}$

竖向分力 $P = 1503.97 \times \sin 42° = 1006.35\text{kN}$

弦杆的水平力 $N_x^N = -192.68$kN，剪力 $N_y^N = 16.3$kN

总的水平力 $N_{1x} = 1117.67 - 192.68 = 924.99$kN

总的竖向力 $N_{1y} = 1006.35 + 16.3 = 1022.65$kN

采用 10.9 级 16 个 M24 高强螺栓摩擦型连接，接触面个数 $n = 1$，接触面采用喷砂处理，摩擦系数 $\mu = 0.45$，其设计承载能力为：

$$N_v^b = n_f \mu P = 1 \times 0.45 \times 225 = 91.1\text{kN}$$

不考虑扭矩产生的不利影响，采用 16 个螺栓，则：

$$N_1 = \sqrt{(N_{1x})^2 + (N_{1y})^2} = \sqrt{(924.99/16)^2 + (1022.65/16)^2} = 86.2\text{kN} \leqslant N_v^b$$

满足要求。

2. 斜腹杆、竖腹杆与弦杆连接节点验算

桁架斜腹杆、竖腹杆与弦杆的连接节点构造如图 6-30 所示，焊缝的焊脚尺寸满足构造要求。桁架斜腹杆为矩形管截面，截面尺寸为 □150×10，最不利荷载组合的情况下，斜腹杆承受轴向拉力为 931.36kN，竖腹杆承受的轴向力设计值为 −816.96kN。

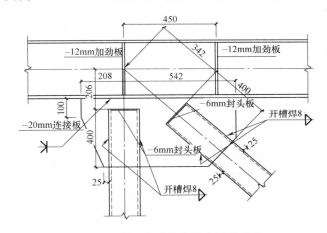

图 6-30 斜、竖腹杆与弦杆连接节点

1）斜腹杆与节点板的连接计算

（1）焊缝承载力

共有 4 条焊缝，每条焊缝的计算长度为 $l_w = 300 - 2 \times 8 = 384$mm，$h_f = 8$mm，根据构造要求 $8h_f = 64$mm $< l_{w1} < 60h_f = 480$mm，焊缝计算长度为 384mm。

斜腹杆与节点板的连接角焊缝计算：

$N_F = 931.36$kN，节点板厚 20mm，腹杆为 □150×150×10×10。

$$\tau_f = \frac{N_1}{0.7h_f \Sigma l_w} = \frac{931360}{0.7 \times 8 \times (384 \times 8)} = 108.2\text{N/mm}^2 < f_f^w = 160\text{N/mm}^2$$

满足要求。

（2）考虑剪切滞后的钢管净截面承载力

$N_2 = A_{en}f = 4420 \times 215 = 950300$N $= 950.3$kN > 931.36kN

（3）钢管在焊缝处的剪切承载力

$N_3 = 4l_w t f_v = 4 \times 384 \times 10 \times 125 = 1920000$N $= 1920$kN > 931.36kN

（4）节点板承载力

$N_4 = (2l_w t_1 f_v + B t_1 f) = (2 \times 384 \times 20 \times 125 + 150 \times 20 \times 215) = 2565000\text{N} = 2565\text{kN} > 931.36\text{kN}$

拉剪破坏验算，拉剪系数：

$$\eta_i = \frac{1}{\sqrt{1 + 2\cos^2\alpha_i}}$$

$$\eta_1 = \frac{1}{\sqrt{1 + 2\cos^2\alpha_1}} = \frac{1}{\sqrt{1 + 2\cos^2 42°}} = \frac{1}{\sqrt{1 + 2 \times 0.743^2}} = 0.69$$

$$\eta_2 = \frac{1}{\sqrt{1 + 2\cos^2\alpha_2}} = \frac{1}{\sqrt{1 + 2 \times 0^2}} = 1$$

$$\eta_3 = \frac{1}{\sqrt{1 + 2\cos^2\alpha_3}} = \frac{1}{\sqrt{1 + 2\cos^2 48}} = \frac{1}{\sqrt{1 + 2 \times 0.67^2}} = 0.73$$

$N_5 = f\sum(\eta_i A_i) = 215 \times (0.69 \times 338 + 1 \times 150 + 0.73 \times 320) \times 20 = 2652326\text{N} = 2652.326\text{kN} > 931.36\text{kN}$ 满足要求。

计算节点板有效宽度的承载力，由作图法得，板件的有效宽度 $b_e = 780\text{mm}$，则：

$N_5 = b_e t f = 786 \times 20 \times 215 = 3379800\text{N} = 3379.8\text{kN} > 1503.97\text{kN}$

节点板的强度满足要求。

2）竖腹杆与节点板的连接计算

竖腹杆承受的荷载较斜腹杆小，焊缝的长度与斜腹杆相同，因而仅验算节点板的稳定即可。

由作图法得，板件的有效宽度 $b_e = 612\text{mm}$。

$A_e = b_e t_1 = 612 \times 20 = 12240\text{mm}^2$

板侧向支承点间距 l 为 56mm。

$$i = \frac{t_1}{\sqrt{12}} = \frac{20}{\sqrt{12}} = 5.77$$

$$\lambda = \frac{l}{i} = \frac{56}{5.77} = 9.7$$

长细比 $\lambda_y = 9.7$，按 a 类截面查表得 $\varphi = 0.995$。

$N_6 = A_e \varphi f = 12240 \times 0.995 \times 215 = 2618442\text{N} = 2618.442\text{kN} > 816.96\text{kN}$

稳定满足要求。

本章小结

（1）交错桁架结构体系主要由柱、横向平面桁架、纵向框架或框架支撑、楼板等构件组成，柱布置在房屋周边，平面桁架的高度与层高相同，跨度与建筑物宽度相同，平面桁架两端支承在房屋纵向边柱上。在建筑横向的每个轴线上，平面桁架每隔一层设置一榀，在相邻轴线上平面桁架交错布置。

（2）交错桁架结构适用于平面形状为矩形、弧形、环形的建筑，设防烈度不超过8度的地区。桁架采单斜腹杆式桁架和混合式桁架结构的横向刚度大，一般不设置支撑系统，底层为获得无柱空间，无法布置落地桁架时，应在底层对应轴线设横向斜撑。边柱与纵向连梁刚接组成纵向框架抵抗纵向水平力，纵向框架承载力或刚度不足，设柱间支撑。

（3）交错桁架结构为空间结构，楼板与桁架之间应可靠连接。在竖向荷载、风荷载以及多遇地震作用下，交错桁架结构的内力和位移一般采用空间有限元模型精确计算。当缺少空间分析条件或进行初步设计，可采用平面模型计算，在竖向荷载作用下，取单榀框架分析其内力和变形；水平荷载作用下，可采用平面协同分析模型、连续支撑框架模型或考虑扭转的平面模型。交错桁架结构在竖向和水平荷载作用下，要满足变形要求。

（4）交错桁架柱一般采用钢柱和矩形钢管混凝土柱，为了增加结构的纵向刚度，强轴与桁架平行。交错桁架柱的横向（桁架方向）计算长度取几何长度，纵向可按无侧移框架或有侧移框架来确定。柱的截面设计主要包括强度、整体稳定、局部稳定和刚度的验算。

（5）桁架弦杆宜采用热轧 H 型钢或焊接工字形截面，混合式桁架腹杆宜采用矩形钢管截面，弦杆平面内计算长度取节间的几何长度。桁架端部斜杆和底层横向支撑斜杆平面内、外计算长度均取几何长度，桁架其他腹杆平面内计算长度取 0.8 倍杆件几何长度，平面外取杆件几何长度。桁架弦杆（存在压力）截面按压弯构架设计，主要包括强度、平面内稳定、局部稳定和刚度验算。

（6）没有水平荷载参与组合时，交错桁架结构纵向边梁承受弯矩和剪力，按受弯构件计算。在水平荷载作用下，楼板传递剪力，楼板的平面内会产生弯矩，纵向边梁内产生轴力，纵向边梁按压弯构件计算。

（7）交错桁架结构的楼板主要采用现浇钢筋混凝土楼板和压型钢板组合楼板。楼板除承受竖向荷载并将其传递给竖向承载构件外，还起传递水平剪力的作用。交错桁架结构除应验算楼面及屋面板在重力荷载作用下的承载力、变形外，尚应验算其在桁架传来的横向水平力作用下的平面内抗剪承载力及其与桁架间的连接承载力。

（8）交错桁架的连接节点主要有桁架弦杆与腹杆、桁架弦杆与柱、柱脚与基础等连接节点，连接节点设计是交错桁架结构设计的关键环节。桁架弦杆与腹杆之间一般采用节点板连接，按铰接节点计算，包括钢管净截面承载力、钢管在焊缝处的剪切承载力、焊缝承载力、节点板承载力计算。柱与桁架上下弦连接可采用铰接、半刚接或刚接。

思考与练习题

6-1 交错桁架结构如何组成？

6-2 交错桁架结构的桁架一般采用哪些形式？

6-3 交错桁架结构布置一般遵循什么原则？

6-4 解释交错桁架结构水平荷载的传递路径。

6-5 一般采用什么方法分析交错桁架结构的内力和位移？

6-6 在竖向荷载作用下交错桁架结构如何简化为平面模型？

6-7 在水平荷载作用下分析交错桁架结构的内力有哪些简化方法？

6-8 如何要求交错桁架结构的变形？

6-9 交错桁架的柱一般采用什么截面形式？需要验算哪些内容？

6-10 如何确定交错桁架结构柱的计算长度？

6-11 交错桁架结构中桁架构件的计算长度如何确定？截面设计需要计算哪些内容？

6-12 交错桁架结构的支撑如何确定？

6-13 交错桁架结构的楼板设计具有什么特点？

6-14 交错桁架结构边梁的轴力是如何产生的？

6-15 为什要求交错桁架结构的楼板与桁架弦杆之间要可靠连接？

6-16 桁架的弦杆与腹杆之间的连接要计算哪些内容？

6-17 桁架与柱之间的连接有哪些连接方式？

6-18 交错桁架结构采用 Q345-B 钢材制作，桁架的节间长度为 2400mm，其中一上弦杆截面为 H300×250×16×25，承受最不利组合轴力为 $N=-1626.4$kN、弯矩 $M=338.5$kN·m，验算此上弦杆是否满足设计要求。

6-19 交错桁架结构中桁架端斜杆的钢材为 Q235-B，截面形式采用矩形钢管，其承受的最不利内力组合为 1798.1kN，设计该端斜杆截面尺寸。

6-20 交错桁架结构层高 3.6m，钢材为 Q345-B，柱采用钢管混凝土柱，混凝土材料为 C40，底层柱承受的轴压力 N 为 8723kN，弯矩 M 为 57.5kN·m，与底层柱相连的纵向钢梁为 H450×200×8×12，长度为 6m，柱为中间跨柱，试设计此钢管混凝土柱的截面。

6-21 桁架弦杆、斜腹杆与钢柱的连接节点构造如图 6-31 所示，其中的螺栓为安装螺栓，桁架的节点板通过焊缝与柱上节点板连接，斜腹杆的矩形管截面为□260×16，最不利荷载组合的情况下，斜腹杆承受轴向拉力为 1604.26kN，弦杆在节点处承受的轴向压力为 252.30kN，剪力为 20.32kN，计算斜腹杆与节点板之间的焊缝及桁架节点板与柱节点板之间焊缝的焊脚尺寸选择多大合适。

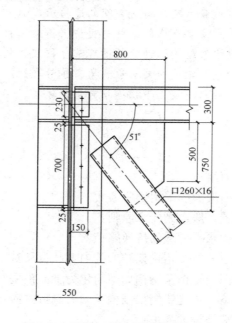

图 6-31 弦杆、斜腹杆与柱连接节点

6-22 桁架斜腹杆、竖腹杆与弦杆的连接节点构造如图 6-32 所示，桁架斜腹杆和竖腹杆为矩形管截面，斜腹杆截面尺寸为□200×16，竖腹杆截面尺寸为□150×12，最不利荷载组合的情况下，斜腹杆承受轴向拉力为 1213.96kN，竖腹杆承受的轴向压力设计值为 1160.816kN，试设计此连接节点中节点板与弦杆之间的焊缝、腹杆与节点板之间的焊缝以及节点板的厚度。

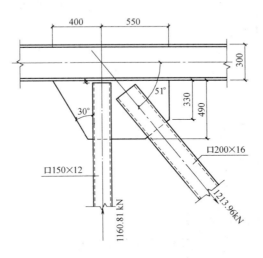

图 6-32　斜、竖腹杆与弦杆连接节点

第7章 低层龙骨体系结构

本章要点及学习目标

本章要点：
(1) 低层龙骨结构体系；
(2) 结构分析方法；
(3) 考虑畸变屈曲的构件设计方法；
(4) 楼面、屋面及墙面的构造要求。

学习目标：
(1) 了解低层龙骨结构体系的特征；
(2) 掌握结构分析方法和考虑畸变屈曲的构件设计方法；
(3) 熟悉构造要求与结构及构件分析方法间的内在联系。

低层龙骨体系结构是指采用冷弯薄壁型钢龙骨作为主要受力结构构件的钢结构体系，屋面和楼面采用轻质材料构成。低层龙骨体系结构具有以下优势：①结构自重轻，抗震性能好；②适应工业化生产，施工周期短；③结构外形美观，布置灵活，使用空间大；④大部分材料可回收再利用，综合经济效益好。在国外，随着木结构住宅的原料价格上涨，低层龙骨体系结构住宅作为一种替代产品应运而生。由于低层龙骨体系房屋具有一系列优点，目前这种体系已成为美国、日本、澳大利亚等发达国家住宅建筑的重要形式。自从20世纪80年代该体系被引进我国后，全国各地开始并建成一批低层龙骨体系房屋。图7-1和图7-2为某一工程施工现场和竣工后的照片。

图 7-1 建造中的低层龙骨体系房屋图

图 7-2 竣工后的低层龙骨体系房屋

7.1 结构体系及布置

7.1.1 结构体系

低层龙骨体系房屋由屋面系统、楼面系统及墙面系统组成，如图 7-3 所示。低层龙骨体系房屋结构中主要承重构件为冷弯薄壁型钢龙骨体系与覆面结构板材组成的龙骨式复合墙体、楼面及屋架。屋面系统由冷弯薄壁型钢桁架、冷弯薄壁型钢檩条、屋面水平支撑及屋面板构成。楼面系统由冷弯薄壁型钢梁、上下结构面板及楼面细石混凝土构成。墙面系统由冷弯薄壁型钢立柱、内外层结构覆面结构板组成。冷弯薄壁型钢柱、钢梁、钢桁架通常称为龙骨，龙骨之间以及龙骨与覆面结构板间均采用螺钉相连，形成一片片"墙"或"板"式构件，多面"墙"与"板"共同构成一个"盒式"结构，共同承担和传递各种结构荷载。

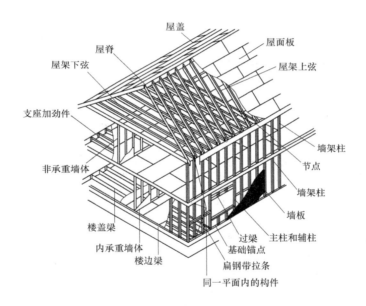

图 7-3　低层龙骨体系结构的组成

龙骨式复合墙体，是低层龙骨体系房屋的主要承重结构构件，发挥着建筑维护结构和传递结构荷载的双重作用。它不仅承受由楼面系统和屋面系统传递的竖向荷载，也抵抗风、地震等作用产生的水平荷载。

低层龙骨体系房屋的竖向荷载主要为重力荷载。屋面竖向荷载由屋面板传递给檩条，檩条上汇集的荷载传递给钢桁架，钢桁架再传递给与之相连的龙骨式复合墙体。楼面竖向荷载由楼面板传递给楼面钢梁，经楼面钢梁汇集后，传递给龙骨式复合墙体。所有竖向荷载经由龙骨式复合墙体传向基础，如图 7-4 所示。

低层龙骨体系房屋的水平荷载主要有：风荷载和地震作用。水平风荷载或水平地震作用由抗剪墙体承担。整个房屋的屋面系统、楼面系统和龙骨式复合墙体均参与水平荷载的

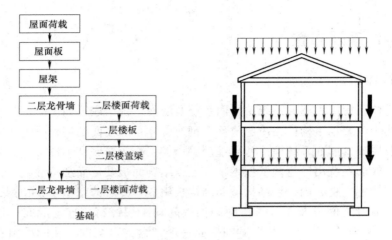

图 7-4　竖向荷载传递路径

传递。作用在外墙面上的风荷载与作用于整体房屋结构上的地震作用，通过屋面系统和楼面系统传给与荷载平行的龙骨式复合墙体，最后由龙骨式复合墙体传给基础，如图 7-5 所示。

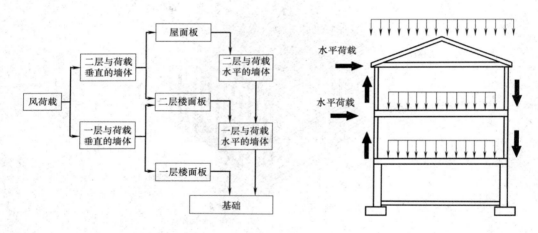

图 7-5　水平荷载传递路径

7.1.2　结构布置

低层龙骨体系房屋的结构布置应遵循下列基本原则：

（1）建筑主体结构平面单元尺寸不超过如下限值：宽度为 12m，长度为 18m。

（2）建筑应避免过大的偏心或在建筑角部开设洞口。

（3）承重墙体、楼面以及屋面中的柱、梁等承重构件应与结构面板或斜拉支撑构件可靠连接，以便将水平和垂直荷载连续地传递到地面。

（4）抗剪墙体应均匀布置在建筑结构的两个主轴方向，形成明确的抗风和抗震系统，当抗剪内墙上下错位时，距离不大于 2m。

（5）结构系统规则布置。当结构布置不规则时，可以布置适宜的型钢、桁架构件或其他构件，以形成水平和垂直抗侧力系统，使系统内部荷载尽量沿较短的路径传递到基础上。

（6）在结构墙体的转角和洞口附近应布置抗拔连接件。

7.2　构件截面形式

冷弯薄壁型钢构件由于壁厚一般在 2mm 以下，承重构件的基材厚度大于 0.75mm。截面形式多为开口截面和拼合箱形截面。冷弯薄壁型钢构件常用的开口截面类型如图 7-6 所示，拼合截面类型如图 7-7 所示。

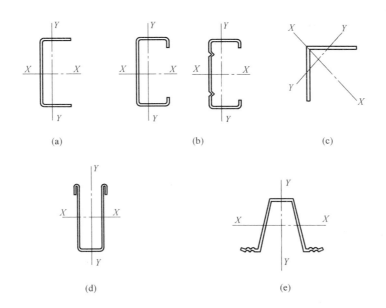

图 7-6　常见单一截面类型

（a）槽形截面；（b）卷边槽形截面；（c）角形截面；（d）U 形截面；（e）帽形截面

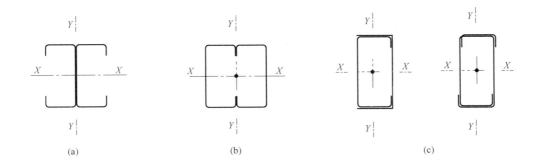

图 7-7　常用的拼合截面类型

（a）工字形截面；（b）箱形截面；（c）抱和箱形截面

墙体立柱可采用卷边槽形截面或拼合截面。承重墙体的端边、门窗洞口的边部应采用拼合截面立柱。顶和底导梁通常采用槽形截面。楼面梁可采用卷边槽形截面，边梁采用槽形截面。屋面桁架或斜梁可采用卷边槽形截面，屋脊梁通常采用拼合截面。角形截面通常用于连接件。集中荷载作用处设置的加劲肋通常可采用卷边槽形截面或槽形截面。U 形截面通常与槽形截面组合使用，形成抱和箱形截面。帽形截面常用作屋面檩条。

为了在楼板和墙内铺设设备管道等，一般在冷弯薄壁型钢构件的腹板上每隔一定的距离冲（或割）如所示的椭圆形或菱形孔，如图 7-8（a）。孔的中心距不小于 600mm，孔长不大于 110mm，竖向构件的孔高不大于腹板高度的 1/2 和 40mm 的较小值，水平构件的孔高不应大于腹板高度的 1/2 和 65mm 的较小值。不满足以上要求时，应对孔口加强，如图7-8（b）。

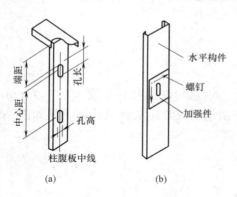

图 7-8   构件开孔及加强示意图
(a) 开孔构件；(b) 孔口加强

7.3   结构分析

低层龙骨体系房屋的结构计算原则为：竖向荷载应由墙体立柱独立承担；水平风荷载或水平地震作用应由抗剪墙体承担，可在建筑结构的两个主轴方向分别计算水平荷载的作用。

7.3.1   水平剪力分配方法

每个主轴方向的水平荷载应由该方向抗剪墙体承担，参考楼面和屋面在自身平面内为刚性板的"空间盒子"式结构的分析方法，可根据其抗剪刚度大小按比例分配，并应考虑门窗洞口对墙体抗剪刚度的削弱作用。由于房屋中每片抗剪墙体一般宽度有限，其刚度简单地假定与墙体宽度成正比考虑。楼面和屋面在自身平面内具有足够的刚度，刚度由构造规定保证。各墙体承担的水平剪力设计值可按下式计算：

$$V_j = \frac{\alpha_j K_j L_j}{\sum_{i=1}^{n} \alpha_i K_i L_i} V \tag{7-1}$$

式中 V_j——第 j 面抗剪墙体承担的水平剪力设计值；

V——由水平风荷载或多遇地震作用产生的 x 方向或 y 方向总水平剪力设计值；

L_i、L_j——第 i 面和第 j 面抗剪墙体的长度；

K_i、K_j——第 i 面和第 j 面抗剪墙体单位长度的抗剪刚度 [kN/(m·rad)]，由表 7-1 查得；

α_i、α_j——第 i 面和第 j 面抗剪墙体门窗洞口刚度折减系数；

n——水平剪力方向的抗剪墙体数。

洞口折减系数 α 取值如下：

（1）当洞口尺寸在 300mm 以下时，$\alpha=1$。

（2）当洞口宽度 $300mm \leqslant b \leqslant 400mm$、洞口高度 $300 \leqslant h \leqslant 600mm$ 时，α 由试验确定；当无试验依据时，按下式估算：

$$\alpha=\frac{\gamma}{3-2\gamma} \tag{7-2}$$

$$\gamma=\frac{1}{1+\dfrac{A_0}{H\sum L_i}} \tag{7-3}$$

式中　A_0——洞口总面积；

　　　H——抗剪墙体高度；

　　$\sum L_i$——无洞口墙体长度总和。

（3）当洞口尺寸超过上述规定时，$\alpha=0$。

作用在抗剪墙体单位长度上的水平剪力设计值可按下式计算：

$$S_j=\frac{V_j}{L_{dj}} \tag{7-4}$$

式中　S_j——作用在第 j 面抗剪墙体单位长度上的水平剪力设计值（kN/m）；

　　L_{dj}——第 j 面抗剪墙体承受水平剪力的长度（m），大于 6m 取 6m，小于 300mm 不计。

抗剪墙体的抗剪刚度 K [kN/(m·rad)]　　　　　　　　　　　　　　表 7-1

立柱材料	面板材料（厚度）	K
Q235 和 Q345	定向刨花板（9.0mm）	2000
	纸面石膏板（12.0mm）	800
LQ550	纸面石膏板（12.0mm）	800
	LQ550 波纹钢板（0.45mm）	2000
	定向刨花板（9.0mm）	1450
	水泥纤维板（8.0mm）	1100

注：1. 墙体立柱卷边槽型截面高度对 Q235 和 Q345 钢应不小于 89mm，对 LQ550 应不小于 75mm，间距应不大于 600mm；墙体面板的钉距，周边应不大于 150mm、内部应不大于 300mm；

2. 表中所列数值均为单面板组合墙体的抗剪刚度值，两面设置面板时取相应两值之和；

3. 中密度板组合墙体可按定向刨花板组合墙体取值；

4. 当采用其他面板时，抗剪刚度应由试验确定。

7.3.2　地震作用

在多遇水平地震作用下，低层龙骨体系结构可采用底部剪力法或振型分解反应谱法进行内力分析，在建筑结构的两个主轴方向分别计算水平荷载。采用底部剪力法时，结构可根据楼层数简化成为多个质点。非屋面楼层质点的质量包括该层结构自重和楼板的恒载及活载，质点作用于楼板处。屋面楼层质点的质量包括该层结构自重和屋盖的恒载及活载。将屋面楼层质点先分为两个质点，其中一个为该层结构墙柱质量，作用在该层结构 1/2 高度处，另外一个为屋架恒、活载，作用在屋架 1/2 高度处，再依据弯矩等效计算出等效质心即屋面楼层质点作用位置。底部剪力法算出的每个主轴方向的水平荷载应由该方向墙体承担，每片抗剪墙体所承受的剪力根据抗剪刚度大小按比例分配。计算抗剪刚度时应考虑门窗洞口对墙体抗剪刚度的削弱作用。

在计算水平地震作用时，阻尼比取 0.03，结构基本自振周期可按下式计算：

$$T = (0.02 \sim 0.03)H \tag{7-5}$$

式中　T——结构基本自振周期（s）；

　　　H——基础顶面到建筑物最高点的高度（m）。

低层龙骨体系房屋结构具有良好的抗震性能，由于自重较轻，地震作用对其影响不明显。因此，在进行多遇地震作用的弹性设计后，通过采取合理的墙体构造措施，满足罕遇地震作用下的抗震设防要求。

对于有明显扭转体型复杂刚度和质量分布不均匀的低层冷弯薄壁型钢结构体系，可以建立实际结构包含等效斜支撑的杆系简化模型，用于双向地震作用分析，计算各片复合墙体实际承受的水平剪力作用，进行结构在多遇和罕遇地震作用下的分析和设计。

7.3.3　水平荷载作用下抗剪承载力验算

水平荷载作用下，应分别验算风荷载和地震作用下单位长度抗剪墙体的抗剪承载力。

风荷载作用下，抗剪墙体单位计算长度上的剪力 S_w（kN/m）应满足：

$$S_w \leqslant R_{sh} \tag{7-6}$$

式中　R_{sh}——抗剪墙体单位计算长度的抗剪承载力设计值，按表 7-2 取值；当开有洞口时，尚应乘以折减系数 α。

多地震作用下，抗剪墙体单位计算长度上的剪力 S_E（kN/m）应满足：

$$S_E \leqslant \frac{R_{sh}}{\gamma_{RE}} \tag{7-7}$$

式中　γ_{RE}——承载力抗震调整系数，等于 0.9。

抗剪墙体单位长度的抗剪承载力设计值 R_{sh}（kN/m）　　　　　　　表 7-2

立柱材料	面板材料（厚度）	R_{sh}
Q235 和 Q345	定向刨花板（9.0mm）	7.20
	纸面石膏板（12.0mm）	2.50
LQ550	纸面石膏板（12.0mm）	2.90
	LQ550 波纹钢板（0.45mm）	8.00
	定向刨花板（9.0mm）	6.45
	水泥纤维板（8.0mm）	3.75

注：1. 墙体立柱卷边槽型截面高度对 Q235 和 Q345 钢应不小于 89mm，对 LQ550 应不小于 75mm，间距应不大于 600mm；墙体面板的钉距，周边应不大于 150mm、内部应不大于 300mm；
　　2. 表中所列数值均为单面板组合墙体的抗剪承载力设计值；两面设置面板时，抗剪承载力设计值为相应面板材料的两值之和，但对 LQ550 波纹钢板单面板组合墙体的值应乘以 0.8 后再相加；
　　3. 组合墙体的长度小于 450mm 时，可忽略其抗剪承载力；大于 450mm 而小于 900m 时，表中抗剪承载力设计值乘以 0.5；
　　4. 中密度板组合墙体可按定向刨花板组合墙体取用抗剪承载力设计值；
　　5. 当采用其他面板时，抗剪刚度应由试验确定。

7.3.4　水平荷载作用下变形验算

水平荷载作用下，低层龙骨体系房屋结构的层间位移与层高之比可按下式计算：

$$\frac{\Delta}{H} = \frac{V_k}{\sum_{i=1}^{n} \alpha_i K_i L_i}$$ (7-8)

式中 V_k——风荷载标准值或多遇地震标准值作用下楼层的总水平剪力标准值；

$\qquad$ H——房屋楼层高度；

$\qquad$ Δ——风荷载标准值或多遇地震作用标准值产生的楼层内最大的弹性层间位移。

在风荷载标准值或多遇地震作用下的层间相对位移与层高的比值 Δ/H 不大于 $1/300$，在罕遇地震作用下（按弹塑性计算）的层间相对位移与层高的比值 Δ/H 不大于 $1/100$。

7.4 构件设计

低层龙骨体系结构构件应满足以下要求：

（1）楼面梁应按承受楼面竖向荷载的受弯构件验算其强度和刚度；

（2）墙体立柱应按压弯构件验算其强度、稳定性及刚度；

（3）屋架构件应按屋面荷载的效应，验算其强度、稳定性及刚度。

低层龙骨体系结构的冷弯薄壁构件存着多种失效模式，除强度破坏，失稳破坏包括整体屈曲（图 7-9a）、局部屈曲（图 7-9b）和畸变屈曲（图7-9c），以及三种屈曲模式的相关屈曲，相比其他截面类型构件更为复杂。设计中应全面考虑各种失效模式，分别按照不同的极限承载力或正常使用状态设计方法进行验算。

7.4.1 畸变屈曲

图 7-6（b）中带有卷边的冷弯型钢截面通常被看作由一块腹板和两块带卷边的翼缘组成，但实际上卷边属于腹板和翼缘之外的第三种板件。它的存在使问题复杂化，即可能出现两种不同的局部屈曲模式，如图 7-9 所示。图 7-9（b）所示屈曲变形，棱线都保持直线，板件间的夹角保持不变，是一般概念的

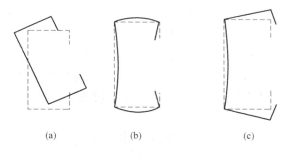

图 7-9 三种屈曲模式

(a) 整体屈曲；(b) 局部屈曲；(c) 畸变屈曲

局部屈曲模式，它出现在卷边具有足够宽度但又不过宽的情况。冷弯型钢板件的局部屈曲具有相关性，各个板件同时屈曲，具有相同的临界应力和屈曲半波长度，相邻板件的夹角保持不变，并且棱线保持挺直。图 7-9（c）所示的屈曲变形，翼缘没有出现屈曲变形，但同卷边一起扭转，此时板件相交的棱线不再保持直线，整个截面发生畸变，称之为畸变屈曲。该种屈曲实质上是卷边过窄而趋于在其平面内屈曲时带动相关板件一起屈曲。

低层龙骨体系结构开口截面构件当符合下列情况之一时，可不验算畸变屈曲承载力：

（1）构件受压翼缘有可靠的限制畸变屈曲变形的约束，如构件受压翼缘的外侧平面覆有有效板材及螺钉连接间距加密一倍。

（2）构件自由长度小于构件畸变屈曲半波长 λ。畸变屈曲半波长 λ 按下列公式计算：

对轴压卷边槽形截面：

$$\lambda = 4.8 \left(\frac{I_x h_w b^2}{t^3} \right)^{0.25} \tag{7-9}$$

对受弯卷边槽形和 Z 形截面：

$$I_x = a^3 t (1 + 4b/a) / [12(1 + b/a)] \tag{7-10}$$

式中　b——翼缘宽度；

　　　t——壁厚；

　　　I_x——对 x 轴的毛截面惯性矩；

　　　a——卷边高度；

　　　h_w——腹板高度。

（3）构件截面采取了其他有效抑制畸变屈曲发生的措施，如设置间距小于构件畸变屈曲的半波长 λ 的拉条或隔板等。

当不满足以上条件是，应验算畸变屈曲承载力。

7.4.2　轴心受力构件

轴心受拉和受压构件强度和稳定性按照现行国家标准《冷弯薄壁型钢结构技术规范》GB 50018 的方法进行验算。开口截面轴心受压构件的畸变屈曲承载力应按下式验算：

$$N \leqslant A_{cd} f \tag{7-11}$$

当 $\lambda_{cd} < 1.414$ 时：　　　$A_{cd} = A_g (1 - \lambda_{cd}^2/4)$

当 $1.414 \leqslant \lambda_{cd} \leqslant 3.6$ 时：　　　$A_{cd} = A_g [0.055(\lambda_{cd} - 3.6)^2 + 0.237]$

式中　A_g——毛截面面积；

　　　A_{cd}——轴压畸变屈曲有效截面面积；

　　　λ_{cd}——确定 A_{cd} 用的无量纲长细比，$\lambda_{cd} = \sqrt{f_y/\sigma_{cd}}$；

　　　σ_{cd}——轴压畸变屈曲应力，可按照附录 1 中的公式计算得到。

拼合截面轴心受压构件的畸变屈曲承载力应按下式验算：

$$N \leqslant N_{Ru} \tag{7-12}$$

式中　N_{Ru}——稳定承载力设计值。

稳定承载力设计值 N_{Ru} 取值与拼合截面的失稳方向及连接构造有关，计算方法如下：

（1）对图 7-7 中的 x 轴，一般情况可取单个开口截面稳定承载力乘以截面的个数。

（2）对图 7-7（a）、（b）所示截面的 y 轴，当截面的拼合连接螺钉间距满足最小值 a_{max} 要求时，可按整体截面计算。螺钉间距最小值 a_{max} 按下式计算，取最小值：

$$a_{max} = \frac{n_1 N_V^f I_y}{V S_y} \tag{7-13}$$

$$a_{max} = \frac{l i_1}{2 i_y} \tag{7-14}$$

式中　n_1——同一截面处的连接件数；

　　　N_V^f——个连接件的抗剪承载力设计值；

　　　I_y——拼合截面对平行于腹板的重心轴 y 的惯性矩；

　　　V——剪力设计值；

　　　S_y——单个开口截面对平行于腹板的重心轴 y 的面积矩；

l——构件支撑点间的长度；

i_1——单个开口截面对其自身平行于腹板的重心轴的回转半径；

i_y——拼合截面对平行于腹板的重心轴 y 的回转半径。

（3）对图 7-7（c）的抱合箱形截面的 y 轴，当拼合处有可靠连接且构件长细比大于 50 时，可取单个开口截面对自身形心 y 轴的弯曲稳定承载力乘以截面个数后的 1.2 倍。

7.4.3 受弯构件

受弯构件强度和稳定性按照现行国家标准《冷弯薄壁型钢结构技术规范》GB 50018 的方法进行验算。卷边槽形截面绕对称轴受弯构件的畸变屈曲承载力应按下式验算：

当 $k_\phi \geqslant 0$ 时：

$$M \leqslant M_{Rd} \tag{7-15}$$

当 $k_\phi < 0$ 时：

$$M \leqslant \frac{W_e}{W} M_{Rd} \tag{7-16}$$

式中 k_ϕ——系数，可按照附录 1 中的公式计算得到；

W——截面模量；

W_e——有效截面模量，截面中受压板件的有效宽度按现行国家标准《冷弯薄壁型钢结构技术规范》GB 50018 规定计算，计算有效宽厚比时，截面的应力分布按全截面受 $1.165M_{Rd}$ 弯矩值计算；

M_{Rd}——畸变屈曲抗弯承载力设计值。

畸变屈曲抗弯承载力 M_{Rd} 计算方法如下：

（1）畸变屈曲的模态为卷边槽形和 Z 形截面的翼缘绕翼缘与腹板的交线转动时：

当 $\lambda_{md} \leqslant 0.673$ 时：

$$M_{Rd} = Wf \tag{7-17}$$

当 $\lambda_{md} > 0.673$ 时：

$$M_{Rd} = \frac{Wf}{\lambda_{md}} \left(1 - \frac{0.22}{\lambda_{md}} \right) \tag{7-18}$$

（2）畸变屈曲的模态为竖直腹板横向弯曲且受压翼缘发生横向位移时：

当 $\lambda_{md} < 1.414$ 时：

$$M_{Rd} = Wf \left(1 - \frac{\lambda_{md}^2}{4} \right) \tag{7-19}$$

当 $\lambda_{md} \geqslant 1.414$ 时：

$$M_{Rd} = \frac{Wf}{\lambda_{md}^2} \tag{7-20}$$

式中 σ_{md}——受弯时的畸变屈曲应力，可按照附录 1 中的公式计算得到；

λ_{md}——确定 M_{Rd} 用的无量纲长细比 $\lambda_{md} = \sqrt{f_y / \sigma_{md}}$。

拼合截面受弯构件的畸变屈曲承载力应按现行国家标准《冷弯薄壁型钢结构技术规范》GB 50018 方法计算，计算参数取值如下：

（1）绕 x 轴受弯时，拼合截面的几何特性可取各单个开口截面绕 x 轴的几何特性之和。对抱合箱形截面，当截面拼合连接处有可靠保证时，可将构件翼缘部分作为部分加劲板件按照叠加后的厚度来考虑组合后截面的有效宽厚比；

（2）绕 y 轴受弯时，对抱合箱形截面，当拼合处有可靠连接时，截面几何特性可取单个开口截面对自身形心 y 轴的几何特性之和的 1.2 倍。

7.4.4 压弯和拉弯构件

压弯和拉弯构件强度和稳定性按照现行国家标准《冷弯薄壁型钢结构技术规范》GB 50018 的方法进行验算。压弯构件的畸变屈曲承载力应按下式验算：

$$\frac{N}{N_R}+\frac{\beta_m M}{M_R}\leqslant 1.0 \tag{7-21}$$

式中 β_m——等效弯矩系数，按照现行国家标准《冷弯薄壁型钢结构技术规范》GB 50018 的方法计算；

      N_R——轴压承载力设计值；

      M_R——轴压承载力设计值。

轴压承载力设计值 N_R 按下式计算，取最小值：

$$N_{RC}=\varphi A_e f \tag{7-22}$$

$$N_{RA}=A_{cd}f \tag{7-23}$$

式中 φ——轴心受压构件的稳定系数，按照现行国家标准《冷弯薄壁型钢结构技术规范》GB 50018 的方法计算；

      A_e——有效截面面积，对于受压板件宽厚比大于 60 的板件，应采用公式 $b_{es}=b_e-0.1t(b/t-60)$ 对板件有效宽度进行折减；

      A_{cd}——轴压畸变屈曲有效截面面积。

抗弯承载力设计值 M_R 按下式计算，取最小值：

$$M_{RC}=W_e f\left(1-\frac{N}{N_E'}\varphi\right) \tag{7-24}$$

$$M_{RA}=M_{Rd}\left(1-\frac{N}{N_E'}\varphi\right) \tag{7-25}$$

式中 φ——轴心受压构件的稳定系数，按照现行国家标准《冷弯薄壁型钢结构技术规范》GB 50018 的方法计算；

      W_e——有效截面模量；

      M_{Rd}——畸变屈曲抗弯承载力设计值；

      N_E'——系数，$N_E'=\pi^2 EA/1.165\lambda^2$。

验算拼合截面压弯畸变屈曲承载力时，N_R、M_R 分别由拼合截面轴心受压和受弯构件畸变屈曲承载力计算公式求得，将结果带入式（7-21）中得到最终结果。

7.4.5 其他要求

低层龙骨体系结构中的受拉构件长细比不得大于 350，张紧的拉条长细比可超过此值。受拉构件在永久荷载和风荷载或多遇地震荷载组合作用下受压时，长细比不得大于 250。受压构件长细比限制见表 7-3。

构件类别	长细比限值
主要承重构件(梁、立柱和屋架等)	150
其他构件及支撑	200

受压板件的宽厚比限值是为了限制板件的变形,并保证截面承载力计算基本符合给出的计算模式,因此与钢材材料的强度无关,见表7-4。

受压板件宽厚比限值 表7-4

板件类别	宽厚比限值
非加劲板件	45
部分加劲板件	600
加劲板件	200

计算钢结构变形时,可不考虑螺栓孔引起的截面削弱。受弯构件挠度限值见表7-5。

受弯构件挠度限值 表7-5

构件类别		挠度限值
楼面梁	全部荷载	$L/250$
	活荷载	$L/500$
门、窗过梁		$L/350$
屋架		$L/250$
结构板		$L/200$

注:1. 表中 L 为构件跨度;
  2. 对悬臂梁,按悬伸长度的2倍计算受弯构件的跨度。

在水平风荷载作用下,墙体立柱垂直于墙面的横向弯曲变形与立柱长度之比不大于1/250,横向弯曲变形系指跨中位置承受水平风荷载作用下的挠度。

在支座和集中荷载作用处,需要在腹板设置加劲件。加劲件采用厚度不小于1.0mm的槽形构件和卷边槽形构件,其高度为被加劲构件腹板高度减去10mm。腹板加劲件与被加劲件腹板之间采用螺钉连接,应布置均匀,如图7-10所示。

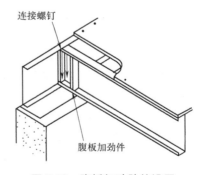

图 7-10 腹板加劲肋的设置

7.5 楼面结构设计

楼盖系统由冷弯薄壁槽形构件、卷边槽形构件、楼面结构板和支撑、拉条、加劲件所组成,构件与构件之间用螺钉可靠连接。楼面梁采用冷弯薄壁卷边槽形型钢,跨度较大时也可采用冷弯薄壁型钢桁架。楼盖构件之间应用螺钉可靠连接。楼面结构板有多种形式,可以是结构用定向刨花板,厚度应不小于15mm,也可以铺设密肋压型钢板,上浇薄层混凝土等。结构面板与梁应采用螺钉连接,板边缘处螺钉的间距应不大于150mm,板中间区螺钉的间距应不大于 300mm，螺钉孔边距应不小于 12mm，如图 7-11 所示。

7.5.1 楼面梁设计

楼面梁为受弯构件，需验算强度、整体稳定性以及支座处腹板的局部稳定性。

当楼面梁的上翼缘与结构面板通过螺钉可靠连接、跨度超过 3.6m 时，当梁跨中的下翼缘设置通长钢带支撑和刚性撑杆、刚性撑杆和钢带支撑能约束楼面梁的扭转和侧移时，楼面梁的整体稳定可不验算。钢带的宽度应不小于 40mm，厚度不小于 1.0mm。钢带两端至少各用 2 个螺钉与刚性撑杆相连，并应与楼面梁至少用 1 个螺钉连接。刚性撑杆截面形式与楼面梁相同，厚度应不小于 1.0mm。刚性撑杆沿钢带方向均匀布置，间距不大于 3.0m，且在钢带两端均应设置。刚性撑杆也可以采用图 7-12 所示的交叉钢带代替，钢带厚度应不小于 1.0mm。

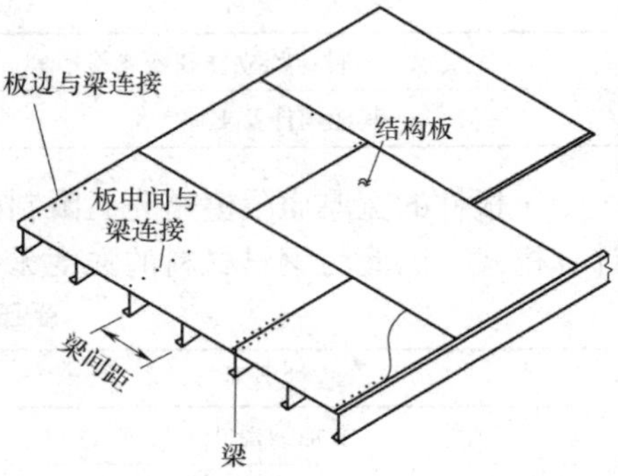

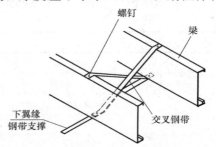

图 7-11 楼面的组成

验算楼面梁的强度和刚度时，不考虑楼面面板的组合作用。楼面面板只有具备一定的厚度并与楼面梁可靠连接时，楼盖系统才能简化为平面内刚性的隔板，可靠地传递水平荷载。当水平荷载较大时，适当增加结构面板的厚度和螺钉连接密度可增大楼面平面内刚度。

图 7-12 交叉钢带刚性支撑

7.5.2 构造要求

楼面槽形钢边梁、腹板加劲件、刚性撑杆的厚度不应小于与之连接的楼面梁的厚度。槽形钢边梁与相连梁的每一翼缘至少用 1 个螺钉可靠连接；腹板加劲件与梁腹板至少用 4 个螺钉可靠连接，与槽形钢边梁至少用 2 个螺钉可靠连接。承压加劲件截面形式与对应墙体立柱相同，最小长度应为对应楼面梁截面高度减去 10mm。

楼面梁与承重外墙连接采用图 7-13 所示构造时，顶导梁与立柱至少用 2 个螺钉可靠连接，顶导梁与楼面梁至少用 2 个螺钉可靠连接，顶导梁与槽形钢边梁采用螺钉可靠连接，间距不大于对应墙体立柱间距。

悬挑楼盖的末端支承上部承重墙体时（图 7-14），楼面梁悬挑长度不超过跨度的 1/3。悬挑部分采用拼合截面构件，其纵向螺钉连接间距不大于 600mm，每处上下各至少用 2 个螺钉连接，且拼合截面构件向内延伸应不小于悬挑长度的 2 倍。在悬臂梁间每隔一个间距应设置刚性撑杆，其中部用连接角钢与墙体连接，角钢至少用 4 个螺钉与刚性撑杆连接，其端部与梁至少用 2 个螺

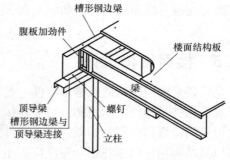

图 7-13 楼面梁与承重外墙连接

钉连接。刚性撑杆截面形式应与梁相同，厚度应不小于 1.0mm。

简支梁在内承重墙顶部采用图 7-15 所示的搭接时，搭接长度不小于 150mm，每根梁与顶导梁连接螺钉数不得小于 2 个。楼面梁与梁之间连接螺钉数不得小于 4 个。连续梁中间支座处应沿支座长度方向设置刚性撑杆，间距不大于 3.0m，刚性撑杆截面形式与楼面梁相同，厚度应不小于 1.0mm。当楼面梁在中间支座处如图 7-15 背靠背搭接时，可不布置刚性撑杆。

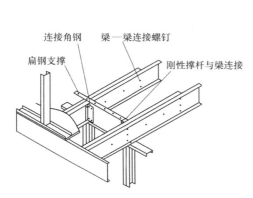

图 7-14 悬臂双梁与外承重墙连接

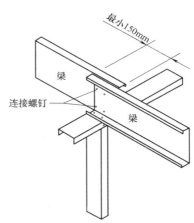

图 7-15 梁搭接

楼面板开洞最大宽度一般不超过 2.4m，洞口周边设置如图 7-16（a）所示的拼合箱形截面梁，拼合构件上下翼缘应采用螺钉连接，间距不大于 600mm。梁之间采用如图 7-16（b）所示角钢连接，连接角钢每肢的螺钉不少于 2 个。箱形截面边梁和箱形截面过梁的上下翼缘连接螺钉的间距不大于 600mm，连接角钢每肢的螺钉应不少于 4 个，如图7-16（b）。

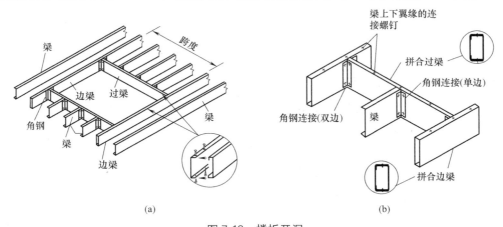

(a)   (b)

图 7-16 楼板开洞

（a）洞口周边构件；（b）楼板洞口连接

7.6 屋面结构设计

屋面系统由冷弯薄壁屋架、屋面结构板、檩条、支撑和撑杆所组成，构件与构件之间用螺钉可靠连接。屋架的形式一般为桁架形式，如图 7-17（a）所示；也可采用由下弦和上弦组成的人字形斜梁形式，如图 7-17（b）所示；斜梁上端通过连接件与拼合截面屋脊梁相连，如图 7-17（c）所示。根据室内空间利用和屋面形状的需要，屋架可做成不同类型的形状，如图 7-18 所示。

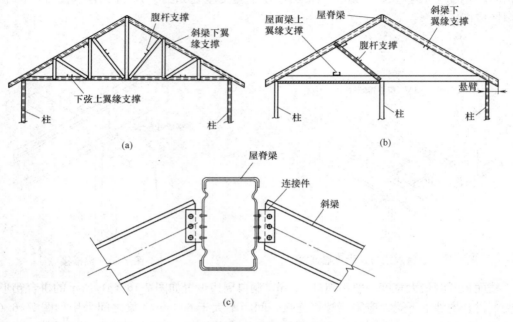

图 7-17　屋架形式
（a）桁架式；（b）斜梁式；（c）斜梁屋脊节点

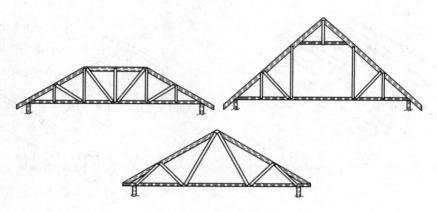

图 7-18　屋架形式示例

在屋架上弦平面应铺设结构板或设置屋面钢带支撑。当屋架采用钢带支撑时，支撑与所有屋架的交点处应用螺钉连接。钢带支撑的厚度应不小于 0.8mm。屋架下弦铺设结构板或设置纵向支撑杆件。屋架腹杆处通常会设置纵向通长撑杆和钢带交叉支撑，如图7-19所示。当屋架腹杆较长时，纵向通长撑杆可以有效减少腹杆在桁架平面外的计算长度。交叉支撑能够保证腹杆体系的整体性，有利于保持屋架的整体稳定。

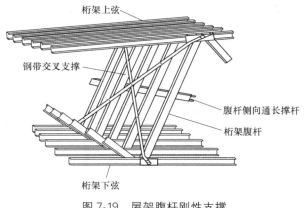

图 7-19　屋架腹杆刚性支撑

7.6.1　屋架构件设计

设计屋架时，应考虑由于风吸力作用引起构件内力变化的不利影响，此时永久荷载的荷载分项系数应取 1.0。计算屋架各杆件内力时，可假定上下弦杆为连续杆，端部为铰接；腹杆与上下弦杆连接为铰接。弦杆为压弯或拉弯构件，腹杆为轴心受力构件。桁架体系以承受轴力为主，斜梁以承受弯矩为主。

稳定计算时，屋架杆件的计算长度取值如下：

（1）在屋架平面内，各杆件的计算长度取杆件节点间的距离；

（2）在屋架平面外，当屋架上弦杆铺设结构面板时，上弦杆计算长度可取结构面板与弦杆连接螺钉间距的 2 倍；当采用檩条约束时，上弦杆计算长度可取檩条间的距离；当屋架腹杆无纵向通长撑杆时，计算长度可取节点间距离；当设有撑杆时，计算长度可取节点到屋架腹杆与撑杆连接点间的距离；当屋架下弦杆铺设结构面板时，下弦杆计算长度可取弦杆螺钉连接间距的 2 倍；当采用纵向撑杆时，下弦杆计算长度可取侧向不动点间的距离。

屋架平面外，上弦杆铺设结构面板时，计算长度取螺钉间距的 2 倍，这是考虑到在打螺钉过程中有可能出现单个螺钉失效的情况，为了保证弦杆稳定计算的可靠度，取 2 倍螺钉间距。

当屋架腹杆与弦杆采用槽形截面并背靠背连接时（图 7-20），当腹杆与弦杆背靠背连接时，面外偏心距的存在会降低腹杆承载力 10%～15% 左右，因此该偏心距应该在计算中考虑。设计腹杆时应考虑面外偏心距的影响，按绕弱轴的压弯或拉弯构件计算，偏心距取腹杆背到形心的距离。

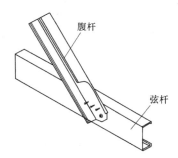

图 7-20　腹杆与弦杆的连接节点

屋架连接节点螺钉数量由抗剪和抗拔计算确定。

7.6.2　构造要求

屋架的腹杆与弦杆在弦杆中部连接时，可直接连接或通过连接板连接。当屋架腹杆与弦杆直接连接时，腹杆端头切出外伸长度 30mm 以内的斜角，腹杆端部卷边连线以内应设置不少于 2 个螺钉，如图 7-21（a）；当腹杆与弦杆采用连接板连接时，应至少有一根腹杆与弦杆直接连接，如图 7-21（b）。

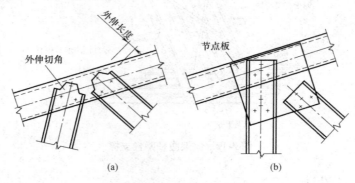

图 7-21　腹杆与弦杆连接
(a) 切角连接；(b) 节点板连接

　　屋脊处无集中荷载时，屋架的腹杆与弦杆在屋脊处直接连接，如图 7-22（a）所示。屋脊处有集中荷载时，如果屋脊节点刚度较弱，节点的破坏会先于构件的失稳破坏。因此要根据荷载的情况，来选择相应的屋脊节点形式，保证节点刚度，可采用连接板连接，如图 7-22（b）、（c）所示。当采用连接板连接时，连接板可卷边加强（图 7-22b）或设置加强件（图 7-22c）。弦杆与腹杆或与节点板之间连接螺钉数目不少于 4 个。采用直接连接时，屋脊处必须设置纵向刚性支撑。刚性撑杆截面形式与楼面梁相同，厚度应不小于 1.0mm。

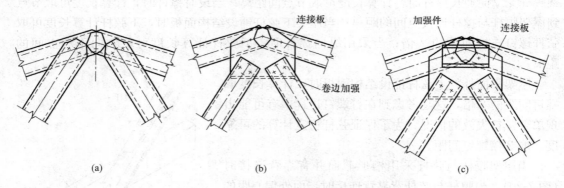

图 7-22　屋架屋脊节点
(a) 直接连接；(b) 连接板卷边加强；(c) 连接板设置加强件

　　当上弦杆和下弦杆采用开口同向连方式连接时，需要在下弦腹板设置垂直加劲件（图 7-23a）或水平加劲件（图 7-23b），已保证连接刚度，加劲件厚度不小于弦杆构件的厚度，桁架下弦在支座节点处端部下翼缘延伸与上弦杆下翼缘相交。当采用水平加劲件时，水平加劲件的长度不小于 200mm，如图 7-23（b）所示。

　　屋架与外墙顶导梁通过三向连接件或其他类型抗拉连接件连接，以保证可靠传递屋架与墙体之间的竖向力和水平力，如图 7-24 所示。连接螺钉数量不得少于 3 个。

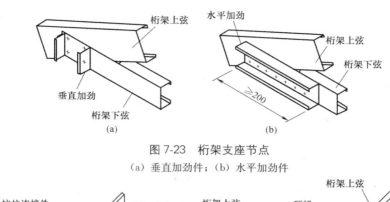

图 7-23 桁架支座节点

（a）垂直加劲件；（b）水平加劲件

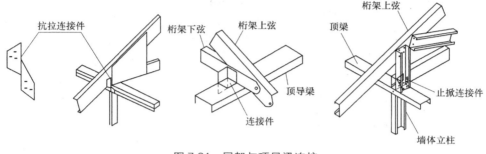

图 7-24 屋架与顶导梁连接

山墙屋架的腹杆与山墙立柱上下对应，并沿外侧设置间距不大于 2m 的条形连接件，保证山墙水平荷载的稳定传递，如图 7-25 所示。条形连接件可以抵抗向上的风吸力和地震作用产生的上拔力，以增强墙体和屋面体系的整体性，防止在强风和强震作用下，屋面与墙体相分离。

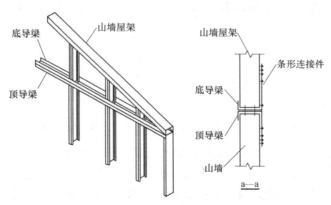

图 7-25 桁架与山墙连接

屋面开洞时，需设置与洞口两侧屋架相连接的洞口边梁加强结构。洞口过梁采用型钢拼合截面构件，其构件的大小和厚度不得小于与之连接的屋架上弦构件的大小和厚度。过梁可采用连接角钢与边梁连接，连接角钢的厚度不得小于与之连接的屋架上弦构件的厚度。

7.7 墙面结构设计

龙骨式复合墙体结构的承重墙体由立柱、顶导梁和底导梁、支撑、拉条和撑杆、墙体

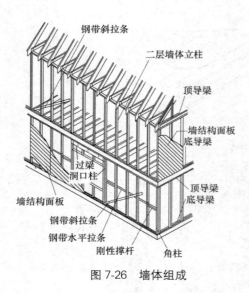

钢带斜拉条
二层墙体立柱
顶导梁
墙结构面板
底导梁
过梁
洞口柱
墙结构面板
钢带斜拉条
钢带水平拉条
刚性撑杆
角柱
顶导梁
底导梁

图 7-26   墙体组成

结构面板等部件组成，如图 7-26 所示。根据墙体在建筑中所处位置、受力状态划分为外墙、内墙、承重墙和非承重墙等几类。墙体中，承受面内水平剪力荷载的墙体称为抗剪墙体。非抗剪墙体可不设置支撑、拉条和撑杆。

抗剪墙体承受面内水平荷载，抗拔连接件（抗拔锚栓、抗拔钢带等）是连接抗剪墙体与基础、上下抗剪墙体并传递水平荷载的重要部件。在上、下抗剪墙体间设置抗拔件，与基础间也应设置地脚螺栓和抗拔件，如图 7-27 所示。抗拔连接件能保证房屋结构整体传递水平荷载的可靠性。对仅承受竖向荷载的承重墙单元，一般可不设抗拔件。抗拔连接件对保证结构整体抗倾覆能力具有重要作用，设计及安装必须对此予以充分重视。

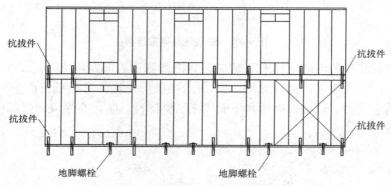

抗拔件
抗拔件
抗拔件
抗拔件
地脚螺栓
地脚螺栓

图 7-27   抗剪墙体抗拔连接件布置

7.7.1   墙体立柱设计

承重墙体的墙体面板、支撑和墙体立柱通过螺钉连接形成共同受力的组合体，墙体立柱不仅承受由屋盖桁架和楼盖梁等传来的竖向荷载，同时还承受垂直于墙面传来的风荷载引起的弯矩，其受力形式为压弯构件。立柱按现行国家标准《冷弯薄壁型钢结构技术规范》GB 50018 压弯构件的相关规定进行强度和整体稳定计算，强度计算时可不考虑墙体结构面板的作用。

整体稳定计算时需要考虑墙体面板和支撑的支持作用。竖向荷载和水平荷载下，如果墙体面板强度足够、墙体面板与立柱间有足够的连接可对立柱提供侧向支承，约束了立柱的扭转和绕弱轴的转动，使立柱的破坏模式为绕立柱截面强轴的压弯屈曲，对立柱承载力有很大的提高。计算长度系数按以下规定取值：

（1）当两侧有墙体结构面板时，只需计算绕 x 轴的弯曲失稳（x 轴见图 7-6），计算长度系数 μ_x 等于 0.4。

（2）当仅一侧有墙体结构面板、另一侧至少有一道刚性撑杆或钢带拉条时，分别计算

绕 x 轴、y 轴的弯曲失稳和弯扭失稳,计算长度系数为 $\mu_x = \mu_y = \mu_w = 0.65$。

（3）当两侧无墙体结构面板,应分别计算绕 x 轴、y 轴的弯曲失稳和弯扭失稳,计算长度系数:对无支撑时,取 $\mu_x = \mu_y = \mu_w = 0.8$;中间有一道支撑（刚性撑杆、双侧钢带拉条）,取 $\mu_x = \mu_w = 0.8$,$\mu_y = 0.5$。

承重墙体立柱还需验算对螺钉之间立柱段绕截面弱轴的稳定性,按轴心受压杆考虑。当墙体两侧有结构面板时,立柱段的计算长度 l_{0y} 取 $2s$,s 为连接螺钉的间距。

7.7.2　构造要求

在墙体的连接处,立柱布置应满足螺钉连接的要求,如图 7-28 所示。墙体面板应与墙体立柱采用螺钉连接,墙体面板的边部和接缝处螺钉的间距不大于 150mm,墙体面板内部的螺钉间距,无须验算。承重墙体的端边、门窗洞口的边部采用拼合立柱,拼合立柱间采用双排螺钉固定,螺钉间距不大于 300mm。

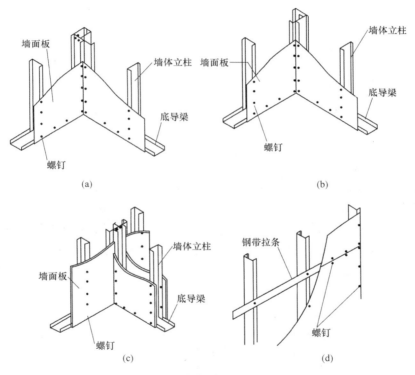

图 7-28　墙体与墙体的连接
（a）墙体 L 形连接;（b）墙体 L 形连接;（c）墙体 T 形连接;（d）墙体面板水平接缝

墙体开洞时,由于立柱的减少,为承担梁洞口上方屋架或楼面梁传来的荷载和加强洞口的刚度与强度,需在承重墙体的门、窗洞口上方和两侧分别设置过梁和洞口边立柱,洞口边立柱从墙体底部直通至墙体顶部或过梁下部,并与墙体底导梁和顶导梁相连接。洞口过梁的形式可选用实腹式或桁架式,过梁型钢的壁厚不小于立柱的壁厚,过梁端部与洞口边立柱和顶导梁采用螺钉进行连接。当采用桁架式过梁,上部楼面或屋面传来的集中荷载作用在桁架节点上。门、窗洞口边立柱可由两根或两根以上的冷弯卷边槽钢拼合而成。

当选用结构面板蒙皮支撑时，结构面板与立柱通过螺钉连成整体；在施工阶段，当未安装结构面板时，可对墙体骨架设置附加支撑。对两侧面无墙体面板与立柱相连的抗剪墙体，需要设置交叉支撑和水平支撑。交叉支撑可采用钢带拉条，钢带拉条宽度不小于40mm，厚度不小于0.8mm，同时在墙体两侧设置。水平支撑可采用钢带拉条和刚性撑杆，对层高小于2.7m的抗剪墙体，在立柱二分之一高度处设置；对层高大于等于2.7m的抗剪墙体，在立柱三分点高度处设置。水平刚性撑杆同时在墙体的两端设置，且水平间距不大于3.5m。刚性撑杆采用和立柱同宽的槽形截面，其翼缘用螺钉和钢带拉条相连接，端部弯起和立柱相连接，如图7-29（a）所示。对一侧无墙面板的抗剪墙体，应在该侧按上述要求设置水平支撑，如图7-29（b）所示。

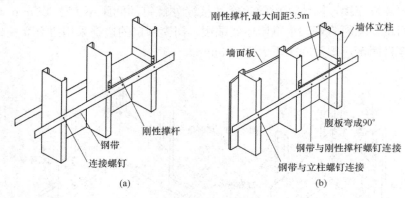

图7-29　墙体支撑
（a）立柱双侧设置拉条和撑杆；（b）立柱单侧设置拉条和撑杆

抗剪墙与基础连接时（图7-30），墙体底导梁与基础连接的地脚螺栓设置由计算确定，其直径应不小于12mm，间距应不大于1.2m，地脚螺栓距墙角或墙端部的最大距离应不大于300mm。抗剪墙体与抗拔锚栓组合使用时，为了充分发挥抗剪墙体的抗剪效应，抗拔锚栓的间距不大于6m，且抗拔锚栓距墙角或墙端部的最大距离不大于300mm。抗拔锚栓通常设置于抗剪墙体的端部和角部，落地洞口部位的两侧，非落地洞口（当洞口下部墙体的高度小于900mm时）的两侧。抗拔连接件的立板钢板厚度不小于3mm，底板钢板、垫片厚度不小于6mm，与立柱连接的螺钉应计算确定，且不少于6个。抗拔锚栓、抗拔连接件大小及所用螺钉的数量由计算确定，抗拔锚栓的规格不小于M16。

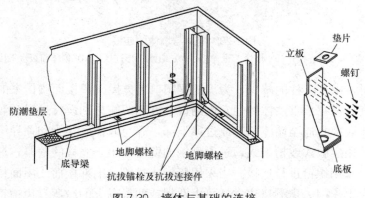

图7-30　墙体与基础的连接

抗剪墙体与楼盖和下层抗剪墙体采用图 7-31 所示的连接构造。抗剪墙体与上部楼盖、墙体的连接形式可采用条形连接件或抗拔锚栓。条形连接件或抗拔锚栓设置在下列部位：①抗剪墙体的端部、墙体拼接处；②沿外部抗剪墙体，其间距不大于 2m；③上层抗剪墙体落地洞口部位的两侧；④在上层抗剪墙体非落地洞口部位，当洞口下部墙体的高度小于900mm 时，在洞口部位的两侧。条形连接件的截面及所用螺钉的数量由计算确定，其厚度不小于 1.2mm，宽度不小于 80mm。条形连接件与下部墙体、楼盖或上部墙体的连接，螺钉数量不少于 6 个。抗剪墙体的顶导梁与上部楼盖的连接螺钉，每根楼盖梁不少于 2 个，1m 槽钢边梁范围内不少于 8 个。

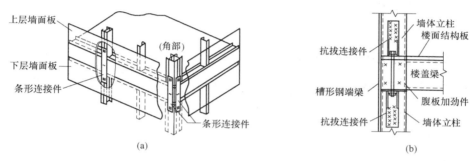

图 7-31 上、下层外抗剪墙体抗倾覆连接示意图
(a) 条形连接件；(b) 抗拔连接件

7.8 连接节点设计

螺钉的抗抗连接破坏主要表现为钉尖从连接的钢板中拔出，钉头从连接的钢板中拉脱和螺钉钉杆本身被拉断而失效。螺钉的抗剪连接破坏主要表现为被连接板件的撕裂和连接件的倾斜拔脱。采用 2mm 以下薄板或高强薄板时，还存在螺钉剪断破坏，存在一定的"刀口"效应，其承载力也明显低于上述两种抗剪破坏模式。采用多个螺钉连接时，螺钉群存在明显的剪切滞后效应，呈现出"群体效应"，承载力需折减。

7.8.1 螺钉连接抗拉承载力

薄壁构件与冷弯型钢等支承构件之间的连接件杆轴方向受拉的连接中，每个螺钉或射钉所受的拉力应不大于按下列公式计算的抗拉脱承载力设计值：

当只受静荷载作用时：

$$N_{tov}^f = 1.2 d_\omega t f \qquad (7-26)$$

当受含有风荷载的组合荷载作用时：

$$N_{tov}^f = 0.6 d_\omega t f \qquad (7-27)$$

式中　N_{tov}^f——一个螺钉的抗拉脱承载力设计值；

d_ω——一个螺钉或射钉的钉头直径，当有垫圈时为垫圈的直径；

t——紧挨钉头侧的钢板厚度，满足 0.5mm ≤ t ≤ 1.5mm；

f——被连接钢板的抗拉强度设计值。

当螺钉在基材中的钻入深度 t_c 大于 0.9mm 时，其所受的拉力不大于按下式计算的抗拔承载力设计值：

$$N_{tov}^f = 0.75 t_c d f \tag{7-28}$$

式中　N_{tov}^f——一个螺钉的抗拔承载力设计值；

　　　　d——螺钉直径；

　　　　t_c——紧挨钉头侧的钢板厚度，满足 $0.5mm \leqslant t_c \leqslant 1.5mm$；

　　　　f——基材的抗拉强度设计值。

同时，螺钉或射钉所受的拉力设计值不超过由试验确定的钉杆拉断破坏的承载力设计值。

螺钉连接抗拉承载力为式（7-26）、式（7-27）、式（7-28）和螺钉杆拉断承载力的最小值。

7.8.2　螺钉连接抗剪切承载力

当连接件受剪时，每个连接件所承受的剪力不大于按下列公式计算的抗剪承载力设计值。

当 $\frac{t_1}{t} = 1$ 时：

$$N_v^f = 3.7 \sqrt{t^3 d f} \tag{7-29}$$

$$N_v^f \leqslant 2.4 t d f \tag{7-30}$$

当 $\frac{t_1}{t} \geqslant 2.5$ 时：

$$N_v^f = 2.4 t d f \tag{7-31}$$

当 $\frac{t_1}{t}$ 介于 1 和 2.5 之间时，可由式（7-29）和式（7-31）插值求得。

式中　N_v^f——一个连接件的抗剪承载力设计值；

　　　　d——螺钉直径；

　　　　t——较薄板（钉头接触侧的钢板）的厚度；

　　　　t_1——较厚板（在现场形成钉头一侧的板或钉尖侧的板）的厚度；

　　　　f——被连接钢板的抗拉强度设计值。

同时，每个螺钉所承受的剪力设计值不超过由标准试验确定的钉杆抗剪强度设计值的 0.8 倍。

连接 LQ550 薄钢板时，螺钉的剪断承载力 $A_e f_v^s$ 应满足下式要求：

$$A_e f_v^s \geqslant 1.25 N_v^s \tag{7-32}$$

式中　A_e——螺钉螺纹处有效截面面积；

　　　　f_v^s——螺钉的抗剪强度设计值，由标准试验确定；

　　　　N_v^s——一个螺钉的抗剪承载力设计值。

螺钉连接抗剪承载力为式（7-29）、式（7-30）、式（7-31）和 0.8 倍钉杆抗剪强度的最小值。

7.8.3　螺钉连接长连接承载力

多个螺钉连接的抗拉或抗剪承载力乘以按下式计算的折减系数：

$$R = \left(0.535 + \frac{0.465}{\sqrt{n_1}}\right) \leqslant 1 \tag{7-33}$$

式中　R——螺钉群体效应折减系数；

　　　n_1——螺钉个数。

7.8.4 螺钉连接拉剪承载力

同时承受剪力和拉力作用的螺钉连接，应符合下式要求：

$$\sqrt{\left(\frac{N_v}{N_v^f}\right)^2 + \left(\frac{N_t}{N_t^f}\right)^2} \leqslant 1 \tag{7-34}$$

式中　N_v、N_t——一个连接件所承受的剪力和拉力的设计值；

　　　N_v^f、N_t^f——一个连接件的抗剪和抗拉承载力设计值。

7.9 设计实例

7.9.1 工程概况

某小学教学楼为两层两跨，首层高度为 3.5m，二层高度为 6.7m，屋脊高度为 8.887m，建筑平面尺寸为 38m×8.4m。教室为单跨两层低层龙骨结构体系，竖向荷载由立柱承担，水平荷载由墙体承担。楼面及屋面梁采用 LQ550 钢材，屋面桁架及墙立柱采用 LQ550 钢材。走廊为单跨两层框架结构体系，一侧支撑于低层龙骨结构的墙体上，梁柱采用 Q345 钢材。平面布置图和剖面图如图 7-32 和图 7-33 所示。

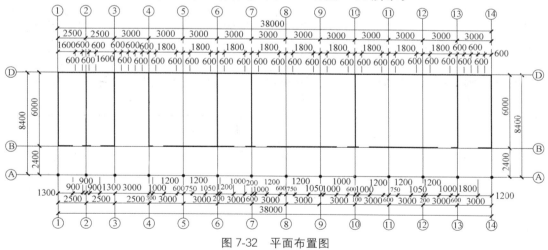

图 7-32　平面布置图

7.9.2 荷载取值

1. 屋面荷载

恒荷载为 0.30kN/m²，屋面活荷载按照不上人屋面为 0.50kN/m²。

2. 楼面荷载

恒荷载为 0.85kN/m²。教室及卫生间活荷载为 2.00kN/m²，走廊活荷载为 2.50kN/m²，

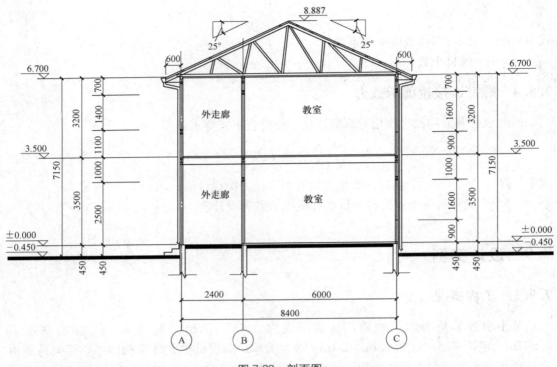

图 7-33   剖面图

楼梯活荷载为 3.50kN/m^2。

3. 地震作用

本工程抗震设防烈度为 8 度，设计基本地震加速度值为 $0.2g$，设计地震分组为第二组，地震动反应谱特征周期值为 0.4s。

4. 风荷载

设计基本风压为 0.30kN/m^2，地面粗糙度为 B 类，体型系数取值如图 7-34 所示。

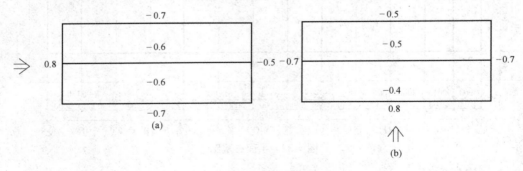

图 7-34   体型系数

(a) 工况 1；(b) 工况 2

7.9.3   竖向荷载组合

竖向荷载下内力计算时，考虑以下的荷载组合：

（1）1.2 恒＋1.4 活；

（2）1.35 恒＋1.4×0.7 活；

（3）1.0 恒＋1.4 风。

7.9.4 计算模型

采用整体空间模型进行计算，计算模型如图 7-35 所示。将各种荷载布置在该模型上，利用有限元软件求解得到构件内力。

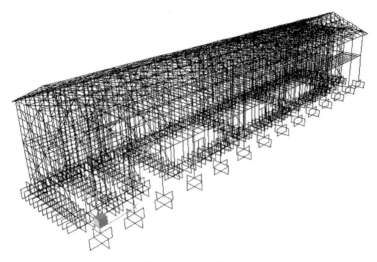

图 7-35 计算模型

7.9.5 构件验算

1. 变形验算

楼面梁跨度为 2.4m，截面为 C250，在恒载＋活载作用下，则梁上所承受均布荷载为 $0.61×(0.85＋2.5)=2$kN/m，弹性模量为 $E=206$GPa，查表得截面惯性矩为 $I=6379500$mm^4。横梁布置图如图 7-36所示。

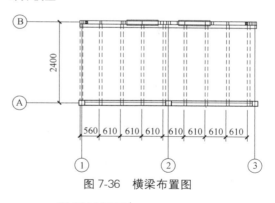

图 7-36 横梁布置图

由公式 $w=\dfrac{5ql^4}{384EI}=\dfrac{5×2×2400^4}{384×206×10^3×6379500}=0.66$mm，得挠度为 0.66mm，挠跨比为 1/3600，未超过 1/250 的限值，满足要求。

2. 承载力验算

1）楼面梁

截面为 C25015，如图 7-37 所示。钢材牌号为 LQ550，强度指标为 $f_y=420$MPa，$f=360$MPa，$f_v=210$MPa。内力：$M=2.0$kN·m，$V=3.3$kN。

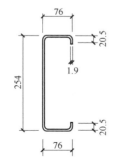

图 7-37 楼面梁截面图

由软件算得截面的几何特性参数如下：

$L = 2400\text{mm}$，$A = 661\text{mm}^2$，$I_x = 637.95\text{cm}^4$，$I_y = 49.72\text{cm}^4$，$W_x = 50.23\text{cm}^3$，$W_y = 24.84\text{cm}^3$，$i_x = 9.82\text{cm}$，$i_y = 2.74\text{cm}^3$，$S_x = 29.22\text{cm}^3$，$t = 1.5\text{mm}$，$W_{ex} = 46.63\text{cm}^3$，$A_e = 548\text{mm}^3$。

其他几何参数按照以下公式求得：

$$I_t = \frac{1}{3}(h + 2b + 2a)t^3$$
$$= \frac{1}{3} \times (254 + 2 \times 76 + 2 \times 20.5) \times 1.5^3$$
$$= 502.88 \text{ mm}^4$$

$$e_a = \frac{b}{I_x}\left(\frac{bh^2}{4} + \frac{ah^2}{2} - \frac{2a^3}{3}\right)t$$
$$= \frac{76}{6379500} \times \left(\frac{76 \times 254^2}{4} + \frac{20.5 \times 254^2}{2} - \frac{2 \times 20.5^3}{3}\right) \times 1.5^3$$
$$= 75.6\text{mm}$$

$$I_w = \left\{\frac{e_a^2 h^3}{12} + \frac{h^2}{6}\left[e_a^3 + (b - e_a)^3\right] + \frac{a}{6}\left[3h^2(e_a - b)^2 - 6ah(e_a^2 - b^2) + 4a^2(e_a + b)^2\right]\right\}t$$
$$= \left\{\frac{75.6^2 \times 254^3}{12} + \frac{254^2}{6} \times \left[75.6^3 + (76 - 75.6)^3\right] + \frac{20.5}{6} \times \left[3 \times 254^2 \times\right.\right.$$
$$\left.\left.(75.6 - 76)^2 - 6 \times 20.5 \times 254 \times (75.6^2 - 76^2) + 4 \times 20.5^2 \times (75.6 + 76)^2\right]\right\} \times 1.5$$
$$= 12588577150\text{mm}^4$$

本项目中，楼面梁的上翼缘与结构面板的螺钉连接稳定可靠，刚性撑杆和钢带支撑能有效约束楼面梁的扭转和侧移，故不需验算楼面梁的整体稳定承载力，只需验算强度即可。但为详细说明楼面梁的验算方法，仍给出楼面梁整体稳定承载力的验算过程。

受弯整体稳定系数为：

$$l_0 = \mu_b l = 1.00 \times 2400 = 2400\text{mm}$$

$$\zeta = \frac{4I_w}{h^2 I_y} + \frac{0.156 I_t}{I_y}\left(\frac{l_0}{h}\right)^2$$
$$= \frac{4 \times 12588577150}{254^2 \times 497200} + \frac{0.156 \times 502.88}{497200} \times \left(\frac{2400}{254}\right)^2$$
$$= 1.58$$

$$\eta = 2\xi_2 \frac{e_a}{h} = 2 \times 0.46 \times \frac{75.6}{254} = 0.27$$

$$\varphi_{bx} = \frac{4320 Ah}{\lambda_y^2 W_x} \xi_1 \left(\sqrt{\eta^2 + \zeta} + \eta\right) \cdot \left(\frac{235}{f_y}\right)$$
$$= \frac{4320 \times 661 \times 254}{87.59^2 \times 50230} \times 1.13 \times \left(\sqrt{0.27^2 + 1.58} + 0.27\right) \times \left(\frac{235}{420}\right)$$
$$= 1.85$$

当 $\varphi_{bx} > 0.7$ 时，应以 φ'_{bx} 值代替 φ_{bx} 值：

$$\varphi'_{bx} = 1.091 - \frac{0.274}{\varphi_{bx}} = 1.091 - \frac{0.274}{1.85} = 0.94$$

受弯整体稳定承载力：

$$\frac{M_{\max}}{\varphi_{bx}W_{ex}}=\frac{2\times1000}{0.94\times46.63\times10^{-6}}=45.63\text{MPa}<360\text{MPa}$$

满足要求。

抗弯强度承载力：

楼面梁的弯曲整体稳定系数 φ_{bx} 小于 1。当稳定承载力满足要求时，抗弯强度承载力也满足要求。

抗剪强度承载力：

$$\tau=\frac{VS}{It}=\frac{3.3\times10^3\times29.22\times10^{-6}}{637.95\times10^{-8}\times1.5\times10^{-3}}=10.08\text{MPa}<210\text{MPa}$$

满足要求。

2）墙体立柱

构件截面为 C10010，截面如图 7-38 所示。钢材牌号为 LQ550。内力为 $N=3.3\text{kN}$，$M=0.34\text{kN}\cdot\text{m}$，$V=0.37\text{kN}$。

由软件算得该截面的几何特性参数如下：

$L=3200\text{mm}$，$A_g=221\text{mm}^2$，$I_x=37.96\text{cm}^4$，$I_y=7.65\text{cm}^4$，$W_x=7.39\text{cm}^3$，$W_y=4.63\text{cm}^3$，$i_x=4.14\text{cm}$，$i_y=1.86\text{cm}$，$S_x=4.24\text{cm}^3$，$t=1.0\text{mm}$，$W_{ex}=6.97\text{cm}^3$，$A_e=179\text{mm}^2$，$h_w=100\text{mm}$。

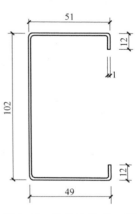

图 7-38　墙体立柱截面图

本项目中，墙体立柱的受压翼缘与结构面板的螺钉连接稳定可靠，但螺钉间距没有加密，故需验算墙体立柱的畸变屈曲承载力。除此之外，还可能发生强度和整体屈曲破坏。

墙体立柱的强度与整体稳定承载力计算过程如下：

（1）强度计算

$$\sigma=\frac{N}{A_{en}}+\frac{M_x}{W_{enx}}=\frac{3300}{179}+\frac{0.34\times10^6}{6970}=67.22\text{MPa}<400\text{MPa}$$

故此压弯构件强度符合要求。

（2）整体稳定计算

$l_x=0.4$ 倍柱高，绕 x 轴的弯曲失稳，按照轴心受压构件验算，即 $l_x=0.4L=0.4\times3200=1280\text{mm}$。

$l_y=2$ 倍螺钉间距，绕 y 轴的弯曲失稳，按照轴心受压构件验算，即 $l_x=2d_0=2\times600=1200\text{mm}$。

$$\lambda_x=\frac{l_x}{i_x}=\frac{1280}{41.4}=30.92$$

$$\lambda_y=\frac{l_y}{i_y}=\frac{1200}{18.6}=64.52$$

查表得 $\varphi_x=0.932$，$\varphi_y=0.783$。

$$\frac{N}{\varphi_xA_e}=\frac{3300}{0.932\times179}=19.78\text{MPa}<400\text{MPa}$$

得

$$\frac{N}{\varphi_yA_e}=\frac{3300}{0.783\times179}=23.55\text{MPa}<400\text{MPa}$$

故其弯矩平面内的稳定性符合要求，其弯矩平面外的稳定性符合要求。

（3）畸变屈曲承载力详细计算过程

构件畸变屈曲半波长为 λ：

$$I_x = \frac{a^3 t \left(1 + 4\frac{b}{a}\right)}{12\left(1 + \frac{b}{a}\right)} = \frac{12^3 \times 1 \times \left(1 + 4 \times \frac{50}{12}\right)}{12 \times \left(1 + \frac{50}{12}\right)} = 492.39 \ \text{mm}^4$$

$$\lambda = 4.8 \left(\frac{I_x h_w b^2}{t^3}\right)^{0.25} = 4.8 \times \left(\frac{492.39 \times 100 \times 50^2}{1^3}\right)^{0.25} = 505.6 \text{mm} < 3200 \text{mm}$$

需验算构件畸变屈曲承载力。

构件畸变屈曲承载力相关几何特性参数由下列公式计算得到：

$$A = (b+a)t = (50+12) \times 1 = 62 \text{mm}^2$$

$$\bar{x} = \frac{b^2 + 2ab}{2(a+b)} = \frac{50^2 + 2 \times 12 \times 50}{2 \times (12+50)} = \frac{3700}{124} = 29.84 \text{mm}$$

$$\bar{y} = \frac{a^2}{2(a+b)} = \frac{12^2}{2 \times (12+50)} = \frac{144}{124} = 1.16 \text{mm}$$

$$J = \frac{t^3(b+a)}{3} = \frac{1^3 \times (12+50)}{3} = 20.67 \text{mm}^4$$

$$I_x = \frac{bt^3}{12} + \frac{ta^3}{12} + bt\bar{y}^2 + at\left(\frac{a}{2} - \bar{y}\right)^2$$

$$= \frac{50 \times 1^3}{12} + \frac{1 \times 12^3}{12} + 50 \times 1 \times 1.16^2 + 12 \times 1 \times \left(\frac{12}{2} - 1.16\right)^2$$

$$= 496.56 \text{mm}^4$$

$$I_y = \frac{tb^3}{12} + \frac{at^3}{12} + at(b-\bar{x})^2 + bt\left(\bar{x} - \frac{b}{2}\right)^2$$

$$= \frac{1 \times 50^3}{12} + \frac{12 \times 1^3}{12} + 12 \times 1 \times (50 - 29.84)^2 + 12 \times 1 \times \left(29.84 - \frac{50}{2}\right)^2$$

$$= 15575.89 \text{mm}^4$$

$$I_{xy} = bt\bar{y}\left(\bar{x} - \frac{b}{2}\right) + at\left(\frac{a}{2} - \bar{y}\right)(b - \bar{x})$$

$$= 50 \times 1 \times 1.16 \times \left(29.84 - \frac{50}{2}\right) + 12 \times 1 \times \left(\frac{12}{2} - 1.16\right) \times (50 - 29.84)$$

$$= 1451.61 \text{mm}^4$$

构件轴压畸变屈曲承载力由下列公式计算得到：

$$\beta_1 = \bar{x}^2 + \frac{I_x + I_y}{A} = 29.84^2 + \frac{496.56 + 15575.89}{62} = 1149.66$$

$$\lambda = 4.8 \left(\frac{I_x h_w b^2}{t^3}\right)^{0.25} = 4.8 \times \left(\frac{496.56 \times 100 \times 50^2}{1^3}\right)^{0.25} = 513.5 \text{mm}$$

$$\eta = \left(\frac{\pi}{\lambda}\right)^2 = \left(\frac{\pi}{513.5}\right)^2 = 3.74 \times 10^{-5}$$

$$\alpha_2 = \eta\left(I_y + \frac{2}{\beta_1}\bar{y}bI_{xy}\right)$$

$$= 3.74 \times 10^{-5} \times \left(15575.89 + \frac{2}{1149.66} \times 1.16 \times 50 \times 1451.61\right)$$

$$=0.588$$

$$\alpha_1' = \frac{\eta}{\beta_1}(I_x b^2 + 0.039 J \lambda^2)$$

$$= \frac{3.74 \times 10^{-5}}{1149.66} \times (496.56 \times 50^2 + 0.039 \times 20.67 \times 513.5^2)$$

$$= 0.047$$

$$\alpha_3' = \eta \left(\alpha_1' I_y - \frac{\eta}{\beta_1} I_{xy}^2 b^2 \right)$$

$$= 3.74 \times 10^{-5} \times \left(0.047 \times 15575.89 - \frac{3.74 \times 10^{-5}}{1149.66} \times 1451.61^2 \times 50^2 \right)$$

$$= 0.021$$

$$\sigma_{cd}' = \frac{E}{2A} \left[(\alpha_1' + \alpha_2) - \sqrt{(\alpha_1' + \alpha_2)^2 - 4\alpha_3'} \right]$$

$$= \frac{2.1 \times 10^5}{2 \times 62} \times \left[(0.047 + 0.588) - \sqrt{(0.047 + 0.588)^2 - 4 \times 0.021} \right]$$

$$= 118.55 \text{MPa}$$

$$k_\phi = \frac{Et^3}{5.46(h + 0.06\lambda)} \left[1 - \frac{1.11\sigma_{cd}'}{Et^2} \left(\frac{h^2 \lambda}{h^2 + \lambda^2} \right)^2 \right]$$

$$= \frac{2.1 \times 10^5 \times 1^3}{5.46 \times (102 + 0.06 \times 513.5)} \times \left[1 - \frac{1.11 \times 118.55}{2.1 \times 10^5 \times 1^2} \times \left(\frac{102^2 \times 513.5}{102^2 + 513.5^2} \right)^2 \right]$$

$$= 220.62$$

$$\alpha_1 = \frac{\eta}{\beta_1}(I_x b^2 + 0.039 J \lambda^2) + \frac{k_\phi}{\beta_1 \eta E}$$

$$= \frac{3.74 \times 10^{-5}}{1149.66} \times (496.56 \times 50^2 + 0.039 \times 20.67 \times 513.5^2) + \frac{220.62}{1149.66 \times 3.74 \times 10^{-5} \times 2.1 \times 10^5}$$

$$= 0.07$$

$$\alpha_3 = \eta \left(\alpha_1 I_y - \frac{\eta}{\beta_1} I_{xy}^2 b^2 \right)$$

$$= 3.74 \times 10^{-5} \times \left(0.07 \times 15575.89 - \frac{3.74 \times 10^{-5}}{1149.66} \times 1451.61^2 \times 50^2 \right)$$

$$= 0.034$$

$$\sigma_{cd} = \frac{E}{2A} \left[(\alpha_1 + \alpha_2) - \sqrt{(\alpha_1 + \alpha_2)^2 - 4\alpha_3} \right]$$

$$= \frac{2.1 \times 10^5}{2 \times 62} \times \left[(0.07 + 0.588) - \sqrt{(0.07 + 0.588)^2 - 4 \times 0.034} \right]$$

$$= 191.37 \text{MPa}$$

$$\lambda_{cd} = \sqrt{\frac{f_y}{\sigma_{cd}}} = \sqrt{\frac{460}{191.37}} = 1.55$$

$$1.414 \leqslant \lambda_{cd} \leqslant 3.6,$$

则 $A_{cd} = A_g [0.055(\lambda_{cd} - 3.6)^2 + 0.237]$

$$= 221 \times [0.055 \times (1.55 - 3.6)^2 + 0.237]$$

$$= 103.46$$

轴压畸变屈曲承载力为：

$N_{RA} = A_{cd}f = 103.46 \times 400 = 41kN$

$N_{RC} = \varphi A_e f = 0.932 \times 179 \times 400 = 66.73kN$

求解抗弯畸变屈曲承载力所需参数由以下公式计算得到：

$$\lambda = 4.80 \left(\frac{I_x b^2 h}{2t^3} \right)^{0.25} = 4.80 \times \left(\frac{496.56 \times 50^2 \times 102}{2 \times 1^3} \right)^{0.25} = 428.17mm$$

$$\eta = \left(\frac{\pi}{\lambda} \right)^2 = \left(\frac{\pi}{428.17} \right)^2 = 5.38 \times 10^{-5}$$

$$\alpha_2 = \eta \left(I_y + \frac{2}{\beta_1} \bar{y} b I_{xy} \right)$$

$$= 5.38 \times 10^{-5} \times \left(15575.89 + \frac{2}{1149.66} \times 1.16 \times 50 \times 1451.61 \right)$$

$$= 0.846$$

$$\alpha'_1 = \frac{\eta}{\beta_1} (I_x b^2 + 0.039 J \lambda^2)$$

$$= \frac{5.38 \times 10^{-5}}{1149.66} \times (496.56 \times 50^2 + 0.039 \times 20.67 \times 428.17^2)$$

$$= 0.065$$

$$\alpha'_3 = \eta \left(\alpha'_1 I_y - \frac{\eta}{\beta_1} I_{xy}^2 b^2 \right)$$

$$= 5.38 \times 10^{-5} \times \left(0.065 \times 15575.89 - \frac{5.38 \times 10^{-5}}{1149.66} \times 1451.61^2 \times 50^2 \right)$$

$$= 0.041$$

$$\sigma'_{md} = \frac{E}{2A} \left[(\alpha'_1 + \alpha_2) - \sqrt{(\alpha'_1 + \alpha_2)^2 - 4\alpha'_3} \right]$$

$$= \frac{2.1 \times 10^5}{2 \times 62} \times \left[(0.065 + 0.846) - \sqrt{(0.065 + 0.846)^2 - 4 \times 0.041} \right]$$

$$= 160.82MPa$$

$$k_\phi = \frac{2Et^3}{5.46(h + 0.06\lambda)} \left[1 - \frac{1.11\sigma'_{md}}{Et^2} \left(\frac{h^4 \lambda^2}{12.56\lambda^4 + 2.192h^2 + 13.39\lambda^2 h^2} \right) \right]$$

$$= \frac{2 \times 2.1 \times 10^5 \times 1^3}{5.46 \times (102 + 0.06 \times 428.17)}$$

$$\times \left[1 - \frac{1.11 \times 160.82}{2.1 \times 10^5 \times 1^2} \times \left(\frac{102^4 \times 428.17^2}{12.56 \times 428.17^4 + 2.192 \times 102^2 + 13.39 \times 428.17^2 \times 102^2} \right) \right]$$

$$= 579.72$$

$$\alpha_1 = \frac{\eta}{\beta_1} (I_x b^2 + 0.039 J \lambda^2) + \frac{k_\phi}{\beta_1 \eta E} = \frac{5.38 \times 10^{-5}}{1149.66} \times$$

$$(496.56 \times 50^2 + 0.039 \times 20.67 \times 428.17^2) + \frac{579.72}{1149.66 \times 5.38 \times 10^{-5} \times 2.1 \times 10^5}$$

$$= 0.11$$

$$\alpha_3 = \eta \left(\alpha_1 I_y - \frac{\eta}{\beta_1} I_{xy}^2 b^2 \right)$$

$$= 5.38 \times 10^{-5} \times \left(0.11 \times 15575.89 - \frac{5.38 \times 10^{-5}}{1149.66} \times 1451.61^2 \times 50^2 \right)$$

$$= 0.079$$

$$\sigma_{md} = \frac{E}{2A} \left[(\alpha_1 + \alpha_2) - \sqrt{(\alpha_1 + \alpha_2)^2 - 4\alpha_3} \right]$$

$$= \frac{2.1 \times 10^5}{2 \times 62} \times \left[(0.11 + 0.846) - \sqrt{(0.11 + 0.846)^2 - 4 \times 0.079} \right]$$

$$= 315 \text{MPa}$$

$$\lambda_{md} = \sqrt{\frac{f_y}{\sigma_{md}}} = \sqrt{\frac{460}{315}} = 1.21 < 1.414$$

$$M_{Rd} = Wf \left(1 - \frac{\lambda_{md}^2}{4} \right) = 7.39 \times 10^3 \times 400 \times \left(1 - \frac{1.21^2}{4} \right) = 1.9 \text{kN} \cdot \text{m}$$

$$N_E' = \frac{\pi^2 EA}{1.165 \lambda^2} = \frac{\pi^2 \times 2.1 \times 10^5 \times 221}{1.165 \times 30.9^2} = 411.78 \text{kN}$$

考虑轴力影响的畸变屈曲抗弯承载力：

$$M_{RA} = \left(1 - \frac{N}{N_E'} \varphi \right) M_{Rd} = \left(1 - \frac{3.3}{411.78} \times 0.941 \right) \times 1.9 = 1.89 \text{kN} \cdot \text{m}$$

考虑轴力影响的整体失稳抗弯承载力：

$$M_{RC} = \left(1 - \frac{N}{N_E'} \varphi \right) W_e f = \left(1 - \frac{3.3}{411.78} \times 0.941 \right) \times 6.97 \times 0.4 = 2.77 \text{kN} \cdot \text{m}$$

$$N_R = \min(N_{RC}, N_{RA}) = 41 \text{kN}$$

$$M_R = \min(M_{RC}, M_{RA}) = 1.89 \text{kN} \cdot \text{m}$$

立柱端部有侧移，故 $\beta_m = 1$。

$$\frac{N}{N_R} + \frac{\beta_m M}{M_R} = \frac{3.3}{41} + \frac{0.34}{1.89} = 0.26 < 1$$

故构件承载力满足要求。

3) 屋架（图 7-39）

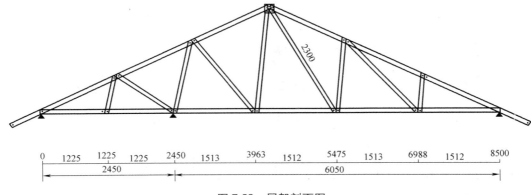

图 7-39 屋架剖面图

（1）腹杆截面为 C7575，截面如图 7-40 所示。钢材牌号为 LQ550。内力：$N = 4.6 \text{kN}$，$M = N \times e_0 = 4.6 \times 0.013 = 0.06 \text{kN} \cdot \text{m}$。

由软件算得该截面的几何特性参数如下：

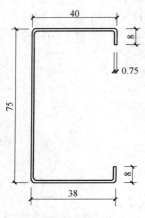

图 7-40   屋架腹杆截面图

$L = 2300\text{mm}$，$A_g = 124\text{mm}^2$，$I_x = 11.64\text{cm}^4$，$I_y = 2.53\text{cm}^4$，$W_x = 3.14\text{cm}^3$，$W_y = 1.98\text{cm}^3$，$i_x = 3.06\text{cm}$，$i_y = 1.43\text{cm}$，$S_x = 1.76\text{cm}^3$，$t = 0.75\text{mm}$，$W_{ex} = 2.02\text{cm}^3$，$A_e = 110\text{mm}^2$，$e_0 = 13.1\text{mm}$，$h_w = 75\text{mm}$。

腹杆的强度与整体稳定承载力计算过程如下：

① 强度计算

$$\sigma = \frac{N}{A_{en}} + \frac{M_x}{W_{enx}} = \frac{4600}{110} + \frac{0.06 \times 10^6}{2020} = 71.52\text{MPa} < 400\text{MPa}$$

故此压弯构件强度符合要求。

② 整体稳定计算

$l_x = l_y = 2300\text{mm}$

$\beta_m = 1$

$$\lambda_x = \frac{l_x}{i_x} = \frac{2300}{30.6} = 75.16$$

$$\lambda_y = \frac{l_y}{i_y} = \frac{2300}{14.3} = 160.84$$

$$N'_{EX} = \frac{\pi^2 EA}{1.165\lambda_X^2} = \frac{3.14^2 \times 210 \times 10^3 \times 124}{1.165 \times 75.16^2} = 39.012\text{kN}$$

查表得 $\varphi_x = 0.719$，

$$\frac{N}{\varphi_x A_e} + \frac{\beta_m M_x}{\left(1 - \frac{N}{N'_{EX}}\varphi_x\right)W_{ex}} = \frac{4600}{0.719 \times 110} + \frac{1 \times 0.06 \times 10^6}{\left(1 - \frac{4600}{39012} \times 0.719\right) \times 2020}$$

$$= 90.61\text{MPa} < 400\text{MPa}$$

故其弯矩平面内的稳定性符合要求。

$\lambda_y = 160.84$，查表得 $\varphi_y = 0.274$。

$\xi_1 = 1$，$\xi_2 = 0$，$\eta = 0$，$\mu_b = 1$，$l_0 = \mu_b l = 2300\text{mm}$

$$I_t = \frac{1}{3}(h + 2b + 2a)t^3 = \frac{1}{3} \times (75 + 2 \times 39 + 2 \times 8) \times 0.75^3 = 23.76\text{mm}^4$$

$$I_\omega = \frac{d^2 h^3 t}{12} + \frac{h^2}{6}\left[d^3 + (b-d)^3\right]t + \frac{a}{6}\left[3h^2(d-b)^2 - 6ha(d^2 - b^2) + 4a^2(d+b)^2\right]t$$

$$= \frac{18.44^2 \times 75^3 \times 0.75}{12} + \frac{75^2}{6} \times \left[18.44^3 + (39 - 18.44)^3\right] \times 0.75 + \frac{8}{6} \times$$

$$\left[3 \times 75^2 \times (18.44 - 39)^2 - 6 \times 75 \times 8 \times (18.44^2 - 39^2) + 4 \times 8^2 \times (18.44 + 39)^2\right] \times$$

$$0.75 = 31714737\text{mm}^4$$

$$\zeta = \frac{4I_\omega}{h^2 I_y} + \frac{0.165 I_t}{I_y} \cdot \left(\frac{l_0}{h}\right)^2 = \frac{4 \times 31714737}{75^2 \times 25300} + \frac{0.165 \times 23.76}{25300} \times \left(\frac{2300}{75}\right)^2 = 1.037$$

$$\varphi_{bx} = \frac{4320 Ah}{\lambda_y^2 W_x}\xi_1\left(\sqrt{\eta^2 + \zeta} + \eta\right) \cdot \left(\frac{235}{f_y}\right)$$

$$= \frac{4320 \times 124 \times 75}{80.42^2 \times 3140} \times 1 \times \sqrt{1.037} \times \left(\frac{235}{460}\right)$$

$$= 1.029$$

$$\varphi'_{bx}=1.091-\frac{0.274}{1.029}=0.825$$

$$\frac{N}{\varphi_y A_e}+\frac{M_x}{\varphi'_{bx} W_{ex}}=\frac{4600}{0.274\times110}+\frac{0.06\times10^6}{0.825\times2020}=188.62MPa<400MPa$$

故其弯矩平面外的稳定性符合要求。

③ 畸变屈曲承载力详细计算过程

构件畸变屈曲半波长为 λ：

$$I_x=\frac{a^3 t\left(1+4\dfrac{b}{a}\right)}{12\left(1+\dfrac{b}{a}\right)}=\frac{8^3\times0.75\times\left(1+4\times\dfrac{39}{8}\right)}{12\times\left(1+\dfrac{39}{8}\right)}=111.66mm^4$$

$$\lambda=4.8\left(\frac{I_x h_w b^2}{t^3}\right)^{0.25}=4.8\times\left(\frac{111.66\times75\times39^2}{0.75^3}\right)^{0.25}=355.81mm<2300mm$$

需验算构件畸变屈曲承载力。

构件畸变屈曲承载力相关几何特性参数由下列公式计算得到：

$$A=(b+a)t=(39+8)\times0.75=35.25mm^2$$

$$\bar{x}=\frac{b^2+2ab}{2(a+b)}=\frac{39^2+2\times8\times39}{2\times(8+39)}=\frac{2145}{94}=22.82mm$$

$$\bar{y}=\frac{a^2}{2(a+b)}=\frac{8^2}{2\times(8+39)}=\frac{64}{94}=0.68mm$$

$$J=\frac{t^3(b+a)}{3}=\frac{0.75^3\times(8+39)}{3}=6.61mm^4$$

$$I_x=\frac{bt^3}{12}+\frac{ta^3}{12}+bt\,\bar{y}^2+at\left(\frac{a}{2}-\bar{y}\right)^2$$

$$=\frac{39\times0.75^3}{12}+\frac{0.75\times8^3}{12}+39\times0.75\times0.68^2+8\times0.75\times\left(\frac{8}{2}-0.68\right)^2$$

$$=113.03mm^4$$

$$I_y=\frac{tb^3}{12}+\frac{at^3}{12}+at(b-\bar{x})^2+bt\left(\bar{x}-\frac{b}{2}\right)^2$$

$$=\frac{0.75\times39^3}{12}+\frac{8\times0.75^3}{12}+8\times0.75\times(39-22.82)^2+8\times0.75\times\left(22.82-\frac{39}{2}\right)^2$$

$$=5344.61mm^4$$

$$I_{xy}=bt\,\bar{y}\left(\bar{x}-\frac{b}{2}\right)+at\left(\frac{a}{2}-\bar{y}\right)(b-\bar{x})$$

$$=39\times0.75\times0.68\times\left(22.82-\frac{39}{2}\right)+8\times0.75\times\left(\frac{8}{2}-0.68\right)\times(39-22.82)$$

$$=388.34\ mm^4$$

构件轴压畸变屈曲承载力由下列公式计算得到：

$$\beta_1=\bar{x}^2+\frac{I_x+I_y}{A}=22.82^2+\frac{113.03+5344.61}{35.25}=675.58$$

$$\lambda=4.8\left(\frac{I_x h_w b^2}{t^3}\right)^{0.25}=4.8\times\left(\frac{113.03\times75\times39^2}{0.75^3}\right)^{0.25}=356.9mm$$

$$\eta=\left(\frac{\pi}{\lambda}\right)^2=\left(\frac{\pi}{356.9}\right)^2=7.75\times10^{-5}$$

$$\alpha_2 = \eta\left(I_y + \frac{2}{\beta_1}\bar{y}bI_{xy}\right)$$

$$= 7.75 \times 10^{-5} \times \left(5344.61 + \frac{2}{675.58} \times 0.68 \times 39 \times 388.34\right)$$

$$= 0.42$$

$$\alpha_1' = \frac{\eta}{\beta_1}(I_x b^2 + 0.039 J\lambda^2)$$

$$= \frac{7.75 \times 10^{-5}}{675.58} \times (113.03 \times 39^2 + 0.039 \times 6.61 \times 356.9^2)$$

$$= 0.023$$

$$\alpha_3' = \eta\left(\alpha_1' I_y - \frac{\eta}{\beta_1}I_{xy}^2 b^2\right)$$

$$= 7.75 \times 10^{-5} \times \left(0.023 \times 5344.61 - \frac{7.75 \times 10^{-5}}{675.58} \times 388.34^2 \times 39^2\right)$$

$$= 0.0075$$

$$\sigma_{cd}' = \frac{E}{2A}\left[(\alpha_1' + \alpha_2) - \sqrt{(\alpha_1' + \alpha_2)^2 - 4\alpha_3'}\right]$$

$$= \frac{2.1 \times 10^5}{2 \times 35.25} \times \left[(0.023 + 0.42) - \sqrt{(0.023 + 0.42)^2 - 4 \times 0.0075}\right]$$

$$= 105.04 \text{MPa}$$

$$k_\phi = \frac{Et^3}{5.46(h + 0.06\lambda)}\left[1 - \frac{1.11\sigma_{cd}'}{Et^2}\left(\frac{h^2\lambda}{h^2 + \lambda^2}\right)^2\right]$$

$$= \frac{2.1 \times 10^5 \times 0.75^3}{5.46 \times (75 + 0.06 \times 356.9)} \times \left[1 - \frac{1.11 \times 105.04}{2.1 \times 10^5 \times 0.75^2} \times \left(\frac{75^2 \times 356.9}{75^2 + 356.9^2}\right)^2\right]$$

$$= 130.45$$

$$\alpha_1 = \frac{\eta}{\beta_1}(I_x b^2 + 0.039 J\lambda^2) + \frac{k_\phi}{\beta_1 \eta E}$$

$$= \frac{7.75 \times 10^{-5}}{675.58} \times (113.03 \times 39^2 + 0.039 \times 6.61 \times 356.9^2) + \frac{130.45}{675.58 \times 7.75 \times 10^{-5} \times 2.1 \times 10^5}$$

$$= 0.035$$

$$\alpha_3 = \eta\left(\alpha_1 I_y - \frac{\eta}{\beta_1}I_{xy}^2 b^2\right)$$

$$= 7.75 \times 10^{-5} \times \left(0.035 \times 5344.61 - \frac{7.75 \times 10^{-5}}{675.58} \times 388.34^2 \times 39^2\right)$$

$$= 0.0125$$

$$\sigma_{cd} = \frac{E}{2A}\left[(\alpha_1 + \alpha_2) - \sqrt{(\alpha_1 + \alpha_2)^2 - 4\alpha_3}\right]$$

$$= \frac{2.1 \times 10^5}{2 \times 35.25} \times \left[(0.035 + 0.42) - \sqrt{(0.035 + 0.42)^2 - 4 \times 0.0125}\right]$$

$$= 174.96 \text{MPa}$$

$$\lambda_{cd} = \sqrt{\frac{f_y}{\sigma_{cd}}} = \sqrt{\frac{460}{174.96}} = 1.62 \text{cm}$$

1.414≤λ_{cd}≤3.6，

则 $A_{cd}=A_g[0.055(\lambda_{cd}-3.6)^2+0.237]$

$\qquad = 124\times[0.055\times(1.62-3.6)^2+0.237]$

$\qquad = 56.13mm^2$

轴压畸变屈曲承载力为：

$N_{RA}=A_{cd}f=56.13\times400=22.45kN$

屋架腹杆计算长度系数取 1。

$\lambda=\dfrac{l}{i_x}=\dfrac{2300}{30.6}=75.16$

$\lambda\sqrt{\dfrac{235}{f_y}}=75.16\times\sqrt{\dfrac{235}{460}}=53.72mm$

轴压整体稳定系数为 $\varphi=0.837$。

轴压整体稳定承载力为：

$N_{RC}=\varphi A_e f=0.837\times110\times400=36.83kN$

抗弯承载力由下式计算得到：

$\lambda=4.80\left(\dfrac{I_x b^2 h}{2t^3}\right)^{0.25}=4.80\times\left(\dfrac{113.03\times39^2\times75}{2\times0.75^3}\right)^{0.25}=300.11mm$

$\eta=\left(\dfrac{\pi}{\lambda}\right)^2=\left(\dfrac{\pi}{300.11}\right)^2=1.1\times10^{-4}$

$\alpha_2=\eta\left(I_y+\dfrac{2}{\beta_1}\bar{y}bI_{xy}\right)$

$\qquad = 1.1\times10^{-4}\times\left(5344.61+\dfrac{2}{675.58}\times0.68\times39\times388.34\right)$

$\qquad = 0.59$

$\alpha_1'=\dfrac{\eta}{\beta_1}(I_x b^2+0.039J\lambda^2)$

$\qquad = \dfrac{1.1\times10^{-4}}{675.58}\times(113.03\times39^2+0.039\times6.61\times300.11^2)$

$\qquad = 0.032$

$\alpha_3'=\eta\left(\alpha_1'I_y-\dfrac{\eta}{\beta_1}I_{xy}^2 b^2\right)$

$\qquad = 1.1\times10^{-4}\times\left(0.032\times5344.61-\dfrac{1.1\times10^{-4}}{675.58}\times388.34^2\times39^2\right)$

$\qquad = 0.0147$

$\sigma_{md}'=\dfrac{E}{2A}\left[(\alpha_1'+\alpha_2)-\sqrt{(\alpha_1'+\alpha_2)^2-4\alpha_3'}\right]$

$\qquad = \dfrac{2.1\times10^5}{2\times35.25}\times\left[(0.032+0.59)-\sqrt{(0.032+0.59)^2-4\times0.0147}\right]$

$\qquad = 146.59MPa$

$k_\phi=\dfrac{2Et^3}{5.46(h+0.06\lambda)}\left[1-\dfrac{1.11\sigma_{md}'}{Et^2}\left(\dfrac{h^4\lambda^2}{12.56\lambda^4+2.192h^2+13.39\lambda^2 h^2}\right)\right]$

$$= \frac{2 \times 2.1 \times 10^5 \times 0.75^3}{5.46 \times (75 + 0.06 \times 300.11)}$$

$$\times \left[1 - \frac{1.11 \times 146.59}{2.1 \times 10^5 \times 0.75^2} \times \left(\frac{75^4 \times 300.11^2}{12.56 \times 300.11^4 + 2.192 \times 75^2 + 13.39 \times 300.11^2 \times 75^2} \right) \right]$$

$$= 336.32$$

$$\alpha_1 = \frac{\eta}{\beta_1} (I_x b^2 + 0.039 J \lambda^2) + \frac{k_\phi}{\beta_1 \eta E}$$

$$= \frac{1.1 \times 10^{-4}}{675.58} \times (113.03 \times 39^2 + 0.039 \times 6.61 \times 300.11^2) + \frac{336.32}{675.58 \times 1.1 \times 10^{-4} \times 2.1 \times 10^5}$$

$$= 0.053$$

$$\alpha_3 = \eta \left(\alpha_1 I_y - \frac{\eta}{\beta_1} I_{xy}^2 b^2 \right)$$

$$= 1.1 \times 10^{-4} \times \left(0.053 \times 5344.61 - \frac{1.1 \times 10^{-4}}{675.58} \times 388.34^2 \times 39^2 \right)$$

$$= 0.027$$

$$\sigma_{md} = \frac{E}{2A} \left[(\alpha_1 + \alpha_2) - \sqrt{(\alpha_1 + \alpha_2)^2 - 4\alpha_3} \right]$$

$$= \frac{2.1 \times 10^5}{2 \times 35.25} \times \left[(0.053 + 0.59) - \sqrt{(0.053 + 0.59)^2 - 4 \times 0.027} \right]$$

$$= 269.05 \text{MPa}$$

$$\lambda_{md} = \sqrt{\frac{f_y}{\sigma_{md}}} = \sqrt{\frac{460}{269.05}} = 1.31 < 1.414$$

$$M_{Rd} = Wf \left(1 - \frac{\lambda_{md}^2}{4} \right) = 3.14 \times 10^3 \times 400 \times \left(1 - \frac{1.31^2}{4} \right) = 0.72 \text{kN} \cdot \text{m}$$

$$N'_E = \frac{\pi^2 EA}{1.165 \lambda^2} = \frac{\pi^2 \times 2.1 \times 10^5 \times 124}{1.165 \times 75.16^2} = 39 \text{kN}$$

考虑轴力影响的抗弯畸变屈曲承载力为：

$$M_{RA} = \left(1 - \frac{N}{N'_E} \varphi \right) M_{Rd} = \left(1 - \frac{4.6}{39} \times 0.837 \right) \times 0.72 = 0.65 \text{kN} \cdot \text{m}$$

考虑轴力影响的抗弯整体稳定承载力为：

$$M_{Rc} = \left(1 - \frac{N}{N'_E} \varphi \right) W_e f = \left(1 - \frac{4.6}{39} \times 0.837 \right) \times 2.02 \times 0.4 = 0.73 \text{kN} \cdot \text{m}$$

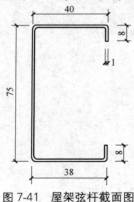

$$N_R = \min(N_{RC}, N_{RA}) = 22.45 \text{kN}$$

$$M_R = \min(M_{RC}, M_{RA}) = 0.65 \text{kN} \cdot \text{m}$$

腹杆端部有侧移，故 $\beta_m = 1$，

$$\frac{N}{N_R} + \frac{\beta_m M}{M_R} = \frac{4.6}{22.45} + \frac{0.06}{0.65} = 0.3 < 1$$

故构件承载力满足要求。

（2）弦杆截面为 C7510，截面如图 7-41 所示。钢材牌号为 LQ550。内力为 $N = 5.9 \text{kN}$，$M = 0.3 \text{kN} \cdot \text{m}$。

由软件算得该截面的几何特性参数如下：

$$L = 1500 \text{mm}, \quad A_g = 166 \text{mm}^2, \quad I_x = 15.56 \text{cm}^4, \quad I_y =$$

图 7-41　屋架弦杆截面图

3.37cm^4，$W_x=4.18\text{cm}^3$，$W_y=2.62\text{cm}^3$，$i_x=3.06\text{cm}$，$i_y=1.42\text{cm}$，$S_x=2.36\text{cm}^3$，$t=1\text{mm}$，$A_e=148\text{mm}^2$，$W_e=4.06\text{cm}^3$，$h_w=75\text{mm}$。

弦杆的强度与整体稳定承载力计算过程如下：

弦杆截面 C7510

① 强度计算

$$\sigma=\frac{N}{A_{en}}+\frac{M_x}{W_{enx}}=\frac{5900}{148}+\frac{0.3\times10^6}{4060}=113.76\text{MPa}<400\text{MPa}$$

故此压弯构件强度符合要求。

② 整体稳定计算

$l_x=1500\text{mm}$，$l_y=750\text{mm}$ 为檩条间距。

$\beta_m=1$，$\lambda_x=\dfrac{l_x}{i_x}=\dfrac{1500}{30.6}=49.02$，$\lambda_y=\dfrac{l_y}{i_y}=\dfrac{750}{14.2}=52.8$。

$$N'_{EX}=\frac{\pi^2EA}{1.165\lambda_x^2}=\frac{3.14^2\times210\times10^3\times166}{1.165\times49.02^2}=122.776\text{kN}$$

查表得 $\varphi_x=0.861$，

$$\frac{N}{\varphi_xA_e}+\frac{\beta_mM_x}{\left(1-\dfrac{N}{N'_{EX}}\varphi_x\right)W_{ex}}=\frac{5900}{0.861\times148}+\frac{1\times0.3\times10^6}{\left(1-\dfrac{5900}{122776}\times0.861\right)\times4060}$$
$$=123.38\text{MPa}<400\text{MPa}$$

故其弯矩平面内的稳定性符合要求。

$\lambda_y=52.8$，查表得 $\varphi_y=0.725$。

$\xi_1=1$，$\xi_2=0$，$\eta=0$，$\mu_b=1$，$l_0=\mu_bl=750\text{mm}$。

$$I_t=\frac{1}{3}(h+2b+2a)t^3$$
$$=\frac{1}{3}\times(75+2\times39+2\times8)\times1^3$$
$$=56.33\text{mm}^4$$

$$I_\omega=\frac{d^2h^3t}{12}+\frac{h^2}{6}[d^3+(b-d)^3]t+\frac{a}{6}[3h^2(d-b)^2-6ha(d^2-b^2)+4a^2(d+b)^2]t$$
$$=\frac{18.44^2\times75^3\times1}{12}+\frac{75^2}{6}\times[18.44^3+(39-18.44)^3]\times1+\frac{8}{6}\times[3\times75^2\times$$
$$(18.44-39)^2-6\times75\times8\times(18.44^2-39^2)+4\times8^2\times(18.44+39)^2]\times1$$
$$=42285874\text{mm}^4$$

$$\zeta=\frac{4I_\omega}{h^2I_y}+\frac{0.165I_t}{I_y}\cdot\left(\frac{l_0}{h}\right)^2$$
$$=\frac{4\times42285874}{75^2\times33700}+\frac{0.165\times56.33}{33700}\times\left(\frac{750}{75}\right)^2$$
$$=0.92$$

$$\varphi_{bx}=\frac{4320Ah}{\lambda_y^2W_x}\xi_1(\sqrt{\eta^2+\zeta}+\eta)\cdot\left(\frac{235}{f_y}\right)$$
$$=\frac{4320\times166\times75}{52.8^2\times4180}\times1\times\sqrt{0.92}\times\left(\frac{235}{460}\right)$$

$$=2.26$$

$$\varphi'_{bx}=1.091-\frac{0.274}{2.26}=0.97$$

$$\frac{N}{\varphi_y A_e}+\frac{M_x}{\varphi'_{bx}W_{ex}}=\frac{5900}{0.725\times148}+\frac{0.3\times10^6}{0.97\times4060}=131.16\text{MPa}<400\text{MPa}$$

故其弯矩平面外的稳定性符合要求。

③ 畸变屈曲承载力详细计算过程

构件畸变屈曲半波长为λ：

$$I_x=\frac{a^3t\left(1+4\dfrac{b}{a}\right)}{12\left(1+\dfrac{b}{a}\right)}=\frac{8^3\times1\times\left(1+4\times\dfrac{39}{8}\right)}{12\times\left(1+\dfrac{39}{8}\right)}=148.88\text{mm}^4$$

$$\lambda=4.8\left(\frac{I_x h_w b^2}{t^3}\right)^{0.25}=4.8\times\left(\frac{148.88\times75\times39^2}{0.75^3}\right)^{0.25}=382.34\text{mm}<1500\text{mm}$$

需验算构件畸变屈曲承载力。

构件畸变屈曲承载力相关几何特性参数由下列公式计算得到：

$$A=(b+a)t=(39+8)\times1=47\text{mm}^2$$

$$\overline{x}=\frac{b^2+2ab}{2(a+b)}=\frac{39^2+2\times8\times39}{2\times(8+39)}=\frac{2145}{94}=22.82\text{mm}$$

$$\overline{y}=\frac{a^2}{2(a+b)}=\frac{8^2}{2\times(8+39)}=\frac{64}{94}=0.68\text{mm}$$

$$J=\frac{t^3(b+a)}{3}=\frac{1^3\times(8+39)}{3}=15.67\text{mm}^4$$

$$I_x=\frac{bt^3}{12}+\frac{ta^3}{12}+bt\,\overline{y}^2+at\left(\frac{a}{2}-\overline{y}\right)^2$$

$$=\frac{39\times1^3}{12}+\frac{1\times8^3}{12}+39\times1\times0.68^2+8\times1\times\left(\frac{8}{2}-0.68\right)^2$$

$$=152.13\text{mm}^4$$

$$I_y=\frac{tb^3}{12}+\frac{at^3}{12}+at(b-\overline{x})^2+bt\left(\overline{x}-\frac{b}{2}\right)^2$$

$$=\frac{1\times39^3}{12}+\frac{8\times1^3}{12}+8\times1\times(39-22.82)^2+8\times1\times\left(22.82-\frac{39}{2}\right)^2$$

$$=7126.44\text{mm}^4$$

$$I_{xy}=bt\,\overline{y}\left(\overline{x}-\frac{b}{2}\right)+at\left(\frac{a}{2}-\overline{y}\right)(b-\overline{x})$$

$$=39\times1\times0.68\times\left(22.82-\frac{39}{2}\right)+8\times1\times\left(\frac{8}{2}-0.68\right)\times(39-22.82)$$

$$=517.79\text{mm}^4$$

构件轴压畸变屈曲承载力由下列公式计算得到：

$$\beta_1=\overline{x}^2+\frac{I_x+I_y}{A}=22.82^2+\frac{152.13+7126.44}{47}=675.62$$

$$\lambda=4.8\left(\frac{I_x h_w b^2}{t^3}\right)^{0.25}=4.8\times\left(\frac{152.13\times75\times39^2}{1^3}\right)^{0.25}=309.81\text{mm}$$

$$\eta=\left(\frac{\pi}{\lambda}\right)^2=\left(\frac{\pi}{309.81}\right)^2=1.03\times10^{-4}$$

$$\alpha_2=\eta\left(I_y+\frac{2}{\beta_1}\bar{y}bI_{xy}\right)$$

$$=1.03\times10^{-4}\times\left(7126.44+\frac{2}{675.62}\times0.68\times39\times517.79\right)$$

$$=0.738$$

$$\alpha_1'=\frac{\eta}{\beta_1}(I_xb^2+0.039J\lambda^2)$$

$$=\frac{1.03\times10^{-4}}{675.62}\times(152.13\times39^2+0.039\times15.67\times309.81^2)$$

$$=0.044$$

$$\alpha_3'=\eta\left(\alpha_1'I_y-\frac{\eta}{\beta_1}I_{xy}^2b^2\right)$$

$$=1.03\times10^{-4}\times\left(0.044\times7126.44-\frac{1.03\times10^{-4}}{675.62}\times517.79^2\times39^2\right)$$

$$=0.0259$$

$$\sigma_{cd}'=\frac{E}{2A}\left[(\alpha_1'+\alpha_2)-\sqrt{(\alpha_1'+\alpha_2)^2-4\alpha_3'}\right]$$

$$=\frac{2.1\times10^5}{2\times47}\times\left[(0.044+0.738)-\sqrt{(0.044+0.738)^2-4\times0.0259}\right]$$

$$=154.85\text{MPa}$$

$$k_\phi=\frac{Et^3}{5.46(h+0.06\lambda)}\left[1-\frac{1.11\sigma_{cd}'}{Et^2}\left(\frac{h^2\lambda}{h^2+\lambda^2}\right)^2\right]$$

$$=\frac{2.1\times10^5\times1^3}{5.46\times(75+0.06\times309.81)}\times\left[1-\frac{1.11\times154.85}{2.1\times10^5\times1^2}\times\left(\frac{75^2\times309.81}{75^2+309.81^2}\right)^2\right]$$

$$=312.02$$

$$\alpha_1=\frac{\eta}{\beta_1}(I_xb^2+0.039J\lambda^2)+\frac{k_\phi}{\beta_1\eta E}=\frac{1.03\times10^{-4}}{675.62}\times$$

$$(152.13\times39^2+0.039\times15.67\times309.81^2)+\frac{312.02}{675.62\times1.03\times10^{-4}\times2.1\times10^5}$$

$$=0.066$$

$$\alpha_3=\eta\left(\alpha_1I_y-\frac{\eta}{\beta_1}I_{xy}^2b^2\right)$$

$$=1.03\times10^{-4}\times\left(0.066\times7126.44-\frac{1.03\times10^{-4}}{675.62}\times517.79^2\times39^2\right)$$

$$=0.042$$

$$\sigma_{cd}=\frac{E}{2A}\left[(\alpha_1+\alpha_2)-\sqrt{(\alpha_1+\alpha_2)^2-4\alpha_3}\right]$$

$$=\frac{2.1\times10^5}{2\times47}\times\left[(0.066+0.738)-\sqrt{(0.066+0.738)^2-4\times0.042}\right]$$

$$=250.94\text{MPa}$$

$$\lambda_{cd}=\sqrt{\frac{f_y}{\sigma_{cd}}}=\sqrt{\frac{460}{250.94}}=1.35$$

$\lambda_{cd}<1.414$,

则 $A_{cd}=A_g\left[1-\frac{\lambda_{cd}^2}{4}\right]$

$$=166\times\left[1-\frac{1.35^2}{4}\right]$$

$$=90.37\text{mm}^2$$

轴压畸变屈曲承载力为:

$N_{RA}=A_{cd}f=90.37\times400=36.15\text{kN}$

屋架弦杆计算长度系数取 1。

$$\lambda=\frac{l}{i_x}=\frac{1500}{30.6}=49.02$$

$$\lambda\sqrt{\frac{235}{f_y}}=49.06\times\sqrt{\frac{235}{460}}=35.07$$

轴压整体稳定系数 $\varphi=0.903$。

轴压整体稳定承载力为:

$N_{RC}=\varphi A_e f=0.903\times148\times400=53.46\text{kN}$

抗弯承载力由下列公式计算得到:

$$\lambda=4.80\left(\frac{I_x b^2 h}{2t^3}\right)^{0.25}=4.80\times\left(\frac{152.13\times39^2\times75}{2\times1^3}\right)^{0.25}=260.52$$

$$\eta=\left(\frac{\pi}{\lambda}\right)^2=\left(\frac{\pi}{260.52}\right)^2=1.45\times10^{-4}$$

$$\alpha_2=\eta\left(I_y+\frac{2}{\beta_1}\bar{y}bI_{xy}\right)$$

$$=1.45\times10^{-4}\times\left(7126.44+\frac{2}{675.62}\times0.68\times39\times517.79\right)$$

$$=1.04$$

$$\alpha_1'=\frac{\eta}{\beta_1}(I_x b^2+0.039J\lambda^2)$$

$$=\frac{1.45\times10^{-4}}{675.62}\times(152.13\times39^2+0.039\times15.67\times260.52^2)$$

$$=0.059$$

$$\alpha_3'=\eta\left(\alpha_1'I_y-\frac{\eta}{\beta_1}I_{xy}^2 b^2\right)$$

$$=1.45\times10^{-4}\times\left(0.059\times7126.44-\frac{1.45\times10^{-4}}{675.62}\times517.79^2\times39^2\right)$$

$$=0.048$$

$$\sigma_{md}'=\frac{E}{2A}\left[(\alpha_1'+\alpha_2)-\sqrt{(\alpha_1'+\alpha_2)^2-4\alpha_3'}\right]$$

$$=\frac{2.1\times10^5}{2\times47}\times\left[(0.059+1.04)-\sqrt{(0.059+1.04)^2-4\times0.048}\right]$$

$=203.59\text{MPa}$

$$k_\phi = \frac{2Et^3}{5.46(h+0.06\lambda)}\left[1-\frac{1.11\sigma'_{\text{md}}}{Et^2}\left(\frac{h^4\lambda^2}{12.56\lambda^4+2.192h^2+13.39\lambda^2h^2}\right)\right]$$

$$=\frac{2\times2.1\times10^5\times1^3}{5.46\times(75+0.06\times260.52)}$$

$$\times\left[1-\frac{1.11\times203.59}{2.1\times10^5\times1^2}\times\left(\frac{75^4\times260.52^2}{12.56\times260.52^4+2.192\times75^2+13.39\times260.52^2\times75^2}\right)\right]$$

$$=817.6$$

$$\alpha_1=\frac{\eta}{\beta_1}(I_x b^2+0.039J\lambda^2)+\frac{k_\phi}{\beta_1\eta E}=\frac{1.45\times10^{-4}}{675.62}\times$$

$$(152.13\times39^2+0.039\times15.67\times260.52^2)+\frac{817.6}{675.62\times1.45\times10^{-4}\times2.1\times10^5}$$

$$=0.098$$

$$\alpha_3=\eta\left(\alpha_1 I_y-\frac{\eta}{\beta_1}I_{xy}^2 b^2\right)$$

$$=1.45\times10^{-4}\times\left(0.098\times7126.44-\frac{1.45\times10^{-4}}{675.62}\times517.79^2\times39^2\right)$$

$$=0.089$$

$$\sigma_{\text{md}}=\frac{E}{2A}\left[(\alpha_1+\alpha_2)-\sqrt{(\alpha_1+\alpha_2)^2-4\alpha_3}\right]$$

$$=\frac{2.1\times10^5}{2\times47}\times\left[(0.098+1.04)-\sqrt{(0.098+1.04)^2-4\times0.089}\right]$$

$$=377.46\text{MPa}$$

$$\lambda_{\text{md}}=\sqrt{\frac{f_y}{\sigma_{\text{md}}}}=\sqrt{\frac{460}{377.46}}=1.1<1.414$$

$$M_{\text{Rd}}=Wf\left(1-\frac{\lambda_{\text{md}}^2}{4}\right)=4.18\times10^3\times400\times\left(1-\frac{1.1^2}{4}\right)=1.17\text{kN}\cdot\text{m}$$

$$N'_E=\frac{\pi^2 EA}{1.165\lambda^2}=\frac{\pi^2\times2.1\times10^5\times166}{1.165\times49.02^2}=122.9\text{kN}$$

考虑轴力影响的抗弯畸变屈曲承载力为：

$$M_{\text{RA}}=\left(1-\frac{N}{N'_E}\varphi\right)M_{\text{Rd}}=\left(1-\frac{5.9}{122.9}\times0.903\right)\times1.17=1.12\text{kN}\cdot\text{m}$$

考虑轴力影响的抗弯整体稳定承载力为：

$$M_{\text{Rc}}=\left(1-\frac{N}{N'_E}\varphi\right)W_e f=\left(1-\frac{5.9}{122.9}\times0.903\right)\times4.06\times0.4=1.55\text{kN}\cdot\text{m}$$

$$N_R=\min(N_{\text{RC}},N_{\text{RA}})=36.15\text{kN}$$

$$M_R=\min(M_{\text{RC}},M_{\text{RA}})=1.12\text{kN}\cdot\text{m}$$

$$\beta_m=1$$

$$\frac{N}{N_R}+\frac{\beta_m M}{M_R}=\frac{5.9}{36.15}+\frac{0.3}{1.12}=0.43<1$$

故构件畸变屈曲承载力满足要求。

7.9.6　墙体抗震验算

1. 各截面形式的截面面积

表 7-6 给出了各种构件截面面积，方便后续计算过程取用，表中符号含义为：S7575 指腹板有加劲的 C 形截面，腹板高度为 75mm，基材厚度为 0.75mm；C25024 指 C 形截面，腹板高度为 254mm，基材厚度为 2.4mm；U20019 指 U 形截面，腹板高度为 211mm，基材厚度为 1.9mm；TS6175 指帽形截面，截面高度为 61mm，基材厚度为 0.75mm。截面面积通过软件计算得到。

各截面形式的截面面积　　　　　　　　　　　　　　　　表 7-6

构件截面	面积(mm²)	构件截面	面积(mm²)
S7575	124	C25024	1073
S7510	166	U20019	720
S10010	221	U25024	1032
C25015	661	TS6175	152
C15015	470	TS4048	72
C25019	850	TS2242	45
C30024	1313	C7575	127
C20019	747	C7510	169

2. 材料重度

定向刨花板	6.0kN/m^3
钢材	78.5kN/m^3
石膏板	0.074kN/m^2
砂浆	14.7kN/m^3
窗户	0.4kN/m^2
木门	0.2kN/m^2
玻璃棉	1.0kN/m^3
保温板	0.196kN/m^3
地面砖	25kN/m^3

3. 一层楼面与墙面

1）一层外墙面

木门面积：$0.9 \times 2.5 \times 2 + 1 \times 2.5 \times 6 = 19.5\text{m}^2$

铝合金窗面积：$0.6 \times 0.6 \times 4 + 1.25 \times 1.6 \times 6 + 1.8 \times 1.6 \times 9 + 0.6 \times 0.6 \times 8 = 42.24\text{m}^2$

OSB 板面积：$3.5 \times 38 \times 2 + 3.5 \times 6 \times 2 - 19.5 - 42.24 = 246.26\text{m}^2$

12mm 厚 OSB 板 $6 \times 0.012 = 0.072\text{kN/m}^2$

石膏板 0.074kN/m^2

保温板 $0.196 \times 0.025 = 0.0049\text{kN/m}^2$

砂浆 $14.7 \times 0.003 = 0.0441\text{kN/m}^2$

外墙总重度（除去门窗）0.2kN/m^2

一层外墙总重：$49.25+19.5\times0.2+42.24\times0.4=70.05$kN

2）一层内墙面

4 层石膏板 $0.074\times4=0.296$kN/m²

内墙总重度 0.296kN/m²

一层内墙总重：$6\times6\times0.296\times3.5=37.3$kN

3）一层楼面

地面砖 $25\times0.01=0.25$kN/m²

OSB 板 $6\times0.018=0.108$kN/m²

石膏板 0.074kN/m²

楼面总重度 0.432kN/m²

一层楼面重：$38\times8.5\times0.432=139.54$kN

4）一层楼面龙骨

楼面构件体积如表 7-7 所示。

楼面构件体积汇总表 表 7-7

型号	数量	体积（mm³）
C30024-5100	11	5100×1313×11=73659300
C30024-6100	48	6100×1313×48=384446400
C25019-2425	64	2425×850×64=131920000
U25024-2900	2	2900×1032×2=5985600
U25024-5100	2	5100×1032×2=10526400
U30024-6100	3	6100×1313×3=24027900
U25024-3000	2	3000×1032×2=6192000
U25024-38000	1	38000×1032×1=39216000
U30024-27100	2	27100×1313×2=71164600
总和		0.747m³

一层楼面龙骨总重：$0.747\times78.5=58.64$kN

5）一层楼面玻璃棉

一层楼面玻璃棉总重：$38\times8.5\times0.075\times1=24.23$kN

6）一层墙柱

墙柱数量 $141+137+15\times8=398$

墙柱总体积 $221\times3500\times398\times10^{-9}=0.308$m³

一层墙柱总重：$0.308\times78.5=24.18$kN

7）一层墙内玻璃棉

墙内玻璃棉体积$(38000\times2+6000\times8)\times100\times3500=43.4$m³

墙内玻璃棉总重：$43.4\times1=43.4$kN

一层总重：$70.05+139.54+37.3+58.64+24.23+24.18+43.4=397.34$kN

4. 二层楼面与墙面

1）二层外墙面

木门面积：$0.9 \times 2.5 \times 2 + 1 \times 2.5 \times 6 = 19.5 \mathrm{m}^2$

铝合金窗面积：

$0.6 \times 0.6 \times 4 + 1.25 \times 1.6 \times 6 + 1.8 \times 1.6 \times 9 + 0.6 \times 0.6 \times 8 + 0.6 \times 0.75 \times 2 = 43.14 \mathrm{m}^2$

OSB板面积：$3.2 \times 38 \times 2 + 3.2 \times 6 \times 2 - 19.5 - 43.14 = 218.96 \mathrm{m}^2$

外墙总重度（除去门窗）$0.2 \mathrm{kN/m}^2$

二层外墙总重：$218.96 \times 0.2 + 19.5 \times 0.2 + 43.14 \times 0.4 = 64.95 \mathrm{kN}$

2）二层内墙面

二层内墙总重：$6 \times 6 \times 0.296 \times 3.2 = 34.1 \mathrm{kN}$

3）二层楼面

二层楼面重度 $0.25 + 0.074 = 0.324 \mathrm{kN/m}^2$

二层楼面总重：$38 \times 8.5 \times 0.324 = 104.65 \mathrm{kN}$

4）二层楼面龙骨

二层楼面龙骨总重（与一层相同）：$0.747 \times 78.5 = 58.64 \mathrm{kN}$

5）二层楼面玻璃棉

二层楼面玻璃棉总重（与一层相同）：$38 \times 8.5 \times 0.075 \times 1 = 24.23 \mathrm{kN}$

6）二层墙柱

墙柱数量 $141 + 137 + 15 \times 8 = 398$

墙柱总体积 $221 \times 3200 \times 398 \times 10^{-9} = 0.281 \mathrm{m}^3$

一层墙柱总重：$0.281 \times 78.5 = 22.06 \mathrm{kN}$

7）二层墙内玻璃棉

墙内玻璃棉体积 $(38000 \times 2 + 6000 \times 8) \times 100 \times 3200 = 39.68 \mathrm{m}^3$

墙内玻璃棉总重：$39.68 \times 1 = 39.68 \mathrm{kN}$

二层总重：$64.95 + 104.65 + 34.1 + 58.64 + 24.23 + 22.06 + 39.68 = 348.31 \mathrm{kN}$

5. 屋架

屋架钢材体积

$[(8567 + 5348 + 5348) \times 169 + (700 + 1240 + 1380 + 1760 + 1957 + 2260 + 1400 + 1860 + 720) \times 127] \times 31 = 153190406 \ \mathrm{mm}^3$

$(8567 + 5359 + 5359) \times 169 + (217 + 1056 + 497 + 777 + 777 + 497 + 1056 + 217 + 1336 + 1616 + 1896 + 1896 + 1616 + 1336) \times 127 = 5137495 \ \mathrm{mm}^3$

$153190406 + 5137495 = 158327901 \ \mathrm{mm}^3 = 0.158 \mathrm{m}^3$

屋架钢材总重：$78.5 \times 0.158 = 12.4 \mathrm{kN}$

瓦片重度 $50.27 \mathrm{N/m}^2$

瓦片总面积 $5.348 \times 38 \times 2 = 406.448 \mathrm{m}^2$

瓦片总重：$50.27 \times 406.448 \times 10^{-3} = 20.43 \mathrm{kN}$

TP挂瓦条重：$38 \times 26 \times 72 \times 78.5 \times 10^{-6} = 0.078 \mathrm{kN}$

屋面玻璃棉体积 $0.075 \times 38 \times 5.348 \times 2 = 30.48 \mathrm{m}^3$

屋面玻璃棉总重：$30.48 \times 1 = 30.48 \mathrm{kN}$

屋架总重：$12.4 + 20.43 + 0.078 + 30.48 = 63.39 \mathrm{kN}$

6. 重力荷载代表值

恒荷载：

一层：$38 \times 8.5 \times 0.85 + 397.34 = 671.89$kN

二层：348.31kN

屋架：$5.348 \times 2 \times 38 \times 0.3 + 63.99 = 185.32$kN

活荷载：

一层：$38 \times 8.5 \times 2 = 646$kN

二层：0kN

屋架：$5.348 \times 2 \times 38 \times 0.5 = 203.22$kN

重力荷载代表值：

$1.0 \times$ 恒载 $+ 0.5 \times$ 活载

一层：$1.0 \times 671.89 + 0.5 \times 646 = 995$kN

二层：$1.0 \times 348.31 = 348.31$kN

屋架：$1.0 \times 185.32 + 0 \times 203.22 = 185.32$kN

7. 水平地震剪力

采用底部剪力法时，整个房屋简化成为 2 个质点。第 1 个质点的质量包括底层结构自重和楼板的恒载及活载，重力荷载代表值 $G_1 = 995$kN，质量作用位置在楼板处，标高 3.5m；第 2 个质点的质量包括二层结构和屋盖的恒载及活载，其作用位置需计算确定。首先将 G_2 分成 $G_{21} = 348$kN（包括二层墙柱的重量，作用在该层结构 1/2 高度处）和 $G_{22} = 185$kN（包括屋架重量，作用在屋架 1/2 高度处），再计算等效质心即 G_2 作用位置。底部剪力法中，质量的作用位置及计算简图如图 7-42 所示。

等效质心作用位置计算过程如下：

G_{21} 与 G_{22} 对屋架最底部的弯矩之和等价于 G_2 对屋架最底部的弯矩，即：

$$348 \times 5.1 + 185 \times 7.794 = 533 \times H$$

求得：

$$H = 6.035\text{m}$$

则等价后等效质心 G_2 的标高为 6.035m。

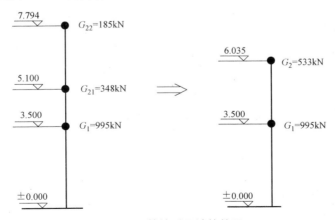

图 7-42　等效质量计算简图

在计算水平地震作用时，阻尼比 ζ 取 0.03，结构基本自振周期由下式计算：

$T = 0.025 \times 8.887 = 0.22\text{s}$

$\zeta = 0.03$

$T_g = 0.4\text{s}$

$\alpha_{max} = 0.16$

$$\eta_2 = 1 + \frac{0.05 - \zeta}{0.08 + 1.6\zeta} = 1 + \frac{0.05 - 0.03}{0.08 + 1.6 \times 0.03} = 1.156$$

地震影响系数为：

$\alpha = \eta_2 \alpha_{max} = 1.156 \times 0.16 = 0.185$

水平地震剪力由以下公式计算得到：

$F_{Ek} = \alpha_1 G_{eq} = 0.185 \times 0.85 \times 1528 = 240\text{kN}$

$$F_1 = \frac{G_1 H_1}{\sum G_i H_i} F_{Ek} = \frac{995 \times 3.5}{995 \times 3.5 + 533 \times 6.035} \times 240 = 125\text{kN}$$

$$F_2 = \frac{G_2 H_2}{\sum G_i H_i} F_{Ek} = \frac{533 \times 6.035}{995 \times 3.5 + 533 \times 6.035} \times 240 = 115\text{kN}$$

$V_{1总} = 240\text{kN}$

$V_{2总} = 115\text{kN}$

8. 一层墙体抗震验算

抗剪墙体单位长度的抗剪刚度为：

外墙：$K = 3050\text{kN/(m·rad)}$，内墙：$K = 3200\text{kN/(m·rad)}$。

抗剪墙体单位长度的抗剪承载力设计值：

外墙：$R_{sh}/\gamma_{RE} = 12.25/0.9 = 13.6\text{kN/m}$；

内墙：$R_{sh}/\gamma_{RE} = 11.6/0.9 = 12.89\text{kN/m}$。

1）一层纵墙

前墙 $L_1 = 38 - (0.9 \times 2 + 1 \times 6 + 1.25 \times 6 + 3 \times 2) = 16.7\text{m}$

后墙 $L_2 = 38 - (0.6 \times 6 + 1.8 \times 9) = 18.2\text{m}$

$$V_1 = \frac{\alpha_1 K_1 L_1}{\sum_{i=1}^{n} \alpha_i K_i L_i} V_{1总} = \frac{1 \times 3050 \times 16.7}{1 \times 3050 \times 16.7 + 1 \times 3050 \times 18.2} \times 240 = 114.82\text{kN}$$

$$V_2 = \frac{\alpha_2 K_2 L_2}{\sum_{i=1}^{n} \alpha_i K_i L_i} V_{1总} = \frac{1 \times 3050 \times 18.2}{1 \times 3050 \times 16.7 + 1 \times 3050 \times 18.2} \times 240 = 125.16\text{kN}$$

$$S_1 = \frac{V_1}{L_1} = \frac{114.82}{16.7} = 6.88\text{kN/m} < 13.6\text{kN/m}$$

$$S_2 = \frac{V_2}{L_2} = \frac{125.16}{18.2} = 6.88\text{kN/m} < 13.6\text{kN/m}$$

$$\Delta = \frac{V_k}{\sum_{i=1}^{n} \alpha_i K_i L_i} H = \frac{240}{1 \times 3050 \times 16.7 + 1 \times 3050 \times 18.2} \times 3.5 = 0.0079\text{m}$$

$$\frac{\Delta}{H} = \frac{0.0079}{3.5} = 0.0023 < \frac{1}{200}，故满足要求。$$

2) 一层横墙

$$V_1 = V_8 = \frac{\alpha_1 K_1 L_1}{\sum\limits_{i=1}^{n} \alpha_i K_i L_i} V_{1总} = \frac{1 \times 3050 \times 6}{1 \times 3050 \times 6 \times 2 + 1 \times 3200 \times 6 \times 6} \times 240 = 28.93 \text{kN}$$

$$V_2 = \cdots = V_7 = \frac{\alpha_2 K_2 L_2}{\sum\limits_{i=1}^{n} \alpha_i K_i L_i} V_{1总} = \frac{1 \times 3200 \times 6}{1 \times 3050 \times 6 \times 2 + 1 \times 3200 \times 6 \times 6} \times 240 = 30.36 \text{kN}$$

$$S_1 = \frac{V_1}{L_1} = \frac{28.93}{6} = 4.82 \text{kN/m} < 13.6 \text{kN/m}$$

$$S_2 = \frac{V_2}{L_2} = \frac{30.36}{6} = 5.06 \text{kN/m} < 12.89 \text{kN/m}$$

故抗剪承载力满足要求。

$$\Delta = \frac{V_k}{\sum\limits_{i=1}^{n} \alpha_i K_i L_i} H = \frac{240}{1 \times 3050 \times 6 \times 2 + 1 \times 3200 \times 6 \times 6} \times 3.5 = 0.0055 \text{m}$$

$$\frac{\Delta}{H} = \frac{0.0055}{3.5} = 0.0016 < \frac{1}{200}$$

故变形满足要求。

9. 二层墙体抗震验算

抗剪墙体单位长度的抗剪刚度和抗剪承载力设计值与一层相同。

1) 二层纵墙

前墙 $L_1 = 38 - (0.9 \times 2 + 1 \times 6 + 1.25 \times 6 + 3 \times 2) = 16.7 \text{m}$

后墙 $L_2 = 38 - (0.6 \times 6 + 1.8 \times 9) = 18.2 \text{m}$

$$V_1 = \frac{\alpha_1 K_1 L_1}{\sum\limits_{i=1}^{n} \alpha_i K_i L_i} V_{2总} = \frac{1 \times 3050 \times 16.7}{1 \times 3050 \times 16.7 + 1 \times 3050 \times 18.2} \times 115 = 55.03 \text{kN}$$

$$V_2 = \frac{\alpha_2 K_2 L_2}{\sum\limits_{i=1}^{n} \alpha_i K_i L_i} V_{2总} = \frac{1 \times 3050 \times 18.2}{1 \times 3050 \times 16.7 + 1 \times 3050 \times 18.2} \times 115 = 59.97 \text{kN}$$

$$S_1 = \frac{V_1}{L_1} = \frac{55.03}{16.7} = 3.3 \text{kN/m} < 13.6 \text{kN/m}$$

$$S_2 = \frac{V_2}{L_2} = \frac{59.97}{18.2} = 3.3 \text{kN/m} < 13.6 \text{kN/m}$$

$$\Delta = \frac{V_k}{\sum\limits_{i=1}^{n} \alpha_i K_i L_i} H = \frac{115}{1 \times 3050 \times 16.7 + 1 \times 3050 \times 18.2} \times 3.2 = 0.0034 \text{m}$$

$$\frac{\Delta}{H} = \frac{0.0034}{3.2} = 0.001 < \frac{1}{200}，故满足要求。$$

2) 二层横墙

$$V_1 = V_8 = \frac{\alpha_1 K_1 L_1}{\sum\limits_{i=1}^{n} \alpha_i K_i L_i} V_{2总} = \frac{1 \times 3050 \times 6}{1 \times 3050 \times 6 \times 2 + 1 \times 3200 \times 6 \times 6} \times 115 = 13.87 \text{kN}$$

$$V_2 = \cdots = V_7 = \frac{\alpha_2 K_2 L_2}{\sum\limits_{i=1}^{n} \alpha_i K_i L_i} V_{2总} = \frac{1 \times 3200 \times 6}{1 \times 3050 \times 6 \times 2 + 1 \times 3200 \times 6 \times 6} \times 115 = 14.54\text{kN}$$

$$S_1 = \frac{V_1}{L_1} = \frac{13.87}{6} = 2.31\text{kN/m} < 13.6\text{kN/m}$$

$$S_2 = \frac{V_2}{L_2} = \frac{14.54}{6} = 2.42\text{kN/m} < 12.89\text{kN/m}$$

故抗剪承载力满足要求。

$$\Delta = \frac{V_k}{\sum\limits_{i=1}^{n} \alpha_i K_i L_i} H = \frac{115}{1 \times 3050 \times 6 \times 2 + 1 \times 3200 \times 6 \times 6} \times 3.2 = 0.0025\text{m}$$

$$\frac{\Delta}{H} = \frac{0.0025}{3.2} = 0.00078 < \frac{1}{200}$$

故变形满足要求。

7.9.7　墙体抗风验算

1. 工况1

水平剪力为：

$$w_k = \beta_Z \mu_S \mu_Z w_0 = 1.0 \times 1.3 \times 1.0 \times 0.3 = 0.39\text{kN/m}^2$$
$$F_1 = 6 \times 3.5 \times 0.39 = 8.19\text{kN}$$
$$F_2 = 6 \times 3.2 \times 0.39 = 7.49\text{kN}$$
$$V_{1总} = 15.68\text{kN}$$
$$V_{2总} = 7.49\text{kN}$$

各层抗剪墙体抗风验算如下：

1）一层纵墙

前墙 $L_1 = 38 - (0.9 \times 2 + 1 \times 6 + 1.25 \times 6 + 3 \times 2) = 16.7\text{m}$

后墙 $L_2 = 38 - (0.6 \times 6 + 1.8 \times 9) = 18.2\text{m}$

$$V_1 = \frac{\alpha_1 K_1 L_1}{\sum\limits_{i=1}^{n} \alpha_i K_i L_i} V_{1总} = \frac{1 \times 3050 \times 16.7}{1 \times 3050 \times 16.7 + 1 \times 3050 \times 18.2} \times 15.68 = 7.5\text{kN}$$

$$V_2 = \frac{\alpha_2 K_2 L_2}{\sum\limits_{i=1}^{n} \alpha_i K_i L_i} V_{1总} = \frac{1 \times 3050 \times 18.2}{1 \times 3050 \times 16.7 + 1 \times 3050 \times 18.2} \times 15.68 = 8.18\text{kN}$$

$$S_1 = \frac{V_1}{L_1} = \frac{7.5}{16.7} = 0.45\text{kN/m} < 12.25\text{kN/m}$$

$$S_2 = \frac{V_2}{L_2} = \frac{8.18}{18.2} = 0.45\text{kN/m} < 12.25\text{kN/m}$$

故抗剪承载力满足要求。

$$\Delta = \frac{V_k}{\sum\limits_{i=1}^{n} \alpha_i K_i L_i} H = \frac{15.68}{1 \times 3050 \times 16.7 + 1 \times 3050 \times 18.2} \times 3.5 = 0.0005\text{m}$$

$$\frac{\Delta}{H} = \frac{0.0005}{3.5} = 0.00014 < \frac{1}{200}$$

故变形满足要求。

2）二层纵墙

前墙 $L_1 = 38 - (0.9 \times 2 + 1 \times 6 + 1.25 \times 6 + 3 \times 2) = 16.7\text{m}$

后墙 $L_2 = 38 - (0.6 \times 6 + 1.8 \times 9) = 18.2\text{m}$

$$V_1 = \frac{\alpha_1 K_1 L_1}{\sum\limits_{i=1}^{n} \alpha_i K_i L_i} V_{2\text{总}} = \frac{1 \times 3050 \times 16.7}{1 \times 3050 \times 16.7 + 1 \times 3050 \times 18.2} \times 7.49 = 3.6\text{kN}$$

$$V_2 = \frac{\alpha_2 K_2 L_2}{\sum\limits_{i=1}^{n} \alpha_i K_i L_i} V_{2\text{总}} = \frac{1 \times 3050 \times 18.2}{1 \times 3050 \times 16.7 + 1 \times 3050 \times 18.2} \times 7.49 = 3.89\text{kN}$$

$$S_1 = \frac{V_1}{L_1} = \frac{3.6}{16.7} = 0.21\text{kN/m} < 12.25\text{kN/m}$$

$$S_2 = \frac{V_2}{L_2} = \frac{3.89}{18.2} = 0.21\text{kN/m} < 12.25\text{kN/m}$$

故抗剪承载力满足要求。

$$\Delta = \frac{V_k}{\sum\limits_{i=1}^{n} \alpha_i K_i L_i} H = \frac{7.49}{1 \times 3050 \times 16.7 + 1 \times 3050 \times 18.2} \times 3.2 = 0.0002\text{m}$$

$$\frac{\Delta}{H} = \frac{0.0002}{3.2} = 0.00006 < \frac{1}{200}$$

故变形满足要求。

2. 工况 2

水平剪力为：

$$w_k = \beta_Z \mu_S \mu_Z w_0 = 1.0 \times 1.3 \times 1.0 \times 0.3 = 0.39\text{kN/m}^2$$

$$F_1 = 38 \times 3.5 \times 0.39 = 51.87\text{kN}$$

$$F_2 = 38 \times 3.2 \times 0.39 = 47.42\text{kN}$$

$$V_{1\text{总}} = 99.29\text{kN}$$

$$V_{2\text{总}} = 47.42\text{kN}$$

各层抗剪墙体抗风验算如下：

1）一层横墙

$$V_1 = V_8 = \frac{\alpha_1 K_1 L_1}{\sum\limits_{i=1}^{n} \alpha_i K_i L_i} V_{1\text{总}} = \frac{1 \times 3050 \times 6}{1 \times 3050 \times 6 \times 2 + 1 \times 3200 \times 6 \times 6} \times 99.29 = 11.97\text{kN}$$

$$V_2 = \cdots = V_7 = \frac{\alpha_2 K_2 L_2}{\sum\limits_{i=1}^{n} \alpha_i K_i L_i} V_{1\text{总}} = \frac{1 \times 3200 \times 6}{1 \times 3050 \times 6 \times 2 + 1 \times 3200 \times 6 \times 6} \times 99.29 = 12.56\text{kN}$$

$$S_1 = \frac{V_1}{L_1} = \frac{11.97}{6} = 2\text{kN/m} < 12.25\text{kN/m}$$

$$S_2 = \frac{V_2}{L_2} = \frac{12.56}{6} = 2.1 \text{kN/m} < 11.6 \text{kN/m}$$

故抗剪承载力满足要求。

$$\Delta = \frac{V_k}{\sum\limits_{i=1}^{n} \alpha_i K_i L_i} H = \frac{99.29}{1 \times 3050 \times 6 \times 2 + 1 \times 3200 \times 6 \times 6} \times 3.5 = 0.0023 \text{m}$$

$$\frac{\Delta}{H} = \frac{0.0023}{3.5} = 0.00066 < \frac{1}{200}$$

故变形满足要求。

2）二层横墙

$$V_1 = V_8 = \frac{\alpha_1 K_1 L_1}{\sum\limits_{i=1}^{n} \alpha_i K_i L_i} V_{2\text{总}} = \frac{1 \times 3050 \times 6}{1 \times 3050 \times 6 \times 2 + 1 \times 3200 \times 6 \times 6} \times 47.42 = 5.7 \text{kN}$$

$$V_2 = \cdots = V_7 = \frac{\alpha_2 K_2 L_2}{\sum\limits_{i=1}^{n} \alpha_i K_i L_i} V_{2\text{总}} = \frac{1 \times 3200 \times 6}{1 \times 3050 \times 6 \times 2 + 1 \times 3200 \times 6 \times 6} \times 47.42 = 6 \text{kN}$$

$$S_1 = \frac{V_1}{L_1} = \frac{5.7}{6} = 0.95 \text{kN/m} < 12.25 \text{kN/m}$$

$$S_2 = \frac{V_2}{L_2} = \frac{6}{6} = 1 \text{kN/m} < 11.6 \text{kN/m}$$

故抗剪承载力满足要求。

$$\Delta = \frac{V_k}{\sum\limits_{i=1}^{n} \alpha_i K_i L_i} H = \frac{47.42}{1 \times 3050 \times 6 \times 2 + 1 \times 3200 \times 6 \times 6} \times 3.2 = 0.001 \text{m}$$

$$\frac{\Delta}{H} = \frac{0.001}{3.2} = 0.0003 < \frac{1}{200}$$

故变形满足要求。

本章小结

（1）本章详细阐述低层龙骨体系结构的组成、特征、分析方法和构造要求，详尽介绍螺钉连接的设计方法。

（2）本章中简要介绍畸变屈曲的概念和相关方法，突出冷弯薄壁构件稳定问题的不同特点。通过学习畸变屈曲的特征及其设计方法，加深对结构构件稳定理论的认识。

（3）本章包含一个完整的低层龙骨体系结构设计实例。通过学习该实例，将更充分地掌握低层龙骨体系结构的设计流程和方法以及关键设计参数的合理取值。

（4）通过本章的学习，可完全掌握此种结构体系的结构性能及分析方法。

思考与练习题

7-1　低层龙骨体系结构如何传递竖向荷载和水平荷载？

7-2 水平荷载产生的剪力如何在抗剪墙体间分配?

7-3 计算地震作用时,如何计算屋顶处质量作用点的位置?

7-4 冷弯薄壁构件有几种失稳模式?分别为何?

7-5 畸变屈曲的定义为何?

7-6 何种情况下可不考虑畸变屈曲?

7-7 何种情况下可不验算楼面梁的整体稳定?

7-8 屋架上弦在平面外的计算长度为何?原因是什么?

7-9 墙体抗拔件的作用为何?

7-10 墙体立柱为何要验算螺钉之间的立柱段稳定承载力?

7-11 墙体立柱截面如图 7-43 所示。内力为 $N=4\mathrm{kN}$,$M=0.5\mathrm{kN \cdot m}$。钢材牌号为 LQ550。试设计该立柱。

图 7-43 墙体立柱截面图

7-12 楼面梁采用冷弯薄壁卷边槽型钢,截面为 C25015,如图 7-44 所示,钢材牌号为 LQ550。已知该楼面梁的荷载标准值为 1kN/m,荷载设计值为 1.5kN/m。试验算该楼面梁的承载力与变形。

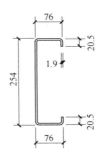

图 7-44 楼面梁截面图

7-13 屋架弦杆截面如图 7-45 所示。钢材牌号为 Q345,内力为 $N=2.9\mathrm{kN}$,$M=0.2\mathrm{kN \cdot m}$。试设计该弦杆。

图 7-45 屋架弦杆截面图

第8章 轻型钢结构防火与防腐

本章要点及学习目标

本章要点：
(1) 轻型钢结构的防火保护方法、防火设计要求、设计原理及设计方法；
(2) 轻型钢结构防腐设计要求、设计原理及保护措施。

学习目标：
(1) 了解轻型钢结构的常用防火保护方法，掌握防火设计要求及防火设计方法；
(2) 掌握轻型钢结构防腐设计方法及防腐保护措施。

轻型钢结构是一种不会燃烧的建筑材料，具有强度高、自重轻、抗震性能好等优点，但钢材存在耐火性差的弱点，其力学性能，如屈服点、抗拉及弹性模量等均会因温度的升高而急剧下降。钢材在500℃的高温下，其强度可降低50%左右，导致钢柱、钢梁弯曲，发生很大的变形，失去部分或整体的承载能力。一般情况下，一个空间起火且无外来干涉，大约燃烧7min，温度就可达到500℃。因此，无防火处理和保护的轻型钢结构，其受火倒塌的时间在15min左右，这一时间的长短还与构件吸热的速度有关。同时轻型钢结构防腐处理不当也会大大降低其使用寿命，因此，轻型钢结构的腐蚀防护也是轻钢结构设计中必须认真考虑的问题。

8.1 轻型钢结构防火

为了确保人员安全疏散，保证消防人员扑救建筑火灾的时间需求，便于火灾后修复，必须保证承重钢构件具有一定的耐火极限。钢结构防火处理就是采取适当的措施将钢结构的耐火极限提高到设计规范规定的极限范围，防止钢结构在火灾中迅速升温发生变形塌落。目前常用的钢结构防火保护有两种方法：①喷涂防火涂料法。其优点是现场施工方便，不受构件形状的影响，可选择性大；缺点有粘结及防火性的耐久性问题，喷涂温、湿环境问题，钢基材处理等问题。②外包敷不燃烧体。其优点是耐火强度较高，性能稳定、持久，耐候性好，施工环境无特殊要求；缺点有施工技能要求比较高，接缝处理要好等问题。

1. 防火涂料法

1) 防火涂料的工作原理和分类

防火涂料是一类可降低可燃基材火焰传播速率或阻止热量向可燃基材传递进而推迟或消除基材的引燃过程或者推迟结构构件失稳及力学强度逐渐降低的涂料。对于不可燃基材，防火涂料能降低基材温度升高的速率，延长结构失稳的过程。对可燃基材，防火涂料能推迟或消除可燃基材的引燃。

防火涂料的防火工作机理如下：一是防火涂料中的硅酸盐类水化产物遇热脱水汽化从而吸收大量的热量，同时涂层中的吸热材料因受热分解或相变，也耗掉一定的热量，从而降低构件温度升高的速率，提高了构件的耐火能力；二是防火涂料受高温作用后，自身能分解出一些惰性气体，它们破坏了燃烧必要条件的形成；三是涂料受热后出现一层熔融膜并逐渐形成均匀的碳化层进而形成膨胀的发泡层，其膨胀量为涂覆度的 100～200 倍，膨胀后涂层的导热量可比膨胀前减少 1000～2000 倍。

防火涂料有多种分类法。按其成膜物来分，可分为有机、无机和复合防火涂料；按其可溶性划分，可分为水性防火涂料、油性防火涂料；按其阻燃原理分，可分为膨胀型防火涂料、非膨胀型防火涂料。根据防火涂料的作用、功能和现行国家标准对防火涂料的要求，最适宜的分类为：结构型防火涂料和饰面型防火涂料等。

2）钢结构的防火涂料

钢结构防火涂料涂覆在钢基材表面，其目的在于进行防火隔热保护，防止钢结构在火灾中迅速升温而失去强度，挠曲变形塌落。

根据《建筑钢结构防火技术规范》CECS 200 的规定，建筑的耐火等级分为一级、二级、三级和四级，其中耐火等级为一级的柱、梁、楼板的耐火时间分别不低于 3h、2h、1.5h；耐火等级为二级的柱、梁、楼板的耐火时间分别不低于 2.5h、1.5h、1.0h（表 8-1）。对防火涂料而言，一般薄型防火涂料的耐火时间不超过 1.5 小时，超过 1.5 小时应采用厚型防火涂料。

单、多层和高层建筑构件的耐火极限 表 8-1

结构层数 / 耐火极限(h) / 构件名称 \ 耐火等级	单、多层建筑							高层建筑	
	一级	二级	三级			四级		一级	二级
承重墙	3.00	2.50	2.00			0.50		2.00	2.00
柱、柱间支撑	3.00	2.50	2.00			0.50		3.00	2.50
梁、桁架	2.00	1.50	1.00			0.50		2.00	1.50
楼板、楼面支撑	1.50	1.00	厂、库房	民用	厂、库房		民用	1.50	1.00
			0.75	0.50	0.50		不要求		
屋顶承重构件、屋面支撑、系杆	1.50	0.50	厂、库房	民用	不要求				
			0.75	不要求					
疏散楼梯	1.50	1.00	厂、库房	民用	不要求				
			0.75	0.50					

注：对造纸车间、变压器装配车间、大型机械装配车间、卷烟生产车间、印刷车间等类似的车间，当建筑耐火等级较高时，吊车梁体系的耐火极限不应低于表中梁的耐火极限要求。

《建筑钢结构防火技术规范》CECS 200 规定钢结构防火涂料品种的选用，应符合下列规定：

（1）高层建筑钢结构和单、多层钢结构的室内隐蔽构件，当规定的耐火极限为 1.5h

以上时，应选用非膨胀型钢结构防火涂料。

（2）室内裸露钢结构、轻型屋盖钢结构和有装饰要求的钢结构，当规定的耐火极限为1.5h以下时，可选用膨胀型钢结构防火涂料。

（3）当钢结构耐火极限要求不小于1.5h，以及对室外的钢结构工程，不宜选用膨胀型防火涂料。

（4）露天钢结构应选用适合室外用的钢结构防火涂料，且至少应经过一年以上室外钢结构工程的应用验证，涂层性能无明显变化。

（5）复层涂料应相互配套，底层涂料应能同普通防锈漆配合使用，或者底层涂料自身具有防锈功能。

（6）膨胀型防火涂料的保护层厚度应通过实际构件的耐火试验确定。

防火涂料根据膨胀性能分为两种，即膨胀型（薄涂型）和非膨胀型（厚涂型）。非膨胀型防火涂料是以多孔绝热材料（如蛭石、珍珠岩、矿物纤维等）为骨料和胶粘剂配制而成。由于导热系数小，热绝缘良好，厚涂型防火涂料是以物理隔热方式阻止热量向钢基材传递。其黏着性能好，防火隔热性能也有保证。由于非膨胀型（厚涂型）防火涂料基本上用无机物构成，涂层的物理化学性能稳定，其使用寿命长，已应用20余年尚未发现失效的情况，所以应优先选用。但由于该类型涂料涂层厚，需要分层多次涂敷，而且上一层涂料必须待基层涂料干燥固化后涂敷，所以施工作业要求较严格；另外，由于涂层表面外观差，所以适宜于隐蔽部位涂敷。

膨胀型防火涂料是由胶粘剂、催化剂、发泡剂、成碳剂和填料等组成，涂层遇火后迅速膨胀，形成致密的蜂窝状碳质泡沫组成隔热层。这类涂料在涂敷时厚度较薄，火灾高温条件下，涂料中添加的有机物质会发生一系列物理化学反应而形成较厚的隔热层。但是涂料中添加的有机物质，会随时间的延长而发生分解、降解、溶出等不可逆反应，使涂料"老化"失效，出现粉化、脱落。但目前尚无直接评价老化速度和寿命标准的量化指标，只能从涂料的综合性能来判断其使用寿命的长短。不过有两点可以确定：一是非膨胀型涂料的寿命比膨胀型涂料长；二是涂料所处的环境条件越好，其使用寿命越长。所以目前相关规范对膨胀型涂料的使用范围给予一定限制。

这里应指出，严禁将饰面型防火涂料当作上述两类涂料用于钢构件的防火保护。饰面型防火涂料是用于涂敷木结构等可燃基材的阻燃涂料。

为了提高涂料的耐火能力，现行国家标准《钢结构防火涂料》GB 14907并不排斥在涂层上包玻璃纤维布或铁丝网等方法，并把它们作为涂层结构的一部分。

采用防火涂料的钢结构防火保护构造宜按图8-1选用。当钢结构采用非膨胀型防火涂料进行防火保护且有下列情形之一时，涂层内应设置与钢构件相连接的钢丝网：①承受冲击、振动荷载的构件；②涂层厚度不小于30mm的构件；③粘结强度不大于0.05MPa的钢结构防火涂料；④腹板高度超过500mm的构件；⑤涂层幅面较大且长期暴露在室外。

2. 外包敷不燃烧体

外包敷不燃烧体防火保护措施包括外包混凝土或砌筑砌体、防火板包覆、复合防火保护和柔性毡状隔热材料包覆。

防火板的安装应符合下列要求：①防火板的包敷必须根据构件形状和所处部位进行包敷构造设计，在满足耐火要求的条件下充分考虑安装的牢固稳定；②固定和稳定防火板的

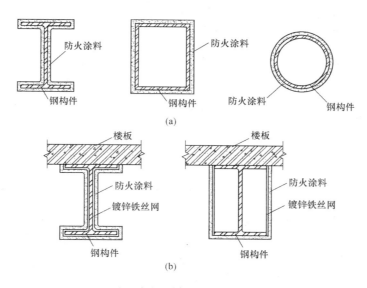

图 8-1 采用防火涂料的钢结构防火保护构造

(a) 不加钢丝网的防火涂料保护；(b) 加钢丝网的防火涂料保护

龙骨胶粘剂应为不燃材料。龙骨材料应便于构件、防火板连接。胶粘剂在高温下应仍能保持一定的强度，保证结构稳定和完整。

复合防火保护，即在钢结构表面涂敷防火涂料或采用柔性毡状隔热材料包覆，再用轻质防火板作饰面板。采用复合防火保护时应符合下列要求：①必须根据构件形状和所处部位进行包敷构造设计，在满足耐火要求的条件下充分考虑保护层的牢固稳定；②在包敷构造设计时，应充分考虑外层包敷的施工不应对内防火层造成结构性破坏或损伤。

采用柔性毡状隔热材料防火保护时应符合下列要求：①仅适用于平时不受机械损伤和不易人为破坏且不受水湿的部位；②包覆构造的外层应设金属保护壳。金属保护壳应固定在支撑构件上，支撑构件应固定在钢构件上。支撑构件应为不燃材料；③在材料自重下，毡状材料不应发生体积压缩不均的现象。

采用外包混凝土或砌筑砌体的钢结构防火保护构造宜按图 8-2 选用。采用外包混凝土的防火保护宜配构造钢筋。

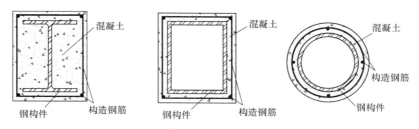

图 8-2 采用外包混凝土的钢构件防火保护构造

采用防火板的钢结构防火保护构造宜按图 8-3、图 8-4 选用。

采用柔性毡状隔热材料的钢结构防火保护构造宜按图 8-5 选用。

钢结构采用复合防火保护的构造宜按图 8-6～图 8-8 选用。

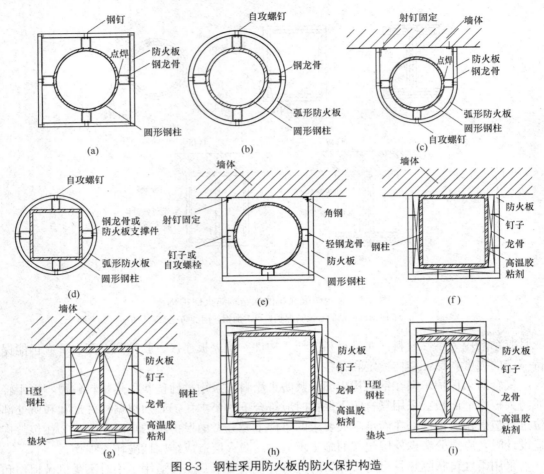

图 8-3　钢柱采用防火板的防火保护构造

（a）圆柱包矩形防火板；（b）圆柱包圆弧形防火板；（c）靠墙圆柱包弧形防火板；（d）矩形柱包圆弧形防火板；
（e）靠墙圆柱包矩形防火板；（f）靠墙矩形柱包矩形防火板；（g）靠墙 H 型柱包矩形防火板；
（h）独立矩形柱包矩形防火板；（i）独立 H 型柱包矩形防火板

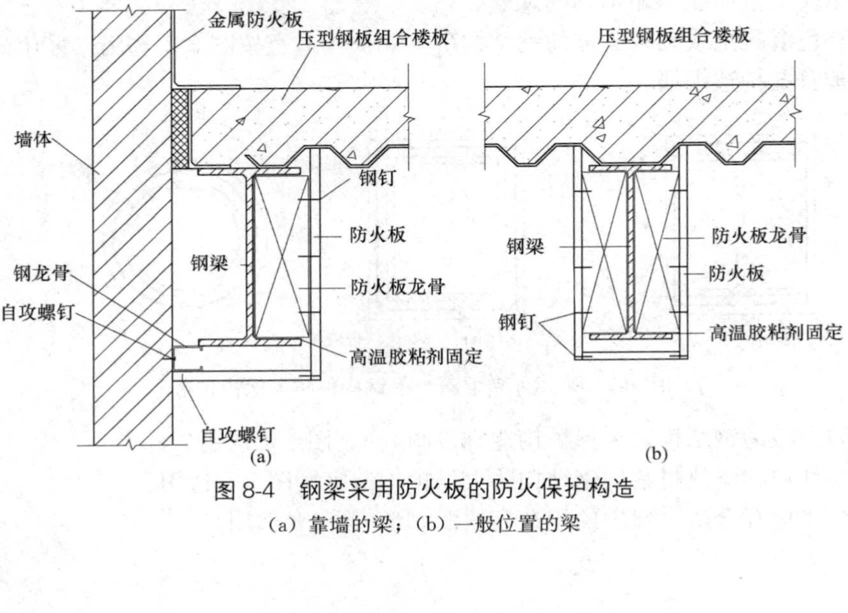

图 8-4　钢梁采用防火板的防火保护构造

（a）靠墙的梁；（b）一般位置的梁

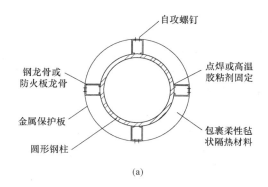

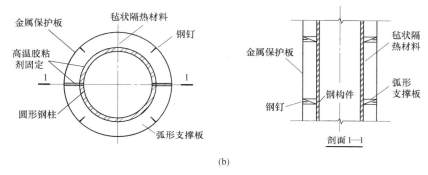

图 8-5　采用柔性毡状隔热材料的防火保护构造
（a）用钢龙骨支撑；（b）用圆弧形防火板支撑

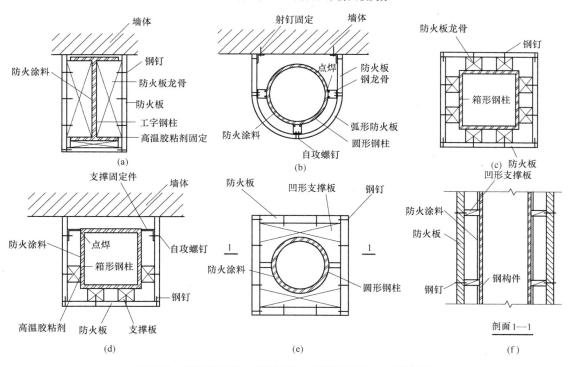

图 8-6　钢柱采用防火涂料和防火板的复合防火保护构造
（a）靠墙的 H 型柱；（b）靠墙的圆柱；（c）一般位置的箱形柱；（d）靠墙的箱形柱；（e）一般位置的圆柱

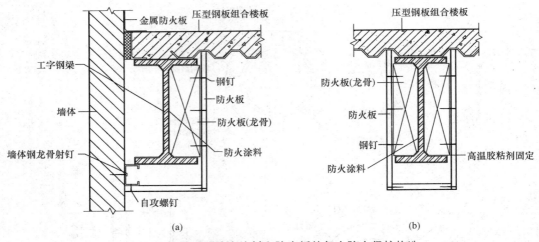

图 8-7　钢梁采用防火涂料和防火板的复合防火保护构造

（a）靠墙的梁　（b）一般位置的梁

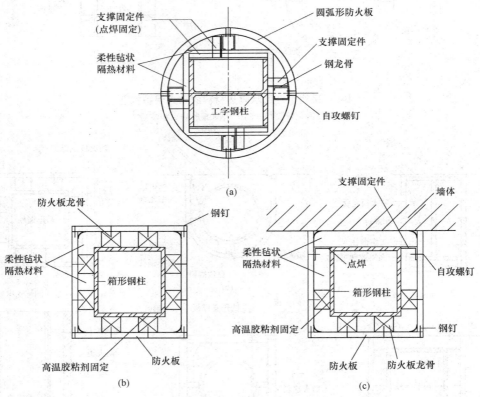

图 8-8　钢柱采用柔性毡和防火板的复合防火保护构造

（a）H 型钢柱；（b）箱形柱；（c）靠墙箱形柱

8.2　轻型钢结构防腐

现行国家规范规定，民用建筑设计基准周期是 50 年，而传统的钢结构在使用一定的年限后，会发生锈蚀，从而大大影响其使用寿命，因此，防腐设计就是指根据环境和使用要求做好钢结构的涂装设计。现行的钢结构防腐设计依据是《建筑钢结构防腐蚀技术规程》JGJ/T 251。

建筑钢结构的腐蚀与环境条件、材质、结构形式、施工和维护管理条件有直接关系，进行建筑钢结构防腐蚀设计时应综合考虑上述因素。

根据钢材在不同大气环境下暴露第一年的腐蚀速率，将腐蚀环境类型分为 6 个等级。一般情况下进行建筑钢结构防腐蚀设计时，只需根据建设地的大气环境和年平均环境相对湿度，通过查阅《建筑钢结构防腐蚀技术规程》JGJ/T 251 就可确定建筑钢结构的腐蚀性等级（表 8-2）。当建设地的环境气体情况较复杂时，设计人员可根据《建筑钢结构防腐蚀技术规程》JGJ/T 251 附录，通过检测腐蚀性物质含量划分大气环境类型。

鉴于国内建筑钢结构防腐蚀技术的现状，以安全可靠和经济可行为原则，《建筑钢结构防腐蚀技术规程》JGJ/T 251 提出了建筑钢结构防腐蚀方法为防腐蚀涂料涂层保护和金属热喷涂保护两种。

大气环境对建筑钢结构长期作用下的腐蚀性等级　　　　　　　　表 8-2

腐蚀类型		腐蚀速率 (mm/a)	腐蚀环境		
腐蚀性等级	名称		大气环境气体类型	年平均环境相对湿度(%)	大气环境
I	无腐蚀	<0.001	A	<60	乡村大气
II	弱腐蚀	0.001~0.025	A	60~75	乡村大气
			B	<60	城市大气
III	轻腐蚀	0.025~0.05	A	>75	乡村大气
			B	60~75	城市大气
			C	<60	工业大气
IV	中腐蚀	0.05~0.2	B	>75	城市大气
			C	60~75	工业大气
			D	<60	海洋大气
V	较强腐蚀	0.2~1.0	C	>75	工业大气
			D	60~75	海洋大气
VI	强腐蚀	1.0~5.0	D	>75	海洋大气

注：1. 在特殊场合与额外腐蚀负荷作用下，应将腐蚀类型提高等级；
　　2. 处于潮湿状态或不可避免结露的部位，相对湿度应取大于 75%；
　　3. 大气环境气体类型可根据本规程附录 A 进行划分。

1. 表面处理

涂层与基体金属的结合力主要依靠涂料极性基团与金属表面极性分子之间的相互吸引，粗糙度的增加可加大金属的表面积，从而提高涂膜的附着力，但粗糙度过大也会带来不利的影响。当涂层厚度不足时，尖端处常会成为早期腐蚀的起点，在一般情况下表面粗糙度不宜超过涂装系统总干膜厚度的 1/3。因此，防腐蚀设计文件应提出表面处理的质量要求，并对表面除锈等级和表面粗糙度做出明确规定。规定钢结构在涂装前的除锈等级除应符合现行国家标准《涂装前钢材表面锈蚀等级和除锈等级》GB 8923 的有关规定外，还应不低于表 8-3 的规定。

不同涂料表面最低除锈等级　　　　　表 8-3

项　目	最低除锈等级
富锌底涂料	Sa½
乙烯磷化底涂料	Sa2
环氧或乙烯基酯玻璃鳞片底涂料	
氯化橡胶、聚氨酯、环氧、聚氯乙烯萤丹、高氯化聚乙烯、氯磺化聚乙烯、醇酸、丙烯酸环氧、丙烯酸聚氨酯等底涂料	Sa2 或 St3
环氧沥青、聚氨酯沥青底涂料	St2
喷铝及其合金	Sa3
喷锌及其合金	Sa2½

注：1. 工程重要构件的除锈等级不应低于 Sa2½；
　　2. 喷射或抛射除锈后的表面粗糙度宜为 $40\sim75\mu m$，且不应大于图层厚度的 1/3。

2. 涂层保护

防腐蚀涂料涂层按涂层配套原则进行设计，应满足腐蚀环境、工况条件和防腐蚀年限要求，并综合考虑底涂层与基材的适应性，涂料各层之间的相容性和适应性，涂料品种与施工方法的适应性。建筑钢结构常用防腐蚀保护层配套方案可按《建筑钢结构防腐蚀技术规程》JGJ/T 251 中的附录 B 选用。

防腐蚀涂装配套中的底漆、中间漆和面漆因使用功能不同，对主要性能的要求也有所差异，但同一配套中的底漆、中间漆、面漆应有良好的相容性。为避免各厂家同类产品的成分配合比差别造成漆层之间不相容，因此宜选用同一厂家的涂料产品。

钢结构防腐蚀涂料涂层的厚度应根据构件的防护层使用年限及腐蚀性等级确定（表8-4）。因防护层使用年限改为 10～15 年，故所规定的涂层厚度比目前实际涂层稍厚，室外构件还应适当增加涂层厚度。

为使防腐蚀涂料涂层与钢结构附着牢固，保证防护效果，《建筑钢结构防腐蚀技术规程》JGJ/T 251—2011 规定涂层与钢结构基层的附着力不宜低于 5MPa。

钢结构防腐蚀保护层最小厚度　　　　　表 8-4

防腐蚀保护层设计使用年限（a）	钢结构防腐蚀保护层最小厚度(μm)				
	腐蚀性等级Ⅱ级	腐蚀性等级Ⅲ级	腐蚀性等级Ⅳ级	腐蚀性等级Ⅴ级	腐蚀性等级Ⅵ级
$2{\leqslant}t_l{<}5$	120	140	160	180	200
$5{\leqslant}t_l{<}10$	160	180	200	220	240
$10{\leqslant}t_l{\leqslant}15$	200	220	240	260	280

注：1. 防腐蚀保护层厚度包括涂料层的厚度或金属层与涂料层复合的厚度；
　　2. 室外工程的涂层厚度宜增加 $20\sim40\mu m$。

3. 金属热喷涂

金属热喷涂是利用热源将欲喷涂的金属涂层材料加热至熔化，借助高速气流的雾化效果使其形成微细熔滴，喷射沉积到已处理的基体表面形成金属涂层的技术。钢结构金属热喷涂主要有喷锌和喷铝两种。作为钢结构的防腐蚀底层，耐腐蚀性能好。在大气环境中喷铝层和喷锌层是长效保护系统的首要选择。大气环境中的钢结构选用喷铝层较多，喷铝层与钢铁的结合力强，工艺灵活，可现场施工，适用于重要的不易维修的钢结构工程，如汉口铁路新客站。实践证明。金属热喷涂层的寿命可达 15 年以上。

处于腐蚀性等级为Ⅳ、Ⅴ、Ⅵ级环境中的钢结构腐蚀速率较高，例如海口的钢结构腐蚀速率是腐蚀性等级Ⅲ级时的数十倍，涂料防护层的有效使用年限也受到限制，为保证中腐蚀以上腐蚀性等级环境中钢结构防腐蚀的有效性，《建筑钢结构防腐蚀技术规程》JGJ/T 251 规定宜采用金属热喷涂。

大气环境下金属热喷涂系统最小局部厚度根据金属热喷涂系统组成和防护层使用年限确定，热喷涂金属材料宜选用铝、铝镁合金或锌铝合金（表 8-5）。

金属热喷涂的外面根据金属热喷涂系统组成的不同，应做封闭层和涂装层。热喷涂金属材料宜选用铝、铝镁合金或锌铝合金，封闭剂应具有较低黏度，并应与金属涂层有良好相容性。涂装层涂料应与封闭层有相容性，并应有良好耐腐蚀性。金属热喷涂防腐蚀所用封闭剂、封闭涂料和涂层涂料可按《建筑钢结构防腐蚀技术规程》JGJ/T 251—2011 附录规定进行选用。

大气环境下金属热喷涂系统最小局部厚度　　　　　　　　　　表 8-5

防腐蚀保护层设计使用年限(a)	金属热喷涂系统	最小局部厚度(μm)		
		腐蚀性等级Ⅳ级	腐蚀性等级Ⅴ级	腐蚀性等级Ⅵ级
$5 \leqslant t_l < 10$	喷锌＋封闭	120＋30	150＋30	200＋60
	喷铝＋封闭	120＋30	120＋30	150＋60
	喷锌＋封闭＋涂装	120＋30＋100	150＋30＋100	200＋30＋100
	喷铝＋封闭＋涂装	120＋30＋100	120＋30＋100	150＋30＋100
$10 \leqslant t_l \leqslant 15$	喷锌＋封闭	120＋60	150＋60	250＋60
	喷 Ac 铝＋封闭	120＋60	150＋60	200＋60
	喷铝＋封闭＋涂装	120＋30＋100	150＋30＋100	250＋30＋100
	喷 Ac 铝＋封闭＋涂装	120＋30＋100	150＋30＋100	200＋30＋100

注：腐蚀严重和维护困难的部位应增加金属涂层的厚度。

本章小结

轻型钢结构具有强度高、自重轻、抗震性能好等优点，但其防火和防腐等方面需要专门设计，本章依据《建筑钢结构防火技术规范》CECS 200、《建筑钢结构防腐蚀技术规程》JGJ/T 251 等相关专业规范，主要介绍了轻型钢结构的防火、防腐的概念，防火、防腐的设计要求、设计原理、设计方法和工程措施等。

（1）钢结构是一种不会燃烧的建筑材料，具有强度高、自重轻、抗震性能好等优点，但钢结构的耐火性差；轻钢结构防腐处理不当也会大大降低其使用寿命，因此，轻钢结构的防火、腐蚀防护是钢结构设计中必须认真考虑的问题。

（2）常用的钢结构防火保护有两个方法。一种是喷涂防火涂料法，其优点是现场施工方便，不受构件形状的影响，可选择性大；缺点有粘结及防火性的耐久问题，喷涂温、湿环境问题，钢基材处理等问题。另外一种方法是外包敷不燃烧体，其优点是耐火强度较高，性能稳定、持久，耐候性好，施工环境无特殊要求；缺点有施工技能要求比较高，接缝处理要好等问题。

（3）防火涂料根据膨胀性能分为两种，即膨胀型（薄涂型）和非膨胀型（厚涂型）。对防火涂料而言，一般薄型防火涂料的耐火时间不超过 1.5h，超过 1.5h 应采用厚型防火涂料。外包敷不燃烧体防火保护措施包括外包混凝土或砌筑砌体、防火板包覆、复合防火保护和柔性毡状隔热材料包覆。

（4）建筑钢结构的腐蚀与环境条件、材质、结构形式、施工和维护管理条件有直接关系，进行建筑钢结构防腐蚀设计时应综合考虑上述因素。轻型钢结构的防腐措施主要包括两种：在表面处理的基础上进行涂层保护和金属热喷涂。

思考与练习题

8-1　一般来讲，钢结构防火保护工程措施有哪些？各有什么优缺点？

8-2　钢结构防火涂料有哪几种，各自的特点和适用范围是什么？

8-3　外包敷不燃烧体防火保护措施有哪些，各自的构造做法是什么？

8-4　轻型钢结构的防腐措施有哪些，各自的特点和适用范围是什么？

附录　构件畸变屈曲应力计算

卷边槽形截面构件的轴压畸变屈曲应力 σ_{cd} 可按下式计算：

$$\sigma_{cd}=\frac{E}{2A}\left[(\alpha_1+\alpha_2)-\sqrt{(\alpha_1+\alpha_2)^2-4\alpha_3}\right] \tag{附 1-1}$$

$$\alpha_1=\frac{\eta}{\beta_1}(I_x b^2+0.039J\lambda^2)+\frac{k_\phi}{\beta_1\eta E} \tag{附 1-2}$$

$$\alpha_2=\eta\left(I_y+\frac{2}{\beta_1}\bar{y}bI_{xy}\right) \tag{附 1-3}$$

$$\alpha_3=\eta\left(\alpha_1 I_y-\frac{\eta}{\beta_1}b^2 I_{xy}^2\right) \tag{附 1-4}$$

$$\beta_1=\bar{x}^2-\frac{(I_x+I_y)}{A} \tag{附 1-5}$$

$$\lambda=4.8\left(\frac{I_x b^2 h}{t^3}\right)^{0.25} \tag{附 1-6}$$

$$\eta=\left(\frac{\pi}{\lambda}\right)^2 \tag{附 1-7}$$

$$k_\phi=\frac{Et^3}{5.46(h+0.06\lambda)}\left[1-\frac{\sigma_{cd}'}{Et}\left(\frac{h^2\lambda}{h^2+\lambda^2}\right)\right] \tag{附 1-8}$$

σ_{cd}' 由式（附 1-1）计算，其中 α_1 应改用式（附 1-9）。

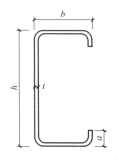

图附 1-1　卷边槽形截面示意图

$$\alpha_1=\frac{\eta}{\beta_1}(I_x b^2+0.039J\lambda^2) \tag{附 1-9}$$

卷边受压翼缘的 A、$\bar{x}$、$\bar{y}$、J、I_x、I_y、I_{xy} 通过下列公式确定：

$$A=(b+a)t \tag{附 1-10}$$

$$\bar{x}=\frac{(b^2+2ab)}{2(b+a)} \tag{附 1-11}$$

$$\bar{y}=\frac{a^2}{2(b+a)} \tag{附 1-12}$$

$$J = \frac{t^3(b+a)}{3} \tag{附 1-13}$$

$$I_\mathrm{x} = \frac{bt^3}{12} + \frac{at^3}{12} + bt\,\overline{y} + at\left(\frac{a}{2} - \overline{y}\right)^2 \tag{附 1-14}$$

$$I_\mathrm{y} = \frac{bt^3}{12} + \frac{at^3}{12} + at\,(b - \overline{x})^2 + bt\left(\overline{x} - \frac{b}{2}\right)^2 \tag{附 1-15}$$

$$I_\mathrm{xy} = bt\,\overline{y}\left(\overline{x} - \frac{b}{2}\right) + at\left(\frac{a}{2} - \overline{y}\right)(b - \overline{x}) \tag{附 1-16}$$

式中　b——翼缘宽度；

　　　h——腹板高度；

　　　a——卷边高度；

　　　t——壁厚。

卷边槽形截面构件绕垂直于腹板的坐标轴弯曲时，畸变屈曲应力 σ_md 可按式（附 1-1）计算，但需将 λ 和 k_ϕ 作如下的改变：

$$\lambda = 4.8\left(\frac{I_\mathrm{x} b^2 h}{2t^3}\right)^{0.25} \tag{附 1-17}$$

$$k_\phi = \frac{Et^3}{5.46(h + 0.06\lambda)}\left[1 - \frac{1.11\sigma'_\mathrm{md}}{Et^2}\left(\frac{h^4\lambda^2}{12.56\lambda^4 + 2.192h^2 + 13.39\lambda^2 h^2}\right)\right] \tag{附 1-18}$$

如 k_ϕ 为负值，k_ϕ 按式（附 1-18）计算时，应取 $\sigma'_\mathrm{md} = 0$。如完全约束带卷边翼缘在畸变屈曲时的转动的支撑间距小于由式（附 1-17）计算得到的 λ 时，λ 应取支撑间距。σ'_md 由式（附 1-1）、式（附 1-3）、式（附 1-4）、式（附 1-5）、式（附 1-7）、式（附 1-9）、式（附 1-17）和式（附 1-18）计算得到。

参 考 文 献

[1] 舒赣平，王恒华，范圣刚. 轻型钢结构民用与工业建筑设计 [M]. 北京：中国电力出版社，2006.

[2] 沈祖炎，陈以一，陈扬骥. 房屋钢结构设计 [M]. 北京：中国建筑工业出版社，2008.

[3] 陈绍蕃，郭成喜. 钢结构房屋建筑钢结构设计（第三版） [M]. 北京：中国建筑工业出版社，2014.

[4] 《轻型钢结构设计数据资料一本全》编委会. 轻型钢结构设计数据资料一本全 [M]. 北京：中国建材工业出版社，2007.

[5] 魏潮文，弓晓芸，陈友泉. 轻型房屋钢结构应用技术手册 [M]. 北京：中国建筑工业出版社，2005.

[6] 朱海宁，王东，赵瑜. 轻型钢结构建筑构造设计 [M]. 南京：东南大学出版社，2003.

[7] 王明贵，储德文. 轻型钢结构住宅 [M]. 北京：中国建筑工业出版社，2011.

[8] 《轻型钢结构设计手册》编辑委员会. 轻型钢结构设计手册 [M]. 北京：中国建筑工业出版社，2006.

[9] 中华钢结构论坛，机械工业第四设计研究院. 轻钢结构设计 [M]. 北京：人民交通出版社，2008.

[10] 上海市建设规范. 轻型钢结构技术规程 DG/TJ08—2089—2012 [s]. 上海：同济大学出版社，2012.

[11] 《轻型钢结构设计便携手册》编委会. 轻型钢结构设计便携手册 [M]. 北京：中国建材工业出版社，2007.

[12] 《轻型钢结构设计指南（实例与图集）》编委会. 轻型钢结构设计指南（实例与图集）（第二版） [M]. 北京：中国建筑工业出版社，2005.

[13] 王秀丽. 房屋建筑钢结构设计 [M]. 上海：同济大学出版社，2016.

[14] 郑廷银. 钢结构设计 [M]. 重庆：重庆大学出版社，2013.

[15] 赵熙元，柴昶，武人岱. 建筑钢结构设计手册（下）[M]. 北京：冶金工业出版社，1995.

[16] 唐敢，王法武. 建筑钢结构设计 [M]. 北京：国防工业出版社，2015.

[17] 聂建国，刘明，叶列平. 钢-混凝土组合结构 [M]. 北京：中国建筑工业出版社，2005.

[18] 聂建国. 钢-混凝土组合结构原理与实例 [M]. 北京：科学出版社，2009.

[19] 汪一骏，顾泰昌，周廷垣，等. 钢结构设计手册（下册 第三版）[M]. 北京：中国建筑工业出版社，2004.

[20] 马怀忠，王天贤. 钢-混凝土组合结构 [M]. 北京：中国建材工业出版社，2006.

[21] 李星荣，魏才昂，秦斌. 钢结构连接节点设计手册（第三册）[M]. 北京：中国建筑工业出版社，2014.

[22] 陈忠范，范圣刚，谢军. 高层建筑结构 [M]. 南京：东南大学出版社，2016.

[23] 曹双寅，舒赣平，冯健，邱洪兴. 工程结构设计原理 [M]. 南京：东南大学出版社，2012.

[24] 陈富生，邱国桦，范重. 高层建筑钢结构设计（第二版） [M]. 北京：中国建筑工业出版社，2004.

[25] 宋曼华，柴昶，武人岱. 钢结构设计与计算 [M]. 北京：机械工业出版社，2001.

[26] 刘大海，杨翠如. 型钢（钢管）混凝土高楼计算与构造 [M]. 北京：科学出版社，2003.

[27] 张耀春，周绪红. 钢结构设计原理 [M]. 北京：高等教育出版社，2011.

[28] 郑廷银. 高层钢结构设计 [M]. 北京：机械工业出版社，2005.

[29] 陈汉忠，胡夏闽. 组合结构设计 [M]. 北京：中国建筑工业出版社，2000.

[30] 刘坚，周东华，王文达. 钢与混凝土组合结构设计原理 [M]. 北京：科学出版社，2005.

[31] 刘清，阿肯江·托乎提. 组合结构设计原理 [M]. 重庆：重庆大学出版社，2002.

[32] 周绪红，周期石. 水平荷载作用下的交错桁架结构的内力和侧移计算 [J]. 建筑结构学报，2004，25（4）：66-71.

[33] 殷凌云，王志浩. 错列桁架结构体系的抗侧力特性和简化计算 [J]. 建筑结构，2002，32（2）：34-35，68.

[34] 卢林枫. 钢结构错列桁架体系结构分析与设计方法 [D]. 西安建筑科技大学，2003.

[35] Neil Wexler and Feng-Bao Lin. Steel Design Guide Series 14：Staggered Truss Framing Systems. AISC，2002.

[36] 李风，程道彬，张泽江. 中国防火建材产品技术手册 [M]. 成都：四川科学技术出版社，1998.

[37] 徐晓楠，周政愚. 防火涂料 [M]. 北京：化学工业出版社，2004.

[38] 李引擎. 钢结构的防腐与防火保护 [J]. 建筑结构，2006，36（6）：101-103.

[39] 中国国家标准化管理委员会. 建筑用压型钢板 GB 12755—2008 [s]. 北京：中国标准出版社，2009.

[40] 中国国家标准化管理委员会. 彩色涂层钢板及钢带 GB/T 12754—2006 [s]. 北京：中国标准出版社，2006.

[41] 中华人民共和国住房和城乡建设部. 钢结构设计标准 GB 50017—2017 [s]. 北京：中国建筑工业出版社，2017.

[42] 中华人民共和国建设部. 冷弯薄壁型钢钢结构技术规范 GB 50018—2002 [s]. 北京：中国计划出版社，2002.

[43] 中华人民共和国住房和城乡建设部. 门式刚架轻型房屋钢结构技术规范 GB 51022—2015 [s]. 北京：中国计划出版社，2015.

[44] 中华人民共和国住房和城乡建设部. 建筑抗震设计规范 GB 50011—2010 [s]. 北京：中国建筑工业出版社，2010.

[45] 中华人民共和国住房和城乡建设部. 轻型钢结构住宅技术规程 JGJ 209—2010 [s]. 北京：中国建筑工业出版社，2010.

[46] 中华人民共和国住房和城乡建设部. 建筑结构荷载规范 GB 50009—2012 [s]. 北京：中国建筑工业出版社，2012.

[47] 中华人民共和国住房和城乡建设部. 交错桁架钢结构设计规程 JGJ/T 329—2015 [s]. 北京：中国建筑工业出版社，2015.

[48] 中华人民共和国住房和城乡建设部. 建筑地基基础设计规范 GB 50007—2011 [s]. 北京：中国建筑工业出版社，2011.

[49] 中华人民共和国建设部. 钢结构工程施工质量验收规范 GB 50205—2001 [s]. 北京：中国计划出版社，2002.

[50] 兰州大学，中国工程建设标准化协会. 交错桁架钢框架结构技术规程 CECS 323—2012 [s]. 北京：中国计划出版社，2012.

[51] 同济大学，中国钢结构协会防火与防腐分会. 建筑钢结构防火技术规范 CECS 200—2006 [s]. 北京：中国计划出版社，2006.

[52] 中华人民共和国住房和城乡建设部. 建筑钢结构防腐蚀技术规程 JGJ/T 251—2011 [s]. 北京：中国建筑工业出版社，2011.